Die Diffusion umweltfreundlicher und hochwertiger Gebrauchsgüter – dargestellt am Beispiel des 3-Liter-Autos

Europäische Hochschulschriften
Publications Universitaires Européennes
European University Studies

Reihe V
Volks- und Betriebswirtschaft

Série V Series V
Sciences économiques, gestion d'entreprise
Economics and Management

Bd./Vol. 2852

PETER LANG
Frankfurt am Main · Berlin · Bern · Bruxelles · New York · Oxford · Wien

Ralph Hintemann

Die Diffusion umweltfreundlicher und hochwertiger Gebrauchsgüter – dargestellt am Beispiel des 3-Liter-Autos

PETER LANG
Europäischer Verlag der Wissenschaften

Die Deutsche Bibliothek - CIP-Einheitsaufnahme

Hintemann, Ralph :

Die Diffusion umweltfreundlicher und hochwertiger Gebrauchsgüter – dargestellt am Beispiel des 3-Liter-Autos / Ralph Hintemann. - Frankfurt am Main ; Berlin ; Bern ; Bruxelles ; New York ; Oxford ; Wien : Lang, 2002
(Europäische Hochschulschriften : Reihe 5, Volks- und Betriebswirtschaft ; Bd. 2852)
Zugl.: Aachen, Techn. Hochsch., Diss., 2000
ISBN 3-631-39107-2

D 82
ISSN 0531-7339
ISBN 3-631-39107-2

www.peterlang.de

Vorwort

In Politik und Wissenschaft wird nahezu einhellig die Meinung vertreten, dass die Ausbreitung bzw. Diffusion umweltfreundlicher neuer Produkte eine wesentliche Grundlage für eine nachhaltige und umweltverträgliche Entwicklung darstellt. Bisher findet die Diffusionsforschung jedoch in der ökonomischen und speziell der umweltökonomischen Theorie keine angemessene Berücksichtigung. Die vorliegende Arbeit soll daher einen Beitrag leisten, dieses Defizit auszugleichen, indem insbesondere die Einflußgrößen auf den Diffusionsprozeß umweltfreundlicher und hochwertiger Gebrauchsgüter identifiziert und in ihrer Wirkung beschrieben werden. Damit können Ansatzpunkte für eine zielgerichtete staatliche Umweltpolitik abgeleitet werden. Beispielhaft wird diese Analyse der Einflußgrößen für das Produkt „3-Liter-Auto" durchgeführt.

Die Arbeit entstand im Rahmen meiner Tätigkeit als wissenschaftlicher Mitarbeiter am Institut für Wirtschaftswissenschaften der RWTH Aachen. Ich danke allen, die zum Gelingen der Arbeit beigetragen haben. Ganz herzlich danken möchte ich Herrn Universitätsprofessor Dr. Ulrich Brösse (†), der mich bei der Themenfindung unterstützt hat und mit dessen Betreuung ich den Großteil der Arbeit fertiggestellt habe. Ich danke ihm für viele Anregungen und Hinweise sowie für seine konstruktive Kritik. Leider konnte er den endgültigen Abschluß der Arbeit nicht mehr erleben. Ebenso herzlich möchte ich meinem Doktorvater Herrn Universitätsprofessor Karl-Georg Zinn danken, der unkompliziert und flexibel die Betreuung der Arbeit übernommen hat und mit seinen wertvollen Vorschlägen maßgeblich an dem abschließenden Gelingen des Unternehmens beigetragen hat. Ich danke auch Herrn Privatdozent Dr. Matthias Wrede, der den Mitbericht übernommen hat.

Für das gute Arbeitsklima und wertvolle Diskussionen bin ich allen meinen früheren Kollegen sehr verbunden. Insbesondere danke ich Frau Dr. Dieta Lohmann für die Anregungen aus zahlreichen Gesprächen, in denen wir die Problematik der Themenstellung diskutiert haben, sowie für die Kommentare zur ersten Fassung der Arbeit. Frau Alexandra Jäger danke ich für die redaktionelle Unterstützung bei der Anfertigung von Graphiken und Tabellen sowie des Literaturverzeichnisses.

Ganz besonders danken möchte ich meiner Freundin Dorothea Schüle, die mir während der Erstellung der Arbeit Rückhalt und Motivation gegeben hat und durch ihre Korrekturhinweise zur vorliegenden Arbeit beigetragen hat. Für wertvolle Korrekturhinweise in der Schlussphase der Arbeit danke ich auch Frau Dorina Rechter.

Neben diesen Personen, die unmittelbar an der Entstehung der Arbeit beteiligt waren, möchte ich auch meiner Mutter, Frau Agnes Hintemann, ganz besonders und herzlich danken. Sie hat durch ihre Unterstützung meines gesamten wissenschaftlichen Werdegangs die Grundlage für diese Arbeit gelegt; auch wenn es nach dem frühen Tod meines Vaters nicht immer einfach war, uns drei Söhnen die Ausbildung zu ermöglichen, für die wir uns entschieden haben.

Berlin, im Juli 2001

Ralph Hintemann

Inhaltsverzeichnis

Verzeichnis der Abbildungen

Verzeichnis der Tabellen

Abkürzungsverzeichnis

ABS	Antiblockiersystem
ADAC	Allgemeiner Deutscher Automobilclub
Aufl.	Auflage
Bd.	Band
BTX	Bildschirmtext
CAFE	Corporate Average Fuel Economy Standards
cdi	"Common Rail"-Direkteinspritzung
CO_2	Kohlendioxid
DIW	Deutsches Institut für Wirtschaftsforschung
EU	Europäische Union
FCKW	Fluorchlorkohlenwasserstoffe
f.	folgende
ff.	fortfolgende
H.	Heft
km/h	Kilometer pro Stunde
KraftStÄndG	Kraftfahrzeugsteueränderungsgesetz
MVEG	Motor Vehicle Emission Group
Pkm	Personenkilometer
SDI	Saugdiesel-Direkteinspritzung
S.	Seite
Sp.	Spalte
TDI	Turbodiesel-Direkteinspritzung
U/min	Umdrehungen pro Minute
UNFCCC	United Nations Framework convention of Climate Change
VCD	Verkehrsclub Deutschland
VDA	Verband der Automobilindustrie
VDI	Verein Deutscher Ingenieure e.V.

1 Einleitung

1.1 Problemstellung

Vor allem seit dem Brundtland-Bericht[1] hat der Gedanke einer umweltgerechten und nachhaltigen Entwicklung, die es auch zukünftigen Generationen ermöglichen soll, einen gleichwertigen Lebensstandard zu verwirklichen, in der politischen und wissenschaftlichen Diskussion einen hohen Stellenwert erreicht.[2] Von Wissenschaftlern und Politikern werden im wesentlichen zwei sich ergänzende Strategien vorgeschlagen, um die notwendige Schonung der natürlichen Ressourcen zu erreichen.[3] Zum einen wird eine Strategie der Suffizienz - also der Genügsamkeit - gefordert, welche durch eine mehr oder weniger freiwillige Einschränkung der heutigen entwickelten Gesellschaften einen ausreichenden Bestand an natürlichen Ressourcen für weniger entwickelte Gesellschaften und für zukünftige Generationen gewährleisten soll.[4] Zum anderen wird als ergänzende Strategie zur Erreichung einer nachhaltigen Entwicklung eine "Effizienz-Revolution" gefordert. Durch Innovationen soll die Ressourcenproduktivität um ein Vielfaches erhöht und damit sollen die natürlichen Ressourcen soweit entlastet werden, daß die Grenze ihrer Belastbarkeit nicht erreicht bzw. nicht überschritten wird.[5] Während die Forcierung der Suffizienzstrategie vor allem wegen der möglichen negativen Auswirkungen auf Wirtschaftswachstum und Beschäftigung umstritten ist,[6] wird die Effizienzstrategie nahezu einhellig als

---

1 Vgl. The World Commission on Environment and Development (1987).

2 Vgl. z.B. Brösse / Lohmann (1994), S. 456, Deutscher Bundestag (1998), S. 5.

3 Vgl. z.B. Keßler (1995), S. 49ff., von Weizsäcker (1989), Huber (1998), S. 26ff., Vorholz (1995), S. 41ff., Schmidt-Bleek (1994).

4 Der Erfolg und die Zweckmäßigkeit der Forcierung einer solchen Strategie ist allerdings aus verschiedenen Gründen fraglich. Einerseits bezweifeln Soziologen, daß sich die meisten Menschen mit dem Gedanken "weniger ist mehr" anfreunden können. Andererseits kann bei der Verfolgung der Suffizienzstrategie ein Zielkonflikt mit der ökonomischen und der sozialen Dimension der Nachhaltigkeit, die in der Nachhaltigkeitsdiskussion zunehmend an Bedeutung gewinnen, auftreten. Immer mehr setzt sich die Auffassung durch, daß auch im Bereich ökonomischer und sozialer Ordnungen Belastungsgrenzen existieren, deren Überschreitung ähnliche Konsequenzen zur Folge haben könnte wie die Überschreitung der Belastungsfähigkeit der natürlichen Umwelt. Es besteht also die Gefahr, daß die mit einer Suffizienzstrategie einhergehende Einschränkung der wirtschaftlichen Aktivität zu erheblichen Problemen im ökonomischen und sozialen System führt. Vgl. zu diesem Themenbereich: Huber (1998), S. 26, Raffelhüschen / Walliser (1997), S. 65 ff., Deutscher Bundestag (1998), S. 30.

5 Vgl. z.B. Voss (1995), S. 54f., Schmidt-Bleek (1994), Huber (1998), S. 27.

6 Vgl. z.B. Voss (1995), S. 54f., Priewe (1998) S. 30ff.

Grundvoraussetzung für eine nachhaltige Entwicklung genannt.[7] Ein Ziel eines nachhaltigen Wirtschaftssystems sollte es folglich sein, Innovationen hervorzubringen, die gegenüber den bisherigen Alternativen eine erheblich geringere Umweltbelastung zur Folge haben. Eine spürbare Entlastung des Ökosystems kann durch solche Innovationen allerdings nur erreicht werden, wenn sie auch in größerem Umfang eingesetzt werden. Die Ausbreitung bzw. die Diffusion von umweltfreundlichen Innovationen ist demnach von entscheidender Bedeutung für die Umsetzung des Nachhaltigkeitskonzeptes. Die staatliche Politik, welche das Ziel einer nachhaltigen Entwicklung erreichen und gewährleisten soll, sollte sich daher nicht nur auf den Aspekt der Erforschung und Entwicklung umweltfreundlicher Innovationen konzentrieren, sondern auch Maßnahmen zur Förderung der Diffusion solcher Innovationen sowie zum Abbau möglicher Diffusionshemmnisse in Betracht ziehen.

Im Vergleich zur Innovationsforschung ist das Ausmaß der wirtschaftswissenschaftlichen Diffusionsforschung relativ gering. Kortmann stellte noch 1995 fest, daß bislang nicht davon gesprochen werden kann, daß ein logisch zusammenhängendes System existiert, welches die Ergebnisse und Hypothesen der empirischen Diffusionsforschung verbindet.[8] Das vergleichsweise bescheidene Ausmaß der ökonomischen Diffusionsforschung überrascht auf den ersten Blick umso mehr, weil die These vertreten werden kann, daß im Diffusionsprozeß ökonomische Einflußgrößen eine deutlich größere Rolle spielen als im Prozeß der Innovation. Während der Innovationsprozeß innerhalb von Unternehmen abläuft und nur zum Teil durch Marktnachfrage begründet werden kann[9], kommt die Diffusion neuer Produkte durch das Verhalten von Anbietern und Nachfragern auf Märkten zustande.

Das relativ geringe Ausmaß der Diffusionsforschung kann vielleicht zum Teil dadurch erklärt werden, daß die Diffusionstheorie sich nur schwer mit der traditionellen ökonomischen Lehre neoklassischer Prägung verbinden läßt. Dies liegt unter anderem daran, daß die Diffusion einer Innovation einen dynamischen Prozeß darstellt, der sich kaum auf Basis der weitgehend statischen bzw.

---

7 Vgl. z.B. Huber (1998), S. 27, Voss (1995), S. 54f., Groscurth / Hohmeyer / Rennings (1995), S. 56f.

8 Vgl. Kortmann (1995), S. 33, ähnlich Böcker / Gierl (1987), S. 687.

9 Hier sei auf die Diskussion zu nachfrage- bzw. angebotsinduzierten Innovationen hingewiesen. Vgl. z.B. Schmookler (1966), Schumpeter (1950), Giersch (1984), Heimer (1993), S. 28ff., Zinn (1989).

komparativ-statischen neoklassischen Theorie darstellen läßt. Weitere Gründe dafür, daß die Neoklassik kaum als theoretische Basis für die Diffusionsforschung dienen kann, sind die Annahme der vollständigen Rationalität sowie der Ausschluß des Unsicherheitsproblems und der Existenz unvollständiger Informationen.[10] Insbesondere unvollständige Informationen und die daraus resultierende Unsicherheit können jedoch als entscheidend für den Ablauf des Diffusionsprozesses angesehen werden. Gerade der Prozeß der Ausbreitung von Neuerungen ist dadurch gekennzeichnet, daß in der Anfangsphase das Wissen um die Existenz und die Eigenschaften der Innovationen noch sehr lückenhaft und mit Unsicherheit behaftet ist, und daß die Entscheidung zur Übernahme der Neuerung häufig nicht aus rein rationalen Erwägungen erfolgt.[11]

Eine Forschungsrichtung, welche die genannten unrealistischen Annahmen der traditionellen Mikroökonomie auflöst, ist die Neue Institutionenökonomik, die auch als Neue Mikroökonomik oder als Neue Institutionelle Mikroökonomik bezeichnet wird.[12] Die Ansätze der Neuen Institutionenökonomik finden in den letzten Jahren in den verschiedenen Teilgebieten der Ökonomie zunehmend Anwendung, insbesondere auch in der Umweltökonomie und in der Analyse von Tauschprozessen.[13] Der zunehmende Stellenwert der Neuen Institutionenökonomik in der ökonomischen Theorie wird auch durch die Verleihung der Nobelpreise für Wirtschaftswissenschaften an zwei Vertreter dieser Forschungsrichtung, Ronald H. Coase 1991 und Douglass C. North 1993, dokumentiert. In dieser Arbeit soll daher unter anderem untersucht werden, inwieweit sich die Ansätze und Ergebnisse der Neuen Institutionenökonomik für die Analyse der Einflußgrößen auf den Diffusionsprozeß von umweltfreundlichen und hochwertigen Gebrauchsgütern fruchtbar machen lassen. Insbesondere das Teilgebiet der Informationsökonomik scheint dazu geeignet, da es sich mit den Problemen, die durch unvollständige Informationen und durch Unsicherheiten auftreten, befaßt.

Um eine Politik betreiben zu können, welche die Diffusion von umweltfreundlichen Produkten fördert bzw. bestehende Diffusionshemmnisse abbaut, ist es zunächst einmal notwendig, die Faktoren, welche die Diffusion von

---

10 Vgl. z.B. Weiber (1993), S. 38, Adler (1994), S. 3, Hax (1991), S. 54.
11 Vgl. Rogers (1995), S. 6.
12 Vgl. Adler (1994), S. 4, Weiber (1993), Hax (1991), S. 55ff., Weise / Brandes / Eger / Kraft (1991).
13 Vgl. z.B. Adler (1994), Weiber (1993), Kaas (1992a), Lohmann (1999), Häder (1997), Balks (1995), Schmitz (1997), Bahner (1996).

umweltfreundlichen Neuerungen beeinflussen, zu identifizieren und in ihrer Wirkungsweise zu analysieren, um dann in geeigneter Weise auf den Diffusionsprozeß einwirken zu können. Diese Aufgabenstellung soll in dieser Untersuchung bearbeitet werden, wobei insbesondere auf die Ansätze und Ergebnisse der Neuen Institutionenökonomik zurückgegriffen werden soll. Die vorliegende Arbeit konzentriert sich auf die Analyse der Größen, welche die Diffusion umweltfreundlicher und hochwertiger Gebrauchsgüter beeinflussen. Die Einschränkung des Untersuchungsgegenstandes auf umweltfreundliche Gebrauchsgüter, die vergleichsweise hochwertig sind, kann im wesentlichen folgendermaßen begründet werden. Zum einen ist anzunehmen, daß sowohl die Produktions- als auch die Kaufentscheidungen bei hochwertigen und langlebigen Produkten anderen Grundsätzen folgen als beispielsweise bei Produkten, die innerhalb kurzer Zeit verbraucht werden und daher immer wieder angeschafft werden. Während preisgünstige und kurzlebige Produkte häufig in Spontankäufen erworben werden,[14] wird es sich bei hochwertigen Gebrauchsgütern zumeist um überlegte Käufe handeln. Die Entscheidungsvorgänge beim Kaufprozeß sind wesentlich komplexer, und die Unsicherheit ist deutlich höher als bei einem kurzlebigen und relativ preisgünstigen Verbrauchsgut, bei dem die vorhandene Unsicherheit vielfach durch einmaliges Ausprobieren beseitigt werden kann. Zum zweiten ist es auch hinsichtlich der auftretenden Umweltwirkungen von Bedeutung, ob es sich um ein Gut handelt, das längerfristig genutzt wird oder um ein Gut, das nur zur einmaligen bzw. kurzfristigen Verwendung bestimmt ist. Durch die Langlebigkeit solcher Produkte kann eine erhebliche und langfristige Umweltrelevanz gegeben sein. Für das Beispiel des Automobils mit einer durchschnittlichen Lebensdauer von ca. zwölf Jahren[15] heißt dies, daß durch die heutigen Produktions- und Kaufentscheidungen die bei der Nutzung entstehenden Umweltbelastungen für die nächsten zehn bis 15 Jahre determiniert werden.

Im Anschluß an die allgemeingültige Ermittlung und Analyse der Einflußgrößen auf den Diffusionsprozeß von umweltfreundlichen und hochwertigen Gebrauchsgütern sollen diese Ergebnisse beispielhaft auf das sogenannte "3-Liter-Auto" angewendet werden. Das Produkt "3-Liter-Auto" erscheint besonders geeignet für diese Untersuchung, da die Reduktion der CO_2-Emissionen[16] und die Verringerung des Verbrauchs fossiler Ressourcen

---

14 Vgl. Kotler / Bliemel (1992), S. 626.

15 Vgl. Bundesminister für Verkehr (1999), S. 143.

16 Die CO_2-Emissionen eines mit Benzin oder Dieselkraftstoff betriebenen Pkw werden durch den Kohlenstoffgehalt des Kraftstoffs bestimmt. Eine Reduzierung der CO_2-

Handlungsfelder sind, auf denen die Anstrengungen der Umweltpolitik mit dem expliziten Ziel der Nachhaltigkeit sowohl auf nationaler als auch auf internationaler Ebene am weitesten vorangeschritten sind.

1.2 Gang der Untersuchung

Zur Bearbeitung der gesetzten Aufgabenstellung wird die im folgenden beschriebene Vorgehensweise gewählt. Im Anschluß an diese Einleitung, welche die Problemstellung, die Darstellung des Untersuchungsganges sowie die Begriffsklärungen umfaßt, wird im zweiten Kapitel zunächst ein systematischer Überblick über die bisherigen Ansätze der ökonomischen Diffusionsforschung gegeben. Dabei wird nach volkswirtschaftlichen und betriebswirtschaftlichen Ansätzen der Diffusionsforschung sowie den jeweils unterschiedlichen Fragestellungen dieser Ansätze unterschieden. Dieser Überblick dient zum einen der Einordnung dieser Untersuchung in die bisherige Diffusionsforschung. Zum anderen kann mit Hilfe dieses Überblicks dargestellt werden, welche der vorhandenen Methoden und Ergebnisse einen Beitrag für die Bearbeitung der hier vorliegenden Themenstellung liefern können, und wie dieser Beitrag beschaffen ist.

Bevor die Darstellung und Analyse der einzelnen Einflußgrößen auf die Diffusion von umweltfreundlichen und hochwertigen Gebrauchsgütern erfolgt, wird im dritten Kapitel ein Überblick über die wesentlichen Ansätze der Neuen Institutionenökonomik, die als geeignete theoretische Grundlage zur Analyse der Einflußgrößen bei Diffusionsprozessen erscheint, gegeben und die Relevanz der hier betrachteten Ansätze für die vorliegende Untersuchung bewertet. Zu diesen Ansätzen zählen die Analyse der ökonomischen Bedeutung von Verfügungsrechten an Gütern (Property Rights Theorie), die Analyse der Ausgestaltung von unvollständigen Verträgen (Vertragstheorie), die Berücksichtigung der bei Transaktionen anfallenden Kosten (Transaktionskostenansatz) sowie die Informationsökonomik, die sich insbesondere mit der Unsicherheits-Problematik befaßt, die durch das Vorliegen unvollständiger Informationen auftritt.

Die Erarbeitung eines Kataloges aller potentiellen Einflußgrößen auf den Diffusionsprozeß umweltfreundlicher und hochwertiger Gebrauchsgüter sowie

---

Emissionen ist demnach nur durch eine Absenkung des Kraftstoffverbrauchs oder durch eine Verwendung anderer Energiequellen möglich.

die Analyse der Wirkung dieser Einflußgrößen ist Gegenstand des vierten Kapitels. Dazu wird zunächst ein Vorschlag zur Systematisierung der Einflußgrößen unterbreitet. Aufgrund der Zielsetzung, mit diesem Katalog an Einflußgrößen eine Grundlage für die Auswahl staatlicher Maßnahmen zur Förderung der Diffusion umweltfreundlicher und hochwertiger Gebrauchsgüter zu liefern, bietet es sich an, die Einflußgrößen danach zu systematisieren, auf welche Komponente des Systems "Anbieter-Produkt-Abnehmer-Rahmenbedingung" sie wirken. Somit kann der Staat gezielt die Förderung einzelner Komponenten dieses Systems betreiben bzw. Hemmnisse bei diesen Komponenten abbauen.

Die Ergebnisse des vierten Kapitels werden im fünften Kapitel auf das praktische Beispiel des sogenannten "3-Liter-Autos" angewendet. Als Grundlage dazu erfolgt zunächst eine kurze Darstellung der durch die Kohlendioxidemissionen von Personenkraftwagen bestehenden Umweltproblematik, eine Analyse der Marktbedingungen in der Automobilbranche, eine Beschreibung des Produktes "3-Liter-Auto" sowie eine Analyse seiner Wettbewerbssituation und eine Abschätzung seines Marktpotentials. Daran anschließend wird anhand des erarbeiteten Kataloges von Einflußgrößen systematisch die Bedeutung der möglichen Einflußgrößen auf den Diffusionsprozeß des "3-Liter-Autos" dargestellt und bewertet. Eine zusammenfassende Darstellung sowie ein Ausblick auf künftige Forschungsbereiche bilden den Abschluß dieser Untersuchung.

1.3 Begriffsklärungen

Eine Begriffsklärung ist für diese Untersuchung umso wichtiger, da aufgrund der unterschiedlichen Fragestellungen und der unterschiedlichen wissenschaftlichen Ansätze der Diffusionsforschung bisher nicht davon gesprochen werden kann, daß ein einheitliches Begriffssystem existiert. Schon über den Inhalt des Begriffs "Diffusion" bestehen verschiedene Auffassungen. Allgemein kann formuliert werden, daß sich die Diffusionsforschung mit der Beschreibung und der Erklärung der Ausbreitung von Neuerungen sowie mit der Ermittlung von Wirkungszusammenhängen und Determinanten des Ausbreitungsprozesses befaßt.[17] Solche Prozesse sind beispielsweise die Ausbreitung von Informationen in einer Gesellschaft oder auch die Ausbreitung von Bakterien.

In der Ökonomie wird üblicherweise dann von einem Diffusionsprozeß gesprochen, wenn in einer Gesellschaft eine Neuheit nicht augenblicklich mit dem

---

17 Vgl. Kortmann (1995), S. 30.

Auftreten akzeptiert wird, sondern erst zeitlich verzögert.[18] Diffusion in diesem Sinne ist demnach die Ausbreitung einer Neuerung von der Quelle ihrer Schöpfung bis zu ihrem letzten Benutzer bzw. Übernehmer,[19] wobei in ökonomischen Untersuchungen als "Neuerungen" vor allem neue Produkte und neue Produktionsverfahren in Betracht kommen. Die Begriffe Ausbreitung und Diffusion können synonym verstanden werden. Dieses Verständnis des Diffusionsbegriffes liegt auch dieser Untersuchung zugrunde. Einige Autoren meinen allerdings auch andere Inhalte, wenn sie von Diffusion sprechen. Bonus versteht beispielsweise unter Diffusion den Prozeß der Verbreitung von Informationen über ein Produkt und die Einstellungs- und Meinungsbildung zu dem neuen Produkt, welche durch die ablaufenden Kommunikationsprozesse stattfindet.[20] Nach diesem Verständnis beruht die Ausbreitung einer Neuerung auf zwei Prozessen, zum einen auf der Diffusion und zum zweiten auf der sogenannten induzierten Ausbreitung. Von induzierter Ausbreitung spricht Bonus, wenn die Entscheidung zur Übernahme des Produktes nicht durch die Informations- und Kommunikationsvorgänge begründet ist, sondern durch Änderung des Preises, der Qualität oder der Einkommen der potentiellen Übernehmer.[21]

Eng verwandt mit der Diffusionsforschung ist die Adoptionsforschung. Unter Adoption wird der Prozeß der Übernahme einer Neuerung durch ein Individuum verstanden; das übernehmende Individuum wird Adopter genannt. Als Adopter kommen in der Regel einzelne Personen in Betracht. Es kann sich aber auch um Personengruppen, wie z.B. Haushalte, Unternehmen oder Gemeinden handeln.[22] Die Adoptionsforschung untersucht die Fragen, wie und warum Neuerungen von Individuen oder Personengruppen übernommen werden. Mit anderen Worten, die Adoptionsforschung beschäftigt sich mit den intrapersonellen Abläufen bei der Übernahme einer Neuerung. Der Adoptionsprozeß zeichnet sich durch die Aufeinanderfolge verschiedener Bewußtseinsphasen aus. Eine in der Literatur häufig genannte Einteilung dieser Phasen geht auf Rogers zurück:[23]

- "knowledge", d.h. das Wissen um Existenz der Neuerung
- "persuasion", d.h. die Entwicklung einer Einstellung zu der Neuerung

---

18 Vgl. Böcker / Gierl (1987), S. 688.
19 Vgl. z.B. Schmalen (1993), Sp. 776, Walter (1985), S. 33.
20 Vgl. Bonus (1975), S. 30ff.
21 Vgl. Bonus (1975), S. 25ff.
22 Vgl. Kaas (1973), S. 3.
23 Vgl. Rogers (1995), S. 161ff.

- "decision", d.h. die Entscheidung über Annahme oder Ablehnung der Neuerung
- "implementation", d.h. die erstmalige Anwendung der Neuerung
- "confirmation", d.h. die Überprüfung der Adoptionsentscheidung

Die Gesamtheit aller Wirtschaftssubjekte, die aufgrund ihrer individuellen Eigenschaften und der gegebenen Rahmenbedingungen als Adopter in Frage kommen, wird als Marktpotential, als Diffusionspotential oder auch als Übernehmerpotential bezeichnet. Dieses Potential wird im wesentlichen durch die gesamtwirtschaftliche und demographische Struktur und durch die absatzpolitischen Anstrengungen der Gesamtheit der Anbieter determiniert. Im Zeitverlauf wird ein bestimmter Anteil des Potentials zu realem Absatz der Unternehmen. Das sogenannte Diffusionsniveau gibt den relativen Anteil der über die Zeit hinweg kumulierten Anzahl von Erstkäufern am Marktpotential an. Synonyme Ausdrücke sind Feldanteil und Penetrationsrate bzw. -quote[24] oder Produktverbreitungsgrad bzw. Marktsättigungsgrad.[25]

Die Adoptionsforschung und die Diffusionsforschung werden zusammenfassend auch als Diffusionsforschung im weiteren Sinne bezeichnet. Die auf der Adoptionsforschung aufbauende Diffusionsforschung im engeren Sinne untersucht die Umstände der Ausbreitung der Neuerungen in einem Sozialsystem, also die interpersonellen oder sozialen Abläufe.[26] In dieser Untersuchung wird das weitere Verständnis des Begriffs "Diffusionsforschung" zugrundegelegt.

Der Diffusionsprozeß wird häufig dargestellt, indem die kumulierte Anzahl der Adopter (X) über die Zeit (t) aufgetragen wird, oder indem die Anzahl der Adopter auf das Marktpotential (M) bezogen wird, und der so ermittelte Produktverbreitungsgrad (X/M) der Innovation im Zeitablauf abgebildet wird. Bei diesen Darstellungen ist oft ein annähernd s-förmiger Verlauf der Anzahl der Adopter bzw. des Verbreitungsgrades festzustellen. In Abbildung 1-1 (oben) ist ein solcher Verlauf der Anzahl der Adopter idealtypisch dargestellt. Eine weitere Größe, die zur Darstellung von Diffusionsprozessen herangezogen wird, ist die sogenannte Diffusionsgeschwindigkeit, die zumeist als Anzahl der zusätzlichen Adopter pro betrachteter Zeitperiode, also $\Delta X/\Delta t$ bzw. in der Grenzbetrachtung dX/dt. Bei einem idealtypischen s-förmigen Verlauf der Zahl der Adopter ist die

---

24 Vgl. Böcker / Gierl (1987), S. 686.
25 Vgl. Nieschlag / Dichtl / Hörschgen (1997), S. 854.
26 Vgl. Kortmann (1995), S. 30.

Diffusionsgeschwindigkeit über den Übernahmezeitpunkt normalverteilt (Abbildung 1-1, unten).

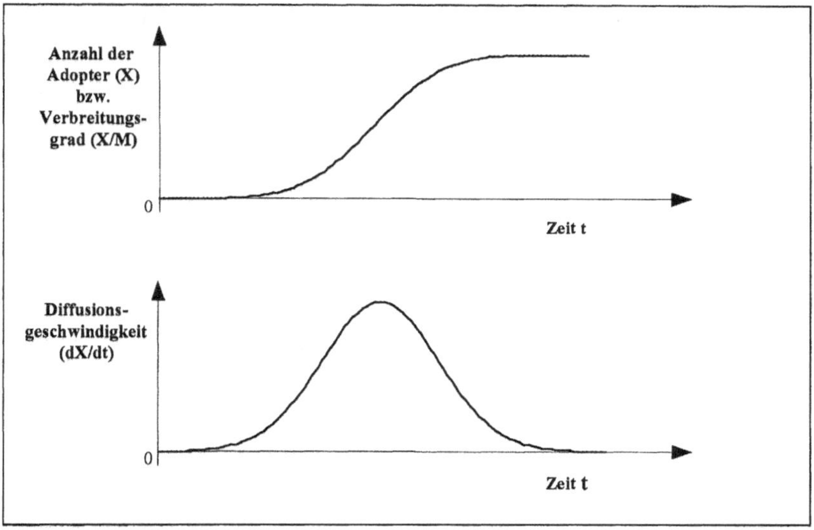

Abbildung 1-1: Idealtypischer Diffusionsverlauf

Insbesondere die biologische Diffusionsforschung, z.B. bei der Analyse der Ausbreitung von Bakterien, unterstellt häufig solche idealtypischen Diffusionsverläufe mit normalverteilter Diffusionsgeschwindigkeit, die durch eine gewisse Automatik des Diffusionsprozesses begründet sind. Diese Annahme der Naturgesetzlichkeit der Diffusion wurde anfangs auch für die Sozialwissenschaften als geeignet aufgefaßt. Allerdings ist die Vorstellung, daß die Diffusion von neuen Produkten ein sich ausschließlich selbst steuernder Prozeß ist, nicht zutreffend. Auch wenn reale Diffusionsprozesse von Produkten häufig einen Verlauf haben, der dem naturgesetzlichen ähnlich ist, kann unterstellt werden, daß neben den "autonomen" Verhaltensgesetzmäßigkeiten auch unternehmenspolitische Maßnahmen sowie Eingriffe des Staates eine entscheidende Rolle spielen.[27]

Es kann unterschieden werden, ob die Diffusion einer Neuerung auf der gleichen Wirtschaftsstufe oder in eine nachgelagerte Wirtschaftsstufe hinein erfolgt. Ersteres ist beispielsweise bei der Imitation von neuen Produktionsverfahrens innerhalb der Anbieter einer Branche der Fall. Dies kann z.B. durch Lizenznahme, Kauf oder durch Nachahmung geschehen. Häufig wird in diesem Fall von horizontaler Diffusion gesprochen. Dagegen wird von vertikaler Diffusion gesprochen, wenn sich eine Neuerung von einer Wirtschaftsstufe auf eine nachgelagerte ausbreitet, wie es z.B. zwischen Anbietern und Nachfragern eines Produktes der Fall ist.[28] In der Realität treten horizontale und vertikale Diffusion zumeist gemeinsam auf.

Neben den Anbietern und den Adoptern einer Neuerung können auch die sogenannten Diffusionsagenten eine entscheidende Rolle im Diffusionsprozeß einnehmen. Unter Diffusionsagenten werden professionelle Personen verstanden, die Adoptionsprozesse in eine Richtung beeinflussen, die ihnen wünschenswert erscheint. Dies können beispielsweise Firmenvertreter oder Einzelhändler, aber auch Beratungsdienste sein. Kennzeichnend für Diffusionsagenten ist, daß sie an der Schnittstelle zwischen dem Abnehmer- und Anbietersystem agieren.[29]

Eng verwandt mit der zeitlichen Darstellung des Verlaufs von Diffusionsprozessen ist die Darstellung von Produktlebenszykluskurven. Mit dem Konzept des Produktlebenszyklus wird der Wandel untersucht, dem ein einzelnes Produkt im Zeitablauf unterworfen ist. Zentraler Untersuchungsgegenstand ist die sogenannte Produktlebenszykluskurve, welche die zeitliche Entwicklung des Absatzes oder Umsatzes eines Guts von seiner erstmaligen Markteinführung bis zu seinem Verschwinden aus dem Markt darstellt. Idealtypischerweise steigt die Kurve zunächst progressiv, dann degressiv bis zum Maximum an und sinkt dann wieder auf Null. Dieser Produktlebenszyklus wird üblicherweise in vier bis sechs Phasen aufgeteilt, wobei die Phasenaufteilung jedoch nicht einheitlich ist, und eine exakte Phasenabgrenzung zumeist nicht vorgenommen wird.[30] In Abbildung 1-2 ist eine

---

27 Vgl. Böcker / Gierl (1987), S. 697.

28 Auch die Begriffe horizontale und vertikale Diffusion werden in der Literatur auch anders verwendet. Vgl. z.B. Bonus (1975), S. 32ff.

29 Vgl. Rogers (1995), S. 335.

30 Vgl. Brockhoff (1974), Sp. 1766.

solche idealtypische Produktlebenszykluskurve mit einer Einteilung in fünf Phasen dargestellt, die Einführungsphase, die Wachstumsphase, die Reifephase, die Sättigungsphase und die Degenerationsphase. Die einzelnen Phasen lassen sich durch verschiedene Kriterien charakterisieren, wie z.B. die Entwicklung des Absatzes, der Anbietertyp, der Nachfragertyp, die Marktform, die Nachfrage-elastizität oder die Marketing-Mix-Strategie.[31] So ist die Einführungsphase beispielsweise durch Absatzzahlen unter dem Break-even-Point, durch dynamische, offensive Unternehmen, eine monopolistische Marktstruktur, Nachfrager mit hohem Interesse an der Neuheit und geringen Vorurteilen, eine relativ starre Preiselastizität der Nachfrage, geringe Produktdifferenzierung und durch einen erheblichen Einfluß der Werbung gekennzeichnet.[32]

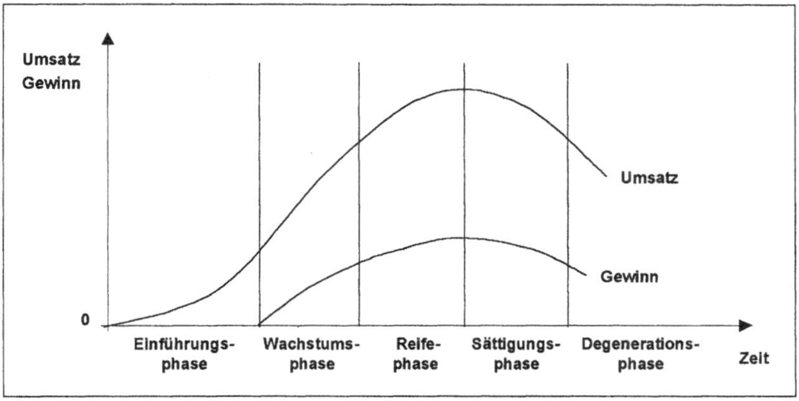

Abbildung 1-2: Qualitative Darstellung von Umsatz- und Gewinnentwicklung im Produktlebenszyklus

(Quelle: in Anlehnung an Kotler / Bliemel (1992), S. 542)

Während bei der Darstellung des zeitlichen Diffusionsablaufs allein die Anzahl der Erstkäufer von Bedeutung ist,[33] wird der zeitliche Umsatzverlauf daneben noch von folgenden Größen determiniert:[34]

31 Vgl. z.B. Tichy (1991), S. 30ff., Engel (1986), S. 397ff.
32 Vgl. zur Abgrenzung der einzelnen Phasen: Engel (1986), S. 397ff.
33 Vgl. Böcker / Gierl (1987), S. 688.
34 Vgl. Gierl (1987), S. 5 und S. 182, Kaas (1973), S. 156, Kortmann (1995), S. 26.

- Anzahl der Wiederkäufer,
- durchschnittliche Kaufmenge eines Käufers pro Kauf,
- Kaufhäufigkeit,
- Preis.

Insgesamt ist der Ansatz der Diffusionsforschung weiter gefaßt als der Ansatz der Produktlebenszyklusforschung - es werden beispielsweise nicht nur Produktneuerungen betrachtet, sondern auch Ausbreitungen von Neuerungen über den ursprünglichen Markt hinaus untersucht. Zudem werden in der Diffusionsforschung die Grundlagen und Ursachen der Adoption sowie die Vorgänge im Abnehmersystem sehr genau untersucht.[35]

Ein ähnliches Konzept wie das des Produktlebenszyklus stellt das Marktphasenschema von Heuss[36] dar. Heuss stellt einen inneren Beziehungszusammenhang zwischen Unternehmertypen und Markttypen fest und formuliert die Hypothese, daß alle Industrien bzw. die dazugehörigen Märkte im Entwicklungsprozeß die gleichen Phasen durchlaufen. Er nennt die aufeinanderfolgenden Phasen Experimentierungsphase, Expansionsphase, Ausreifungsphase sowie Stagnations- und Rückbildungsphase. Über die Unterschiede dieses Ansatzes zum Konzept des Produktlebenszyklus gehen die Meinungen in der Literatur auseinander. So vertritt z.B. Tichy die Ansicht, daß Heuss mit seinem Modell erstmals die Phasen des Produktlebenszyklus beschrieben hat.[37] Demgegenüber meint Kortmann, daß die häufige Gleichsetzung der Ansätze aufgrund wesentlicher konzeptioneller Unterschiede zu Unrecht geschieht.[38] Diese voneinander abweichenden Bewertungen kommen durch die unterschiedliche inhaltliche Abgrenzung des Produktlebenszykluskonzeptes zustande. Während Kortmann und andere Autoren[39] darunter nur die einzelwirtschaftliche Betrachtung eines einzelnen Produktes vor allem unter dem Gesichtspunkt der langfristigen unternehmerischen Produktionsplanung verstehen, gehen z.B. Tichy[40] und Vernon[41] auch von Produktkategorien aus. Sie behandeln unter diesem Konzept auch meso- und makroökonomische Gesichtspunkte, wie die im Verlauf des Produktlebenszyklus

35 Vgl. Kortmann (1995), S. 29.
36 Vgl. Heuss (1965).
37 Vgl. Tichy (1991), S. 28.
38 Vgl. Kortmann (1995), S. 27f.
39 Vgl. z.B. Brockhoff (1974), Sp. 1768.
40 Vgl. Tichy (1991), S. 28.
41 Vgl. Vernon (1966), S. 191-207.

sich ändernde Verteilung von Ex- und Importen in entwickelten und weniger entwickelten Staaten.

Die Diffusion ist die dritte Phase in dem in der Volkswirtschaftslehre üblichen 3-Phasen-Schema des technischen Fortschritts. Daneben existieren die Phase der Invention und der Innovation. Die Inventionsphase kann als Phase der Produktion von technischem Wissen angesehen werden. In dieser Phase werden neue Kenntnisse gesammelt und ihre Eignung für den Einsatz im Produktionsprozeß getestet. Am Ende der Inventionsphase steht als Produkt ein potentieller technischer Fortschritt, z.B. in Form einer neuen Technik.[42] Durchgeführt wird diese Forschung an entsprechenden Einrichtungen der Grundlagenforschung wie z.B. Universitäten, Max-Planck-Instituten, dem Fraunhofer-Institut und in Forschungsabteilungen großer Unternehmen. Sie ist eher am Erkenntnisfortschritt als an der praktischen Anwendung ausgerichtet, d.h. häufig ist kein direkter ökonomischer Anreiz vorhanden.[43]

Die an die Inventionsphase anschließende Innovationsphase kann als Phase der Umwandlung eines potentiellen technischen Fortschritts zum realisierten technischen Fortschritt verstanden werden.[44] Der zügigen Umsetzung theoretischen Wissens aus dem Bereich der Grundlagenforschung in praktische Anwendungen kommt durch die zunehmende Komplexität der technischen Zusammenhänge und die Wechselbeziehungen zwischen den einzelnen technischen Forschungsdisziplinen eine steigende Bedeutung zu.[45] Welche Erfindungen im Innovationsprozeß zu marktreifen Produkten transformiert werden, ist wesentlich abhängig von den Entscheidungsprozessen in den Unternehmen. Entscheidungen müssen unter den gegebenen Randbedingungen, wie z.B. Kapazitäten in Forschungs- und Entwicklungsabteilungen oder auch staatliche Förderprogramme, und unter Zugrundelegung der realisierbaren Gewinne mit mehr oder weniger großem Risiko getroffen werden.

An die Innovationsphase schließt die Diffusionsphase an, d.h. die Phase der Imitation und Ausbreitung der neuen Technik in der Volkswirtschaft. Der potentielle technische Fortschritt wird in dieser Phase durch eine immer intensivere Verwendung der neuen Technik in allen möglichen Anwendungsge-

---

42 Vgl. Gehrig (1980), Sp. 1268.
43 Vgl. Bollmann (1990), S. 7.
44 Vgl. Horn (1976), S. 53.
45 Vgl. Bollmann (1990), S. 8.

bieten fortschreitend realisiert. Erst wenn Diffusion in alle Anwendungsbereiche abgeschlossen ist, ist der mögliche gesamtökonomische Fortschritt realisiert.[46]

Die drei Phasen des technischen Fortschritts sind eng miteinander verbunden. Sie stellen in ihrer zeitlichen und kausalen Abfolge jedoch keine "Einbahnstraße" dar, sondern unterliegen ständigen Rückkopplungen.[47] So spielt es z.B. für die Entscheidung eines Unternehmers, eine neue Technik erstmalig kommerziell zu realisieren, eine wesentliche Rolle, wie er die Chancen für eine erfolgreiche Diffusion dieser Technik einschätzt. Auch auf die Forschungsanstrengungen der Unternehmen - und damit auf die Inventionsphase - haben die Einschätzungen der Erfolgschancen von neuen Produkten am Markt einen erheblichen Einfluß. Ohne die Aussicht einer erfolgreichen Diffusion wird der Prozeß des technischen Fortschritts vermutlich schon in den ersten beiden Phasen in den Unternehmen zum Stillstand kommen.[48] Weiterhin hat das Ausmaß der Verbreitung einer Technik häufig auch Auswirkungen auf die weiteren Anstrengungen der Forschungs- und Entwicklungseinrichtungen. So ist beispielsweise das hohe Ausmaß der Anstrengungen zur Weiterentwicklung der mit Verbrennungsmotoren betriebenen Automobile vor allem durch deren große Verbreitung begründet.

Unter dem Begriff Innovation wird neben dem Verständnis als Phase der Ersteinführung in den Markt bzw. die erstmalige kommerzielle Anwendung einer Neuheit auch das neue Produkt bzw. das neue Produktionsverfahren selbst verstanden. Allgemein kann man zwischen Basisinnovationen und Verbesserungsinnovationen unterscheiden. Basisinnovationen sind neuartige Technologien, während es sich bei Verbesserungsinnovationen um die Rationalisierung bzw. die Modernisierung von existierenden Technologien handelt. Der technische Fortschritt besteht also aus gelegentlich auftretenden, umwälzenden Neuerungen, die dann kontinuierlich verbessert werden.[49] In diesem Zusammenhang stellt sich die Frage, wann ein Produkt oder ein Produktionsverfahren überhaupt als Innovation bezeichnet werden kann, d.h. wann das Produkt oder das Produktionsverfahren als Neuerung gegenüber bestehenden Alternativen aufgefaßt werden kann. Von Bedeutung für die Diffusionsforschung ist auch der Grad der

---

46 Vgl. Bollmann (1990), S. 9.
47 Vgl. Walter (1979b), S. 423.
48 Dies kann bei anderen Forschungseinrichtungen wie z.B. Universitäten anders sein, da hier auch Forschung ohne den Ausblick auf die folgenden Phasen betrieben wird.
49 Vgl. Bollmann (1990), S. 8f.

Neuartigkeit.[50] So stellt der Personenkraftwagen gegenüber der Eisenbahn sicherlich eine Innovation dar, aber auch die Verbesserung der passiven Sicherheit eines neuen Pkw-Modells gegenüber seinem Vorgänger wird in der Regel (zu Recht) als Innovation bezeichnet. Diese Relativität der Neuartigkeit hat zur Folge, daß auch die Untersuchung der Diffusion von Innovationen sich auf sehr unterschiedliche wirtschaftliche Prozesse beziehen kann.

Beim Innovationsbegriff wird weiterhin zwischen sogenannten Produktinnovationen und Prozeßinnovationen unterschieden. Produktinnovationen äußern sich in neuen Gütern bzw. in einer Verbesserung der Qualität von Gütern. Prozeßinnovationen bedeuten demgegenüber eine Verbesserung des Produktionsverfahrens und damit eine größere Leistung der Produktionsmittel.[51] Die Trennung zwischen diesen zwei Kategorien ist jedoch nicht eindeutig. Für die Herstellung neuer Produkte muß häufig auch der Produktionsprozeß geändert werden, und eine Verbesserung des Produktionsverfahrens kann gleichzeitig die Erhöhung der Produktqualität zur Folge haben.[52] Außerdem bedeuten Produktinnovationen bei intermediären Gütern, die selbst Produktionsfaktoren für die darauf aufbauende Produktion sind, für die nachgelagerten Wirtschaftszweige eine Prozeßinnovation.[53] Eine neuartige computergesteuerte Werkzeugmaschine ist aus Sicht des Werkzeugmaschinenherstellers eine Produktinnovation, aus Sicht des Anwenders, der damit z.B. kostengünstiger Motorenteile herstellen kann, ist es allerdings eine Prozeßinnovation.

Diese Untersuchung konzentriert sich auf den Aspekt der Produktinnovationen, wobei ein Schwerpunkt auf die Bedeutung von Anbietern und Abnehmern gelegt wird. Der Aspekt der Prozeßinnovationen ist insofern Gegenstand der Untersuchung, als daß auch Produkte, die über den Markt gehandelt werden und in nachfolgenden Produktionsprozessen eine Prozeßinnovation darstellen, betrachtet werden. Nicht untersucht werden innerbetriebliche Prozeßinnovationen, die nicht mit einer marktmäßigen Transaktion verbunden sind.

In dieser Untersuchung wird ein besonderes Augenmerk auf den Aspekt der Unsicherheit gelegt, welche bei den am Diffusionsprozeß beteiligten Akteuren existiert. In der Literatur werden üblicherweise zwei Unsicherheitssituationen

---

50 Vgl. Gierl (1987), S.28.
51 Vgl. Ott (1992), S. 964.
52 Vgl. Fels / Schmidt (1984), S. 86.
53 Vgl. Utterback (1977), S. 16.

unterschieden, die Situation der Ungewißheit und die Situation des Risikos.[54] Sind dem betrachteten Wirtschaftssubjekt objektive oder subjektive Wahrscheinlichkeiten der möglichen Konsequenzen seiner Aktionen bei verschiedenen Umweltzuständen bekannt, so spricht man in der Regel von einer Risikosituation. Sind keine Wahrscheinlichkeiten anzugeben, so liegt eine Ungewißheitssituation vor. Eng verbunden mit dem Begriff der Unsicherheit ist der Informationsbegriff. Informationen dienen dazu, Unsicherheit zu verringern. Inwieweit eine Verringerung der Unsicherheit möglich und sinnvoll ist, hängt davon ab, ob Informationen überhaupt verfügbar sind, und welche Kosten bei der Informationsbeschaffung anfallen. Im Idealfall der vollständigen Information existiert keine Unsicherheit.[55]

Formal wird Risiko in der sogenannten Informationsökonomik als Wahrscheinlichkeitsverteilung zukünftiger Zustände beschrieben, die vom Ausmaß und der Verteilung von Informationen beeinflußt wird. Informationen können daher als dynamische Größen aufgefaßt werden, die dazu dienen, die Wahrscheinlichkeitsverteilungen zu ändern bzw. zu korrigieren.[56] Damit grenzt sich die Informationsökonomik zur sogenannten Ungewißheitsökonomie[57] ab, bei der angenommen wird, daß die Wirtschaftssubjekte die Unsicherheit als gegeben hinnehmen und nicht in der Lage sind, diese durch Informationsaufnahme zu verringern.

Das Vorliegen von Unsicherheit bei den Anbietern und potentiellen Abnehmern von neuen Produkten ist vor allem auf zwei Ursachen zurückzuführen. Zum einen ist sowohl die Beschaffung als auch die Verwertung der Informationen mit Kosten, den sogenannten Transaktionskosten, verbunden. Vielfach ist eine vollständige Beschaffung und Verwertung von Informationen auch gar nicht möglich, d.h. die Kosten sind prohibitiv hoch. Dies kann durch das Nichtvorhandensein der betreffenden Informationen bzw. durch die Unvorhersehbarkeit bestimmter Ereignisse begründet sein. Zum zweiten ist auch die begrenzte Leistungsfähigkeit des menschlichen Gehirns, alle vorhandenen Informationen zu begreifen und zu verarbeiten, dafür verantwortlich, daß Unsicherheit bestehen

---

54 Vgl. Bamberg / Coenenberg (1994), S. 22.

55 Vgl. Bamberg / Coenenberg (1994), S. 18ff.

56 Vgl. z.B. Schmitz (1997), S. 18 und die dort angegebene Literatur.

57 Es sei darauf hingewiesen, daß der Begriff Ungewißheitsökonomie nicht in direktem Zusammenhang mit dem oben dargelegten Verständnis der Ungewißheit steht. Im Rahmen der Ungewißheitsökonomie werden sowohl Situationen der Ungewißheit als auch des Risikos untersucht. Vgl. Adler (1994) S. 13ff.

kann. Diese Form der Unsicherheit, die sich durch die beschränkte Rationalität des Menschen ergibt, wird auch als Komplexität bezeichnet.[58]

Es kann also festgestellt werden, daß das Vorliegen von Transaktionskosten und begrenzter Rationalität zu unvollständigen Informationen und damit zu Unsicherheit führt. Das Ausmaß der unvollständigen Information ist jedoch im Regelfall nicht bei jedem Wirtschaftssubjekt einer Marktseite identisch, sondern es ist davon auszugehen, daß die einzelnen Individuen über ein unterschiedliches Maß an Informationen verfügen. Diese ungleiche Informationsverteilung bei den Wirtschaftssubjekten kann vor allem durch drei Ursachen bedingt sein. Zum einen können unterschiedliche Einkommens- und Vermögensverteilungen dazu führen, daß die mit Kosten verbundenen Informationen nicht gleichmäßig verteilt werden. Zum zweiten ist auch eine ungleiche Bewertung des Gutes Information bzw. ein ungleicher Nutzengewinn durch die erhaltenen Informationen denkbar. Beispielsweise wird der Nutzen aus dem Erwerb von Informationen durch Steuerberatung bei einem Individuum mit hohem Einkommen größer sein als bei einem schlecht verdienenden Steuerzahler. Zum dritten sind auch die Kosten der Informationsbeschaffung und die Fähigkeit zur Informationsverarbeitung nicht für alle Wirtschaftssubjekte gleich. Während einige Wirtschaftssubjekte z.B. fast kostenlos an bestimmte Informationen kommen können und über die geistigen Fähigkeiten verfügen, eine relativ große Anzahl von Informationen einfach verarbeiten zu können, kann die Beschaffung und Verarbeitung dieser Informationen für andere mit sehr hohen Kosten verbunden sein bzw. aufgrund der begrenzten Rationalität des Wirtschaftssubjektes unmöglich sein.[59]

Gegenstand dieser Untersuchung sind umweltfreundliche, hochwertige Gebrauchsgüter. Diese Formulierung beinhaltet zwei Aspekte, die im folgenden geklärt werden sollen: Zum einen stellt sich die Frage, wann ein Gut als umweltfreundlich bezeichnet werden kann. Weiterhin muß geklärt werden, was hier unter einem "hochwertigen Gebrauchsgut" verstanden wird.

Im allgemeinen wird ein Gut dann als umweltfreundlich bezeichnet, wenn es im Vergleich zu anderen Produkten, die den gleichen bzw. einen ähnlichen Zweck erfüllen, weniger Umweltbelastungen verursacht. Diese Definition wirft allerdings mehrere Probleme auf. Zum einen existieren praktische Meß- und Bewertungsprobleme. Zur Beurteilung der Umweltfreundlichkeit eines Produktes ist es

---

58 Vgl. Picot / Dietl (1990), S. 179.

59 Vgl. Weise / Brandes / Eger / Kraft (1991), S. 180f.

notwendig, alle Umwelteinflüsse zu bewerten, die bei der Produktion und beim Konsum dieses Gutes entstehen. D.h. es ist die Erfassung aller Umwelteinflüsse notwendig, die in den Lebensphasen Vorproduktgewinnung, Herstellung, Transporte, Verwendung, Reparatur/Wartung und Beseitigung des Produktes auftreten.[60] Es ist leicht einsehbar, daß eine solche exakte Erfassung beispielsweise aufgrund unbekannter Herkunft der Vorprodukte, unterschiedlicher Verwendungsweisen oder unterschiedlicher Beseitigungsverfahren kaum möglich sein wird. Ein weiteres praktisches Bewertungsproblem besteht, wenn eine Innovation zwar dazu führt, daß die Belastung einer Umweltressource verringert wird, allerdings gleichzeitig eine andere Umweltressource höher belastet wird. Dieses Bewertungsproblem tritt beispielsweise häufig auf, wenn durch die öffentliche Diskussion oder durch gesetzliche Regelungen eine umweltbelastende Substanz durch Ersatzstoffe substituiert wird. Eine Bewertung, welche Umweltbelastung als gravierender anzusehen ist, ist oft nur mit großen Schwierigkeiten durchzuführen und kann sich im Zeitablauf, beispielsweise durch neue Forschungsergebnisse, politische Veränderungen oder auftretende Veränderungen der Bedingungen der natürlichen Umwelt, wandeln.

Unabhängig von den praktischen Meß- und Bewertungsproblemen bereitet weiterhin auch die theoretische Bestimmung, ob eine Innovation als umweltfreundlich bezeichnet werden kann, erhebliche Schwierigkeiten. Wie sollen beispielsweise Innovationen eingeordnet werden, die zwar dazu beitragen, daß die Belastungen pro Outputeinheit verringert werden, aber z.B. gleichzeitig die Konsummöglichkeiten so erhöhen, daß insgesamt die Umweltbelastung steigt? Ist es z.B. eine umweltfreundliche Innovation, wenn Großraumflugzeuge entwickelt werden, die Energieverbrauch und Schadstoffausstoß pro beförderten Passagier erheblich absenken helfen, aber gleichzeitig dazu beitragen, daß der Luftverkehr soweit ausgedehnt wird, daß insgesamt Energieverbrauch und Schadstoffbelastung durch den Luftverkehr ansteigen? Trotz dieser Problematik soll in dieser Untersuchung dennoch die Festlegung getroffen werden, daß unter einem neuen umweltfreundlichen Gut eine solche Neuerung verstanden wird, bei der die auf den Output bezogene Gesamtheit der Umweltbelastungen, die in allen Lebensphasen des Gutes auftreten, im Vergleich mit den bisherigen für diesen Zweck verwendeten Gütern geringer ist.

---

[60] Vgl. Türk (1990), S. 36ff.

Unter einem Gebrauchsgut bzw. einem langlebigen Wirtschaftsgut wird ein materielles Produkt verstanden, das im Regelfall viele Verwendungseinsätze überdauert[61], wie z.B. ein Kühlschrank oder ein Personenkraftwagen. Allerdings ist die Kategorie "Gebrauchsgüter" in sich relativ heterogen - ihr gehören beispielsweise auch Güter an, wie billige Kugelschreiber oder billige Haushaltsgerätschaften, die in ihrer Bedeutung für den Haushalt sowie bei der Betrachtung des Entscheidungsvorganges beim Kauf kaum von Verbrauchsgütern zu unterscheiden sind. Diese Untersuchung konzentriert sich auf hochwertige Gebrauchsgüter. Darunter werden solche Güter verstanden, deren Preis so hoch liegt, daß eine Anschaffung bei einem durchschnittlichen Haushalt nicht aus dem monatlichen Haushaltsetat erfolgt, sondern durch die Auflösung von Ersparnissen bzw. durch eine Kreditaufnahme finanziert wird. Beim Kaufprozeß wird es sich demzufolge in der Regel um einen überlegten, geplanten Vorgang handeln.

Insbesondere bei solchen Gebrauchsgütern treten die schon beschriebenen erheblichen Probleme bei der Ermittlung der Umwelteinwirkungen auf. Beispielsweise sind die Umweltbelastungen, die bei der Verwendung eines Personenkraftwagens entstehen, in einem beträchtlichen Ausmaß vom Verwendungsverhalten abhängig, d.h. wie oft und in welcher Art und Weise der Pkw genutzt wird. Zudem müssen die Umwelteinwirkungen, die bei der Reparatur und Wartung anfallen, berücksichtigt werden. Aufgrund der im Regelfall größeren Komplexität bei Gebrauchsgütern besteht auch ein größerer Aufwand bei der Produktbeseitigung. So können einzelne Baugruppen wieder- oder weiterverwendet werden, und es müssen die noch vorhandenen Betriebsstoffe entsorgt werden. Als Beispiele für umweltfreundliche, hochwertige Gebrauchsgüter können Solaranlagen zur Warmwasserbereitung, Photovoltaikanlagen, besonders energiesparende Heizungsanlagen, umweltfreundliche Haushaltsgeräte wie energie- und wassersparende Waschmaschinen, energiesparende und mit umweltfreundlichen Kühlmittel arbeitende Kühlschränke und umweltfreundliche Kraftfahrzeuge, wie Elektrofahrzeuge oder das "3-Liter-Auto", genannt werden.

---

[61] Vgl. Kotler / Bliemel (1992), S. 625.

2 Systematisierung und Darstellung von Ansätzen der wirtschaftswissenschaftlichen Diffusionsforschung

2.1 Überblick

Aufgrund der Vielzahl von Vorgängen, die der Begriff der Diffusion umfaßt - man denke z.B. an die bereits angesprochene Ausbreitung von Bakterien oder die Ausbreitung von Wissen in einer Gesellschaft, werden Diffusionsphänomene in den unterschiedlichsten wissenschaftlichen Disziplinen analysiert. In den Sozialwissenschaften sind erste Ansätze der Diffusionsforschung zu Beginn dieses Jahrhunderts vor allem mit anthropologischen Themenstellungen vorgenommen worden. Solche Ansätze befassen sich z.B. mit dem Einfluß der Verbreitung der Pferdenutzung auf die indianische Kultur Nordamerikas[62] oder mit der Ausbreitung des Katholizismus.[63]

Die Spannweite der heutigen sozialwissenschaftlichen Diffusionsforschung reicht von der Untersuchung der Ausbreitung von Informationen, wie beispielsweise der Nachricht vom Attentat auf Kennedy[64], bis hin zu den genannten anthropologischen Fragestellungen.[65]. Eine erstmalige systematische Zusammenfassung aller bis dahin veröffentlichten Ansätze, Hypothesen und Erkenntnisse der Diffusionstheorie wurde 1962 von Rogers vorgenommen.[66] Dieses Werk wurde bisher viermal aktualisiert und neu aufgelegt - zuletzt 1995[67] - und gilt als das Grundlagenwerk der Diffusionstheorie. Tabelle 2-1 zeigt das von Rogers ermittelte Ausmaß der verschiedenen sozialwissenschaftlichen Forschungsrichtungen. Bis auf wenige Ausnahmen[68] begannen die Wirtschaftswissenschaften erst relativ spät - nämlich zu Beginn der sechziger Jahre - damit, Diffusionsprozesse zu untersuchen.[69]

---

62 Vgl. Wissler (1914).

63 Vgl. Hawley (1946).

64 Vgl. Greenberg (1964), S. 225ff.

65 Weitere Beispiele für solche Fragestellungen sind die Untersuchung gesamtwirtschaftlicher und soziologischer Auswirkungen der Ausbreitungen neuer Technologien, wie z.B. bei der Diffusion der Stahlaxt im bis dahin steinzeitlichen Australien (Vgl. Sharp (1952)) oder bei dem Einfluß von Schneemobilen auf die arktische Gesellschaft (Vgl. Pelto (1973)).

66 Vgl. Rogers (1962).

67 Vgl. Rogers (1995).

68 Vgl. z.B. Whyte (1954), S. 140-143 und S. 204-212, Meyersohn / Katz (1957), S. 594-601.

69 Vgl. z.B. Arrow (1962), Schön (1963).

Diffusionsforschungstradition	**Anzahl der Veröffentlichungen (in % aller Veröffentlichungen)**	**Beispiele für untersuchte Innovationen**
1. Anthropologie	141 (4 %)	Technologische Ideen (Stahlaxt, das Pferd, Wasser abkochen)
2. frühe Soziologie	10 (--)	Stadtrat, Briefmarken
3. Agrarsoziologie	845 (22 %)	landwirtschaftliche Ideen (Unkrautvernichtungsmittel, gemischtes Saatgut, Düngemittel)
4. Bildungswesen	359 (9 %)	Unterrichten/Lernen von Innovationen (Kindergärten, moderne Mathematik, programmierter Unterricht, Gruppenunterricht)
5. öffentliches Gesundheitswesen, medizinische Soziologie	277 (7 %)	medizinische und gesundheitliche Neuerungen (Arzneimittel, Impfungen, Familienplanung, AIDS-Vorbeugung)
6. Kommunikation	484 (12 %)	Nachrichten, technologische Innovationen
7. Marketing und Management	585 (15 %)	neue Produkte (eine Kaffeemarke, Tastentelefon, Kleidermoden)
8. Geographie	160 (4 %)	technologische Innovationen
9. allgemeine Soziologie	322 (8 %)	eine große Vielfalt von Ideen
10. allg. Volkswirtschaftslehre	144 (5 %)	technologische Innovationen
11. andere Forschungstraditionen	563 (14 %)	
Insgesamt	3.890 (100 %)	

Tabelle 2-1: Die Diffusionsforschung in den einzelnen Forschungstraditionen

(Quelle: Rogers (1995), S. 42f. (aus dem Englischen übersetzt und leicht verändert))

Wie aus Tabelle 2-1 zu erkennen ist, wird die wirtschaftswissenschaftliche Diffusionsforschung bisher von betriebswirtschaftlichen Fragestellungen aus dem Bereich Marketing und Management dominiert. Die volkswirtschaftlich orientierte Diffusionsforschung nimmt dagegen eine kleinere Rolle ein. Es ist jedoch festzustellen, daß Untersuchungen mit volkswirtschaftlichen Fragestellungen seit Beginn der achtziger Jahre zunehmen.[70] Rogers zählte die volkswirtschaftliche Diffusionsforschung noch in der 3. Auflage seines Werkes "Diffusion

[70] Vgl. Rogers (1995), S. 88.

of Innovations" aus dem Jahr 1983 nicht zu den bedeutenden Forschungstraditionen.[71] Auch Kortmann kommt noch 1995 zu dem Schluß, daß bis dahin von einer volkswirtschaftlichen Diffusionsforschung kaum gesprochen werden kann.[72]

Für eine systematische Darstellung der wirtschaftswissenschaftlichen Ansätze der Diffusionsforschung, wie sie in diesem Kapitel vorgenommen werden soll, bietet sich zunächst die Unterscheidung zwischen betriebswirtschaftlichen und volkswirtschaftlichen Forschungsansätzen an. Diese Zweige der wirtschaftswissenschaftlichen Diffusionsforschung unterscheiden sich vor allem durch die unterschiedlichen Zielsetzungen. Wesentliche Ziele der betriebswirtschaftlichen Diffusionsforschung sind die Bestimmung und Analyse der Einflußgrößen auf den Diffusionsprozeß sowie die Vorherbestimmung des Verlaufs des Absatzes neuer Produkte, um damit die Durchsetzung der Neuerungen zu verbessern und unternehmerische Entscheidungen hinsichtlich Produkt- und Produktionsplanung auf eine hinreichend sichere Basis zu stellen.[73] Damit ist die betriebswirtschaftliche Diffusionsforschung vor allem von Fragen der Marketinglehre dominiert. Die Volkswirtschaftslehre untersucht die Diffusion vornehmlich mit dem Ziel, ein prinzipielles Verständnis wirtschaftlicher Entwicklungsvorgänge zu bekommen, um daraus wirtschaftspolitische Konsequenzen ableiten zu können.

Die betriebswirtschaftlichen Ansätze der Diffusionsforschung lassen sich weiter untergliedern nach den grundlegenden Fragestellungen. Böcker / Gierl[74] teilen die betriebswirtschaftlichen Fragestellungen in drei Grundtypen ein. Diese Systematisierung der Fragestellungen soll auch hier für die Beschreibung der betriebswirtschaftlichen Ansätze der Diffusionsforschung verwendet werden. Als ersten Grundtyp nennen Böcker / Gierl die Fragestellung, wie schnell sich neue Produkte in bestimmten Populationen ausbreiten. Die Ausbreitungsprozesse werden anhand von einem oder mehreren Indikatoren quantitativ dargestellt. Diese modellhafte Beschreibung des Prozesses stellt eine Grundlage für die weitere Untersuchung und Prognose von Ausbreitungsprozessen dar. Zum zweiten wird die Frage nach den Einflußgrößen, welche die Diffusionsgeschwindigkeit bzw. den Diffusionsverlauf neuer Produkte bestimmen, untersucht. Die dritte Frage, die sich stellt, ist die nach den möglichen Maßnahmen, die zu ergreifen sind, um Diffusionsverläufe in einer gewünschten Form ablaufen zu

---

71 Vgl. Rogers (1983), S. 45.
72 Vgl. Kortmann (1995), S. 37.
73 Vgl. Kortmann (1995), S. 36.
74 Vgl. Böcker / Gierl (1987), S. 686f.

lassen. Die Beantwortung dieser Frage dient vor allem zur fundierten Gestaltung der Absatzpolitik. Die einzelnen dargestellten Fragestellungen bauen aufeinander auf, beispielsweise wird die modelltheoretische Darstellung des Diffusionsprozesses mit dem Ziel einer Ableitung von absatzpolitischen Maßnahmen zur Beeinflussung des Diffusionsprozesses vorgenommen. Betriebswirtschaftliche Untersuchungen zur Diffusion von neuen Produkten befassen sich daher in der Regel nicht ausschließlich mit einer der genannten Fragestellungen, sondern mit mehreren.

Die grundlegenden Ansätze der volkswirtschaftlichen Diffusionsforschung können in einer ähnlichen Weise wie die betriebswirtschaftlichen Ansätze der Diffusionsforschung systematisiert werden. Insgesamt lassen sich vier grundlegende volkswirtschaftliche Fragestellungen unterscheiden. Zunächst stellt sich auch für Volkswirte die Frage, wie schnell sich Innovationen in bestimmten Volkswirtschaften ausbreiten, und wie sich diese Ausbreitungsvorgänge quantitativ darstellen lassen. Unterschiede zur betriebswirtschaftlichen Diffusionsforschung liegen vor allem darin begründet, daß tendenziell eher Basisinnovationen untersucht werden, und daß die Frage der horizontalen Diffusion bestimmter Technologien in andere Branchen stärker betont wird. Zweitens stellt sich auch für die volkswirtschaftliche Diffusionsforschung die Frage nach den Einflußgrößen auf den Diffusionsprozeß, wobei im Vergleich zur betriebswirtschaftlichen Diffusionsforschung neben den einzelwirtschaftlichen Determinanten verstärkt auch die Marktstruktur, Aktionen des Staates und ähnliche Einflußgrößen untersucht werden. Auch die dritte Frage nach möglichen Maßnahmen, die zu ergreifen sind, um Diffusionsprozesse in gewünschter Weise ablaufen zu lassen, stellt sich für die Volkswirtschaftslehre. Übertragen auf den volkswirtschaftspolitischen Blickwinkel kann mit den Ergebnissen solcher Untersuchungen die Frage nach dem geeigneten Einsatz wirtschaftspolitischer Instrumente zur Förderung bestimmter Neuerungen beantwortet werden. Während bei betriebswirtschaftlichen Fragestellungen sich die Motivation zur Diffusionsbeeinflussung durch die unternehmerischen Ziele erklärt, stellt sich in volkswirtschaftlichen Untersuchungen auch die Frage, warum der Staat aktiv in den Diffusionsprozeß eingreifen sollte. Die Antwort darauf kann mit gewünschten oder unerwünschten gesamtwirtschaftlichen Konsequenzen der Diffusion bestimmter Innovationen begründet werden. Mit diesen Konsequenzen befaßt sich auch die vierte volkswirtschaftliche Fragestellung, nämlich die, welcher Zusammenhang zwischen der Ausbreitung von Innovationen und der gesamtwirtschaftlichen Entwicklung besteht. Hier stehen insbesondere die Konsequenzen für das wirtschaftliche Wachstum im Zentrum der Untersuchungen, es werden aber auch die möglichen Umweltauswirkungen von Innovationen analysiert. Auch die ungekehrte Fragestellung, nämlich die Auswirkungen der gesamtwirtschaftlichen

Entwicklung auf die Diffusion von Innovationen, wird in der volkswirtschaftlichen Diffusionsforschung behandelt.

Wie bei den betriebswirtschaftlichen Untersuchungen kann auch für die volkswirtschaftlichen Analysen zur Diffusion von Innovationen die Feststellung getroffen werden, daß sie sich zumeist mit mehreren der dargestellten Fragestellungen befassen und daher mehreren der beschriebenen Ansätze zuzuordnen sind. Eine eineindeutige Systematisierung erscheint bei der Vielzahl der unterschiedlichen Ansätze der wirtschaftswissenschaftlichen Diffusionsforschung auch kaum möglich. In Abbildung 2-1 ist noch einmal überblicksartig die im folgenden Kapitel zugrundegelegte Systematisierung der wirtschaftswissenschaftlichen Ansätze der Diffusionsforschung dargestellt.

Wirtschaftswissenschaftliche Diffusionsforschung

Betriebswirtschaftliche Ansätze	**Volkswirtschaftliche Ansätze**
Fragestellungen: • Beschreibung, Analyse und Prognose von Diffusionsprozessen mit Hilfe numerischer Ansätze • Ermittlung und Analyse von Einflußgrößen auf den Diffusionsprozeß • Ableitung absatzpolitischer Maßnahmen zur Beeinflussung des Diffusionsprozesses	**Fragestellungen:** • Beschreibung, Analyse und Prognose von Diffusionsprozessen mit Hilfe numerischer Ansätze • Ermittlung und Analyse von Einflußgrößen auf den Diffusionsprozeß • Ableitung und Begründung staatlicher Maßnahmen zur Beeinflussung des Diffusionsprozesses • Untersuchung des Zusammenhangs zwischen gesamtwirtschaftlicher Entwicklung und der Diffusion von Innovationen
Schwerpunkte der Untersuchung: vertikale Diffusion von • einzelnen Konsumgütern • einzelnen Investitionsgütern	**Schwerpunkte der Untersuchung:** vertikale und horizontale Diffusion von • Prozeßinnovationen • Produktkategorien

Abbildung 2-1: Systematisierung der wirtschaftswissenschaftlichen Ansätze der Diffusionsforschung nach Fragestellungen

Während sich betriebswirtschaftliche Analysen des Diffusionsprozesses aufgrund der oben beschriebenen Zielsetzung häufig auf die vertikale Diffusion beschränken, und die betrachteten Innovationen vielfach einzelne Konsum- oder Investitionsgüter sind,[75] steht bei volkswirtschaftlichen Untersuchungen öfter auch die horizontale Diffusion, insbesondere von Prozeßinnovationen oder ganzer Produktkategorien, im Zentrum der Analyse.[76]

Der Aufbau des 2. Kapitels gestaltet sich wie folgt: Aufgrund des größeren Ausmaßes der betriebswirtschaftlichen Diffusionsforschung wird zunächst in Abschnitt 2.2, nach den grundlegenden Fragestellungen gegliedert, ein Überblick über die wesentlichen Methoden und Ergebnisse der betriebswirtschaftlichen Diffusionsforschung gegeben. In Abschnitt 2.3 geschieht dies für die volkswirtschaftliche Diffusionsforschung, wobei besonders auf die Unterschiede zu den betriebswirtschaftlichen Ansätzen eingegangen wird. In Abschnitt 2.4 werden die Schlußfolgerungen gezogen, die sich aus der Analyse der Diffusionsliteratur für die vorliegende Untersuchung ergeben.

2.2 Die betriebswirtschaftliche Diffusionsforschung

2.2.1 Beschreibung, Analyse und Prognose von Diffusionsprozessen mit Hilfe numerischer Modelle

Als eine erste Gruppe von betriebswirtschaftlichen Ansätzen der Diffusionsforschung können solche Arbeiten genannt werden, die sich mit der numerischen Darstellung real ablaufender Ausbreitungsprozesse von Innovationen befassen. Der s-förmige Verlauf von in der Realität auftretenden Diffusionsprozessen (vgl. Abschnitt 1.3) wird häufig auf einen Imitationsprozeß zurückgeführt. Dabei wird die These vertreten, daß die Wahrscheinlichkeit zur Übernahme der Neuerung mit zunehmendem Anteil der Adopter steigt, unter anderem weil dann die Informationen über die Existenz und die Eigenschaften der Neuerung einfacher zugänglich sind. D.h. die zunehmende Verbreitung einer Innovation wirkt diffusionsfördernd.[77] Das hat zunächst eine Vergrößerung der Diffusionsgeschwindigkeit zur Folge. Die Diffusionsgeschwindigkeit sinkt jedoch gegen Ende des Diffusionsprozesses wieder, weil die Zahl derjenigen potentiellen Adopter, welche die

[75] Vgl. z.B. Gierl (1987), Kaas (1973), Schmalen / Binninger / Pechtl (1993), Pechtl (1991).
[76] Vgl. z.B. Robinson (1965), Kortmann (1995), Mohr (1977).
[77] Z.B. durch eine zunehmende Bekanntheit der Innovation, durch die Wirkung positiver Erfahrungsberichte, etc.

Neuerung noch nicht übernommen haben, immer geringer wird. Im Endstadium der Diffusion, d.h. in der Phase, in der nahezu alle potentiellen Adopter die Neuerung übernommen haben, geht die Diffusionsgeschwindigkeit definitionsgemäß gegen Null.

Es stellt sich die Frage, wie sich solche Prozesse durch mathematische Modelle abbilden lassen. Diese Modelle werden insbesondere entwickelt, um den Absatzverlauf zu prognostizieren und damit eine Planungsgrundlage für unternehmerische Entscheidungen zu erhalten. Allerdings wird der bisherige Erfolg der Versuche zur mathematischen Modellierung von Diffusionsprozessen als eher gering eingeschätzt.[78] Trotzdem bzw. gerade deshalb beschäftigt sich der größte Teil der betriebswirtschaftlichen Diffusionsliteratur mit dieser Fragestellung. Aufgrund dieser herausragenden Stellung wird im folgenden ein Überblick über die Modellierungsansätze gegeben, wobei zunächst die Grundstruktur der sogenannten "klassischen Diffusionsmodelle" vorgestellt und bewertet wird. Im Anschluß daran wird kurz auf neue Ansätze der Diffusionsmodellierung eingegangen.

Die klassischen Diffusionsmodelle besitzen alle dieselbe Grundstruktur.[79] Sie besteht im wesentlichen aus folgenden zwei Komponenten, einer homogenen Bedarfslücke ($M-X_{t-1}$) und einer Kaufwahrscheinlichkeit h_t. Die homogene Bedarfslücke einer Periode t gibt die Menge der potentiellen Adoptoren an, welche die Neuerung bis zu dieser Periode noch nicht übernommen haben. Sie errechnet sich aus der Gesamtzahl der potentiellen Adoptoren (M) reduziert um die Anzahl der Adoptoren, die bis einschließlich der Periode t-1 die Neuerung schon übernommen haben (kumulierter Periodenabsatz X_{t-1}). Die Kaufwahrscheinlichkeit h_t gibt die Wahrscheinlichkeit an, mit der die "Noch-Nicht-Adopter" in der Periode t die Neuerung übernehmen. Somit ergibt sich aus dem Produkt von Kaufwahrscheinlichkeit und homogener Bedarfslücke der Periodenabsatz S_t. Es läßt sich demnach zusammenfassend formulieren:

$$S_t = h_t \cdot (M - X_{t-1}) \qquad \text{(Gleichung 2.1)}$$

mit: S_t = Periodenabsatz
X_{t-1} = kumulierter Periodenabsatz bis zur Periode t-1

78 Vgl. z.B. Klophaus (1996), S. 584f.
79 Wenn nicht anders erwähnt, richtet sich die Beschreibung der mikroökonömisch orientierten Diffusionsmodelle nach Schmalen / Binninger (1994), S. 5-11.

M	= Marktpotential
h_t	= Kaufwahrscheinlichkeit in der Periode t

Bei der Betrachtung von marginalen Veränderungen - also für eine Periodendauer, die gegen Null geht, ergibt sich aus Gleichung 2.1 die folgende Differentialgleichung:

$$\frac{dX_t}{dt} = h_t \cdot (M - X_t) \qquad \text{(Gleichung 2.2)}$$

mit:		
	$\frac{dX_t}{dt}$	= Änderung des Absatzes zum Zeitpunkt t
	X_t	= kumulierter Absatz bis zum Zeitpunkt t
	M	= Marktpotential
	h_t	= Kaufwahrscheinlichkeit zum Zeitpunkt t

Entscheidend für die Modellierung des Diffusionsverlaufs ist die Bestimmung der Kaufwahrscheinlichkeit.[80] Je nach Art der Formalisierung dieser Kaufwahrscheinlichkeit läßt sich die Differentialgleichung 2.2 lösen oder nicht lösen.[81] Allgemein gesprochen wird die Kaufwahrscheinlichkeit von diffusionsendogenen und diffusionsexogenen Einflußgrößen bestimmt. Diffussionsendogene Einflußgrößen sind Faktoren, die sich mit steigender Verbreitung einer Neuerung verändern, wie z.B. der interpersonelle Informationsaustausch über die Neuerung und der "soziale Übernahmedruck".[82] Zu den diffusionsexogenen Einflußgrößen auf die Kaufentscheidung, deren Wirkung sich mit steigender Verbreitung der Neuerung nicht ändert, zählen beispielsweise ökonomische Rahmenbedingungen und soziodemographische Merkmale.[83] Die Kaufwahrscheinlichkeit läßt sich somit als Funktion aller exogenen (v_t) und endogenen (z_t) Einflußgrößen darstellen:

80 In diesem Überblick soll nicht zwischen deterministischen und stochastischen Modellen unterschieden werden. Allerdings sei darauf hingewiesen, daß insbesondere bei kleinen Populationen und geringen Anfangswerten die Ergebnisse der wirklichkeitsnäheren stochastischen Modelle erheblich von denen der deterministischen Modelle abweichen. Allerdings wird die höhere Genauigkeit durch eine erhebliche Steigerung des mathematischen Schwierigkeitsgrades erkauft. Vgl. dazu: Bonus (1975), S. 54ff.

81 Eine Differentialgleichung heißt lösbar, wenn sich die betrachtete abhängige Variable explizit als Funktion einer (oder mehrerer) unabhängiger Variablen angeben läßt (hier X = f(t)).

82 Vgl. Pechtl (1991), S. 54f.

83 Vgl. z.B. Schünemann / Bruns (1985), S. 174, Pechtl (1991), S. 22.

$h_t = f(v_t, z_t)$ (Gleichung 2.3)

Die bisherigen Aussagen gelten im Prinzip für alle klassischen Diffusionsmodelle. Der wesentliche Unterschied zwischen den einzelnen Modellen liegt in der Operationalisierung der Gleichung 2.3.

Werden nur die diffusionsexogenen Einflußgrößen berücksichtigt, läßt sich ein einfaches Diffusionsmodell mit einer im Zeitablauf konstanten Kaufwahrscheinlichkeit (h_t =const.) aufstellen.[84] Da die homogene Bedarfslücke mit zunehmender Anzahl der Adopter immer kleiner wird, sinkt bei konstanter Kaufwahrscheinlichkeit auch der Periodenabsatz kontinuierlich, und zwar exponentiell. Der Diffusionsverlauf ist folglich in der Anfangsphase durch eine starke Zunahme der Anzahl der Adopter und damit durch eine hohe Diffusionsgeschwindigkeit gekennzeichnet. Die Diffusionsgeschwindigkeit schwächt sich im Zeitablauf immer mehr ab, so daß es zu einer asymptotischen Annäherung der Anzahl der Adopter an das Markpotential kommt (Abbildung 2-2). Dieses Modell liefert nur dann einen hinreichenden Erklärungsansatz, wenn schon bei der Produkteinführung eine starke Nachfrage vorhanden ist.

Wird hingegen angenommen, daß nur diffusionsendogene Faktoren die Diffusion beeinflussen, so läßt sich ein einfaches Diffusionsmodell aufstellen, indem die Kaufwahrscheinlichkeit als proportional zum Marktsättigungsgrad X_t/M angenommen wird, d.h. je größer die bisherige Verbreitung, desto höher wird die Kaufwahrscheinlichkeit. Dies kann beispielsweise damit begründet werden, daß die Innovation immer mehr potentiellen Adoptern bekannt wird und der soziale Druck zur Übernahme anwächst.[85] Dieser sogenannte logistische Ansatz führt zu einem wie in der Abbildung 1-1 dargestellten idealtypischen s-förmigen Diffusionsverlauf.

---

84 Die sich ergebene Differentialgleichung $\frac{dX_t}{dt} = a \cdot (M - X_t)$ hat die Lösung $X_t = M - (M - X_0) \cdot e^{-at}$.

85 Beim logistischen Ansatz ergibt sich die Differentialgleichung $\frac{dX_t}{dt} = b \cdot \frac{X_t}{M} \cdot (M - X_t)$, welche die Lösung $X_t = M/(1 + (M - X_0)/X_0 \cdot e^{-bt})$ besitzt.

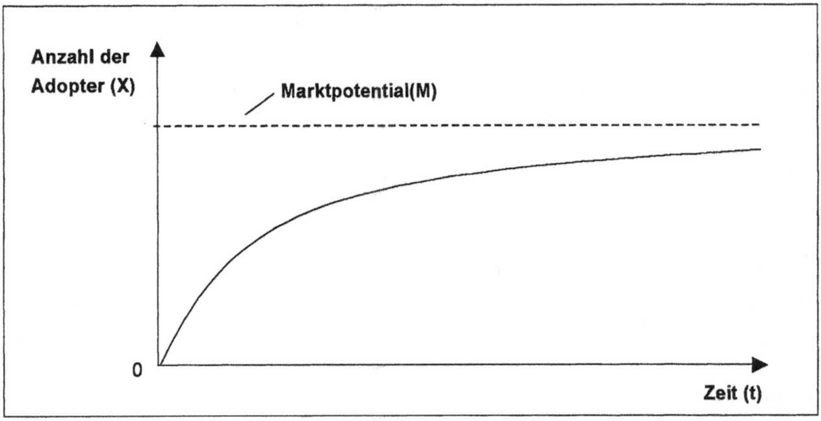

Abbildung 2-2: Diffusionsverlauf bei einem einfachen exponentiellen Diffusionsmodell

Der logistische Ansatz eignet sich eher als der exponentielle Ansatz, die real auftretenden Diffusionsverläufe zu erklären. Die im Zeitverlauf steigende Kaufwahrscheinlichkeit hat zunächst auch steigende Periodenabsätze zur Folge, die jedoch später durch die immer geringer werdende homogene Bedarfslücke wieder sinken. Die Modellannahmen führen allerdings zu einer starr symmetrischen Verteilung der Periodenabsätze. Dies steht im Widerspruch zu den in der Realität auftretenden asymmetrischen Diffusionsverläufen und kann somit als Schwäche dieses Modells angesehen werden. Als ein Ergebnis der logistischen Diffusionsmodellierung kann die hohe Bedeutung der endogenen Einflußfaktoren, wie der soziale Druck und die interpersonelle Kommunikation, für die Erklärung der real auftretenden Diffusionsverläufe herausgehoben werden.

Eine Modellformulierung, die in der Lage ist, auch asymmetrisch verteilte Periodenabsätze zu beschreiben, wurde von Bass entwickelt.[86] Viele der heute verwendeten Diffusionsmodelle basieren auf diesem Ansatz. Man spricht in diesem Fall auch von Modellen des Bass-Typs. Bei diesen Modellen wird die Kaufwahrscheinlichkeit folgendermaßen operationalisiert:

---

86 Vgl. Bass (1969).

$$h_t = a + b \cdot X_t / M \qquad \text{mit } 0 < h_t \leq 1$$

In dieser Gleichung werden die diffusionsexogenen Faktoren durch die Koeffizienten a und b abgebildet. Der Marktsättigungsgrad X_t/M spiegelt dagegen die Summe aller diffusionsendogenen Variablen wider. Je größer der Marktsättigungsgrad, desto höher wird die Kaufwahrscheinlichkeit. Dies kann beispielsweise durch den zunehmenden sozialen Druck oder auch durch Vorteile, die aus der Verbreitung entstehen, begründet werden. Wie stark die Kaufwahrscheinlichkeit von der Marktsättigung abhängt, wird durch den Koeffizienten b gesteuert. Die Kaufwahrscheinlichkeit im Bass-Modell kann als eine Mischung aus innovativem und imitativem Verhalten interpretiert werden. Ein Adopter verhält sich innovativ, wenn seine Kaufwahrscheinlichkeit unabhängig vom Marktsättigungsgrad ist. Bei Imitatoren erhöht sich dahingegen die Kaufwahrscheinlichkeit mit zunehmendem Marktsättigungsgrad.

In seiner originären Form stellt das Bass-Modell eine Kombination des exponentiellen Ansatzes und des logistischen Ansatzes dar. Im Vergleich zum rein exponentiellen und rein logistischen Ansatz ist das Bass-Modell jedoch wesentlich besser in der Lage, die real auftretenden Diffusionsabläufe abzubilden. Gegenüber komplexeren Diffusionsmodellen anderen Typs weist das Bass-Modell aufgrund seiner einfachen Struktur vor allem auch schätztechnische Vorteile auf. So lassen sich beispielsweise die Modellparameter a, b und M beim Vorliegen von ausreichend langen Zeitreihen über die bisherige Ausbreitung eines Produktes mathematisch relativ einfach bestimmen.[87] Allerdings wird die Realitätsnähe des Bass-Modells durch die mit der Modellformulierung implizit getroffenen Annahme einer homogenen Nachfragerschaft, d.h. die Kaufwahrscheinlichkeit wird für jeden potentiellen Adopter gleich hoch angenommen, eingeschränkt. In der Realität existieren jedoch verschiedene Adoptertypen, die sich durch ein mehr innovatives bzw. ein mehr imitatives Verhalten unterscheiden. Dieser Nachteil kann durch eine Erweiterung des Bass-Modells auf unterschiedliche Käufersegmente beseitigt werden.[88] Damit werden allerdings die Vorteile, die sich aus der einfachen Struktur des Bass-Modells ergeben, verringert. Gleiches gilt für die mittlerweile zahlreichen weiteren Modifikationen des Bass-Modells, die beispielsweise die Annahme der konstanten Parameter a

---

87 Vgl. Binninger (1993), S. 17.
88 Vgl. Binninger (1993) oder Schmalen / Binninger (1994).

und b sowie des konstanten Marktpotentials aufgeben.[89] Einen guten Überblick über die verschiedenen Ansätze der klassischen Diffusionsmodellierung bieten Gierl[90] sowie Mahajan / Muller / Bass.[91]

Beispielhaft für eine mögliche Prognose des Diffusionsverlaufes, die auf einem Bass-Modell beruht, kann eine Untersuchung von Berndt und Fantapié Altobelli zur Marktausbreitung von Bildschirmtext in der Bundesrepublik Deutschland genannt werden.[92] In dieser Untersuchung wird die Diffusion von Bildschirmtext im gewerblichen und im privaten Bereich getrennt voneinander modelliert und die daraus resultierenden Zahlen addiert. Das ursprüngliche Bass-Modell wird im Ablauf der Untersuchung schrittweise erweitert. In einem ersten Schritt wird jeweils das (konstante) Marktpotential M für den gewerblichen und privaten Bereich geschätzt. Auf Grundlage der empirischen Daten zur Ausbreitung von Bildschirmtext der Jahre 1981 bis 1988 werden dann die Parameter a und b des Bass-Modells mit Hilfe mathematischer Schätzverfahren ermittelt. In Abbildung 2-3 ist das Ergebnis dieser Prognose dargestellt (gepunktete Linie). Als eine erste Erweiterung des Modells wurde die Annahme des konstanten Marktpotentials aufgegeben und ein im Zeitablauf ansteigendes Marktpotential modelliert (gestrichelte Linie in Abbildung 2-3). Durch diese Erweiterung gelang es, die Anpassungsgüte des Diffusionsmodells an die empirischen Daten der Jahre 1981 bis 1988 etwas zu verbessern. Eine zusätzliche Modellvariation wurde durch die explizite Berücksichtigung des Preises vorgenommen. Modelltechnisch geschieht dies durch variable, vom Preis abhängige Modellparameter a und b. Vor allem für den Bereich der privaten Bildschirmtextnutzer konnte so die Anpassungsgüte des Modells erheblich verbessert werden, woraus zu schließen ist, daß insbesondere bei privaten Nutzern der Preis von besonderer Bedeutung für den Diffusionsverlauf ist.[93] In Abbildung 2-3 ist der mit Hilfe dieses Verfahrens von Berndt / Fantapié Altobelli prognostizierte Diffusionsverlauf dargestellt (durchgezogene Linie). Wie der Vergleich der verschiedenen Modellvarianten zeigt, ist das Prognoseergebnis in einem großen Ausmaß von der Art der Modellierung abhängig.

---

89 Vgl. z.B. Mahajan / Peterson (1978).
90 Vgl. Gierl (1987), S. 35ff.
91 Vgl. Mahajan / Muller / Bass (1990).
92 Vgl. Berndt / Fantapié Altobelli (1991).
93 Vgl. Berndt / Fantapié Altobelli (1991), S. 961ff.

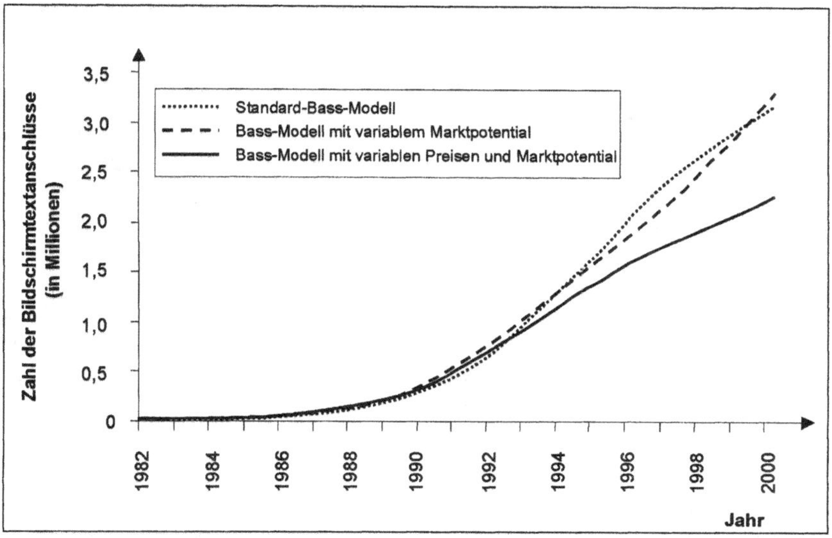

Abbildung 2-3: Prognose der Diffusion von Bildschirmtext in der Bundesrepublik Deutschland

(Quelle: Berndt / Fantapié Altobelli (1991) S. 963ff., eigene Berechnungen)

Nicht immer liegen ausreichend lange Zeitreihen vor, um die Modellparameter eines Diffusionsmodells mathematisch zu bestimmen. In solchen Fällen kommen als alternative Vorgehensweisen zur Bestimmung der Modellparameter vor allem Analogie- und Expertenschätzungen in Frage. Analogieschätzungen werden vorgenommen, indem die Diffusionsverläufe ähnlicher Produkte analysiert werden und daraus die Modellparameter für die Diffusion des neuen Produktes abgeleitet werden. Bei Expertenschätzungen werden die Modellparameter aus den Ergebnissen von Expertenbefragungen hinsichtlich des erwarteten Diffusionsverlaufs eines neuen Produktes abgeleitet.[94]

Die meisten der heute angewendeten Ansätze zur numerischen Diffusionsmodellierung beruhen auf dem dargestellten "klassischen" Ansatz mit der Formulierung der Kaufwahrscheinlichkeit als Funktion aller exogenen und endogenen

---

94 Vgl. Klophaus (1995a), S. 93.

rung der Kaufwahrscheinlichkeit als Funktion aller exogenen und endogenen Einflußgrößen. Trotz dieser Verbreitung existieren eine Reihe von zum Teil schwerwiegenden Kritikpunkten, die sich im wesentlichen in drei Gruppen zusammenfassen lassen. Zum ersten wird häufig die fehlende Abbildung der individuellen Lern- und Entscheidungsprozesse bemängelt.[95] Gierl stellt beispielsweise fest, daß bei der großen Mehrzahl aufgestellter Differentialgleichungsmodelle der Autor "nicht Verhaltenstheorien als Ausgangspunkt von Modellentwicklungen wählt, sondern für die formalen Modelle im nachhinein nach passenden Verhaltenstheorien sucht"[96].

Als ein zweiter Kritikpunkt an der "klassischen" Diffusionsmodellierung ist die fehlende Modellierung vieler Einflußgrößen zu nennen.[97] Wie im Laufe dieser Untersuchung noch gezeigt wird, existieren eine Vielzahl von exogenen und endogenen Einflußgrößen, die den Diffusionsprozeß beeinflussen können und die nur partiell in den klassischen Diffusionsmodellen abgebildet sind. Insbesondere Diffusionsmodelle, bei denen die exogenen Einflußgrößen als konstant angenommen werden, lassen durch die Annahme eines automatisch ablaufenden Diffusionsprozesses unberücksichtigt, daß die Diffusion durch Maßnahmen von außen zu beeinflussen ist.[98]

Der dritte wesentliche Kritikpunkt an der klassischen Diffusionsmodellierung betrifft die Prognosetauglichkeit.[99] Wie die empirischen Studien zeigen, sind die Modellparameter für unterschiedliche Produkte sehr verschieden,[100] so daß keine allgemeingültige Parameterbestimmung erfolgen kann. Das Verfahren der statistischen Ermittlung der Modellparameter aus vorhandenen Zeitreihen ist nur für Diffusionsprozesse geeignet, bei denen die Zeitreihe ausreichend lang ist - Heeler/Hustad gehen beispielsweise von mindestens zehn Jahren aus.[101] Eine frühzeitige Prognose des weiteren Diffusionsverlaufs bei gerade erst auf dem Markt erschienenen Produkten ist daher aufgrund der mit hoher Unsicherheit behafteten Bestimmung der Modellparameter kaum möglich. Als Beispiel für eine Fehlprognose, die u.a. auf eine zu kurze Zeitreihe zurückzuführen ist, kann die

95 Vgl. z. B. Klophaus (1995a), S. 89ff. , Bonus (1975), S. 55.
96 Gierl (1987), S. 48.
97 Vgl. z.B. Gierl (1987), S. 253, Kemp (1997b), S. 79, Hesse (1987), S. 6, Rogers (1995), S. 83, Kaas (1973), S. 168.
98 Vgl. z.B. Böcker / Gierl (1988), S. 46, Gierl (1987), S. 107.
99 Vgl. z.B. Klophaus (1995a), S. 92f., Gierl (1987), S. 107f.
100 Vgl. z.B. Bass (1969).
101 Vgl. Heeler / Hustad (1980), S. 1013.

von Berndt / Fantapié Altobelli[102] vorgenommene Untersuchung zur Marktausbreitung von Bildschirmtext in der Bundesrepublik Deutschland genannt werden. Wie der Vergleich des prognostizierten Bestandes an Bildschirmtextanschlüssen mit dem tatsächlich realisierten Bestand zeigt, ist in den ersten fünf Jahren bis 1994 eine Abweichung von ca. 500.000 Anschlüssen aufgetreten, d.h. selbst mit Berücksichtigung eines variablen Marktpotentials und variablen Preisen lag die Prognose um 75 % über dem 1994 in der Bundesrepublik Deutschland tatsächlich erreichten Bildschirmtextbestand.[103]

Auch die Ermittlung der Modellparameter mittels Analogieschätzungen ist häufig nicht praktikabel. Oft kann überhaupt kein vergleichbares Produkt gefunden werden, oder es existieren keine empirischen Daten zum Diffusionsverlauf ähnlicher Produkte. Analogieschätzungen können auch versagen, weil sich andere wichtige Determinanten des Diffusionsprozesses, wie z.B. Konkurrenzbedingungen, Konjunkturlage, Konsumentenverhalten, geändert haben.[104] An der Methode der Parameterbestimmung mittels Expertenschätzungen kann die berechtigte Kritik geübt werden, daß sie einen Informationsstand der Experten über den Diffusionsverlauf voraussetzen, der eine Diffusionsmodellierung im Prinzip überflüssig macht.[105] In diesem Falle wäre es sinnvoller, aus Expertenbefragungen direkt eine Prognose zur weiteren Ausbreitung des Produktes abzuleiten, als den Umweg über die Modellierung des Diffusionsprozesses zu wählen.

Für die hier vorliegende Untersuchung sind die Ansätze und Ergebnisse der klassischen Diffusionsmodellierung nur eingeschränkt von Nutzen. Die hohe Bedeutung der interpersonellen Kommunikation und des sozialen Drucks kann als ein nützliches Ergebnis dieser Ansätze hervorgehoben werden. Da sich diese Untersuchung auf umweltfreundliche und hochwertige Gebrauchsgüter konzentriert, die neu am Markt eingeführt werden, ist eine Prognose des Diffusionsverlaufs mit den numerischen klassischen Diffusionsmodellen aufgrund der nicht vorhandenen Zeitreihen kaum möglich. Auch Experten- und Analogieschätzungen der Modellparameter werden in der Regel nicht praktikabel sein. Dies ist vor allem durch die insbesondere bei umweltfreundlichen Produkten existierende Unsicherheit begründet, welche sowohl auf individueller Ebene - z.B. durch

102 Vgl. Berndt / Fantapié Altobelli (1991).
103 Vgl. Klophaus (1996), S. 985f.
104 Vgl. Hesse (1987), S. 156.
105 Vgl. Klophaus (1995a), S. 93.

unbekannte Umweltauswirkungen eines Produktes - als auch hinsichtlich möglicher Umweltveränderungen oder staatlicher Aktivitäten besteht.

Um die beschriebenen Schwierigkeiten und Nachteile der klassischen Diffusionsmodellierung zu vermeiden, wurden weitere Ansätze zur Modellierung des Diffusionsprozesses von Innovationen entwickelt. Dies sind im wesentlichen Ansätze, bei denen die individuellen Lern- und Entscheidungsprozesse abgebildet werden.[106] Gewöhnlich wird hier ein rationales oder beschränkt rationales Lern- und Entscheidungsverhalten der potentiellen Adopter angenommen. So kann beispielsweise eine Entscheidungssituation modelliert werden, in welcher der potentielle Adopter vor der Wahl steht, das neue Produkt zu kaufen oder abzuwarten und damit die Möglichkeit zu haben, weitere Informationen über das Produkt zu erhalten. Die Produktqualität ist für den potentiellen Adopter mit einer gewissen Unsicherheit behaftet. Es ist also lediglich die Ermittlung eines Erwartungswertes der Produktqualität möglich. Die Unsicherheit kann durch weitere Informationen beeinflußt werden. Durch die Informationsaufnahme kann also ein Lernprozeß stattfinden, der eine Verringerung der Unsicherheit und eine Änderung der Einstellung zum Produkt zur Folge hat. Übersteigt der Erwartungswert der Produktqualität einen kritischen Wert, so entschließt sich der potentielle Adopter zum Kauf. Über die Modellierung des dargestellten Lernprozesses kann der individuelle Zeitpunkt der Adoption ermittelt werden. Der Diffusionsprozeß läßt sich damit durch die Aggregation der individuellen Adoptionsprozesse abbilden. Diese Art von Diffusionsmodellen ist bis heute allerdings noch nicht soweit entwickelt, daß sie sich zur Prognose eignen würde.[107] Für diese Untersuchung ist vor allem die grundsätzliche Bedeutung von Informationen für den Lern- und Adoptionsprozeß sowie deren modelltheoretische Behandlung als Variable, welche die Unsicherheit hinsichtlich der Produktqualität beeinflußt, von Bedeutung und wird daher in Abschnitt 4.4.2 aufgegriffen werden.

Ein weiterer beachtenswerter Ansatz zur Modellierung von Diffusionsprozessen, bei dem eine relativ hohe Anzahl von den Diffusionsverlauf erklärenden Variablen berücksichtigt werden kann, ist von Gierl[108] entwickelt worden. In seiner empirischen Untersuchung von 22 Diffusionsverläufen stellt Gierl fest, daß

---

106 Vgl. z.B. Oren / Schwartz (1988), Roberts / Urban (1988), Chatterjee / Eliashberg (1990), Beggs (1993), Klophaus (1995b).

107 Vgl. Klophaus (1995a), S. 95ff.

108 Vgl. Gierl (1987).

je nach betrachtetem Produkt aus der Vielzahl der möglichen Variablen - insgesamt untersucht er 36 verschiedene Erklärungsvariablen - jeweils unterschiedliche als den Diffusionsverlauf erklärende Größen ermittelt werden können. Das Vorgehen Gierls eignet sich ebenso wie die "klassischen" Diffusionsmodelle kaum zur frühzeitigen Prognose von Diffusionsverläufen, da auch hier ausreichend lange Zeitreihen zur Verfügung stehen müssen. Zwar kann mit seinem Modell eine vergleichsweise hohe Abbildungsqualität erreicht werden, jedoch wird diese durch einen erhöhten Informationsbedarf hinsichtlich der Vielzahl der möglichen Erklärungsvariablen erkauft.

2.2.2 Ermittlung und Analyse der Einflußgrößen auf den Diffusionsprozeß

Während sich die im vorherigen Abschnitt dargestellten Ansätze zur numerischen Modellierung des Diffusionsprozesses eines Produktes in der Regel auf die Abbildung von wenigen Einflußgrößen auf die Diffusion beschränken, wird in anderen betriebswirtschaftlichen Untersuchungen die Ermittlung und Analyse der vielfältigen möglichen Faktoren, welche die Diffusion beeinflussen können, untersucht.[109] Beispiele für solche Faktoren sind die ablaufenden Kommunikationsprozesse zwischen den potentiellen Adoptern oder zwischen Anbietern und potentiellen Adoptern, Änderungen der Produktqualität, das Auftreten neuer Anbieter oder neuer Konkurrenzprodukte sowie Eingriffe des Staates.

Aufgrund der Vielzahl der möglichen Einflußgrößen auf den Diffusionsprozeß ist deren Systematisierung zur Verbesserung der Übersichtlichkeit und zur Offenlegung grundlegender Strukturen häufig ein erster Schritt der Analyse. Hierzu können unterschiedliche Systematisierungskriterien herangezogen werden. Einige in der Literatur verwendete gängige Systematisierungsansätze sind in Tabelle 2-2 dargestellt. Eine Möglichkeit (A) stellt die bereits erwähnte Unterscheidung zwischen diffusionsendogenen und diffusionsexogenen Einflußgrößen dar.[110]

---

109 Vgl. Böcker / Gierl (1987), S. 687.

110 Vgl. z.B. Schmalen (1993), Sp. 778 , Hesse (1987), S. 24, Bonus (1968), S, 10.

Systematisierungskriterium	Einteilung in Kategorien	Beispiele
A. Ändert sich die Wirkung der Einflußgrößen aufgrund der Änderung der Verbreitung?	1. Wirkung ändert sich (Diffu sionsendogene Einfluß größen) 2. Wirkung ändert sich nicht (Diffusionsexogene Einfluß größen)	1. Sozialer Druck, interpersonelle Kommunikation 2. Werbeanstrengungen, Preishöhe
B. Auf welche Variable im Diffusionsprozeß wirken sich die Einflußgrößen aus?	1. Einflußgrößen wirken auf das Diffusions-/Übernehmer potential *(Adoptions- bzw. Diffusionsvoraussetzungen)* 2. Einflußgrößen wirken auf die Schnelligkeit der Adoption bzw. auf den Übernahme impuls *(Diffusionsfaktoren)*	1. Kaufkraft der potentiellen Adopter/ Bekanntheit des Produktes 2. bisheriges Beschaffungsverhalten, Verfügbarkeit der zur Anschaffung notwendigen Mittel
C. Welcher Komponente des Diffusionssystems sind die Einflußgrößen zuzuordnen?	1. Abnehmersystem 2. Anbietersystem 3. Staat/Gesellschaft/natürliche Umwelt	1. Kommunikationsprozesse zwischen den potentiellen Abnehmern 2. Werbeaktivitäten der Anbieter 3. Staatliche Aktivitäten wie beispielsweise die Ein führung einer Ökosteuer

Tabelle 2-2: Ansätze zur Systematisierung von Einflußgrößen auf den Diffusionsprozeß

Ein weiterer Ansatz zur Systematisierung von Einflußgrößen auf den Diffusionsprozeß ist von Gierl[111] vorgenommen worden (B). Gierl unterscheidet Einflußgrößen, die auf das Diffusionspotential wirken und solche, welche die Geschwindigkeit des Adoptionsprozesses beeinflussen. Diejenigen Einflußgrößen, die Anzahl und Zeitpunkt des Eintritts von Wirtschaftssubjekten in den Adoptionsprozeß beeinflussen - also Auswirkungen auf das Diffusionspotential haben, werden von Gierl als Diffusionsvoraussetzungen bezeichnet. Beispielsweise hat die Bekanntheit des Produktes oder die vorhandene Kaufkraft Einfluß auf das Übernehmerpotential. Einflußgrößen, welche die Länge des Adoptionsprozesses bzw. die Stärke des individuellen Übernahmeimpulses beeinflussen, bezeichnet Gierl als Diffusionsfaktoren. Hierzu zählen beispielsweise das

[111] Vgl. z.B. Gierl (1987), S. 129ff.

bisherige Beschaffungsverhalten der potentiellen Adopter und die Verfügbarkeit der notwendigen Mittel zur Anschaffung.

Die Einflußgrößen auf die Diffusion von neuen Produkten können sich auch dadurch voneinander abgrenzen lassen, welcher Komponente des Diffusionssystems "Anbieter-Produkt-Adopter-Umweltgegebenheiten" sie zugeordnet werden können (C).[112] In Tabelle 2-2 ist eine mögliche Einteilung in drei Gruppen dargestellt. Zum ersten existieren Einflußgrößen, die im Abnehmersystem begründet sind, zum zweiten solche, die durch die Anbieter begründet sind und zum dritten Faktoren, die durch den Staat bzw. die Gesellschaft bedingt sind. Denkbar wäre auch, eine zusätzlich Gruppe von Einflußgrößen, die produktbedingt sind, zu betrachten, also z.B. die Vorteilhaftigkeit des Produktes gegenüber Alternativen. Ein solcher Ansatz zur Systematisierung der Einflußgrößen im Diffusionsprozeß von umweltfreundlichen und hochwertigen Gebrauchsgütern wird auch in Kapitel 4 dieser Untersuchung gewählt.

Je nach Fragestellung und Untersuchungsschwerpunkt sind weitere Systematisierungen von Einflußgrößen möglich. Vorstellbar wäre es beispielsweise, Einflußgrößen hinsichtlich der Möglichkeit zur Quantifizierung in quantitative und qualitative Einflußgrößen einzuteilen. Weiterhin sind auch Kombinationen der verschiedenen Systematisierungen denkbar; Böcker und Gierl[113] wählen z.B. eine Kombination der Systematisierungsansätze B und C. Allen vorgestellten Systematisierungsansätzen ist gemein, daß die Zuordnung einzelner Einflußgrößen aufgrund der komplexen Zusammenhänge bei der Diffusion von Neuerungen nicht immer ganz eindeutig und überschneidungsfrei erfolgen kann. Beispielsweise können Werbeanstrengungen der Anbieter sowohl auf die Bekanntheit eines Produktes und damit auf das Übernehmerpotential wirken als auch eine beschleunigende Wirkung auf die Diffusion ausüben und damit die Übernahmegeschwindigkeit beeinflussen.

Aufgrund der betriebswirtschaftlichen Zielsetzung konzentriert sich die Forschung vor allem auf Einflußgrößen, die durch das Abnehmersystem - also durch die potentiellen Adopter - bestimmt sind und auf Einflußgrößen, die vom Anbieter beeinflußbar sind, wie die absatzpolitischen Möglichkeiten des einzelnen Unternehmens. Im Rahmen dieses Überblicks über die Ansätze der Diffusionsforschung sollen im folgenden kurz diese Schwerpunkte der

---

112 Vgl. z.B. Schmalen (1993), Sp. 778ff., Hesse (1987), S. 25, Gierl (1987), S. 131.
113 Vgl. Böcker / Gierl (1987), S. 689.

betriebswirtschaftlichen Analyse der Einflußgrößen umrissen werden. Die ausführliche Beschreibung der für den zugrundeliegenden Untersuchungsgegenstand relevanten Einflußgrößen erfolgt in Kapitel 4.

Die Analyse der Einflußgrößen, die im Abnehmersystem begründet sind, wird im Rahmen der in Abschnitt 1.3 schon angesprochenen Adoptionsforschung durchgeführt. Es wird untersucht, welche Faktoren Einfluß auf die individuelle Adoptionsentscheidung haben und wie sie das Übernehmerpotential und die Adoptionsgeschwindigkeit beeinflussen. Als Einflußgrößen, welche als Voraussetzung für eine Adoption gelten können und somit das Übernehmerpotential bestimmen, kommen vor allem die individuellen Einsatzmöglichkeiten des Produktes, die Kaufkraft und die Erreichbarkeit durch die Kommunikation des Anbieters in Betracht. Die Adoptionsgeschwindigkeit wird nach Rogers vor allem von den wahrgenommenen Innovationseigenschaften, von der Art der Adoptionsentscheidung (individuell, kollektiv oder autoritär), von den Kommunikationskanälen, über die Informationen über die Innovation erhalten werden, von der Art des sozialen Systems und vom Ausmaß der Aktivitäten von Diffusionsagenten[114] bestimmt.[115]

In neueren Untersuchungen zu Adoptionsprozessen wird insbesondere auch das sogenannte Leapfrogging (to leapfrog = bockspringen) untersucht.[116] Damit ist gemeint, daß Nachfrager sich gegen die Adoption einer neuen Technologie oder eines neuen Produktes entscheiden, weil sie annehmen, daß dieses Produkt schon bald durch eine neue Innovation "veraltet". Die neue, am Markt verfügbare Technologie wird als Neutechnologie bezeichnet, während die erwartete zukünftige Innovation Zukunftstechnologie genannt wird.[117] Beispiele für Produkte, bei denen solche Leapfrogging-Effekte auftreten, sind vor allem Computer und deren Betriebssysteme. Als Ergebnis der bisherigen Untersuchungen stellt Gierl die Hypothesen auf, daß die Neigung zum Leapfrogging von den wahrgenommenen Eigenschaften der bisher genutzten Technologie und der Neutechnologie, von den Erwartungen hinsichtlich der Eigenschaften und des Einführungszeitpunktes der Zukunftstechnologie und von der empfundenen Unsicherheit abhängig ist. Aufgrund der geringen Stichprobengröße der

---

114 Vgl. hierzu z.B. Kull (1995).
115 Vgl. Gierl (1987), S. 131.
116 Vgl. z.B. Weiber (1994) , Weiber / Pohl (1996), Gierl (1997).
117 Vgl. Gierl (1997), S. 1074.

bisherigen empirischen Untersuchungen können diese Hypothesen jedoch nur unter Vorbehalt aufgestellt werden.[118]

Ein weiterer Schwerpunkt bei der Untersuchung der durch die potentiellen Abnehmer bedingten Einflußgrößen auf den Diffusionsprozeß ist die Unterscheidung verschiedener Adoptertypen und ihrer Handlungsweisen. Häufig wird eine Unterscheidung zwischen Innovatoren und Imitatoren vorgenommen.[119] Innovatoren sind gegenüber Imitatoren zumeist durch eine bessere Schulbildung, durch einen gehobenen Lebensstandard, durch Weltoffenheit, durch eine höhere Bereitschaft zum Eingehen von Risiken, durch geringere Markentreue und durch ihre meinungsbildende Rolle in ihrem sozialen Umfeld gekennzeichnet. Schwerpunkte der Forschung in diesem Bereich sind die Identifikation der Innovatoren und die Untersuchung der Kommunikationsprozesse und der Meinungsbildungsprozesse innerhalb und zwischen den unterschiedlichen Adoptertypen.[120]

Eng mit der Adoptionsforschung verwandt ist die sogenannte Akzeptanzforschung. Unter Akzeptanz wird im Rahmen der Akzeptanzforschung die Bereitschaft eines Anwenders zur aufgabenbezogenen Verwendung eines von einer Technik angebotenen Nutzungspotentials in einer konkreten Anwendungssituation verstanden.[121] Unterschiede zur Adoptionsforschung ergeben sich demnach vor allem dadurch, daß nicht die Individuen betrachtet werden, welche die Adoptionsentscheidung treffen, sondern diejenigen, welche die neue Technik anwenden. Untersucht werden in diesem Zusammenhang beispielsweise die Akzeptanz neuer Informationstechniken im Büro bei den dort tätigen Angestellten.[122] Dadurch soll ein Beitrag zur Vermeidung ökonomischer Nachteile für eine Organisation, die sich aus der Nichtnutzung vorhandener technischer Möglichkeiten ergeben, geleistet werden. Ziel der Akzeptanzforschung ist es, die Gestaltung und den Einsatz technischer Neuerungen hinsichtlich ihrer Anpassung an die Bedürfnisse der Bediener bzw. der Nutzer zu beurteilen.[123] Weitere Unterschiede zur Adoptionsforschung bestehen darin, daß nicht die eigentliche Adoption im Mittelpunkt der Analyse steht, sondern das "für-annehmbar-Halten"

---

118 Vgl. Gierl (1997), S. 1088.

119 Vgl. z.B. Kaas (1973), S. 24ff., Schmalen / Binniger / Pechtl (1993), S. 522, Bass (1969), S. 216.

120 Vgl. dazu z.B. Kaas (1973), S. 38ff., Rogers (1995), S. 252ff., Pechtl (1991).

121 Vgl. Reichwald (1978), S. 31.

122 Vgl. z.B. Klee (1989), Schönecker (1985).

123 Vgl. Schönecker (1985), S. 31.

der Technik.[124] Es ist beispielsweise möglich, daß eine neue Technik von den potentiellen Anwendern akzeptiert wird, es aber trotzdem nicht zur Adoption kommt, weil keine Mittel für die Investition zur Verfügung stehen. Umgekehrt kann auch die Adoption erfolgt sein, wobei aber die Bediener diese Technik nicht akzeptieren.

Hinsichtlich der Einflußgrößen, welche durch die Anbieter bedingt sind, konzentriert sich die betriebswirtschaftliche Forschung auf die Ermittlung der Wirkung absatzpolitischer Maßnahmen, um damit eine Grundlage für eine aktive Gestaltung der Absatzpolitik zur Förderung der Diffusion neuer Produkte zu schaffen. Der überaus größte Teil der Untersuchungen beschränkt sich auf die Wirkung von Preisen und von Werbeanstrengungen.[125] Als allgemeine Schlußfolgerung kann festgehalten werden, daß das Preis/Leistungsverhältnis und die sonstige Absatzpolitik in den meisten der untersuchten Fälle als bedeutsam für den Diffusionsverlauf ermittelt wurden und damit die Diffusion nicht als "autonomer", sondern als ein vom Hersteller weitgehend beeinflußbarer Prozeß aufgefaßt werden muß.[126]

2.2.3 Ableitung möglicher absatzpolitischer Maßnahmen zur Beeinflussung des Diffusionsprozesses

Sind die Faktoren ermittelt, welche die Diffusion beeinflussen, so stellt sich daran anschließend für den Betriebswirt die Frage, welche absatzpolitischen Maßnahmen die Anbieter eines Produktes ergreifen können, damit die Diffusion möglichst erfolgreich verläuft, und wie diese Maßnahmen genau zu dosieren sind. Hinsichtlich der Auswahl von Maßnahmen existieren eine Reihe von Empfehlungen.[127] So gibt Kaas[128] bereits 1973 einige Ratschläge, die auf den Ergebnissen der Diffusionsforschung basieren, z.B.:

1. Es sollte versucht werden, gezielt die Meinungsführer zu bewerben. Unter Meinungsführern werden in der Marketing-Literatur Personen verstanden, die aufgrund ihrer fachlichen und sozialen Kompetenz in einem bestimmten Sach- oder Problembereich einen bestimmenden Einfluß auf die anderen Mitglieder

---

124 Vgl. Kortmann (1995), S. 24.
125 Vgl. z.B. Nakanishi (1973) , Thompson / Teng (1984), Horski / Simon (1983).
126 Vgl. z.B. Robertson / Gatignon (1986), S. 5, Gierl (1987), S. 248.
127 Vgl. z.B. Kaas (1973), S. 64ff., Nieschlag / Dichtl / Hörschgen (1997), S. 574f., Kotler / Bliemel (1992), S. 510ff.
128 Vgl. Kaas (1973), S. 64ff.

in einer sozialen Gruppe ausüben. Meinungsführer sind gegenüber den von Massenmedien verbreiteten Informationen besonders aufgeschlossen und üben eine Übertragungs- und Verstärkungsfunktion für diese Informationen aus. Sie nehmen eine Sonderstellung in ihrer sozialen Gruppe ein, wobei allerdings die soziale Distanz nur so groß ist, daß die Informationsübertragung auf dem Wege der persönlichen Kommunikation möglich bleibt. Meinungsführer verfügen häufig über ein höheres Einkommen, einen besseren beruflichen Status und ein höheres Bildungsniveau als die Meinungsfolger.[129]

2. Die interpersonelle Kommunikation, also die Mundwerbung, sollte vom Anbieter im Rahmen seiner Möglichkeiten angeregt werden, z.B. durch die Auswahl eingängiger Slogans.
3. Im Rahmen der Produktpolitik sollte der Anbieter anstreben, daß das neue Produkt einen möglichst hohen relativen Vorteil, eine geringe Komplexität und eine hohe Kompatibilität aufweist. Als eine der wichtigsten Aufgaben der Produktpolitik nennt Kaas die Reduzierung der Risiken eines Kaufes, also die Verringerung der beim potentiellen Adopter bestehenden Unsicherheit, beispielsweise durch Probepackungen, Probevorführungen und Garantieleistungen.
4. Die je nach Art der Produkte und nach sonstigen Rahmenbedingungen unterschiedlichen Diffusionsverläufe bedingen, daß die vom Anbieter zu wählende Preisstrategie unterschiedlich sein kann. Bei einer entsprechenden Produktbeschaffenheit sollte beispielsweise durch einen hohen Anfangspreis ("skimming price") die Konsumentenrente abgeschöpft werden. Voraussetzung für den Erfolg einer solchen Strategie ist allerdings, daß die Neuerung durch Patente, Produktionsgeheimnisse o.ä. geschützt ist, damit durch die hohen Gewinnchancen keine Konkurrenten angelockt werden. Ein niedriger Anfangspreis "penetration price" bietet sich nach Kaas tendenziell für Produkte an, die einen Indikator für Geschmack, Bildung und sozialen Status darstellen, demnach von hoher sozialer Relevanz sind.
5. Als aussichtsreich bezeichnet Kaas auch die Schulung von Vertretern im Hinblick auf diffusionstheoretische Erkenntnisse, beispielsweise eine Aufklärung über die besondere Rolle von Meinungsführern und Möglichkeiten, diese zu identifizieren.

---

[129] Vgl. z.B. Nieschlag / Dichtl / Hörschgen (1997), S. 571ff., Kotler / Bliemel (1992), S. 850.

Die Frage nach möglichen Maßnahmen zur Beeinflussung des Diffusionsprozesses stellt sich auch in der hier vorliegenden Untersuchung. Für die aus volkswirtschaftlicher Sicht im Zentrum stehenden staatlichen Einflußmöglichkeiten lassen sich aus den vorliegenden Ergebnissen der betriebswirtschaftlichen Untersuchungen Analogieschlüsse ziehen. Beispielsweise kann der Schluß gezogen werden, daß auch staatliche Informationspolitik und Appelle bei Meinungsführern ansetzen und möglichst eingängig formuliert werden sollten. Auch staatliche Maßnahmen zur Reduzierung des Kaufrisikos – beispielsweise durch das langfristige Setzen von Rahmenbedingungen, die den Produktvorteil beeinflussen, kann die Diffusion positiv beeinflussen. So kann das Adoptionsrisiko bei kraftstoffsparenden Personenkraftwagen beispielsweise durch die Ankündigung von regelmäßigen Erhöhungen der Mineralölsteuer reduziert werden.

Zur Beantwortung der Frage, wie die absatzpolitischen Maßnahmen quantitativ eingesetzt werden sollen, werden in der Regel numerische Diffusionsmodelle formuliert, in denen insbesondere die Faktoren Preishöhe und Werbeaktivitäten abgebildet sind.[130] Mittels Parametervariation kann dann eine möglichst optimale Strategie ermittelt werden. Aufgrund der oben schon angesprochenen Heterogenität der Diffusionsverläufe und der von Produkt zu Produkt unterschiedlichen relevanten Einflußgrößen können nur eingeschränkt allgemeingültigen Aussagen zu einer solchen optimalen Strategie getroffen werden. Einen Ansatz, mit dem sowohl die Identifizierung der jeweils relevanten Einflußgrößen als auch eine quantitative Bestimmung absatzpolitischer Strategien möglich ist, stellt das oben bereits vorgestellte allgemeine Diffusionsmodell von Gierl dar.[131] Dieses Vorgehen ist allerdings sehr speziell auf ein konkretes Produkt bezogen und erfordert einen hohen Informationsaufwand hinsichtlich der Ausprägung der verschiedenen Einflußgrößen.

Ein Simulationsmodell, mit dem zumindest einige in Ansatzpunkten quantitative Empfehlungen zur Wahl von diffusionsfördernden Preis- und Werbestrategien abgeleitet werden können, ist von Schmalen / Binniger / Pechtl[132] aufgestellt worden. Hierbei handelt es sich um ein modifiziertes Bass-Modell, das die Annahme einer homogenen Käuferschaft aufgibt und zwischen Innovatoren und Imitatoren unterscheidet. Je nach zugrundegelegten Verhaltensannahmen der

---

130 Vgl. z.B. die Überblicke in Gierl (1987), Mahajan / Muller / Sharma (1984), Mahajan / Muller (1979) sowie die dort angegebenen Quellen.

131 Vgl. Gierl (1987).

132 Vgl. Schmalen / Binninger / Pechtl (1993).

Innovatoren und Imitatoren ergeben sich unterschiedliche empfehlenswerte Strategien. Als "Normalfall" wird das sogenannte "klassische" Verhalten von Innovatoren und Imitatoren zugrundegelegt. Unter "klassischem" Innovatorenverhalten verstehen die Autoren, daß die Kaufentscheidung von Innovatoren im wesentlichen durch den Neuigkeitsgrad einer Innovation und in zweiter Linie durch die Werbung beeinflußt wird. "Klassisches" Imitatorenverhalten ist durch eine Abhängigkeit der Kaufentscheidung primär vom bisherigen Verbreitungsgrad und sekundär vom Preis des Produktes gekennzeichnet. Die Annahme eines solchen Verhaltens führt zur Empfehlung einer aggressiven Markterschließungsstrategie (Penetrationsstrategie) mit niedrigen Preisen und hohen Werbeausgaben in der Anfangsphase. Sobald die Diffusion durch die mit steigendem Verbreitungsgrad einsetzende Eigendynamik zum "Selbstläufer" wird, können die Preise angehoben und die Werbeausgaben zurückgefahren werden.[133] Wird angenommen, daß sich bei den Innovatoren der sogenannte "Snob-Effekt" bemerkbar macht, d.h. daß ein hoher Verbreitungsgrad des neuen Produktes adoptionshemmend auf die Innovatoren wirkt, so ist als Ergebnis der Simulationen eine Hochpreisstrategie empfehlenswert, bei der die anfänglich hohen Werbeaufwendungen schneller als im Normalfall zurückgefahren werden können. Weisen demgegenüber auch die Innovatoren ein gewisses imitatives Verhalten auf, so muß gegenüber dem Normalfall eine Penetrationsstrategie gewählt werden, die durch länger anhaltende niedrige Preise und länger anhaltende hohe Werbeausgaben gekennzeichnet ist.

Schließlich untersuchen die Autoren noch den Fall, daß die Imitatoren eine Innovationsresistenz aufweisen. Hier liegt der Gedanke zugrunde, daß mit einem großen Neuigkeitsgrad eines Produktes, d.h. bei deutlichen Unterschieden gegenüber dem Vorgängerprodukt, auch die bestehende Unsicherheit bei den Imitatoren hinsichtlich der Produkteigenschaften groß ist, und sie damit dem neuen Produkt ablehnend gegenüber stehen. In dieser Situation ist eine Hochpreisstrategie mit einem anhaltend hohem Werbeaufwand empfehlenswert.

Auch aus diesen Ergebnissen können Analogieschlüsse für staatliches Handeln zur Beeinflussung der Diffusion gezogen werden. So liegt z.B. die Vermutung nahe, daß die Verbreitung von Produkten, bei denen aufgrund der Ergebnisse der betriebswirtschaftlichen Untersuchungen geringe Auswirkungen der Preishöhe auf den Diffusionsprozeß zu erwarten sind, auch mit fiskalischen Instrumenten

---

133 Vgl. Schmalen / Binninger / Pechtl (1993), S. 523.

kaum beeinflußt werden kann. Umgekehrt können solche Maßnahmen zur Beeinflussung der Diffusion bei "klassischem" Innovatoren- und Imitatorenverhalten erfolgversprechend sein.

2.3 Die volkswirtschaftliche Diffusionsforschung

2.3.1 Beschreibung, Analyse und Prognose von Diffusionsprozessen mit Hilfe numerischer Modelle

Auch in der volkswirtschaftlichen Diffusionsforschung sind Anstrengungen unternommen worden, Diffusionsvorgänge mit Hilfe numerischer Modelle abzubilden. So wie der Umfang der volkswirtschaftlichen Diffusionsforschung insgesamt geringer ist als der der betriebswirtschaftlichen, ist auch die Anzahl der volkswirtschaftlichen Untersuchungen, die sich mit der Bildung von Modellen befassen, geringer als bei der betriebswirtschaftlichen Diffusionsforschung. Unterschiede zwischen volkswirtschaftlichen und betriebswirtschaftlichen Diffusionsmodellen bestehen unter anderem in Hinsicht auf die untersuchten Neuerungen. Während in der betriebswirtschaftlichen Forschung im wesentlichen Produktinnovationen, z.T. auch von Produkten einzelner Anbieter, untersucht werden, befaßt sich die volkswirtschaftliche Forschung tendenziell eher mit ganzen Produktkategorien bzw. mit Basisinnovationen und integriert insbesondere auch die Aspekte der Prozeßinnovationen und der horizontalen Diffusion.

In einer ersten groben Einteilung der volkswirtschaftlichen Diffusionsmodelle lassen sich mikroökonomische von makroökonomischen Modellansätzen unterscheiden. Die mikroökonomisch orientierten Modellansätze entsprechen zum Teil denen der betriebswirtschaftlichen Theorie, daher wird an dieser Stelle auf die entsprechende Beschreibung in Abschnitt 2.2.1 verwiesen. In der Tat ist bei diesen Ansätzen die Zuordnung zur betriebswirtschaftlichen oder volkswirtschaftlichen Theorie allein anhand der benutzten Modelle kaum möglich, entscheidend für die Zuordnung ist vielmehr die Zielsetzung. Neben diesen Modellansätzen sind besonders die sogenannten "rational choice"-Diffusionsmodelle[134] von Bedeutung. Die Bildung dieser Modelle ist eines der wenigen Teilgebiete der Diffusionsforschung, in dem auf Gedankengut der neoklassischen Theorie aufgebaut wird. "Rational choice"-Modelle berücksichtigen bei der Modellierung die unterschiedlichen Neigungen zur Übernahme bei den

---

[134] Vgl. Kemp (1997b), S. 79f.

verschiedenen potentiellen Adoptern. In der Regel geschieht dies durch die Annahme, daß jedem potentiellen Adopter hinsichtlich des betrachteten Kriteriums, z.B. des Einkommens oder der Firmengröße, ein Schwellenwert zugeordnet werden kann, ab dem die Adoption erfolgt.[135] Die Ermittlung der Verteilungen dieser Schwellenwerte sowie deren zeitliche Entwicklung stellt einen Schwerpunkt von empirischen Untersuchungen dar. Beispielhaft für einen solchen Ansatz wird im folgenden ein Modell von Bonus[136] skizziert werden.

Gegenstand der Untersuchung von Bonus[137] ist die empirische Analyse der Ausbreitung dauerhafter Konsumgüter. Ausgangspunkt ist die Unterscheidung zweier Mechanismen, die Bonus als autonome und als induzierte Ausbreitung bezeichnet. Unter autonomer Ausbreitung, von ihm "Diffusion" genannt,[138] versteht Bonus einen Prozeß "sozialpsychologischer" Natur,[139] in dessen Verlauf sich die Informationen über die Existenz des neuen Produktes sowie seiner Eigenschaften in der Bevölkerung verbreiten. Dieser Prozeß führt zum Bekanntwerden des neuen Produktes und zur Entwicklung einer positiven Einstellung der potentiellen Abnehmer zu dem Produkt, so daß sie das neue Produkt als so attraktiv ansehen, daß sie es bei ausreichendem Einkommen erwürben. Der Prozeß der autonomen Ausbreitung ist im wesentlichen auf solche Kommunikationsvorgänge zurückzuführen, wie sie die klassische Diffusionsmodellierung abzubilden versucht. Demgegenüber versteht Bonus unter induzierter Ausbreitung eine Erhöhung des Verbreitungsgrades einer Innovation, die auf Änderungen in der "ökonomischen Umwelt" zurückzuführen ist, also beispielsweise durch Einkommenserhöhungen, Preissenkungen oder Qualitätsverbesserungen.[140]

Aus der gedanklichen Unterscheidung zwischen autonomer und induzierter Ausbreitung leitet Bonus zwei zentrale Fragestellungen seiner Untersuchung ab. Erstens ist zu untersuchen, in welcher Weise die zwei Ausbreitungsmechanismen in den von ihm beobachteten Ausbreitungsverläufen zusammenwirken.

---

135 Vgl. z.B. David (1975), S. 195ff., Davies (1979).

136 Vgl. Bonus (1975).

137 Vgl. Bonus (1975).

138 Wie schon bei den Begriffsklärungen in Kapitel 1 erwähnt, hat Bonus demnach ein anderes Verständnis des Begriffes Diffusion als das heute allgemein übliche. Deshalb wird in den Erläuterungen zu Bonus Untersuchung der Begriff "autonome Ausbreitung" verwendet oder der Begriff "Diffusion" in Anführungszeichen gesetzt.

139 Vgl. Bonus (1975), S. 19.

140 Vgl. Bonus (1975), S. 25.

Hinsichtlich der induzierten Ausbreitung beschränkt er sich auf die Auswirkungen von Einkommensänderungen, d.h. er geht von konstanten Preisen und einer konstanten Qualität der beobachteten Güter aus. Zweitens stellt sich die Frage nach dem Verlauf der beobachteten Ausbreitung. Wie oben schon erwähnt, ist bei realen Ausbreitungsprozessen häufig eine logistische Wachstumskurve festzustellen. In diesem Zusammenhang stellt Bonus weiter die Frage, ob daraus eine Gesetzmäßigkeit abzuleiten ist.[141]

Bonus Modellformulierung basiert auf der mikroökonomischen Analyse des Entscheidungsprozesses eines Haushalts hinsichtlich des Erwerbs des neuen Gutes. Er bedient sich im wesentlichen des grundlegenden Gedankenmodells der traditionellen Mikroökonomik, auch wenn dieses durch einige Annahmen ausgeweitet wird. Bonus unterscheidet zwei Prozesse der autonomen Ausbreitung, die vertikale und die horizontale "Diffusion". Vereinfacht ausgedrückt versteht er unter vertikaler "Diffusion" den individuellen Prozeß des Kennenlernens eines Produktes. Nach Abschluß dieses Prozesses ordnet der Haushalt dem neuen Produkt ein "kritisches Einkommen" zu, d.h. der Haushalt wäre bereit, das Gut zu erwerben, wenn er über ein bestimmtes - im Extremfall unendlich hohes - Einkommen verfügen würde. Unter horizontaler "Diffusion" wird die Intensivierung des Besitzwunsches bis hin zu der Einschätzung, daß das Produkt "preiswürdig" ist, verstanden. Mit der Einschätzung als "preiswürdig" ist gemeint, daß der Haushalt das Produkt erwerben wird, sobald sein Einkommen hoch genug ist, um den Kauf des Produktes und eine von Bonus als "konventionelles Existenzminimum" bezeichnete Grundversorgung mit anderen Gütern zu realisieren. Ist das Einkommen trotz der Einschätzung des Produktes als "preiswürdig" nicht hoch genug, so ist unter den genannten Prämissen eine Adoption des Produktes nur noch bei einer Einkommenserhöhung möglich, also durch induzierte Ausbreitung.[142] Die vertikale und die horizontale "Diffusion" sind individuelle Vorgänge, wobei bei jedem Individuum zunächst der Prozeß der vertikalen "Diffusion" abläuft. Wird das Produkt nach Beendigung dieses Prozesses noch nicht als "preiswürdig" angesehen, so findet anschließend die horizontale "Diffusion" statt. Bei der Betrachtung dieser Ausbreitungsprozesse in der Bevölkerung ist ein Nebeneinander von vertikaler und horizontaler "Diffusion" möglich, d.h. während Individuen ein neues Produkt noch gar nicht

141 Vgl. Bonus (1975), S. 5f.
142 Vgl. Bonus (1975), S. 30ff.

kennen bzw. gerade kennenlernen, befinden sich andere bereits in der Phase der Intensivierung des Besitzwunsches.

Die empirischen Untersuchungen von Bonus beziehen sich auf die Güter Fernsehapparate, Pkw, Motorräder, Kühlschränke, elektrische Waschmaschinen, Staubsauger, Photoapparate, Projektoren, Telefone und Schreibmaschinen. Als Vorgehensweise wählt er eine Kombination von Querschnittsanalysen und Zeitreihen. Aus den Querschnittsanalysen ermittelt er die Parameter der Verteilung der Einkommensschwellenwerte - also der kritischen Einkommen - bezüglich der betrachteten Güter und die Parameter der Verteilung der tatsächlichen Einkommen. Kombiniert mit der Analyse der Zeitreihen der Entwicklung der Einkommen und der Entwicklung des Bestandes der Güter, ermittelt Bonus daraus eine theoretische Wachstumskurve, die allein auf einkommensinduzierte Ausbreitung zurückzuführen wäre. Aus dem Vergleich dieser theoretischen mit der tatsächlichen Wachstumskurve zieht Bonus Schlüsse, inwieweit die oben beschriebenen verschiedenen Ausbreitungsmechanismen zusammenwirken.

Bonus stellt fest, daß sich bei den betrachteten Gütern drei idealtypische Ausbreitungsprozesse identifizieren lassen. Der erste Typ ist ein rein einkommensinduzierter Ausbreitungsprozeß (z.B. Photoapparate), d.h. die Phasen der autonomen Ausbreitung sind schon abgeschlossen. Jeder potentielle Besitzer betrachtet das neue Gut als preiswürdig. Das Gut wird demnach vom einzelnen Haushalt erworben, sobald sein Einkommen dazu ausreicht, seine Grundversorgung zu realisieren und eine Einheit des Gutes zu kaufen. Beim zweiten idealtypischen Prozeß (z.B. Automobil) liegen sowohl horizontale "Diffusion" als auch einkommensinduzierte Ausbreitung vor. Dieser Prozeß ist zudem dadurch gekennzeichnet, daß der Anteil der potentiellen Besitzer in der Bevölkerung gleich eins ist. In Bonus' Terminologie heißt dies, daß alle Haushalte dem neuen Gut ein kritisches Einkommen zuordnen, es also bei einer gewissen Einkommenshöhe erwerben würden. Die Varianz der Verteilung dieser kritischen Einkommen bleibt im Zeitablauf konstant, während das mittlere kritische Einkommen exponentiell mit konstanter Rate sinkt. Beim dritten Typ (z.B. Fernsehen) wirkt zusätzlich noch der vertikale autonome Ausbreitungsprozeß, bei einem Teil der Haushalte ist der Kennenlernprozeß also noch nicht soweit vorangeschritten, daß sie dem Produkt ein kritisches Einkommen zuordnen. Zusätzlich zu diesen drei idealtypischen Ausbreitungsprozessen identifizierte Bonus noch den Fall, daß die Varianz der Verteilung der kritischen Einkommen zunahm. Dies läßt sich als eine Abnahme des Luxuscharakters dieses Gutes interpretieren; während zuvor dem Gut in der Bevölkerung ein relativ einheitlicher (hoher) kritischer Einkommenswert zugeordnet wurde, so existieren immer mehr Haushalte, die schon bei geringerem Einkommen bereit sind, das Gut zu erwerben. Dieser Fall war insbesondere bei Fernsehapparaten im Zeitraum von 1957 bis 1966 zu beobachten.[143]

Aus den Ergebnissen seiner Analyse schließt Bonus, daß die übliche Interpretation der empirisch beobachteten logistischen Wachstumskurven als Folge epidemischer - also autonomer - Ausbreitung mit Vorsicht zu betrachten sei. Während bei einer solchen Interpretation die Abweichung vom logistischen Verlauf als Ergebnis von Einkommensveränderungen gedeutet wird, kommt Bonus zum genau gegenteiligen Ergebnis. Ein rein logistischer Verlauf läßt sich gerade dann beobachten, wenn die Ausbreitung ausschließlich einkommensinduziert ist, oder sich der Prozeß der autonomen Ausbreitung zumindest in der Spätphase befindet.[144] Die autonome Ausbreitung äußert sich dahingegen durch eine positive Schiefe der Wachstumskurve, also einer langsameren Ausbreitung (Abbildung 2-4). Man kann diese Schiefe folglich als "Neuheitseffekt" interpretieren.[145]

Wie die betriebswirtschaftlichen numerischen Modelle eignen sich auch die mikroökonomischen Modellansätze nicht für eine frühzeitige Prognose des Diffusionsverlaufs von neuen Produkten und sind aus den bereits genannten Gründen zu diesem Zweck in der hier vorliegenden Untersuchung nicht zu verwenden. Die grundsätzlichen Modellvorstellungen und Ergebnisse der "rational choice"-Ansätze können allerdings als Grundlage für die Analyse hilfreich sein. So kann z.B. aus den Ergebnissen der dargestellten Untersuchung von Bonus folgender Analogieschluß für neue umweltfreundliche und hochwertige Gebrauchsgüter gezogen werden. Handelt es sich um ein Produkt, das vollkommen neuartig ist, so ist der Prozeß durch autonome und induzierte Ausbreitung bestimmt und somit eine positive Schiefe der Diffusionskurve - also eine relativ langsame Ausbreitung - zu erwarten.

---

143 Vgl. Bonus (1975), S. 165ff.

144 Nur bei "extrem schnellen" Ausbreitungsprozessen, die allein auf vertikaler autonomer Ausbreitung beruhen - also bei Gütern, die gleich nach dem Bekanntwerden als "preisgünstig" eingestuft werden und bei denen das kritische Einkommen aller potentieller Besitzer niedriger als das tatsächliche Einkommen ist, läßt sich auch eine logistische Wachstumskurve feststellen. Dies ist beispielsweise bei Gütern der Fall, deren Preis sehr niedrig ist.

145 Vgl. Bonus (1975), S. 207.

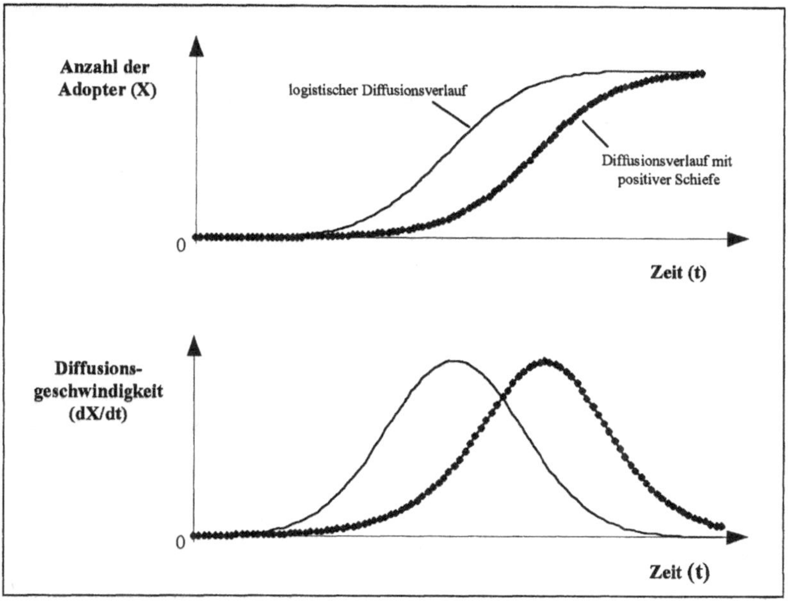

Abbildung 2-4: Vergleich eines logistischen Diffusionsverlaufs mit einem Diffusionsverlauf mit positiver Schiefe

Makroökonomische Diffusionsmodelle befassen sich vorwiegend mit der Analyse der Veränderungen gesamtwirtschaftlicher Produktionsfunktionen durch die Diffusion von Prozeßinnovationen. Aus diesem Grunde sind sie für den hier vorliegenden Untersuchungsgegenstand kaum von Bedeutung und werden nur überblicksartig dargestellt. Die makroökonomischen Diffusionsmodelle lassen sich in Partialmodelle und Totalmodelle unterscheiden.

Beispielhaft für ein makroökonomisches Partialmodell zur Diffusion von Prozeßinnovationen kann ein Modell von Joan Robinson,[146] das die unternehmerische Wahl der Produktionstechnologie abbildet, aber nicht die Auswirkungen der Technologiewahl auf den Arbeitsmarkt, genannt werden. Die zeitliche Verzögerung der Übernahme einer Prozeßinnovation kommt auch unter der Annahme der vollständigen Information der Unternehmer über alle verfügbaren

[146] Vgl. Robinson (1965), S. 140ff.

Technologien zustande, weil die jeweiligen Entscheidungen über den Technologieeinsatz erst bei einer Neu- bzw. Reinvestition getroffen werden. So wird ein Unternehmen, das gerade in eine Produktionstechnologie investiert hat, eine neue, "bessere" Technologie erst nach Ende der wirtschaftlichen Nutzungsdauer wählen. Während der Ausbreitungsphase der neuen Technologie existieren demnach nebeneinander Unternehmen, die gleiche Produkte mit unterschiedlicher Technologie produzieren.[147] In dem Modell von Robinson werden die unterschiedlichen Technologien durch den Zusammenhang zwischen Reallohn und Realzinssatz beschrieben. Ein Unternehmer wählt die Technologie, die bei durch den Arbeitsmarkt gegebenem Reallohnsatz den höchsten Realzinssatz ermöglicht. Technischer Fortschritt bedeutet in diesem Modell, daß eine neue Technologie hinzukommt, die bei dem gegebenen Reallohnsatz einen höheren Realzinssatz aufweist als die bisherigen Technologien. Die Unternehmen werden sich bei einer Entscheidung über Neu- bzw. Reinvestitionen für diese Technologie entscheiden, und es kommt somit zu einem Diffusionsprozeß. Dieser Diffusionsprozeß ist abgeschlossen, wenn alle Unternehmen mit der neuen Technologie produzieren. Während der Übergangszeit werden aufgrund der unterschiedlichen Produktionstechnologien von den Unternehmen auch unterschiedliche Profitraten erwirtschaftet.[148]

Als ein Beispiel für ein makroökonomisches Totalmodell zur Diffusion von Neuerungen kann ein von Englmann aufgestelltes Modell genannt werden, in dem die verschiedenen Produktionstechniken durch Cobb-Douglas-Produktionsfunktionen beschrieben werden.[149] Auch Englmann läßt unterschiedliche Profitraten zwischen den Sektoren zu. Ziel seiner Untersuchung ist es vor allem, die Auswirkungen der Diffusion von Prozeß- und Produktinnovationen auf Erträge und Beschäftigung zu analysieren. Ausgehend von einer geschlossenen Volkswirtschaft mit einer gegebenen Produktionsfunktion wird technischer Fortschritt als Störung durch eine neue (vorteilhafte) Produktionsfunktion in das dynamische Modell eingebracht. Englmann unterscheidet in seiner Modellformulierung zwischen Produktinnovationen und Prozeßinnovationen. Insgesamt geht er aufgrund seiner Analyse davon aus, daß die Diffusionsprozesse neuer Technologien mit positiven Beschäftigungseffekten verbunden sind, wobei

147 Vgl. Wagner (1990), S. 297f.
148 Vgl. Robinson (1965), S. 85ff.
149 Vgl. Englmann (1989), S. 52ff.

allerdings in bestimmten Fällen auch ein vorübergehendes Ansteigen der Arbeitslosigkeit möglich ist.[150]

Als ein Teilbereich der volkswirtschaftlichen Diffusionsforschung kann die Untersuchung der Ausbreitung von Neuerungen im Raum betrachtet werden.[151] Auch dieses Problemfeld wird u.a. mit Hilfe von numerischen Modellen untersucht. Ziel solcher Modelle ist die Analyse der unterschiedlichen räumlichen Verbreitung von Neuerungen und deren Ursachen sowie die Auswirkungen auf das regional unterschiedliche wirtschaftliche Wachstum. Ein erwähnenswerter Modellansatz zur Beschreibung und Analyse der räumlichen Diffusion wurde von Hägerstrand aufgestellt.[152] Als empirische Basis für seine Untersuchung ermittelte Hägerstrand Daten für die räumliche und zeitliche Übernahme von sechs verschiedenen Innovationen (drei landwirtschaftliche Innovationen, Postscheckkonten, Automobil und Telefon) in einem 50x60 km großen Gebiet in der schwedischen Provinz Östergötland. Mit Hilfe von Kennwerten zur räumlichen Verteilung der Einkommensverteilung und der Informationsflüsse zwischen den einzelnen Gebieten (z.B. Telefongespräche) sowie der räumlichen Verteilung von Adoptionsneigung der Individuen gelang es ihm, die tatsächlich ablaufenden Diffusionsprozesse nachzubilden. Diese Modellierung diente Hägerstrand als Grundlage für die Identifizierung von diffusionsbeeinflussenden Faktoren und wird daher im folgenden Abschnitt noch einmal angesprochen werden.

2.3.2 Ermittlung und Analyse der Einflußgrößen auf den Diffusionsprozeß

Der Vorgang der Diffusion und die beeinflussenden Größen des Diffusionsprozesses lassen sich - wie schon in der Einleitung angesprochen - kaum mit dem neoklassischen Grundmodell der vollständigen Konkurrenz beschreiben. Unter den neoklassischen Modellannahmen würden sich Verbesserungen der Produktionstechnologie bzw. neue oder bessere Produkte zunächst fast "schlagartig" ausbreiten, d.h. jedes Wirtschaftssubjekt, für das die Adoption vorteilhaft wäre, würde die Neuerung sofort übernehmen. Im weiteren Zeitablauf wäre eine Erhöhung des Verbreitungsgrades nur vorstellbar, wenn der Preis der Innovation sinken bzw. das verfügbare Einkommen der Haushalte oder Qualität

---

150 Vgl. Englmann (1989), S. 199.

151 Vgl. z.B. Brown (1981), S. 15ff., Hägerstrand (1965b), Hägerstrand (1965a), Opp (1974), Siebert (1967), Casetti / King (1975), Demko / Rose / Schnell (1970), Woods (1979).

152 Vgl. Hägerstrand (1967).

der Innovation steigen würde. Andere Einflußgrößen werden vom neoklassischen Grundmodell nicht berücksichtigt. Mit dem oben dargestellten Begriffssystem von Bonus ausgedrückt, heißt dies, daß die autonome Ausbreitung "schlagartig" abläuft und der weitere Prozeß nur durch die induzierte Ausbreitung bestimmt ist.

Daß die Diffusion in der Realität nicht in dieser Art abläuft, ist im wesentlichen auf fünf Ursachen zurückzuführen. Zum einen ist zu berücksichtigen, daß keine vollständige Markttransparenz herrscht. Die potentiellen Adopter sind nicht direkt nach Markteinführung des Produktes über das Vorhandensein und die Eigenschaften einer Innovation informiert; die Anbieter verfügen nur über begrenzte Kenntnisse der Präferenzen der potentiellen Abnehmer und können somit das Marktpotential kaum einschätzen. Sowohl auf der Abnehmer- als auch auf dem Anbieterseite besteht also eine Unsicherheitssituation. Aufgrund dieser Informationsdefizite sowie der begrenzten individuellen Fähigkeiten der Informationsverarbeitung kann auch kein rationales Verhalten unterstellt werden.

Zum zweiten ist die Marktstruktur gerade in der Anfangsphase der Diffusion von neuen Produkten zumeist durch monopolistische Elemente gekennzeichnet, so daß mit strategischem Verhalten der Anbieter gerechnet werden muß. Dieses Verhalten kann - je nach Ausprägung - sowohl diffusionsbeschleunigend als auch diffusionshemmend wirken.

Eine dritte Ursache für die real auftretenden Diffusionsverläufe ist die Tatsache, daß die Innovationen in der Regel nicht beliebig teilbar sind. Unteilbarkeiten können insbesondere bei der Diffusion von Gebrauchsgütern von Bedeutung sein. Verfügen die Wirtschaftssubjekte bereits über ein unteilbares Alternativgut, so ist mit einer Adoption der Innovation erst nach Ablauf der wirtschaftlichen Nutzungsdauer des vorhandenen Gutes zu rechnen. Außerdem kann bei der Anschaffung von hochwertigen Gebrauchsgütern für die potentiellen Adopter ein Finanzierungsproblem bestehen.

Zum vierten beeinflussen auch Änderungen der Rahmenbedingungen den Diffusionsprozeß. So können beispielsweise die gesamtwirtschaftliche Entwicklung, dramatische Änderungen in der Qualität der natürlichen Umwelt, staatliche Aktivitäten oder neue wissenschaftliche Erkenntnisse einen erheblichen Einfluß auf den Verlauf der Diffusion ausüben. Man denke beispielsweise an die Diffusion der Katalysatortechnik bei Personenkraftwagen, die in der Bundesrepublik Deutschland aufgrund der steuerlichen Begünstigung von bleifreiem Benzin, der Subvention von Katalysatoreinbauten und der günstigeren Kraftfahrzeugsteuersätze in der Mitte der achtziger Jahre einsetzte.

Schließlich kann als fünfte Ursache für die real auftretenden Diffusionsprozesse die Dynamik des Vorgangs genannt werden. Die Vorteilhaftigkeit eines Produktes kann beispielsweise vom bisherigen Verbreitungsgrad abhängig sein, so daß sich ein selbst beschleunigender oder selbst hemmender Diffusionsprozeß ergibt, der nicht mit einem komparativ-statischen Verfahren abgebildet werden kann.

Aus den genannten Ursachen ergibt sich, daß die volkswirtschaftliche Untersuchung der Einflußgrößen auf den Diffusionsprozeß weitestgehend abgelöst vom neoklassischem Grundmodell erfolgt. Im folgenden soll zunächst nur ein kurzer Überblick über volkswirtschaftliche Ansätze zu dieser Thematik gegeben werden. In Kapitel 4 erfolgt dann eine ausführliche und systematische Aufzählung der möglichen Einflußgrößen auf den Diffusionsprozeß von umweltfreundlichen und hochwertigen Gebrauchsgütern, wobei auf die theoretischen Grundlagen und die Erkenntnisse der Neuen Institutionenökonomik zurückgegriffen wird.

Die Untersuchung der Einflußgrößen auf den Diffusionsprozeß aus volkswirtschaftlicher Sichtweise unterscheidet sich vor allem hinsichtlich der Schwerpunktlegung von der bereits dargestellten betriebswirtschaftlichen Forschung zu diesem Themenbereich. Während aus betriebswirtschaftlicher Sicht insbesondere die vom Unternehmen beeinflußbaren Größen wie z.B. die absatzpolitischen Aktivitäten sowie die adopterseitigen Einflußgrößen von Interesse sind, werden im Rahmen der volkswirtschaftlichen Diffusionsforschung verstärkt auch die Marktstruktur, mögliche staatliche Aktivitäten und Änderungen der ökonomischen, sozialen und natürlichen Umwelt untersucht[153]. Eine systematische und umfassende Darstellung aller potentiellen Einflußgrößen auf den Diffusionsprozeß von Neuerungen liegt nach Kenntnis des Autors in der volkswirtschaftlichen Literatur nicht vor. In der Regel konzentrieren sich auch die volkswirtschaftlichen Untersuchungen auf die Analyse einzelner Einflußgrößen.

Volkswirtschaftliche Untersuchungen zu den Determinanten des Diffusionsprozesses befassen sich insbesondere auch mit dem Einfluß staatlicher Aktivitäten[154] auf die Diffusion. Beispielsweise werden die Auswirkungen von Regelungen des

153 Vgl. zu diesen Themengebieten z.B. Nabseth / Ray (1978), Kortmann (1995), Mansfield (1968), Grefermann et al. (1974).

154 Vgl. z.B. Gerhard / Hatzold (1978), Ray (1978), Mansfield et al. (1977).

Patentschutzes,[155] der Technologieförderung,[156] von umweltpolitischen Maßnahmen[157] und von staatlichen Beschaffungsmaßnahmen[158] analysiert.

Eine Zusammenfassung von Einflußgrößen auf den Diffusionsprozeß, die sich insbesondere auf die Marktstruktur und den Wettbewerb beziehen, liefert Kortmann.[159] Kortmann unterscheidet Einflußgrößen, die durch das Verhalten und die Struktur der Anbieterseite bzw. der Abnehmerseite sowie durch unterschiedliche Eigenschaften der Güter und ihrer Beziehungen zu anderen Gütern bestimmt sind. Bei den Abnehmern ist weiterhin zu unterscheiden, ob es sich um Unternehmen oder Haushalte handelt, da Unternehmen in der Regel anderen Wettbewerbsprozessen ausgesetzt sind. Während bei Unternehmen vor allem ökonomische Kalküle vorherrschen, beispielsweise kann der Wettbewerb zwischen den Unternehmen die Entscheidung zur Übernahme einer neuen Produktionstechnologie beschleunigen,[160] erfolgt das Verhalten von Haushalten häufig spontan und durch "irrationale" Motive.[161]

Hinsichtlich des Einflusses des Wettbewerbs auf die Diffusion kann als Ergebnis von Kortmanns Untersuchung festgehalten werden, daß der Wettbewerb in der Regel diffusionsstimulierend wirkt. In Einzelfällen kann ein starker Wettbewerb auch hemmend wirken, beispielsweise wenn Anbieter "alter Produkte" durch den aggressiven Einsatz von absatzpolitischen Instrumenten (z.B. Preissenkungen, Werbeaktivitäten und Produktverbesserungen) die Diffusion einer Neuerung behindern.[162]

Auch in den bereits im vorherigen Abschnitt vorgestellten Untersuchungen zur Beschäftigungswirkung der Diffusion neuer Produkte von Englmann sowie zur geographischen Diffusion von Hägerstrand[163] war das Ziel eine Identifizierung der Größen, welche den Diffusionsverlauf determinieren. Als Ergebnis der Modellanalyse Englmanns kann beispielsweise die Feststellung genannt werden, daß bei Produktinnovationen neben den rein technischen Gesichtspunkten auch

---

155 Vgl. z.B. Grefermann et al. (1974), Tirole (1995); S. 881 oder Kemp / Olsthoorn / Oosterhuis / Verbruggen (1992).
156 Vgl. z.B. Diederen (1993).
157 Vgl. z.B. Kemp (1997a).
158 Vgl. z.B. Kromphardt / Teschner (1986).
159 Vgl. Kortmann (1995), S. 53ff.
160 Vgl. Kortmann (1995), S. 152.
161 Vgl. Kortmann (1995), S. 159.
162 Vgl. Kortmann (1995), S. 168.
163 Vgl. Hägerstrand (1967).

Nachfrageraspekte, wie die Stärke des Mitläufereffektes, entscheidend für die Diffusion sein können.[164] Auch bei Prozeßinnovationen, die durch zunehmende Anwendungserträge gekennzeichnet sind, ist es bei konkurrierenden Technologien nicht allein von technischen Gesichtspunkten abhängig, welche der Technologien sich durchsetzen kann. Als weitere entscheidende Größen ermittelt Englmann[165] mit seinem Modell z.B. das Spar- und Imitationsverhalten der Unternehmer sowie die anfängliche Arbeitsproduktivität in den neuen Sektoren.

Hägerstrand versuchte, drei in der Literatur aufgestellte Hypothesen hinsichtlich der räumlichen Diffusion von Neuerungen zu bestätigen. Im einzelnen waren das die Hypothese der epidemischen Diffusion durch soziale Kontakte, die Hypothese, daß die räumliche Einkommensverteilung mit der Diffusionsgeschwindigkeit korreliert, und die Hypothese, daß der Widerstand gegen Neuerungen bei den Haushalten unterschiedlich ist und eine irgendwie geartete räumliche Verteilung dieser Widerstände in der Bevölkerung existiert. Durch die schrittweise Überprüfung dieser Hypothesen an seinem Diffusionsmodell kam Hägerstrand zu dem Ergebnis, daß sich tatsächliche räumliche Ausbreitung durch epidemische Diffusion und eine Verteilung der Schwellenwerte des Adoptionswiderstandes, die wiederum mit der Verteilung der Einkommen korreliert, beschreiben läßt, womit die zugrundegelegten Hypothesen also belegt werden konnten. Auch in weiteren Untersuchungen anderer Autoren konnten Gründe für eine unterschiedliche räumliche Ausbreitung von Neuerungen ermittelt werden. Zu nennen sind insbesondere noch eine unterschiedliche Wettbewerbsintensität sowie unterschiedliche sozio-kulturelle und geographische Rahmenbedingungen.[166]

In vielen Beiträgen zur Diffusion von Innovationen wird implizit davon ausgegangen, daß sich der Nutzen, den der potentielle Adopter aus der Neuerung ziehen kann, im Laufe der Zeit nicht ändert. Damit bleiben jedoch insbesondere zwei Phänomene unberücksichtigt, die im folgenden angesprochen werden sollen. Zum einen existieren eine Reihe von Produkten, bei denen der erzielbare Nutzen abhängig von ihrer Verbreitung ist. Dies ist beispielsweise beim Telefon oder beim Faxgerät der Fall: Der Nutzen dieser Geräte ist durch die Anzahl der telefonisch oder per Fax erreichbaren Personen bestimmt. In der Ökonomie

---

164 Vgl. Englmann (1989), S. 126ff.

165 Vgl. Englmann (1989), S. 200ff.

166 Vgl. z.B. Brown (1981), S. 15ff., Opp (1974), Siebert (1967), Casetti / King (1975), Demko / Rose / Schnell (1970), Woods (1979).

werden diese zusätzlichen Nutzenkomponenten, die durch die Adoption eines weiteren Wirtschaftssubjektes bei allen bisherigen Adoptern auftreten, unter dem Begriff Netzwerkeffekte behandelt. Da Netzwerkeffekte insbesondere bei Gebrauchsgütern anfallen und eine entscheidende Einflußgröße für die Diffusion solcher Güter sein können, werden ihre Ursachen, Ausprägungen und Wirkungen in Abschnitt 4.2 ausführlicher dargestellt.

Neben Netzwerkeffekten wird noch eine weitere dynamische Veränderung des Produktvorteils, nämlich die fortlaufende technische Verbesserung der Produkte, in vielen Untersuchungen zur Diffusion von Neuerungen vernachlässigt. Es existieren jedoch auch einige Beiträge,[167] die realitätsnäher berücksichtigen, daß insbesondere Gebrauchsgüter zumeist einer ständigen technischen Fortentwicklung unterworfen sind, so daß sie am Ende des Diffusionsprozesses kaum noch mit dem anfänglichen Gut vergleichbar sind. Mit anderen Worten heißt das, daß die Güter einen umso höheren technischen Entwicklungsstand haben und damit im Normalfall auch einen größeren Nutzen bieten, je weiter der Kaufzeitpunkt vom erstmaligen Angebotszeitpunkt entfernt liegt. Diese Weiterentwicklung der Güter kann einen entscheidenden Einfluß auf ihre Diffusion ausüben. Zum einen kann die Diffusion durch die ständige Verbesserung des Gutes gefördert werden. Zum anderen besteht aber auch die Möglichkeit der Verzögerung der Diffusion. Ein potentieller Adopter wird möglicherweise den Adoptionszeitpunkt hinausschieben, weil er sich dadurch einen höheren Nutzen verspricht. Verhalten sich viele potentielle Adopter in dieser Weise wird sich die Diffusion der Neuerung verlangsamen.[168]

Im Rahmen dieses Überblicks konnte die große Anzahl der Einflußgrößen auf den Diffusionsprozeß nur skizziert werden. Wie bereits angekündigt, wird in Kapitel 4 eine systematische und zusammenfassende Darstellung der für diese Untersuchung relevanten Einflußgrößen und ihrer Wirkungen auf die Diffusion vorgenommen.

[167] Vgl. z.B. Rosenberg (1976), Brown (1981), S. 176ff.
[168] Vgl. Rosenberg (1976), S. 531.

2.3.3 Begründung und Ableitung möglicher staatlicher Maßnahmen zur Beeinflussung des Diffusionsprozesses

Staatliche Maßnahmen zur Beeinflussung des Diffusionsprozesses sind ein weiterer Schwerpunkt volkswirtschaftlicher Untersuchungen zur Diffusion von Innovationen.[169] Auch für die vorliegende Untersuchung ist diese Themenstellung von Bedeutung. Es stellt sich insbesondere die Frage, inwieweit staatliche Eingriffe in den Diffusionsprozeß umweltfreundlicher und hochwertiger Gebrauchsgüter gerechtfertigt bzw. notwendig sind. Ist ein staatlicher Eingriff geboten, so ist es zur Auswahl geeigneter Maßnahmen zweckmäßig, zunächst die Parameter zu identifizieren, die einen entscheidenden Einfluß auf den Diffusionsprozeß des Produktes ausüben. Beispielhaft wird dieses Vorgehen in Kapitel 5 am Produkt "3-Liter-Auto" auf Basis der in Kapitel 4 vorgenommenen Ermittlung und Darstellung der Einflußgrößen auf den Diffusionsprozeß umweltfreundlicher und hochwertiger Gebrauchsgüter durchgeführt.

Die Diffusionsforschung befaßt sich im Zusammenhang mit der Begründung und Ableitung möglicher staatlicher Maßnahmen vor allem mit drei Teilfragen. Zunächst stellt sich die Frage, warum der Staat überhaupt aktiv die Diffusion von Neuerungen beeinflussen und den Ablauf der Diffusion nicht dem freien Spiel der Markt- und Wettbewerbskräfte überlassen soll. Beantwortet werden kann diese Frage oft durch das Vorliegen von Markt- oder Wettbewerbsversagen auf dem Neuerungsmarkt, z.B. durch die Existenz von externen Effekten oder durch Substitutions- bzw. Koordinationshemmnisse.[170] Diese Frage der Begründung staatlicher Diffusionspolitik ist eng mit der im nächsten Abschnitt vorgestellten Fragestellung nach den Auswirkungen der Diffusion von Neuerungen verbunden. Werden positive Diffusionsauswirkungen einer Neuerung erwartet, so kann die staatliche Förderung der Diffusion begründet sein. Umgekehrt kann bei unerwünschten Diffusionswirkungen (z.B. bei besonders umweltbelastenden Produkten oder bei Produkten ausländischer Hersteller) eine Hemmung der Diffusion das Ziel der staatlichen Politik sein. Selbst wenn das staatliche Eingreifen prinzipiell befürwortet werden kann, stellt sich weiterhin die Frage, ob der Nutzen der getroffenen Maßnahmen auch die damit verbundenen Kosten überwiegt.[171]

---

169 Vgl. z.B. Kortmann (1995), Brown (1981), Kemp (1997a), Kapp (1976).
170 Vgl. dazu z.B. Streit (1991), S. 12ff.
171 Vgl. Streit (1991), S. 21.

An die erste Fragestellung schließt sich direkt die Frage an, wo die staatliche Beeinflussung des Diffusionsprozesses prinzipiell ansetzen kann. Je nachdem, ob die Diffusion gefördert oder gehemmt werden soll, bestehen unterschiedliche Möglichkeiten. Zum einen ist eine direkte Förderung der Diffusion, beispielsweise durch die Subventionierung von Herstellung oder Anschaffung eines neuen Produktes, vorstellbar. Umgekehrt kann die Diffusion auch direkt gehemmt werden, indem z.B. eine Abgabe auf das neue Produkt erhoben wird. Dem Staat bietet sich zudem die Möglichkeit, die Diffusion zu fördern, indem er die Wirkung von Faktoren, die als diffusionshemmend identifiziert wurden, abschwächt. In diesem Fall kann man von einer indirekten Förderung sprechen. Beispielsweise kann die Diffusion einer neuen Produktionsanlage indirekt dadurch gefördert werden, daß die Genehmigungsverfahren vereinfacht werden.[172] Umgekehrt kann durch Maßnahmen, die als diffusionsfördernd identifizierte Einflußgrößen abschwächen, die Diffusion indirekt gehemmt werden. In der Regel wird die indirekte Förderung durch den Abbau von Diffusionshemmnissen mit weniger ordnungspolitischen Problemen verbunden sein als die direkte Förderung.[173] Zur Beeinflussung des Diffusionsprozesses stehen der staatlichen Politik im Prinzip alle Instrumente der Wirtschaftspolitik zur Verfügung. In Abbildung 2-5 sind die verschiedenen Instrumente überblicksartig dargestellt. Zur Beurteilung der ausgewählten Instrumente der Diffusionsbeeinflussung sind neben der Effektivität der Zielerreichung auch die statische und dynamische Effizienz und die ordnungspolitische Verträglichkeit zu nennen.[174]

Der deutlichste Eingriff des Staates auf die Diffusion kann durch Zwangsmittel wie Ge- und Verbote erfolgen, beispielsweise durch das direkte Verbot eines umweltschädlichen bzw. gesundheitsgefährdenden Produktes oder durch das Gebot des Einsatzes einer bestimmten Technik oder eines bestimmten Produktes. So fördert Israel beispielsweise seit 1980 die Solarenergietechnik, indem für alle neuen Wohnhäuser (bis zu neun Stockwerken) Solarheizungen vorgeschrieben sind. Durch diese Maßnahmen sind bis 1990 in 2/3 der israelischen Haushalte

---

172 Es sei darauf hingewiesen, daß die Unterscheidung zwischen direkter und indirekter Förderung bzw. Hemmung nicht immer eindeutig getroffen werden kann. Die Bereitstellung staatlich vergünstigter Darlehen zur Anschaffung des neuen Produktes kann beispielsweise sowohl als direkte Förderung als auch als indirekte Förderung - in dem Sinne, daß das Hemmnis "Finanzierungsengpaß bei hohen Anfangsinvestitionen" beseitigt wird - aufgefaßt werden.

173 Vgl. Kortmann (1995), S. 271.

174 Vgl. dazu z.B. Kohlhaas / Praetorius (1994), S. 27ff., Michaelis (1996), S. 35ff., Wicke (1993), S. 23ff.

solarbeheizte Warmwassersysteme eingeführt worden.[175] Weniger intensiv in der Verhaltensbeeinflussung der Marktteilnehmer ist das Setzen von Anreizen, z.B. durch die Belastung umweltschädlicher Produkte mit einer Abgabe oder die Subventionierung umweltfreundlicher Produkte.[176]

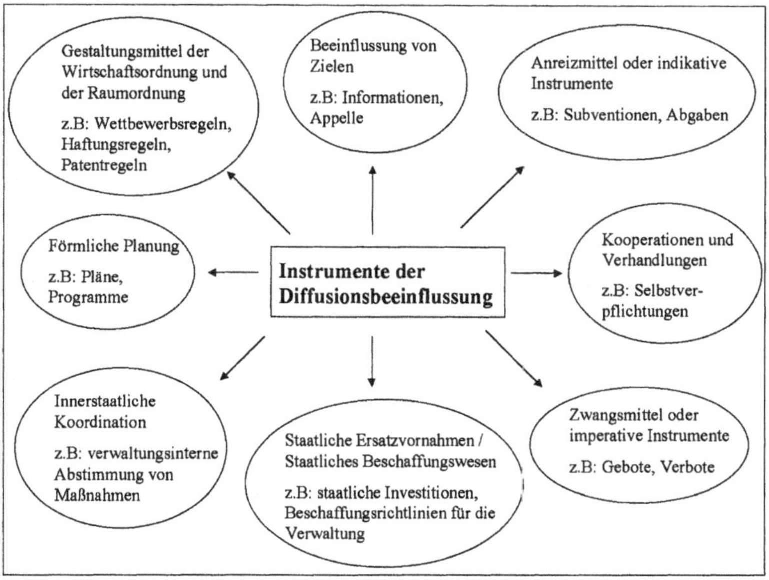

Abbildung 2-5: Überblick über staatliche Instrumente zur Beeinflussung der Diffusion von neuen Produkten

(Quelle: in Anlehnung an Brösse (1996), S. 129)

Auch mittels Kooperation des Staates mit den privaten Wirtschaftssubjekten, vor allem mit dem Instrument der freiwilligen Selbstverpflichtung, kann die Diffusion von Produkten oder Verfahrensweisen beeinflußt werden. So führten z.B. die Selbstverpflichtungen der Industrie zum Verzicht auf Fluorchlorkohlenwasserstoffe dazu, daß die Diffusion dieser Stoffe zum Erliegen kam.[177] Durch

---

175 Vgl. Wolff (1990), S. 63.

176 Zu nennen ist hier beispielhaft das im Januar 1999 aufgelegte 100.000-Dächer-Solarstrom-Programm, bei dem vom Staat Investitionshilfen für die Neuinstallation von Photovoltaikanlagen geboten werden. Vgl. BMWi (1999).

177 Vgl. Kohlhaas / Praetorius (1994), S. 87ff.

die Zusage der deutschen Industrie, die CO_2-Emissionen bis zum Jahre 2005 um bis zu 20 % zu reduzieren,[178] ist eine Förderung der Diffusion von CO_2-armen Produkten und Verfahrensweisen zu erwarten sowie eine Hemmung der Diffusion von Produkten und Verfahrensweisen, die relativ hohe CO_2-Emissionen verursachen.

Während Kooperationslösungen schon zu den Instrumenten der staatlichen Diffusionspolitik gehören, bei denen das Ausmaß der Verhaltensbeeinflussung für die Anbieter und potentiellen Adopter von Innovationen mäßig ist, ist der Eingriff in die Entscheidung bei staatlichen Informationen und Appellen zumeist sehr gering.[179] Dennoch ist mit diesem Instrument eine erhebliche Diffusionsbeeinflussung möglich,[180] beispielsweise durch Informationen über das Vorhandensein eines neuen Produktes oder über die Umweltfreundlichkeit bzw. -schädlichkeit eines Produktes. Jochem schlägt z.B. zur Förderung der Diffusion von Solaranlagen u.a. vor, potentielle Adopter mit Informationen über die Wirtschaftlichkeit der verschiedenen Systeme zu versorgen, Energieberatungen staatlich zu fördern und Handwerker, Berater, Planer, Architekten, Hochbauamtsmitarbeiter und Betriebspersonal zu schulen.[181]

Auch über die Koordination der einzelnen staatlichen Politikbereiche und das Instrument der förmlichen Planung kann Einfluß auf die Diffusion von Produkt- und Prozeßinnovationen genommen werden. Soll beispielsweise die Diffusion von Biotechnologien gefördert werden, so ist neben den direkt fördernden Maßnahmen eine Koordination mit den Genehmigungsbehörden sinnvoll, um die Genehmigungsverfahren zu beschleunigen. Die systematische Planung, wie z.B. in Form von Luftreinhaltepläne und Bebauungsplänen kann insbesondere dazu dienen, Einfluß auf die räumliche Ausbreitung von Innovationen auszuüben. Als weiteres Instrument, mit dem kein direkter Einfluß auf die Anbieter und potentiellen Abnehmer einer Neuerung genommen wird (sieht man vom Staat selbst als potentiellen Abnehmer einmal ab) ist die staatliche Beschaffungspolitik zu nennen, die als ein bedeutendes Mittel der Technologiepolitik und insbesondere der Diffusionspolitik angesehen wird.[182] Insbesondere durch eine frühzeitige staatliche Nachfrage nach erwünschten Neuerungen kann über die Möglichkeit

---

178 Vgl. BDI (1996).
179 Vgl. Brösse (1996), S. 128.
180 Vgl. z.B. Gerybadze (1982), S. 258f.
181 Vgl. Jochem (1988), S. 329f.
182 Vgl. Kromphardt / Teschner (1986), S. 246, Shama (1981), S. 260.

der rationelleren Massenfertigung der Diffusionsprozeß erheblich beeinflußt werden. [183]

Aus ordnungspolitischer Sicht relativ unproblematisch sind Instrumente zur Gestaltung der Wirtschafts- und Raumordnung. Die Stimulierung und Sicherung des Wettbewerbs durch Förderung des Zutritts neuer Firmen zur Industrie[184] wird als eine bedeutende Möglichkeit angesehen, die Diffusion von Innovationen zu beschleunigen.[185] Freeman schlägt zudem eine liberale Außenwirtschaftspolitik vor, um die Diffusion ausländischer Innovationen im Inland zu erleichtern. Neben der hieraus resultierenden Wettbewerbsstimulierung soll auch über den internationalen Wissensaustausch ein positiver Einfluß auf die nationalen Wirtschaften ausgeübt werden.[186] Auch durch Regelungen zur Eigentumsordnung, wie z.B. durch Patent- und Haftungsregeln, wird die Diffusion beeinflußt. Beispielsweise kann die schnelle Ausbreitung einer Neuerung durch Patentregelungen behindert werden. Ohne Patentschutz wäre zwar eine Imitation der Neuerung durch die Konkurrenten des Anbieters zu erwarten und damit eine Beschleunigung der Diffusion, es würde dann allerdings für die Anbieter aufgrund der nicht privatisierbaren Anfangsgewinne ein geringerer Anreiz, überhaupt Innovationen hervorzubringen, bestehen. Um dennoch eine Imitation zu ermöglichen, wird von einigen Autoren gefordert, das Ausschließlichkeitsrecht des herkömmlichen Patentwesens durch einen Anspruch auf Entschädigung zu ersetzen.[187]

Als dritte Fragestellung von volkswirtschaftlichen Untersuchungen, die sich mit der staatlichen Einflußnahme auf den Diffusionsprozeß beschäftigen, ist die Frage nach der konkreten Ausgestaltung der wirtschaftspolitischen Instrumente zu nennen.[188] Da die Wirkung der Instrumente sich im Ablauf der Diffusion wandelt, wird in diesem Zusammenhang auch die Frage der optimalen zeitlichen Abfolge der staatlichen Maßnahmen behandelt. So schlägt Spewak beispielsweise für die Frühphase der Diffusion Förderprogramme für Grundlagenforschung und angewendete Forschung sowie für Entwicklung und Demonstration vor. In

183 Vgl. Kortmann (1995), S. 281f.
184 Vgl. Gerybadze (1982), S. 259.
185 Vgl. Kortmann (1995), S. 304f.
186 Vgl. Freeman (1982), S. 221f.
187 Vgl. Grefermann et al. (1974) und die dort angegebene Literatur.
188 Insbsonderere auch für dieses Teilgebiet der Diffusionsforschung gilt die Feststellung, daß es in der ökonomischen Theorie bisher verhältnismäßig wenig untersucht wurde. Vgl. Tirole (1995), S. 917f.

späteren Phasen, wenn das Wachstum auf dem Markt stärker ist, favorisiert er Maßnahmen, die bei den potentiellen Adoptern der Neuerung ansetzen, wie beispielsweise Steuernachlässe, Kredithilfen und finanzielle Zuschüsse.[189] Bei den Überlegungen zur optimalen Ausgestaltung der diffusionsbeeinflussenden Maßnahmen kann auch die Frage gestellt werden, ob eventuell gewährte staatliche Subventionen in irgendeiner Form an den Staat zurückfließen sollten. So macht Kortmann z.B. den Vorschlag einer "antizyklischen Technologiepolitik", d.h. in der Markteinführungsphase gewährt der Staat Anschubsubventionen, die er durch Abgaben auf die erfolgreichen Neuerungen, die er in den späteren Phasen der Diffusion erhebt, finanziert.[190]

2.3.4 Gesamtwirtschaftliche Entwicklung und Diffusion von Innovationen

Neben den in den vorherigen Abschnitten behandelten Ansätzen der volkswirtschaftlichen Diffusionsforschung existieren auch einige Untersuchungen, die sich mit dem Zusammenhang zwischen der gesamtwirtschaftlichen Entwicklung und der Diffusion von Innovationen befassen. Hierbei lassen sich zwei grundlegende Untersuchungsansätze unterscheiden. Zum einen befassen sich volkswirtschaftliche Untersuchungen mit der Fragestellung, welche Wirkungen die Diffusion von Innovationen auf die gesamtwirtschaftliche Entwicklung ausüben. Zum zweiten gibt es Untersuchungen, welche die Fragestellung, wie gesamtwirtschaftliche Daten auf die Diffusion von Innovationen wirken, zum Gegenstand haben.[191] Auch für die hier vorliegende Untersuchung ist die Analyse des Zusammenhang zwischen gesamtwirtschaftlicher Entwicklung und der Diffusion der betrachteten Innovationen von Bedeutung. Im Rahmen der erstgenannten Fragestellung ist insbesondere wichtig, inwiefern sich aus den gesamtwirtschaftlichen Konsequenzen der Diffusion einer umweltfreundlichen Neuerung eine Berechtigung bzw. die Notwendigkeit zu staatlichem Handeln ergibt.

Bei den Untersuchungen zu den Auswirkungen der Diffusion von Innovationen stehen vor allem die Konsequenzen für das wirtschaftliche Wachstum, die Beschäftigung und die gesellschaftliche Wohlfahrt im Zentrum. Angesichts der Tatsache, daß die Konsequenzen der Diffusion einer Neuerung sehr weitreichend sein können - man denke an die Ausbreitung der Basisinnovationen Eisenbahn,

---

189 Vgl. Spewak (1988), S. 188.
190 Vgl. Kortmann (1995), S. 285.
191 Vgl. Brown (1981), S. 229ff.

Automobil und Computer, ist das Ausmaß der Studien zu dieser Fragestellung relativ gering.[192] Rogers unterscheidet drei Dimensionen von Diffusionskonsequenzen:[193]

- Erwünschte versus nicht erwünschte Konsequenzen
- Direkte und indirekte Konsequenzen
- Erwartete und unerwartete Konsequenzen

Erwünschte Konsequenzen der Diffusion von Innovationen können beispielsweise eine Steigerung der Effizienz des Produktionsprozesses durch eine verbesserte Produktionstechnologie oder die Erhöhung der Lebenserwartung durch verbesserte Medikamente sein. Die Ausbreitung einer Innovation kann aber auch unerwünschte Konsequenzen mit sich ziehen, wie beispielsweise die Erhöhung der Zahl der Verkehrsopfer durch die zunehmende Motorisierung in den fünfziger, sechziger und siebziger Jahren. Unter direkten Konsequenzen der Diffusion versteht Rogers die sich ergebenden Änderungen, die unmittelbar mit der Innovation verbunden sind. Die Konsequenzen, die sich erst infolge der direkten Änderungen ergeben, nennt Rogers "indirekte Konsequenzen".[194] So ist die Verringerung der zu beseitigenden Abfallmenge durch die Einführung von Mülltrennungssystemen eine direkte Konsequenz dieser Innovation, während die dadurch bedingte Unterauslastung von Müllverbrennungsanlagen eine indirekte Konsequenz darstellt. Die Unterscheidung zwischen erwarteten und unerwarteten Konsequenzen der Diffusion einer Innovation bezieht sich darauf, inwieweit die Mitglieder des sozialen Systems die Konsequenzen vorhergesehen haben.[195] Immer wieder gibt es Situationen, in denen Wirkungen durch die Diffusion einer Innovation auftreten, die so nicht vorhergesehen wurden. Beispiele sind unerwartete positive oder negative Nebenwirkungen durch die Einführung neuer Medikamente.

Bezüglich der Auswirkungen der Diffusion von Prozeß- und Produktinnovationen auf das wirtschaftliche Wachstum wird - wie für den technischen Fortschritt im allgemeinen[196] - in der Regel von positiven Wirkungen ausgegangen.[197] Es wird

---

192 Vgl. Rogers (1995), S. 405.
193 Vgl. Rogers (1995), S. 412ff.
194 Vgl. Rogers (1995), S. 415.
195 Vgl. Rogers (1995), S. 419.
196 Vgl. z.B. Walter (1979b), Zinn (1995), S. 198ff.
197 Vgl. z.B. Walter (1979a), Gerybadze (1982), S. 6.

angenommen, daß die Ausbreitung neuer und/oder verbesserter Produktionsverfahren und die Ausbreitung neuer Produkte zu Veränderungen der gesamtwirtschaftlichen Produktionsfunktionen und zur Steigerung der Produktivität führen und somit zu einem höheren Wachstum beitragen.[198] Dies wird auch durch die investitionsfördernde Wirkung der Diffusion erreicht. So werden z.B. Investitionen bei der Einführung eines neuen Produktionsverfahrens, Erweiterungsinvestitionen zur Deckung des ansteigenden Absatzes, Markterschließungs- und Distributionsinvestitionen oder Anschaffungsinvestitionen auf Seiten der Adopter getätigt.[199] In Hinsicht auf die Beschäftigungswirkungen wird zumindest der Diffusion von Produktinnovationen im allgemeinen eine positive Wirkung zugeschrieben.[200] Ob durch die Ausbreitung von Prozeßinnovationen hingegen positive oder negative Effekte auf die Beschäftigung zu erwarten sind, ist umstritten.[201]

Insgesamt kann festgestellt werden, daß die negativen Auswirkungen der Diffusion von Innovationen in der Literatur nur vereinzelt angesprochen werden. Neben den möglichen negativen Beschäftigungswirkungen werden im wesentlichen die Distributionswirkungen sowie die möglichen Auswirkungen auf die natürliche Umwelt problematisiert. So stellt beispielsweise Rogers fest, daß durch die Diffusion von Innovationen bereits bestehende Ungleichverteilungen verstärkt werden.[202] Durch die Diffusion von Innovationen werden in der Regel auch im internationalen Wettbewerb diejenigen Standorte begünstigt, die bereits über Vorteile hinsichtlich der Produktionsverfahren und der Einkommensverteilung verfügen.[203] Innovationen können auch Umweltrisiken in sich bergen und so zu einer Belastung der natürlichen Umwelt führen. Selbst wenn das Umweltrisiko der einzelnen Neuerung nur gering ist, kann die massenhafte Verbreitung der Innovation zu massiven Umweltproblemen führen.[204] In Abbildung 2-6 sind diese Zusammenhänge zwischen der Höhe der Umweltrisiken (qualitativer Aspekt der

---

198 Vgl. z.B. Gerybadze (1982), S. 55ff.

199 Vgl. Kortmann (1995), S. 261.

200 Vgl. z.B. Englmann (1989), S. 199ff., Kromphardt / Teschner (1986), S. 244 und konkret für Solarenergietechniken: Jochem (1988), S. 237ff.

201 Vgl. hierzu die schon auf Ricardo (1821) zurückgehende Diskussion um die Freisetzungs- und Kompensationseffekte des technischen Fortschritt. Z.B. Zinn (1989), überblicksartige Darstellung: z.B. Mettelsiefen (1981).

202 Vgl. Rogers (1995), S. 429ff.

203 Vgl. Strassmann (1968), S. 276ff.

204 Vgl. Schnaiberg (1980), S. 113ff.

Technologie) und der Verbreitung (quantitativer Aspekt der Technologie) dargestellt.

Die negativen Wohlfahrtswirkungen der Diffusion von Innovationen können u.a. durch das Vorliegen von externen Effekten bedingt sein. Liegen solche Wirkungen vor, so führt der Marktprozeß zu einer suboptimalen Verbreitung der Innovationen. Ein weiterer Grund, warum eine massenhafte Verbreitung von Technologien - selbst wenn die externen Effekte internalisiert werden - zu Umweltproblemen führen kann, ist in der Existenz gewisser Belastungsgrenzen der natürlichen Umwelt, die nicht überschritten werden dürfen, begründet.[205]

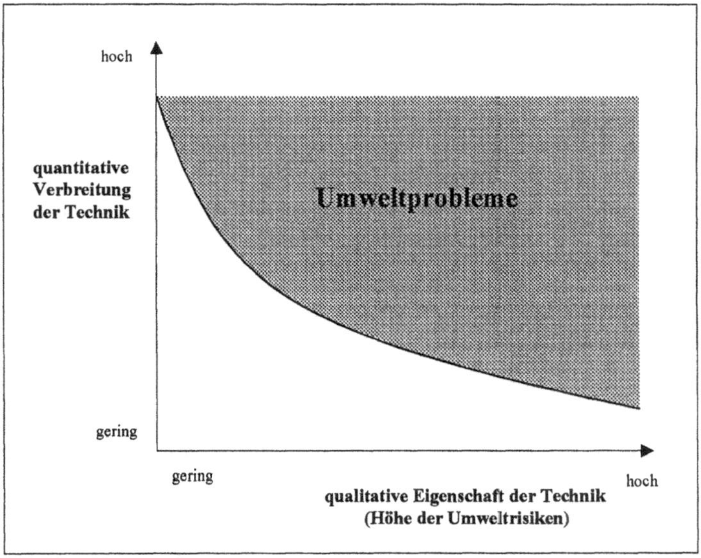

Abbildung 2-6: Zusammenhang zwischen Umweltproblemen und den quantitativen und qualitativen Aspekten von Technologien

(Quelle: Schnaiberg (1980), S. 116 (leicht verändert))

205 An dieser Stelle sei auf die Vielzahl der umweltökonomischen Literatur zu diesem Thema hingewiesen. Stellvertretend: Cansier (1993), von Weizsäcker (1989), Wicke (1993), Endres (1994).

Auch durch Leapfrogging können sich gesamtwirtschaftlich ineffiziente Ergebnisse einstellen, indem sich eine (notwendige) Neuerung nicht verbreitet, weil die Adopter auf die Zukunftstechnologie warten. Aus volkswirtschaftlicher Sicht wurde die Thematik des Leapfrogging z.B. im Rahmen der Lohnpolitik (wage leapfrogging), des Siedlungsverhaltens unterschiedlicher Rassen (racial leapfrogging) und der Entwicklungspolitik (technological leapfrogging) untersucht.[206] Eine Studie zur Technik der Telefonvermittlung[207] in unterschiedlichen Volkswirtschaften läßt beispielsweise den Schluß zu, daß die Wahrscheinlichkeit für Leapfrogging sinkt, wenn die Alttechnologie weit verbreitet ist. In diesem Fall wären bei Technologiesprüngen auf die übernächste Stufe erhebliche Folgekosten zu erwarten, so daß die Investitionen üblicherweise immer in die unmittelbar nachfolgende Technologie erfolgt.[208] Demgegenüber kann in Volkswirtschaften mit einem relativ geringen Bestand der Alttechnologie Leapfrogging vorteilhaft sein. Insbesondere für sich entwickelnde Volkswirtschaften stellt Leapfrogging eine mögliche Strategie dar, um die internationale Wettbewerbsfähigkeit zu verbessern.[209]

Ein weiterer Aspekt der Auswirkungen von Diffusionsprozessen, der in volkswirtschaftlichen Untersuchungen behandelt wird, sind die Folgen, welche die Diffusion auf die Marktstruktur hat.[210] Lange Zeit wurden einer hohen Diffusionsgeschwindigkeit von Neuerungen in dieser Hinsicht durchweg positive - der Unternehmenskonzentration entgegen wirkende - Konsequenzen zugeschrieben. Dies wurde unter anderem damit begründet, daß die technologischen Vorteile einzelner Firmen durch eine schnelle Diffusion rasch kompensiert würden.[211] Mittlerweile wird allerdings auch die Auffassung vertreten, daß eine hohe Diffusionsgeschwindigkeit beim Vorliegen bestimmter Bedingungen auch genau die gegenteilige Wirkung haben kann, d.h. der Konzentration Vorschub leistet. Diese Wirkung ist umso stärker, je größer die mit der Innovation verbundenen Produktivitätsvorteile sind, je weniger schnell rückständige Unternehmen den technologischen Wissensstand der führenden Unternehmen erreichen können, je höher die Marktzutrittsschranken sind, je aggressiver das

---

206 Vgl. Weiber (1994), S. 340.
207 Vgl. Mody / Sherman (1990).
208 Vgl. Mody / Sherman (1990), S. 78.
209 Vgl. Sharif (1989).
210 Vgl. z.B. Nelson / Winter (1978).
211 Vgl. Gerybadze (1982), S. 263f.

Investitionsverhalten der Innovatoren ist, und je stärker die vorübergehend "rückständigen" Firmen Marktanteile verlieren.[212]

Mit den Konsequenzen der Ausbreitung von technologischen Neuerungen befaßt sich auch das sozialwissenschaftliche Forschungsgebiet der Technologiefolgenabschätzung, das auch unter Bezeichnungen wie Technology Assessment, Technikbewertung oder Technikfolgenbewertung bekannt ist und seit den sechziger Jahren zunehmende Bedeutung bekommen hat. Begründet ist dieser Bedeutungszuwachs vor allem dadurch, daß technischer Fortschritt zunehmend mit sozialen (z.B. Arbeitsplätzeabbau) und ökologischen Problemen verbunden wurde. Gegenstand der Technologiefolgenabschätzung ist die Entwicklung von Konzepten zur Analyse und Bewertung von Auswirkungen der Einführung und Ausbreitung von Technologien. Das Analyseziel besteht im wesentlichen darin, unbeabsichtigte indirekte Sekundär- und Tertiäreffekte des Einsatzes neuer Technologien auf die Umwelt und die Gesellschaft zu erforschen. Die Technologiefolgenabschätzung ist ein interdisziplinär ausgerichtetes Forschungsgebiet, das vor allem als politikbezogenes Instrument konzipiert ist und einen prognostischen Charakter besitzt. Um dieser Funktion gerecht zu werden, entwickelten sich eine Reihe von Vorgehensweisen. So wurden beispielsweise Ablaufpläne und Checklisten[213] erstellt, anhand derer eine methodische Untersuchung der Auswirkungen neuer Technologien möglich ist.[214]

Der zweiten Frage zu dem Verhältnis von Diffusion und gesamtwirtschaftlicher Entwicklung, nämlich inwieweit sich die gesamtwirtschaftliche Entwicklung auf die Diffusion von Neuerungen auswirkt, ist in der Literatur bisher wenig Aufmerksamkeit zuteilgeworden. Die vorhandenen Ansätze lassen sich danach unterscheiden, ob sie den Adoptionsprozeß ins Zentrum stellen, also der Adoptionsforschung zuzuordnen sind, oder ob sie sich auf die marktlichen und infrastrukturellen Bedingungen konzentrieren.[215] Aus der Adoptionsperspektive werden vor allem soziologische Zusammenhänge, wie die Auswirkungen des wirtschaftlichen Entwicklungstandes auf soziale Strukturen und Normen, die wiederum Einfluß auf den Adoptionsprozeß von bestimmten Innovationen haben, untersucht. Ein Beispiel für solche Untersuchungen ist die Arbeit von Lin und

---

212 Vgl. Gerybadze (1982), S. 261ff.

213 Solche Ablaufpläne und Checklisten befinden sich z.B. in OECD (1975), Mitre Corporation (1973).

214 Vgl. Dierkes / Marz (1990), S. 2ff.

215 Vgl. Brown (1981), S. 263.

Melilck,[216] die sich mit der Diffusion von Impfungen und Maßnahmen zur Familienplanung in Haiti und Costa Rica und deren Zusammenhang mit dem Entwicklungsstand befaßt. Aus der Markt- und Infrastrukturperspektive werden die Auswirkungen der durch die gesamtwirtschaftliche Entwicklung bedingten Änderungen von z.B. Institutionen, politischen Zielen und infrastrukturellen Veränderungen betrachtet.[217] Beispielsweise wird ein durch wirtschaftliches Wachstum bedingter Ausbau von neuen Kommunikationstechnologien wie Fernsehen, Telefon, Internet etc. einen positiven Einfluß auf die Ausbreitung von Informationen über neue Produkte haben und damit die Diffusion dieser Produkte tendenziell beschleunigen.

2.4 Folgerungen für die vorliegende Untersuchung

Wie der vorangegangene Überblick über die betriebswirtschaftliche und volkswirtschaftliche Diffusionsforschung zeigt, stellt die Diffusion von Innovationen ein sehr heterogenes Phänomen dar, für das sich nur wenige allgemeingültige Aussagen ableiten lassen. Die Spannweite der Diffusionsforschung reicht von der Untersuchung der Ausbreitung eines neuen Konsumgutes (z.B. ein Hit auf einer Musik-CD) bis hin zur Analyse der Diffusion einer Basisinnovation (z.B. EDV) in die unterschiedlichen Industriezweige, wobei die Zielsetzung der Untersuchungen von der optimalen Marketingstrategie bis hin zur Analyse der gesamtwirtschaftlichen Auswirkungen der Diffusion reichen. Außerdem zeigt die bisherige Forschung, daß der Prozeß der Diffusion je nach Art und Eigenschaften des Produktes, individuellen und marktlichen Gegebenheiten auf Anbieter- und Abnehmerseite, Aktionen des Staates oder anderer (exogener) Akteure sowie Änderungen der Rahmenbedingungen sehr unterschiedlich verlaufen kann. Für die hier vorliegende volkswirtschaftliche Untersuchung der Diffusion eines neuen langlebigen umweltfreundlichen Konsumgutes können aus der Analyse der Literatur zur Diffusionsforschung einige Folgerungen gezogen werden:

- Die neoklassische Theorie ist für die Darstellung und Analyse von Diffusionsprozessen kaum geeignet. Dies liegt zum einen in ihrer statisch bzw. komparativ-statischen Natur begründet, weshalb sie nur sehr eingeschränkt zur Analyse von dynamischen Diffusionsvorgängen herangezogen werden kann.

---

216 Vgl. Lin / Melick (1977), zitiert nach: Brown (1981), S. 264.
217 Vgl. z.B. Taafe / Morril / Gould (1963) oder Miller (1979), zitiert bei Brown (1981), S. 269.

Weitere Kritikpunkte an der Eignung der neoklassischen Modellbildung für die Beschreibung realer Kaufprozesse sind die Annahme rationaler Entscheidungen und vollkommener Informationen sowie die Verbannung einer Vielzahl von Einflußgrößen in die als konstant betrachteten Rahmenbedingungen.[218] Insbesondere die Auswirkungen von institutionellen Regelungen wie Normen und Gesetze sowie der Einfluß von Transaktionskosten auf die Allokation werden im neoklassischen Grundmodell nicht weiter untersucht. Ein ökonomischer Theoriezweig, der vor allem diese Bedingungen aufgreift und daher für die Weiterentwicklung der Diffusionstheorie fruchtbar sein könnte, ist die Neue Institutionenökonomik, die im folgenden Kapitel dargestellt werden soll und deren Ergebnisse und Hypothesen in diese Arbeit einfließen sollen.

- Für den Ablauf des Diffusionsprozesses ist die bei den potentiellen Abnehmern und bei den Anbietern vorliegende Unsicherheit von entscheidender Bedeutung und verdient daher besondere Aufmerksamkeit. Mit der Analyse der Ursachen solcher Unsicherheit bei den Marktteilnehmern befaßt sich die Informationsökonomik, die als Teilgebiet der Neuen Institutionenökonomik anzusehen ist.
- Im Gegensatz zu anderen volkswirtschaftlichen Untersuchungen, die sich mit der makroökonomischen Analyse des Diffusionsphänomens befassen, sind für die vorliegende mikroökonomisch orientierte Untersuchung auch die Ergebnisse der betriebswirtschaftlichen Diffusionsforschung von Bedeutung. Vor allem die Ergebnisse der betriebswirtschaftlichen Analyse der Einflußgrößen auf den individuellen Adoptionsprozeß sowie möglicher Maßnahmen der Anbieter zur Beeinflussung der Diffusion sind auch für die Fragestellungen dieser Arbeit relevant. Allerdings ist der Analyserahmen gegenüber den üblichen betriebswirtschaftlichen Ansätzen weiter gefaßt. Gegenstand dieser Untersuchung sind auch die marktlichen und wettbewerblichen Gegebenheiten sowie Aktivitäten des Staates, anderer Akteure und Änderungen der Rahmenbedingungen.
- Für Produkte, die sich noch im Frühstadium der Diffusion befinden, ist eine quantitative Prognose des Diffusionsverlaufs mit Hilfe von Diffusionsmodellen wenig sinnvoll.
- Aufgrund der großen Zahl von Einflußgrößen ist eine systematische Darstellung und Analyse der möglichen Einflußgrößen auf die Diffusion

---

[218] Vgl. z.B. Weiber (1993), S. 37f., Kaas (1992a), S. 3ff, Hax (1991), S. 54, Adler (1994), S. 3ff., Weise et al. (1991), S. 1ff.

speziell für die hier betrachteten langlebigen umweltfreundlichen Konsumgüter erforderlich. Eine solche Systematisierung und Beschreibung der möglichen Determinanten des Diffusionsprozesses wird in Kapitel 4 vorgenommen.

- Die Diffusionsforschung zeigt, daß die Diffusion kein autonom ablaufender Prozeß ist, sondern insbesondere durch staatliche Aktivitäten beeinflußbar ist. Gerade bei umweltfreundlichen Produkten kann die aktive Beeinflussung des Diffusionsprozesses durch den Staat gerechtfertigt sein. Allerdings sind allgemeingültige Aussagen zu sinnvollen Beeinflussungsstrategien, die für alle Produktkategorien zutreffen, aufgrund der vielfältigen Einflußgrößen kaum möglich. Daher ist es sinnvoll, für den konkreten Fall zunächst die Einflußgrößen zu ermitteln, die besonders bedeutsam für die Diffusion sind und daran anschließend Strategien des staatlichen Eingriffs zu planen. Aus diesem Grunde soll in dieser Untersuchung auch ein Schwerpunkt auf die Ermittlung und Darstellung aller die Diffusion von umweltfreundlichen und langlebigen Gebrauchsgütern relevanten Einflußgrößen gelegt werden. Anhand der so erarbeiteten Auflistung der potentiellen Determinanten des Diffusionsprozesses können dann die für das konkrete Produkt wesentlichen Einflußgrößen ermittelt werden. Diese Vorgehensweise wird am Beispiel des "3-Liter-Autos" in Kapitel 5 dargelegt.

3 Die Neue Institutionenökonomik als theoretische Basis für die Analyse der Diffusion von neuen hochwertigen und umweltfreundlichen Gebrauchsgütern

3.1 Überblick

Wie die Ausführungen im vorherigen Kapitel gezeigt haben, läßt sich die ökonomische Diffusionsforschung kaum mit den Annahmen und Ergebnissen der neoklassischen Theorie vereinbaren, welche die heutige ökonomische Theorie und auch die vorherrschende umweltökonomische Theorie prägt. Auch in der Marketingtheorie, die sich aus betriebswirtschaftlicher Sicht mit Austauschprozessen im allgemeinen und Diffusionsprozessen im besonderen befaßt, ist aufgrund der realitätsfernen Annahmen in der Vergangenheit eine Abkehr von der traditionellen Mikroökonomie festzustellen.[219] Als ein Ansatz, der in der Lage zu sein scheint, die volkswirtschaftliche und die betriebswirtschaftliche Diffusionsforschung einander näher zu bringen, kann die Neue Institutionenökonomik, die von einigen Autoren[220] auch als Neue Mikroökonomische Theorie bezeichnet wird, angesehen werden. Diese Eignung ist insbesondere dadurch zu begründen, daß die Neue Institutionenökonomik explizit auch Unsicherheitssituationen bei Anbietern und Nachfragern von Produkten betrachtet und auch Transaktionskosten berücksichtigt. Im folgenden soll daher zunächst ein Überblick über die Sichtweise und die Fragestellungen der Neuen Institutionenökonomik gegeben werden und die Ansätze der Neuen Institutionenökonomik in ihrer Relevanz für die Diffusionsforschung beurteilt werden.

Die Neue Institutionenökonomik löst einige der von der Neoklassik als konstant betrachtete Faktoren aus den Rahmenbedingungen heraus und macht sie zu endogenen Variablen der Theorie. Unter einer Institution im Sinne der Neuen Institutionenökonomik ist ein auf ein bestimmtes Ziel abgestelltes System von Normen sowie die Einrichtungen und Regeln zu ihrer Durchsetzung zu verstehen.[221] Die Institutionen können prinzipiell in "institutional environment" und "institutional arrangement" unterschieden werden.[222] Unter "institutional environments" versteht man das Rechtssystem sowie die Sitten und Gebräuche, während man unter "institutional arrangements" in erster Linie Verträge und

219 Vgl. Adler (1994), S. 6.
220 Vgl. z.B. Weiber (1993), S.2, Adler (1994), S. 1.
221 Vgl. z.B. North (1988), S. 207, Richter (1990), S. 572.
222 Vgl. Davis / North (1971), S. 6ff.

ähnliche Abmachungen zwischen Wirtschaftssubjekten versteht. Die Analyse des Einflusses solcher Institutionen auf die wirtschaftlichen Aktivitäten von Individuen ist Gegenstand der Neuen Institutionenökonomik.

Wie die Bezeichnung "Neue Institutionenökonomik" erkennen läßt, gab es schon früher Ökonomen bzw. ökonomische Theorien, die sich mit institutionellen Fragen beschäftigten. Zu nennen sind insbesondere die deutsche historische Schule (Vertreter: z.B. Schmoller) und die amerikanischen Institutionalisten (z.B. Commons). Diese Ansätze waren bzw. sind Gegenbewegungen zur englischen klassischen Nationalökonomie und zur Neoklassik. Sie sprachen bzw. sprechen sich gegen die Anwendung der Theorie rationaler Wahlhandlungen aus.[223] Demgegenüber wählt die Neue Institutionenökonomik jedoch keinen vollständig neuen Ansatz, sondern übernimmt wesentliche Grundannahmen der neoklassischen Denktradition, insbesondere den methodischen Individualismus und die individuelle Rationalität.[224] Die Neue Institutionenökonomik kann demnach als eine Erweiterung der neoklassischen Theorie betrachtet werden. Unter der Annahme des methodischen Individualismus ist zu verstehen, daß die Existenz von Zusammenschlüssen wie z.B. Staat, Parteien und Unternehmen sowie das Verhalten dieser Gruppen sich auf das Verhalten der einzelnen Individuen zurückführen lassen. Grundlage der Untersuchung sind also die Einstellungen und Verhaltensweisen der Individuen. Individuelle Rationalität bedeutet, daß die einzelnen Individuen stabile, konsistente Präferenzen haben und gemäß dieser Präferenzen eine Maximierung ihres Nutzenniveaus anstreben. Sie verhalten sich also rational. Die Neue Institutionenökonomik erweitert aber insoweit die neoklassische Theorie, als daß sie einräumt, daß sich die Individuen begrenzt rational verhalten. Damit wird die Tatsache beschrieben, daß die einzelnen Individuen in der Realität nur über unvollständige Informationen verfügen. Mit Hilfe der vorhandenen Informationen bilden die Individuen Entscheidungsmodelle, innerhalb derer sie sich rational verhalten.[225] Wie die Ausführungen im zweiten Kapitel gezeigt haben, werden auch in der neueren Diffusionsforschung solche Entscheidungsmodelle aufgestellt.

Als bedeutende Vertreter und Begründer der Neuen Institutionenökonomik sind vor allem Coase, North, Alchian und Williamson zu nennen. Es ist Ronald H.

---

223 Vgl. dazu z.B. Reuter (1994), S. 5-23.

224 Vgl. z.B. Richter / Bindseil (1995), S. 132.

225 Vgl. z.B. Williamson (1983b), S. 354, Richter / Bindseil (1995), S. 132, Weiland (1995), S. 7.

Coase zuzuschreiben, erstmals die zentrale Bedeutung von Transaktionskosten für die ökonomische Analyse von Institutionen herauszustellen.[226] Das Anliegen von Douglass C. North ist es, mit Hilfe der Neuen Institutionenökonomik die langfristige Wirtschaftsentwicklung zu erklären.[227] Armen A. Alchian und Oliver E. Williamson beschäftigen sich insbesondere im Forschungsgebiet der Industrieökonomik.[228]

Die Neue Institutionenökonomik ist eines von vier Spezialgebieten bzw. Schulen der modernen Institutionenökonomik bzw. der ökonomischen Analyse von Institutionen. Die anderen sind die Neue Politische Ökonomie, die ökonomische Analyse des Rechts und die Neue Österreichische Schule.[229] Die Neue Politische Ökonomie befaßt sich mit der ökonomische Analyse von Gebieten der Politik, z.B. die Theorie des Staates, Wahlregeln, Wahlverhalten, Parteipolitik, usw. Schwerpunkte der ökonomischen Analyse des Rechts sind insbesondere die Schadenshaftung, die Ahndung von Straftaten und das Strafrecht. Die neue österreichische Schule erklärt in der Tradition von C. Menger[230] die Entwicklung von Institutionen unter Anwendung des Prinzips der "unsichtbaren Hand". Diese weiteren Spezialgebiete der modernen Institutionenökonomik sollen in dieser Untersuchung jedoch nicht weiter verfolgt werden.

Zu den wesentlichen Ansätzen der Neuen Institutionenökonomik zählen die Analyse der ökonomischen Bedeutung der Verfügungsrechte an Gütern (Property Rights Theorie), die Analyse der Ausgestaltung von unvollständigen Verträgen (Vertragstheorie), die Berücksichtigung der bei Transaktionen anfallenden Kosten (Transaktionskostenansatz) und die Informationsökonomik. Diese vier Ansätze werden in den folgenden Abschnitten kurz dargestellt sowie in ihrer Relevanz für die Analyse von Diffusionsvorgängen bewertet.

3.2 Der Property Rights - Ansatz

In der neoklassischen Theorie ist das Eigentum ein Datum und nicht Gegenstand der Analyse. Unter der Annahme einer transaktionskostenfreien Welt, d.h. es existiert keine Unsicherheit, die aus unvollkommener Voraussicht und asymmetri-

226 Die wohl am häufigsten zu dieser Thematik zitierten Artikel sind: Coase (1937), Coase (1960).
227 Vgl. z.B. North (1988), North (1992), North / Thomas (1973).
228 Vgl. z.B. Alchian (1977), Williamson (1975), Williamson (1990).
229 Vgl. Richter (1994), S. 3.
230 Vgl.C. Menger (1883).

scher Information besteht, ist es für die Allgemeine Gleichgewichtstheorie nicht entscheidend, ob die Güter sich im Eigentum der sie verwendenden Personen befinden oder ob sie nur gemietet sind.[231] Es wäre beispielsweise egal, ob eine Person Eigentümer oder Mieter eines Hauses ist. Da die Person eine vollkommene Voraussicht hat und sich damit z.B. über ihr zukünftiges Einkommen und ihre Wünsche im klaren wäre sowie keine Angst vor einer unerwarteten Kündigung der Mietwohnung haben müßte, ist für diese Person unabhängig vom Eigentum nur der unmittelbare Nutzen relevant, den sie jetzt und in Zukunft aus dem Haus selbst zieht. Das gleiche gilt für das Eigentum an Produktionsmitteln. Ohne Transaktionskosten zählt für einen Unternehmer nur die Leistung, die er direkt aus den Produktionsfaktoren ziehen kann.[232] Wie wirklichkeitsfern diese Modellannahmen sind, ist offensichtlich. In der realen Welt spielt Eigentum eine entscheidende Rolle. Im Rahmen der Neuen Institutionenökonomik wird mit Hilfe des Property Rights-Ansatzes der Einfluß der unterschiedlichen Ausgestaltung von Rechten an Gütern analysiert.

Rechte an Gütern, die Individuen zugeordnet sind, werden als Property Rights bezeichnet. Es existiert keine einheitliche deutsche Übersetzung für den Begriff der Property Rights, häufig verwendet werden die Begriffe Verfügungs-, Eigentums- und Handlungsrechte. In dieser Arbeit soll neben dem Begriff der Property Rights synonym der Begriff der Verfügungsrechte verwendet werden.[233] Als Grundidee des Property Rights-Paradigmas läßt sich formulieren, daß Güter als Bündel von Rechten aufgefaßt werden können.[234] Der Tausch von Gütern ist damit ein Tausch von Rechten an diesen Gütern. Diese Rechte können unterschiedlich ausgestaltet sein. Man unterscheidet das Recht auf Nutzung eines Gutes (usus), das Recht auf Einbehaltung der Erträge aus einem Gut (usus

---

231 Vgl. Samuelson (1957), S. 894.

232 Vgl. Richter / Furubotn (1996), S. 80f.

233 Durch diese Begriffswahl wird der Tatbestand, daß ein Individuum in bestimmter Weise über ein Gut verfügen kann, am deutlichsten. Der Begriff Eigentumsrechte soll hier nicht verwendet werden, da sich die Rechte an den Gütern nicht immer durch Eigentum begründen lassen. Im Begriff Handlungsrechte wird der Bezug auf ein bestimmtes Gut nicht deutlich.

234 Dieser Ansatz ist keine neue Errungenschaft der Neuen Institutionenökonomik, schon 1800 formulierte Fichte: "Hier ist ein Eigentum, ohne den Besitz irgendeiner Sache. Oder endlich, diese freie Tätigkeit ist bestimmt durch beides: durch ihre eigene Form, und durch das Objekt, auf welches sie geht: das Recht, ausschließlich an einem gewissen Objekt eine bestimmte Handlung vorzunehmen, und alle übrigen Menschen von demselben Gebrauche desselben Objekts auszuschließen." (Fichte (1979), S.56). 1912/13 sagte Voigt: "Wie aber wäre es, wenn wir auch die physischen Güter als Rechte auffassen können?" (Voigt (1912/1913), S. 312).

fructus), das Recht auf Änderung von Form und Substanz des Gutes (abusus) und das Recht auf Überlassung eines Gutes.[235] Werden diese Arten von Verfügungsrechten ohne Einschränkung zugeordnet, spricht man von einer vollständigen Spezifizierung der Verfügungsrechte, die eine ausschließliche Nutzung des Gutes durch seinen Inhaber erlaubt. Der Wert eines Gutes wird damit durch die Rechte bestimmt, die mit dem Gut verbunden sind. So besitzt z.B. ein Stück Land, das nur zur landwirtschaftlichen Nutzung zugelassen ist, in der Regel einen geringeren Tauschwert als ein gleich großes Stück Land, auf dem gebaut werden darf.

Neben der zentralen These des Property Rights-Ansatzes, daß die Ausgestaltung dieser Rechte die Allokation und die Nutzung der wirtschaftlichen Ressourcen beeinflußt,[236] lassen sich folgende wichtige Thesen des Property Rights-Ansatzes formulieren:[237]

- Letztendlich verfügen immer Individuen über die vorhandenen Ressourcen, und zwar unabhängig von der Eigentumsordnung. So verfügen z.B. auch bei Staatseigentum Einzelpersonen (z.B. Bedienstete des Staates) über den Einsatz der Ressourcen.
- Bestimmend für die Zuordnung der Property Rights ist eine Ordnung, die irgendwie gestaltet sein kann, z.B. durch die Verfassung, Gesetze, Verträge, Organisationspläne, Hausordnungen, Benutzungsordnungen, Sitten, usw.
- Es läßt sich einigermaßen zuverlässig vorhersagen, wie sich die Individuen durchschnittlich bei gegebener Verfügungsrechtstruktur verhalten. Umgekehrt kann die Verfügungsrechtstruktur einigermaßen zuverlässig bestimmt werden, die erforderlich ist, um bestimmte Ziele zu erreichen.

Der Property Rights-Ansatz fand insbesondere als Erklärungsansatz für die Theorie der Unternehmung Verwendung.[238] Daneben existieren als Forschungsschwerpunkte z.B. noch der Bereich nicht-marktlicher Entscheidungsmechanismen,[239] der Bereich wettbewerbspolitischer Aspekte,[240] Themen wie Innovatio-

---

235 Vgl. Richter (1990), S. 574f.
236 Vgl. Fischer (1994a), S. 317.
237 Vgl. Richter / Bindseil (1995), S. 136.
238 Vgl. Fischer (1994a), S. 317f.
239 Vgl. z.B. Furubotn / Pejovich (1970).
240 Vgl. z.B. Dirrheimer (1985).

nen in Forschung und Entwicklung,[241] Planungs- und Kontrollprobleme[242] oder die Gewinnlegitimation selbständiger Händler[243].

Für die Analyse von Diffusionsvorgängen und die daraus folgende Ableitung von Maßnahmen zur Beeinflussung der Diffusion sind vor allem zwei Aspekte der Ausgestaltung von Property Rights von Bedeutung. Zum einen kann festgestellt werden, daß die Ausgestaltung von Verfügungsrechten den Nutzen eines Produktes beeinflussen kann. Beispielsweise kann der vom Nutzer aus einem Personenkraftwagen gezogene Nutzen erhöht werden, indem ihm besondere Rechte - wie beispielsweise die Fahrerlaubnis für Katalysatorfahrzeuge bei Ozonalarm - zugeordnet werden. An diesem Beispiel wird unmittelbar die Bedeutung der Ausgestaltung der Verfügungsrechte für die Diffusion von Neuerungen deutlich. Eine Ausweitung von Verfügungsrechten kann die Diffusion neuer Produkte fördern, eine Einschränkung kann sie behindern. Da die Zuordnung solcher Verfügungsrechte zumeist durch den Staat vorgenommen wird, sind Fragen der Zuordnung der Property Rights im wesentlichen für die Fragestellung der Möglichkeiten staatlicher Einflußnahme von Bedeutung. Der zweite Aspekt der Ausgestaltung von Property Rights, der für diese Untersuchung von Bedeutung ist, bezieht sich auf die Frage, wann ein staatliches Eingreifen aus ordnungspolitischen Gesichtspunkten legitimiert ist. Die Verfügungsrechte an der Umwelt sind nicht vollständig und individuell zugeordnet, so daß eine unentgeltliche Nutzung nicht ausgeschlossen werden kann. Damit wird die Erhaltung und die Belastung der Umwelt nicht über den Preismechanismus koordiniert. Aus ökonomischer Sicht handelt es sich bei der Umwelt also um ein Gut, das die Eigenschaften eines öffentlichen Gutes bzw. eines Kollektivgutes aufweist. Aufgrund der Nichtwirksamkeit des Preismechanismus kann es bei öffentlichen Gütern zu Marktversagen kommen, so daß ein staatliches Eingreifen aus ordnungspolitischen Gesichtspunkten gerechtfertigt erscheint.[244]

3.3 Die Theorie der Relationalen Verträge

Neben der Analyse von Property Rights spielt das Denken in Verträgen eine bedeutende Rolle in der Neuen Institutionenökonomik. Im Gegensatz zur herkömmlichen Mikroökonomie, in der nur der reine Tausch von Gütern mit oder

---

241 Vgl. z.B. Picot / Schneider (1988).
242 Vgl. z.B. Michaelis (1988).
243 Vgl. z.B. Gümbel (1985).
244 Vgl. Streit (1991), S. 92ff.

ohne den Gebrauch von Geld betrachtet wird, untersucht die Neue Institutionenökonomik die in der Realität vielgestaltigen Ausprägungen von vertraglichen Beziehungen und versucht diese zu begründen.[245]

Ein Vertrag ist ein Rechtsgeschäft, über dessen Ausgestaltung sich die Vertragspartner einig sind. In der Literatur wird häufig zwischen klassischen, neoklassischen und relationalen Verträgen unterschieden.[246] Diese Unterscheidung geht auf Macneil zurück.[247] Von einem klassischen Vertrag spricht man, wenn alle Vertragsbedingungen vollständig formuliert sind und sich für alle möglichen Eventualitäten nachprüfen lassen. Persönliche Beziehungen spielen nicht die geringste Rolle.[248] Im neoklassischen Vertragsrecht wird die Tatsache, daß Eventualitäten und Unsicherheit bestehen, berücksichtigt. Die Verträge sind daher so ausgestaltet, daß für alle möglichen Fälle im vorhinein Vorsorge getroffen wird, indem z.B. ein Schiedsrichter bestimmt wird, die Entwicklung der Preise an bestimmte Indizes (z.B. Inflationsrate) gekoppelt wird oder ähnliche Regelungen getroffen werden. Auch im neoklassischen Vertrag sind die Vertragspartner prinzipiell austauschbar. Außerdem wird davon ausgegangen, daß alle Vereinbarungen explizit formuliert werden und von Dritten verifiziert werden können.[249] Relationale Verträge beinhalten dahingegen auch implizite Vereinbarungen und stillschweigendes Einverständnis ohne formale Regelungen. Diese Vereinbarungen sind nicht mehr durch Außenstehende verifizierbar. Die Vertragspartner sind daher auch nicht mehr austauschbar, da z.B. gemeinsame implizite Wertgrundlagen entscheidend für das Gelingen der Geschäftsbeziehungen sind.[250]

Neben der Einteilung in klassische, neoklassische und relationale Verträge wird oft zwischen vollständigen und unvollständigen Verträgen unterschieden. Ein vollständiger Vertrag entspricht einem klassischen Vertrag, d.h. die Vertragspartner können die gesamte Komplexität der Vertragsbeziehungen ex ante erfassen und regeln.[251] In der Neuen Institutionenökonomik wird davon ausgegangen, daß vollständige Verträge vor allem dann abgeschlossen werden, wenn die spezifischen Investitionen, die mit dem Vertragsabschluß verbunden

---

245 Vgl. Richter (1990), S. 580.
246 Vgl. z.B. Wolff (1995), S. 34ff., Williamson (1990), S. 77f..
247 Vgl. Macneil (1978).
248 Vgl. Richter / Furubotn (1996), S. 157.
249 Vgl. Wolff (1995), S. 36.
250 Vgl. Wolff (1995), S. 36f.
251 Vgl. Brösse (1997), S. 372.

sind, Null sind und wenn es sich um Routinetransaktionen handelt. Eine solche Transaktion ist z.B. der Kauf von Benzin an der Tankstelle. Liegen hingegen unvollständige Informationen vor, so ist es nicht möglich, die Verträge so auszugestalten, daß alle Eventualitäten geregelt werden. Die Verträge bleiben folglich unvollständig. Durch die Unvollständigkeit der Verträge bleiben Verhaltensspielräume, die im property rights-theoretischen Sinn als "rechtsfreie" Räume" bezeichnet werden können, da die Rechte nicht eindeutig definiert und zugeordnet oder nicht durchsetzbar sind.[252] Verträge können auch bewußt unvollständig gehalten werden, weil z.B. eine zu genaue Festlegung aller Eventualitäten als Mißtrauen angesehen werden könnte, wie es bei Eheverträgen vermutlich häufig der Fall ist. Unvollständige Verträge sind neoklassische und relationale Verträge, wobei der Unterschied darin besteht, daß in neoklassischen Verträgen zumindest Handlungsoptionen, z.B. die Bestimmung eines Schiedsrichters, bestimmt sind, während solche bei relationalen Verträgen nicht ex ante oder zumindest nicht verbindlich festgelegt werden.[253]

Für die vorliegende Untersuchung ist insbesondere die Tatsache von Bedeutung, daß Kaufverträge bei hochwertigen und langlebigen Konsumgütern in der Regel als unvollständige Verträge aufgefaßt werden können. Es existiert Unsicherheit und die Transaktionen sind häufig durch mehr oder weniger persönliche Kontakte gekennzeichnet. Durch die Gestaltung der Kaufverträge kann die existierende Unsicherheit verringert und damit die Diffusion gefördert werden, beispielsweise indem eine Garantiefrist vereinbart wird. Trotz solcher Regelungen sind beim Tausch von hochwertigen und langlebigen Produkten zumeist nicht alle Eventualitäten zu erfassen. So wird z.B. bei nicht unter die Garantie fallenden Mängeln, die vom Anbieter zu vertreten sind, oft davon ausgegangen, daß sich der Anbieter kulant verhalten wird. Ein weiterer, für diese Untersuchung relevanter Aspekt der Vertragstheorie betrifft die Möglichkeiten des Staates, durch entsprechende Rahmensetzungen Unsicherheit zu verringern und damit die Vertragsverhandlungen zu vereinfachen. Dies kann beispielsweise durch vorgeschriebene Gewährleistungsfristen oder Regelungen der Produkthaftung geschehen.

Wie schon angesprochen unterstellt auch die Neue Institutionenökonomik, daß die Individuen Nutzenmaximierer sind. Daraus folgt, daß ein Mensch nur dann

---

252 Vgl. Wolff (1995), S. 44.
253 Vgl. Richter / Furubotn (1996), S. 175, Wolff (1995), S. 44.

ehrlich sein wird, wenn dies für ihn lohnender als Unehrlichkeit ist.[254] Bezogen auf die Vertragstheorie bedeutet dies, daß bei einem unvollständigen Vertrag die Möglichkeit opportunistischen Verhaltens eines Vertragspartners gegeben ist. Unter opportunistischem Verhalten wird eigennütziges Verhalten zum Nachteil anderer verstanden, das soziale Normen mißachtet und durch List und Tücke gekennzeichnet ist.[255] Im Falle von Konflikten ist es denkbar, daß eine eindeutige Klärung durch Gerichte nicht erreicht werden kann, sei es durch mangelnde Überprüfbarkeit der Tatbestände oder durch eine unvollständige Rechtsordnung.

Eine Möglichkeit, dennoch langfristige Geschäftsbeziehungen aufzubauen und opportunistisches Verhalten weitestgehend auszuschließen, ist der Abschluß eines sich selbst durchsetzenden Vertrages. Ein sich selbst durchsetzender Vertrag ist so gestaltet, daß als Sanktionsmaßnahme bei Verstößen gegen den Geist des Vertrages ein Abbruch der Beziehung möglich ist. Der Vertrag ist so ausgelegt, daß die Vorteile der langfristigen Vertragstreue stets größer sind als die Vorteile einer Nichterfüllung.[256] Zur Sicherung solcher Vertragsbeziehungen sind beispielsweise überhöhte Preise denkbar.[257] So kann ein Arbeitnehmer durch die Zahlung eines über dem Marktpreis liegenden Lohnes z.B. langfristig an ein Unternehmen gebunden werden. Eine weitere Möglichkeit, sich gegen ex-post-Opportunismus abzusichern, ist der Austausch von Geiseln.[258] Auch der Ruf eines Markenherstellers läßt sich in diesem Zusammenhang als eine Geisel in der Hand des Käufers interpretieren.[259] Sollte das Produkt nicht den Erwartungen entsprechen, so kann der Käufer beispielsweise durch Weitergabe seiner schlechten Erfahrungen den Ruf des Herstellers negativ beeinträchtigen. Da diese Gefahr besteht, wird der Hersteller sich veranlaßt sehen, seine Produkte so zu gestalten, daß sie den Ansprüchen der potentiellen Käufer genügen. Umgekehrt können die potentiellen Abnehmer bei einem Markenhersteller darauf vertrauen, daß sich das Produkt nicht nach dem Kauf als mangelhaft erweist bzw. daß sich der Hersteller bei auftretenden Mängeln kulant erweist. Durch das Vorliegen eines solchen Vertrauens kann die Diffusion neuer Produkte gefördert werden. Zu erkennen ist dies beispielsweise an der Tatsache, daß bestimmte Hersteller von Personenkraftwagen schon direkt nach der Entscheidung zur Markteinführung

254 Vgl. Telser (1980), S. 29.
255 Vgl. Williamson (1990), S. 54.
256 Vgl. Richter / Furubotn (1996), S. 171.
257 Vgl. Okun (1981), S. 89f.
258 Vgl. Williamson (1983a), S. 519-540.
259 Vgl. z.B. Wolff (1995), S. 71.

eines neuen Fahrzeuges Bestellungen vorliegen haben, obwohl die konkreten Eigenschaften des Produktes noch nicht bekannt sind. Die Auftraggeber vertrauen in diesem Fall darauf, daß es sich der Hersteller nicht leisten kann, ein minderwertiges oder mangelhaftes Produkt anzubieten bzw. daß evtl. auftretende Mängel sofort beseitigt werden.

3.4 Die Analyse von Transaktionskosten

Die neue Institutionenökonomik zeichnet sich besonders durch die Betonung der Transaktionskosten aus, d.h. der Kosten, die mit Transaktionen verbunden sind, wie z.B. Such- und Informationskosten, Kosten des Vertragsabschlusses, etc. In einer allgemeinen Definition von Arrow werden Transaktionskosten als Betriebskosten des Wirtschaftssystems bezeichnet.[260] In dieser Definition kommt zum Ausdruck, daß der Wirtschaftsprozeß nicht reibungslos abläuft, und daß diese Reibungen Kosten verursachen. Schätzung über die Höhe der Transaktionskosten in modernen Marktwirtschaften belaufen sich auf bis zu 50 bis 60 % des Nettosozialproduktes.[261] Diese Größenordnung legt nahe, daß Transaktionskosten wesentlichen Einfluß auf Marktprozesse haben.[262]

In der neoklassischen Theorie werden Transaktionskosten von Null angenommen. Durch diese Annahme ist die neoklassische Modellwelt sehr abstrakt und realitätsfern, ähnlich sonderbar wie es eine physische Welt ohne Reibungsverluste wäre.[263] Es werden zwar auch in der Physik Berechnungen unter Vernachlässigung der Reibung vorgenommen und damit Ergebnisse erzielt, welche die Realität ausreichend widerspiegeln. In vielen Fällen - insbesondere bei dynamischen Vorgängen - müssen jedoch die Reibungskräfte in die Analyse einbezogen werden, um realitätsnahe Ergebnisse zu erhalten. Ähnliches gilt für die Wirtschaftswissenschaften. Häufig reicht die abstrakte neoklassische Modellwelt ohne Transaktionskosten nicht aus, um die Abläufe im Wirtschaftssystem befriedigend zu erklären.[264] Indem die Neue Institutionenökonomik die Transaktionskosten in die Betrachtung einbezieht, ist eine wirklichkeitsnähere

---

260 Vgl. Arrow (1969), S. 48.

261 Vgl. Richter / Furubotn (1996), S. 45.

262 Vgl. Brösse (1997), S. 368.

263 Vgl. Stigler (1972), S. 12.

264 Es läßt sich beispielsweise zeigen, daß sich in einer Modellwelt mit Transaktionskosten - wenn überhaupt - ein anderer Gleichgewichtszustand einstellt als in einer transaktionskostenfreien Modellwelt. Vgl. dazu Ulph / Ulph (1975).

Analyse der Entscheidungsvorgänge bei den Wirtschaftssubjekten möglich.[265] Dies gilt insbesondere für die Diffusionsforschung, die sich mit den dynamischen Vorgängen am Markt beschäftigt.

Auch wenn das Vorhandensein von Transaktionskosten, die ja zusätzlich zu den Produktionskosten anfallen, unumstritten ist, bereitet die klare begriffliche Abgrenzung einige Probleme. Dies liegt zum einen daran, daß schon der Begriff der Transaktion mit unterschiedlichen Inhalten verbunden wird. Zum anderen ist die Unterscheidung zwischen Produktions- und Transaktionskosten häufig nicht eindeutig möglich. Fraglich ist beispielsweise, ob die Kosten für Werbung zu den Transaktionskosten für die Anbahnung eines Kaufvertrages gerechnet werden sollen oder ob sie zu den Produktionskosten zählen, da sie die (wahrgenommenen) Eigenschaften der Produkte beeinflussen.[266] Im folgenden soll dargestellt werden, welches Verständnis von Transaktionen bzw. Transaktionskosten dieser Arbeit zugrundeliegt.

Oliver E. Williamson, einer der Begründer der Transaktionskostenökonomie, versteht unter einer Transaktion die Übertragung eines Gutes oder einer Leistung über eine technisch trennbare Schnittstelle hinweg, wobei eine Tätigkeitsphase beendet wird und eine andere beginnt.[267] So eine technisch trennbare Schnittstelle liegt beispielsweise zwischen zwei Fertigungsstufen eines Fertigungsprozesses vor, wenn ein Zwischenprodukt entnommen werden kann. Diese Sichtweise der Transaktionen ist eng mit dem Anliegen verbunden, die Existenz von Unternehmen durch das Vorliegen von Transaktionskosten zu begründen. In einer Welt ohne Transaktionskosten wäre es nicht notwendig, unterschiedliche Fertigungsstufen in einem Unternehmen zusammenzufassen, da die Vorprodukte genausogut über einen Markttausch beschafft werden und nach der Bearbeitung wieder veräußert werden könnten. Da in der Realität aber mit diesen Transaktionen Kosten verbunden sind, wird es lohnend, Unternehmen zu gründen und damit Fertigungsstufen zusammenzufassen, um die Transaktionskosten zu reduzieren.

Eine andere (und ältere) Definition für eine Transaktion gibt Commons. Er versteht unter einer Transaktion die Veräußerung und Erwerbung von Rechten an physischen Sachen, die zwischen Einzelpersonen stattfinden.[268] Damit ist auch

---

265 Vgl. Richter / Furubotn (1996), S. 45.
266 Vgl. Brösse (1997), S. 369.
267 Vgl. Williamson (1990), S. 1.
268 Vgl. Commons (1934), S. 58.

die reine Übertragung von Eigentums- oder Verfügungsrechten eine Transaktion. Werden durch die staatliche Gesetzgebung Verfügungsrechte zugeordnet, z.B. Fahrverbote bzw. -erlaubnisse für bestimmte Fahrzeuge in bestimmten Gebieten und zu bestimmten Zeiten, so können die damit verbundenen Kosten als Transaktionskosten verstanden werden. In dieser Untersuchung soll ein weit gefaßter Transaktionsbegriff zugrundegelegt werden, der die beiden Definitionen vereint. Unter Transaktionen werden sowohl die Übertragung eines Gutes oder einer Leistung über eine physisch trennbare Schnittstelle hinweg als auch die reine Übertragung von Verfügungsrechten verstanden.

Aus dieser Definition des Transaktionsbegriffes folgt auch ein weite Auffassung von dem, was unter Transaktionskosten zu verstehen ist, die über das Verständnis als Betriebskosten des Wirtschaftssystems hinausgeht. In dieser Untersuchung werden in Anlehnung an Richter/Furubotn unter Transaktionskosten nicht nur die laufenden Betriebskosten des Wirtschaftssystems, sondern zusätzlich auch die Kosten, die mit "der Einrichtung, Erhaltung und Veränderung der elementaren gesellschaftlichen Ordnung eines Systems"[269] verbunden sind, verstanden. Unter der gesellschaftlichen Ordnung sind neben der Rechtsordnung auch die Traditionen, die Sitten und die Gebräuche zu verstehen. Zusammengefaßt heißt dieses, daß Transaktionskosten die Kosten sind, die bei der Bereitstellung, Erhaltung und Änderung sowie bei der Nutzung von Institutionen anfallen.[270]

Transaktionskosten fallen demnach sowohl bei marktlichen Transaktionen als auch bei Transaktionen innerhalb von Unternehmen an. Man kann demnach Markttransaktionskosten und Unternehmenstransaktionskosten[271] unterscheiden. Zusätzlich existieren noch Transaktionskosten, die durch die Nutzung und Änderung des institutionellen Rahmens eines Gemeinwesen entstehen. Richter und Furobotn bezeichnen diese Kosten als politische Transaktionskosten[272] (Tabelle 3-1). Bei allen Arten läßt sich zwischen fixen Transaktionskosten und variablen Transaktionskosten unterscheiden. Fixe Transaktionskosten sind spezifische Investitionen, die mit der Einrichtung von Institutionen anfallen;

---

269 Richter / Furubotn (1996), S. 49.
270 Vgl. Richter (1990), S. 576.
271 Vielfach werden unternehmensinterne Koordinationskosten (hier: Unternehmenstransaktionskosten) auch als Organisationskosten bezeichnet. Vgl. z.B. Bössmann (1982), S. 665 und Streit (1991), S. 78f.
272 Vgl. Richter / Furubotn (1996), S. 49f.

variable Transaktionskosten sind von Anzahl bzw. Umfang der Transaktionen abhängig.[273]

Markttransaktionskosten	Unternehmenstrans-aktionskosten	Politische Transaktions-kosten
- Such- und Informations-kosten - Verhandlungs- und Ent-scheidungskosten - Kosten für die Über-wachung und Durch-setzung vertraglicher Leistungspflichten	- Kosten für die Einrichtung, Erhaltung oder Änderung einer Organisationsstruktur - Kosten des Betriebes einer Organisation	- Kosten für die Einrichtung, Erhaltung oder Änderung der formalen und informellen politischen Ordnung eines Systems - Betriebskosten des Gemein-wesens

Tabelle 3-1: Arten von Transaktionskosten

(Quelle: in Anlehnung an: Richter/Furubotn (1996), S. 49ff.)

Die Markttransaktionskosten lassen sich unterteilen in Such- und Informationskosten, in Verhandlungs- und Entscheidungskosten sowie die Kosten der Überwachung und Durchsetzung vertraglicher Leistungspflichten. Such- und Informationskosten fallen auf beiden Marktseiten an. Im Rahmen der Neuen Institutionenökonomik werden sie vor allem im Teilgebiet der Informationsökonomik, deren Grundlagen im nächsten Abschnitt dargelegt werden, untersucht. Verhandlungs- und Entscheidungskosten sind Aufwendungen, die anfallen, wenn ein Vertrag abgefaßt wird und die Vertragsparteien dessen Bestimmungen ver- und aushandeln (z.B. Zeit, Rechtsberatung). Entscheidungskosten umfassen die Kosten zur Aufbereitung sämtlicher Informationen, die Entlohnung von Beratern, die Kosten der Entscheidungsfindung innerhalb von Gruppen usw.[274] Überwachungs- und Durchsetzungskosten ergeben sich z.B. aus der Notwendigkeit, vereinbarte Lieferfristen zu überwachen oder die Qualität und die Menge der Produkte zu messen.[275]

Als wesentliche, die Markttransaktionskosten bestimmende Eigenschaften werden in der Literatur die Häufigkeit der Transaktionen, die mit der Transaktion verbundene Unsicherheit und die Spezifität der Investitionen, die mit der Transaktion in Verbindung stehen, genannt.[276] Die Häufigkeit einer Transaktion

---

273 Vgl. Richter / Furubotn (1996), S. 50.
274 Vgl. Richter / Furubotn (1996), S. 52.
275 Vgl. Richter / Furubotn (1996), S. 52f.
276 Vgl. z.B. Weiland (1995), S. 14, Fischer (1994b), S. 582.

beeinflußt das Verhalten der Beteiligten an dieser Transaktion. Wenn es z.B. unwahrscheinlich ist, daß zwei Vertragspartner nochmals eine ähnliche Transaktion durchführen, so ist für sie eine langfristige Sicherung der Belieferung bzw. der Güterabnahmen nicht erforderlich. Umgekehrt besteht in dem Fall, daß eine Transaktion häufig durchgeführt werden soll, eine größere Abhängigkeit zwischen den Beteiligten. Durch das Aushandeln und Abschließen dieser längerfristigen Geschäftsbeziehungen entstehen Transaktionskosten.[277] Auch das Vorhandensein von Unsicherheit führt zu erhöhten Transaktionskosten, da die Transaktionsbeteiligten versuchen werden, die Unsicherheit durch geeignete Regelungen zu verringern.[278] So wird z.B. die Aushandlung und der Abschluß eines langfristigen Zuliefervertrages in der Automobilindustrie umso höhere Kosten verursachen, je größer die Unsicherheit über die zukünftige Entwicklung ist. Auch die Spezifität der mit der Transaktion verbundenen Investitionen hat einen Einfluß auf die Transaktionskosten. Nach Durchführung der Investitionen sind diese "sunk costs", so daß sich für den Vertragspartner Möglichkeiten zu opportunistischem Verhalten ergeben. Der die Investition durchführende Vertragspartner muß also versuchen, sich durch geeignete Regelungen dagegen zu schützen. Zusammenfassend läßt sich feststellen, daß umso höhere Transaktionskosten anfallen, je größer die Spezifität und die Unsicherheit sind und je häufiger die Transaktion vorgenommen wird.[279]

Unternehmenstransaktionskosten spielen in der Kostenrechnung unter der Bezeichnung "Prozeßkostenrechnung" eine Rolle. Sie lassen sich in Kosten der Einrichtung, Erhaltung oder Änderung einer Organisationsstruktur und Kosten des Betriebes einer Organisation einteilen.[280] Kosten der Einrichtung, Erhaltung oder Änderung einer Organisationsstruktur sind z.B. Kosten der Personalverwaltung, Investitionen in Informationstechnologien, PR-Kosten oder Lobby-Kosten. Diese Kosten sind typischerweise fix. Dagegen sind die Betriebskosten einer Organisation variabel. Typische Betriebskosten sind Informationskosten, z.B. Kosten des Entscheidungsvorganges oder Kosten der Messung der Leistung von Arbeitskräften, und Kosten im Zusammenhang mit der physischen Übertragung

277 Allerdings sind in einem solchen Fall die Transaktionskosten pro durchgeführter Transaktion geringer.
278 Vgl. Weiland (1995), S. 14f.
279 Vgl. Picot (1992), S. 80.
280 Vgl. Richter / Furubotn (1996), S. 53.

von Gütern über eine Schnittstelle, wie beispielsweise Transportkosten innerhalb eines Unternehmens.[281]

Die politischen Transaktionskosten lassen sich ähnlich wie die Unternehmenstransaktionskosten in die Kosten der Einrichtung, Erhaltung und Veränderung der formalen und informellen politischen Ordnung eines Systems sowie in die Betriebskosten des Gemeinwesens unterteilen. Zu den Kosten der Einrichtung, Erhaltung und Veränderung der formalen und informellen politischen Ordnung gehören z.B. die Kosten der Schaffung der Rechtsordnung, der Gerichtsbarkeit, des Erziehungs- und Bildungswesens oder des Militärs. Auch die Bemühungen um einen Bewußtseinswandel in der Bevölkerung und damit um einen Wandel der Präferenzen können dazu gezählt werden. Beispiele für Betriebskosten des Gemeinwesens sind dagegen die laufenden Ausgaben für Gesetzgebung, Bildung und Landesverteidigung.[282]

Die Diffusion neuer Produkte kann ganz erheblich von den existierenden Transaktionskosten beeinflußt werden. In einer transaktionskostenfreien Welt wären alle Informationen über neue Produkte kostenlos und sofort verfügbar. Die Individuen würden vollkommen rational entscheiden, ob sie ein Produkt übernehmen oder nicht. Daher wird sich jede Neuerung schlagartig bei den Wirtschaftssubjekten durchsetzen, bei denen der Anschaffungsnutzen höher ist als der Preis. Erst durch die Existenz von Transaktionskosten kommen die in der Realität zu beobachtenden Diffusionsverläufe zustande.

Insbesondere die Markttransaktionskosten auf beiden Marktseiten bestimmen das Ausmaß und die Geschwindigkeit der Diffusion. Das Bekanntmachen des neuen Produktes und die Information über die Produkteigenschaften verursachen für den Anbieter sehr hohe Kosten. Nieschlag, Dichtl und Hörschgen sprechen bei einer überregionalen Markteinführung von "gewaltigen" Marketingkosten.[283] Auch bei den potentiellen Abnehmern fallen in der Regel nicht unerhebliche Transaktionskosten bei der Suche nach neuen Produkten sowie bei der Beschaffung nach Information über neue Produkte an. Es ist zwar auch möglich, daß diese Such- und Informationsvorgänge für den potentiellen Abnehmer nicht nur Aufwand bedeuten, sondern auch einen Nutzen darstellen,[284] im Normalfall wird jedoch

---

281 Vgl. Richter / Furubotn (1996), S. 53f.
282 Vgl. Richter / Furubotn (1996), S. 54ff.
283 Vgl. Nieschlag / Dichtl / Hörschgen (1997), S. 272.
284 Vgl. Kaas (1992a), S. 8ff.

davon auszugehen sein, daß die Kosten den Nutzen übersteigen. Das Vorliegen von solchen Transaktionskosten ist dafür verantwortlich, daß sich die Informationen über die Existenz und die Eigenschaften eines neuen Produktes nicht schlagartig, sondern nur mit endlicher Geschwindigkeit ausbreiten. Da diese Informationen Grundvoraussetzungen für die Adoptionsentscheidung sind, wird auch die Diffusionsgeschwindigkeit von den vorliegenden Transaktionskosten beeinflußt. Je höher die Such- und Informationskosten, desto langsamer wird die Diffusion ablaufen. Im Rahmen der Neuen Institutionenökonomik befaßt sich die im folgenden Abschnitt dargestellte Informationsökonomik im besonderen mit der Bedeutung der Such- und Informationskosten auf den Marktseiten.

Außer den Such- und Informationskosten können auch die anderen Arten von Markttransaktionskosten, die Verhandlungs- und Entscheidungskosten sowie die Kosten der Überwachung und Durchsetzung, die Diffusion neuer Produkte beeinflussen. Liegen diese Kosten beim Abnehmer vor, so kann deren Wirkung wie ein Preisaufschlag aufgefaßt werden, der hemmend auf die Diffusion wirkt. Die bei den Anbietern anfallenden Verhandlungs-, Entscheidungs-, Überwachungs- und Durchsetzungskosten können wie Produktionskosten aufgefaßt werden und damit höhere Preise und geringere Angebotsmengen verursachen.

Auch die Unternehmenstransaktionskosten können die Diffusion neuer Produkte beeinflussen, selbst wenn eingeräumt werden muß, daß sie für die vorliegende Untersuchung eher von geringer Bedeutung sind. Es sind vor allem zwei Wirkungsmechanismen zu nennen, die den Einfluß der Unternehmenstransaktionskosten auf die Diffusion betreffen. Zum einen besteht ein Zusammenhang zwischen dem durch die Unternehmensstruktur bedingten internen Kommunikationsfluß und den Entscheidungen zum Angebot eines neuen Produktes bzw. zur Gestaltung des absatzpolitischen Instrumentariums. Beispielsweise wird bei Anbietern mit komplizierten und bürokratischen Entscheidungsstrukturen von einem langwierigen Entscheidungsprozeß auszugehen sein, der damit zu einem späteren Angebot des neuen Produktes durch diesen Anbieter führt. Zum zweiten beeinflussen die den Unternehmenstransaktionskosten zuzurechnenden PR- und Lobby-Kosten die Diffusion von neuen Produkten.

Neben den Markttransaktionskosten und den Unternehmenstransaktionskosten können auch die politischen Transaktionskosten von hoher Bedeutung für die Diffusion neuer Produkte sein. Dies gilt insbesondere bei umweltfreundlichen Produkten, bei denen staatliches Handeln aus gesamtwirtschaftlicher Sicht begründet sein kann. Bei der Auswahl der staatlichen Instrumente zur Beeinflussen der Diffusion solcher umweltfreundlichen Produkte sind immer auch die damit verbundenen politischen Transaktionskosten zu berücksichtigen. Daß diese politischen Transaktionskosten geringer als der Nutzen der getroffenen staatlichen Maßnahmen sind, daß also ein Nettonutzen vorliegt, ist eine notwendige Bedingung, die bei staatlichem Handeln erfüllt sein sollte.

3.5 Die Informationsökonomik

3.5.1 Überblick

Als ein viertes Teilgebiet der Neuen Institutionenökonomik kann die Informationsökonomik aufgefaßt werden,[285] die sich insbesondere mit der bei Tauschprozessen durch Informationsdefizite bestehenden Unsicherheit befaßt. Diese Zuordnung als ein eigenständiges Teilgebiet der Neuen Institutionenökonomik ist jedoch nicht zwingend. Einige Autoren fassen die Informationsökonomik auch als Spezialgebiet der Analyse von Transaktionskosten auf.[286] Aufgrund der besonderen Bedeutung, welche Informationsdefizite und die daraus resultierende Unsicherheit bei der Diffusion von umweltfreundlichen und hochwertigen Gebrauchsgütern haben können, soll die Informationsökonomik hier als eigenständiges Forschungsgebiet dargestellt werden. Dazu wird in diesem Abschnitt zunächst ein kurzer Überblick über Fragestellungen und Schwerpunkte der Informationsökonomik gegeben.

Bei der Informationsökonomik kann nicht davon gesprochen werden, daß es sich um ein klar abzugrenzendes, einheitliches, zusammenhängendes und aufeinander aufbauendes System von Annahmen, Hypothesen und Modellen handelt. Vielmehr stellt die Informationsökonomik ein Forschungsgebiet dar, in dem eine Reihe von nur lose zusammenhängenden Modellen existieren, welche unter relativ spezifischen Annahmen versuchen, die Entscheidungssituation und den Entscheidungsprozeß unter Unsicherheit abzubilden. Weitere Schwerpunkte der Informationsökonomik sind die Analyse der Existenzbedingungen eines Marktgleichgewichtes und die Untersuchung der Mechanismen, die zur Signalisierung und Ermittlung von Produkteigenschaften dienen können.[287] Um das heterogene Forschungsgebiet der Informationsökonomik überblicksartig darzustellen, wird folgendes Vorgehen gewählt. Zunächst werden die bei Anbietern und potentiellen Abnehmern möglichen unterschiedlichen Arten der Unsicherheit, die sogenannte Marktunsicherheit und die Umweltunsicherheit,

---

285 Vgl. z.B. Kaas (1992a), S. 3, Fischer et al. (1993), S. 444ff.
286 Vgl. z.B. Richter / Furubotn (1996), S. 52.
287 Vgl. Tolle (1991), S. 2.

dargestellt. Darauf aufbauend wird ein Überblick über die wesentlichen Ansätze und Hypothesen der Informationsökonomik gegeben, die sich mit den einzelwirtschaftlichen Entscheidungssituationen bei unvollständiger Information sowie die sich daraus ergebenen gesamtwirtschaftlichen Auswirkungen befassen. Abschließend soll dargelegt werden, inwieweit die Ansätze und Ergebnisse der Informationsökonomik für die Diffusionsforschung fruchtbar sein können.

Die bei einer Kaufentscheidung und damit beim Diffusionsprozeß eines neuen Produktes bestehende Unsicherheit kann, wie schon erwähnt, je nach Art der Informationsdefizite in zwei Arten unterschieden werden, in Umweltunsicherheit und in Marktunsicherheit.[288] Umweltunsicherheit oder auch exogene Unsicherheit resultiert aus unvollständigen Informationen der Wirtschaftssubjekte über das Eintreten möglicher Zustände, die aber nicht von ihnen beeinflußt werden können und deren Variablen außerhalb des ökonomischen Systems liegen. Solche Unsicherheit kann beispielsweise über gesetzgeberische Maßnahmen des Staates oder über Änderungen der Umweltbedingung, wie Umweltverschmutzungen oder Naturkatastrophen, bestehen. Ein weiteres Beispiel für eine Ursache solcher Umweltunsicherheit stellt die Möglichkeit neuer Forschungsergebnisse hinsichtlich der Wirkungen einzelner Schadstoffe dar. Marktunsicherheit oder endogene Unsicherheit ist hingegen dadurch gekennzeichnet, daß zwischen den Marktteilnehmern eine asymmetrische Informationsverteilung vorliegt. D.h., ein Tauschpartner verfügt hinsichtlich bestimmter Aspekte des Tauschgegenstandes, die er selbst beeinflussen kann, über Informationsvorsprünge. Beispielsweise ist der Käufer eines Produktes im Normalfall schlechter über die Qualität eines Produktes informiert als der Produzent - während umgekehrt der Käufer bessere Informationen über seine Bedürfnisse und die tatsächlichen Einsatzbedingungen des Produktes besitzt. Da sowohl die endogene als auch die exogene Unsicherheit auf beiden Marktseiten auftreten kann, ergibt sich die in Tabelle 3-2 dargestellte Systematisierung der Informationsdefizite beim Markttausch.

Hinsichtlich der Abgrenzung des Forschungsgebietes der Informationsökonomik bestehen unterschiedliche Auffassungen. Die auch hier vertretene Auffassung, daß sich die Informationsökonomik mit der Informationsproblematik befaßt,[289] die sich bei beiden vorgestellten Arten der Unsicherheit ergibt, wird nicht von

---

288 Vgl. dazu z.B. Hirshleifer / Riley (1979), S. 1376ff., Stigler (1961), Bössmann (1978), Kaas (1990a), S. 541.

289 So z.B. auch Adler (1994).

allen Autoren geteilt. Einige Autoren zählen nur die Arbeiten über das Verhalten bei asymmetrischer Information zur Informationsökonomik.[290]

	Unsicherheit existiert beim Anbieter	potentiellen Abnehmer
Marktunsicherheit (endogene Unsicherheit)	Informationsvorsprung des Abnehmers hinsichtlich bestimmter, mit dem Tausch verbundener Bedingungen (z.B. Bedürfnisse der Abnehmer, tatsächliche Einsatzbedingungen der Produkte)	Informationsvorsprung des Anbieters hinsichtlich bestimmter, mit dem Tausch verbundener Bedingungen (z.B. Qualität der Produkte)
Umweltunsicherheit (exogene Unsicherheit)	unvollständige Informationen des Anbieters hinsichtlich exogener Größen (z.B. geplante staatliche Maßnahmen, gesamtwirtschaftliche Entwicklung)	unvollständige Informationen des Abnehmers hinsichtlich exogener Größen (z.B. geplante staatliche Maßnahmen, gesamtwirtschaftliche Entwicklung)

Tabelle 3-2: Systematisierung der Informationsdefizite beim Markttausch

Um eine Unterscheidung zwischen endogener und exogener Unsicherheit durchzuführen, bedarf es allerdings einer genauen Definition des jeweiligen Bezugsrahmens. Erst wenn genau festliegt, welche Wirtschaftssubjekte betrachtet werden und welche Aktionsparameter sie besitzen, kann bestimmt werden, was als exogen - also unbeeinflußbar - und was als endogen zu gelten hat.[291] So liegt der üblichen Begriffsverwendung von Marktunsicherheit das Verständnis zugrunde, daß zwischen den Vertragspartnern Unsicherheit über das Verhalten der Marktgegenseite besteht. Mögliche Aktionen des Staates, die den Markttausch beeinflussen können, werden beispielsweise als Umweltunsicherheit betrachtet. Damit wird vernachlässigt, daß sowohl Anbieter als auch Nachfrager Einfluß auf das Verhalten des Staates ausüben können, z.B. durch aktive Beteiligung bei Gesetzgebungsprozessen.[292] Es besteht auch zwischen dem Staat (als Akteur) und den Anbietern und Nachfragern Unsicherheit aufgrund von asymmetrischen Informationen. Beispielsweise hat der Staat nur unvollständige Informationen über mögliche Handlungsweisen der Marktparteien als Reaktion auf die Einführung bestimmter Gesetze. Der Staat kann nur Vermutungen

290 Vgl. z.B. Hopf (1983), S. 313, Stiglitz (1985), S. 21.
291 Vgl. Bössmann (1978), S. 185
292 Vgl. Lohmann (1999), S. 87ff.

anstellen, inwieweit Schlupflöcher in den Gesetzen gesucht und gefunden werden bzw. sogar ein offener Verstoß gegen die Gesetze als akzeptable Handlungsweise angesehen wird.

In dieser Untersuchung wird - wie allgemein üblich - die Unsicherheit über die Aktionen des Staates der Umweltunsicherheit zugeordnet, also außerhalb des Einflußbereiches der potentiellen Vertragspartner. Diese Modellvorstellung spiegelt die Realität für viele Entscheidungssituationen unter Unsicherheit ausreichend genau wider. Allerdings können insbesondere auf Märkten, auf denen die einzelnen Akteure über eine hohe Marktmacht verfügen und bei denen starke Interdependenzen zwischen den Akteuren einer Marktseite existieren, die möglichen Beeinflussungen der staatlichen Handlungen nicht vernachlässigt werden. Dies wird bei einer Analyse der möglichen staatlichen Instrumente zur Förderung der Diffusion umweltfreundlicher neuer Produkte zu berücksichtigen sein.

Die verschiedenen Ansätze der Informationsökonomik befassen sich mit den Problemen, die durch Umwelt- und Marktunsicherheit bestehen, sowie mit den Informationstätigkeiten, die zur Vermeidung oder Verringerung dieser Probleme durchgeführt werden können. Die informationsökonomischen Ansätze können im wesentlichen in zwei Gruppen eingeteilt werden. Zum einen können Ansätze unterschieden werden, die sich mit der modellhaften Abbildung der Entscheidungssituation von einzelnen Wirtschaftssubjekten befassen. In solchen Ansätzen wird das Ausmaß der Informationstätigkeit abgeleitet, das unter den modellspezifischen Bedingungen optimal ist. Bei diesen Ansätzen ist eine weitere Unterscheidung danach, ob es sich um die Betrachtung von Situationen unter Umweltunsicherheit oder unter Marktunsicherheit handelt, sinnvoll. Zum zweiten können solche Ansätze unterschieden werden, die sich mit den Auswirkungen von unvollständigen Informationen auf das Zustandekommen eines Marktgleichgewichts befassen und die Bedingungen und Mechanismen analysieren, welche ein durch Informationsdefizite bedingtes Marktversagen verhindern können. Die zwei kurz vorgestellten Gruppen von Ansätzen der Informationsökonomik werden in den folgenden Abschnitten dargestellt.

3.5.2 Informationsökonomische Ansätze zur Abbildung der Entscheidungssituation von Wirtschaftssubjekten

Als ein der ersten Gruppe zugehöriger Ansatz, der sich mit der Informationstätigkeit unter Umweltunsicherheit befaßt, kann beispielhaft das Entscheidungsmodell von Marschak genannt werden.[293] Auf Basis entscheidungstheoretischer Überlegungen leitet Marschak den optimalen Suchumfang für ein Wirtschaftssubjekt ab. Neben der eigentlichen Handlungsentscheidung wird also die Informationsbeschaffung selbst Aktionsparameter in seinem Entscheidungsmodell. Es wird diejenige Informationsquelle gewählt, welche den höchsten Nettoinformationsnutzen aufweist. Der Nettoinformationsnutzen ergibt sich aus der Differenz des Bruttoinformationsnutzens, der sich aus der Verbesserung des Erwartungswertes der Handlungsentscheidung durch die Aufnahme der Information ergibt, und den Informationskosten.[294] Die Auswahl der nutzenmaximalen Informationsquelle setzt also voraus, daß schon vor der Informationsentscheidung die Kosten und der Nutzen einer Informationsstrategie bekannt sein müssen. Diese Voraussetzungen sind in realen Entscheidungssituationen allerdings häufig nicht gegeben, so daß das Modell von Marschak als eher wirklichkeitsfremd beurteilt werden muß.[295]

Die Analyse der Informationstätigkeiten bei Marktunsicherheit stellt einen Schwerpunkt der informationsökonomischen Theorie dar.[296] Diese informationsökonomischen Ansätze beruhen auf ähnlichen entscheidungstheoretischen Überlegungen, wie die einzelwirtschaftlichen Untersuchungen bei Umweltunsicherheit. Untersucht werden vor allem die Informationsdefizite, die bei einem potentiellen Käufer hinsichtlich Preis und Qualität des betrachteten Produktes bestehen. Die Informationsdefizite auf der Anbieterseite werden verhältnismäßig wenig untersucht.[297] Bei der Suche nach Informationen hinsichtlich Preis und Qualität des Produktes entstehen dem potentiellen Abnehmer Kosten, die abhängig vom gewählten Suchumfang sind. Für ihn stellt sich die Frage nach dem optimalen Suchumfang. Diese Fragestellung wird in der Informationsökonomik mit Hilfe von Preis- und Qualitätssuchmodellen bearbeitet.[298]

---

[293] Vgl. Marschak (1954) oder auch Marschak (1974).
[294] Vgl. Marschak (1974), S. 129f.
[295] Vgl. Adler (1994), S. 24.
[296] Vgl. z.B. Stigler (1961), Nelson (1970), Darby / Karni (1973).
[297] Ausnahmen bilden: Adler (1994), Schmitz (1997).
[298] Vgl. Weiber / Adler (1995b), S. 52.

Preissuchmodelle gehen von homogenen Gütern auf einem Markt aus. Die Informationskosten für einen vollständigen Überblick über alle Preise, die auf diesem Markt für das Gut verlangt werden, können so hoch sein, daß es rational ist, sich nur eine bestimmte Anzahl von Preisinformationen einzuholen bis eine Entscheidung für einen Anbieter gefällt wird. In den Modellen wird der Versuch unternommen, die Informationssuche eines Nachfragers nach einem niedrigen Preis abzubilden. Es lassen sich Modellansätze mit festgelegten Suchumfang und solche mit sequentiellen Suchverfahren unterscheiden. Ein Beispiel für ein Modell mit festgelegtem Suchumfang ist von Stigler aufgestellt worden[299]. Er unterstellt, daß die Konsumenten die Wahrscheinlichkeitsverteilung der Preise kennen und auf dieser Grundlage die Anzahl der Suchschritte im voraus festlegen. Sequentielle Suchverfahren gehen demgegenüber davon aus, daß der Nachfrager nach jeder neuen Preisinformation entscheidet, ob er weitersucht oder das Gut bei einem der bisherigen Anbieter kauft.[300]

Das Aufstellen von Qualitätssuchmodellen ist im Vergleich zu Preissuchmodellen im Normalfall deutlich komplizierter. Nur für den Fall, daß es sich um Produkte mit einem einheitlichen Preis handelt und diese sich durch eine einzelne Qualitätseigenschaft auszeichnen, die - wie der Preis - vor dem Kauf leicht zu erkennen ist, lassen sich Preissuchmodelle auf Qualitätssuchmodelle übertragen. Im Normalfall sind diese Voraussetzungen jedoch nicht gegeben. Häufig wird die Qualität eines Produktes durch mehrere, mehr oder weniger leicht zu ermittelnde Produkteigenschaften bestimmt. Es existieren auch Produkte, bei denen eine Ermittlung der Produkteigenschaften vor dem Kauf unangebracht ist, weil der Preis im Vergleich zu den Kosten der Informationsbeschaffung vor dem Kauf relativ gering sind. Beispielsweise wird ein Konsument die Qualität von Thunfisch in Dosen vermutlich durch den probeweisen Kauf einiger unterschiedlicher Produkte ermitteln, um sich dann für die Marke zu entscheiden, die er bevorzugt.[301] An Stelle der Informationssuche vor dem Kauf wird bei solchen Gütern die Information durch die Erfahrung nach dem Kauf gewonnen. Gemäß dieser Unterschiede bezüglich der Qualitätseigenschaften werden in der Literatur Such- und Erfahrungsgüter unterschieden. Diese Unterteilung geht auf Nelson[302] zurück, der bei seinen Untersuchungen zunächst von Such- und Erfahrungsgütern

---

299 Vgl. Stigler (1961).
300 Vgl. Hopf (1983), S. 314.
301 Vgl. Nelson (1970), S. 312.
302 Vgl. Nelson (1970), S. 312ff.

in Reinform ausging und später auch Mischfälle, d.h. Güter, die sowohl Such- als auch Erfahrungseigenschaften aufweisen, in die Betrachtung einbezog.[303]

Die Einteilung in Such- und Erfahrungseigenschaften wurde von Darby und Karni um die Vertrauenseigenschaften ergänzt.[304] Darunter werden solche Eigenschaften verstanden, die weder vor noch nach dem Kauf vollständig beurteilt werden können, da dies prohibitiv hohe Kosten verursachen würde. Die Nachfrager müssen also auf diese Eigenschaften vertrauen. Beispielsweise kann die Eigenschaft "ökologischer Anbau" bei Nahrungsmitteln durch den Konsumenten im Normalfall weder vor noch nach dem Kauf bzw. Konsum überprüft werden. Wie dieses Beispiel zeigt, ist gerade die Umweltfreundlichkeit ein Qualitätsmerkmal, das häufig Vertrauenscharakter hat.[305] Dem einzelnen Konsumenten ist es aufgrund der komplexen Zusammenhänge und der asymmetrischen Informationsverteilung zugunsten der Hersteller häufig nicht möglich, zu beurteilen, ob ein Produkt als umweltfreundlich eingestuft werden kann.[306] Die Einordnung einer Produkteigenschaft in einer der drei Eigenschaftskategorien ist vom jeweiligen Nachfrager abhängig. Je nach Kenntnissen bzw. Erfahrung kann die gleiche Eigenschaft von unterschiedlichen Nachfragern bereits vor dem Kauf, nach dem Kauf oder gar nicht beurteilt werden.[307] Ein versierter Fachmann kann z.B. die Leistungsfähigkeit eines Computers schon vor dem Kauf anhand der eingebauten Komponenten erkennen, während ein über weniger Kenntnisse verfügender Laie die Leistungsfähigkeit erst nach dem Kauf ermitteln kann und ein absoluter Laie selbst dann über keine Bewertungsmaßstäbe verfügt. Darby und Karni gehen davon aus, daß sich die Qualitätsbeurteilung eines Produktes bei jedem Kaufakt aus den drei genannten Formen von Qualitätseigenschaften zusammensetzt.[308] In diesem Zusammenhang wird auch vom informationsökonomischen Dreieck gesprochen.[309]

Je nachdem, welche Form der Produkteigenschaften in einem Kaufprozeß überwiegt, wird zwischen Suchkäufen, Erfahrungskäufen und Vertrauenskäufen unterschieden. Auch wenn die zu dieser Einordnung herangezogenen Kriterien des Zeitpunktes und der Möglichkeit zur Feststellung der Qualität eines

303 Vgl. Nelson (1981), S. 43ff.
304 Vgl. Darby / Karni (1973), S. 69.
305 Vgl. Kaas (1992a), S. 33.
306 Vgl. Hüser / Mühlenkamp (1992); S. 150.
307 Vgl. Weiber / Adler (1995b), S. 55.
308 Vgl. Darby / Karni (1973), S. 69.
309 Vgl. Weiber / Adler (1995b), S. 61f.

Produktes je nach Nachfrager individuell unterschiedlich sein können, so werden den so abgegrenzten Kaufprozessen doch häufig bestimmte Produktarten zugeordnet. Das ist dann so zu verstehen, daß diese Produkte besonders häufig in Form z.B. eines Erfahrungskaufs gekauft werden. In einer Untersuchung von Weiber und Adler werden beispielsweise u.a. die Produkte Pkw, Bücher, Kleidung und alkoholische Getränke den Suchkäufen zugeordnet, die Produkte Abenteuerurlaub, Friseurbesuch, Restaurantbesuch und Fax-Gerät den Erfahrungskäufen und die Produkte Arztbesuch, Medikamente, Rechtsberatung und Wohnungsmakler den Vertrauenskäufen.[310]

Die informationsökonomischen Analysen beziehen sich zumeist auf die asymmetrische Informationsverteilung zuungunsten der potentiellen Abnehmer eines Gutes. Die Ergebnisse sind jedoch auch auf Informationsdefizite der Anbieter übertragbar.[311] Bei den Anbietern eines Produktes können im Vorfeld des Vertragsabschlusses unvollständige Informationen über Eigenschaften der Nachfrager existieren. Dies sind beispielsweise die tatsächlichen Bedürfnisse der Nachfrager oder der Umgang der Nachfrager mit dem Produkt. Diese Eigenschaften können von ihm z.T. vor Vertragsabschluß ermittelt werden, z.B. durch Befragungen (Sucheigenschaften). Einige Eigenschaften werden auch erst nach Vertragsabschluß offenbar werden (Erfahrungseigenschaften) oder für den Anbieter nie zu ermitteln sein (Vertrauenseigenschaften). Während bei einfachen Produkten zumeist die Unsicherheit hinsichtlich Sucheigenschaften dominieren wird, ist insbesondere bei komplexen Produkten und Dienstleistungen, bei denen ein Teil der Leistungserstellung erst nach Vertragsabschluß erbracht wird, auch Unsicherheit hinsichtlich Erfahrungs- und Vertrauenseigenschaften von Bedeutung. Zu denken ist beispielsweise an die Unsicherheit der Anbieter über den sorgsamen Umgang der Käufer mit dem Produkt während der Garantiezeit.

Sowohl bei Umweltunsicherheit als auch bei Marktunsicherheit besteht für eine modelltheoretische Analyse des Entscheidungsverhaltens der Wirtschaftssubjekte die Problematik, das Informationsverhalten möglichst realistisch abzubilden. Dies wird vor allem durch die Tatsache erschwert, daß sich der Wert einer Information für den Konsumenten im Vorhinein in der Regel nicht beurteilen läßt.[312] Er weiß beispielsweise nicht, welchen Wert das Einholen der Information über den Preis eines Produktes in einer weiteren Einkaufsstätte für ihn darstellt. Da die

---

310 Vgl. Weiber / Adler (1995c), S. 108
311 Vgl. Adler (1994), S. 47.
312 Vgl. Streit (1991), S. 79f.

Beschaffung der Information im Regelfall Kosten verursacht, besteht für den Konsumenten das Entscheidungsproblem, diese gegenüber einem unbekannten Informationsnutzen abzuwägen. In den angesprochenen Modellen wird diese Problematik oft dadurch abgebildet, daß der Konsument den Nutzen der einzuholenden Informationen Erwartungswerte zuordnen kann. In realen Entscheidungssituationen sind allerdings eine Reihe von weiteren Faktoren für das Informationsverhalten von Bedeutung, die in den beschriebenen Modellen nicht abgebildet werden. Dies sind insbesondere situative[313] und psychologische Faktoren. So werden in gewissen Situationen - z.B. durch Werbung oder durch persönliche Kommunikation - Informationen absichtslos aufgenommen. D.h. in diesen Fällen sind die Informationskosten gleich Null. Auch von Individuum zu Individuum bestehen teilweise entscheidende Unterschiede im Informationsverhalten. So können beispielsweise Gewohnheiten, wie die morgendliche Zeitungslektüre, das Informationsverhalten bestimmen. Auch Persönlichkeitsmerkmale wirken sich auf die individuelle Informationssuche aus. Thorelli unterscheidet beispielsweise Informationssucher von durchschnittlichen Konsumenten. Nach seiner Unterscheidung sind Informationssucher dadurch gekennzeichnet, daß sie informationsbewußter sind, d.h., daß sie Informationen als wichtiger für die Kaufentscheidung als der Durchschnitt bewerten. Deshalb kennen sie mehr Informationsquellen, verwenden eine größere Anzahl unterschiedlicher Informationsquellen und benutzen mehr systematische und ausführliche Informationsquellen wie z.B. Testergebnisse in Verbraucherzeitschriften.[314]

3.5.3 Informationsökonomische Ansätze zu den Auswirkungen unvollständiger Informationen auf das Marktergebnis

Die zweite Gruppe informationsökonomischer Ansätze befaßt sich mit den Folgen unvollständiger Informationen auf das Marktergebnis sowie mit den Bedingungen und Mechanismen, welche ein informationsbedingtes Markt- und Wettbewerbsversagen verhindern können. Da Koordination immer Information erfordert, bedeutet unvollständige Information eine Beeinträchtigung der Koordinations- und damit auch der Funktionsfähigkeit des Marktes und des Wettbewerbes.[315] Eine besondere Problematik stellen dabei zwei Eigenschaften

313 Vgl. Silberer (1981), S. 31f.
314 Thorelli (1980), S. 134f.
315 Vgl. z.B. Streit (1991), S. 72f und S. 113.

von Informationen dar, welche die Allokation negativ beeinflussen können. Zum einen kann die oben schon beschriebene Tatsache, daß die Konsumenten im Vorhinein den Informationswert nicht beurteilen können, dazu führen, daß das Ausmaß der Informationstätigkeit nicht optimal ist. So können z.B. zu wenig Informationen eingeholt und deshalb die - auch unter Berücksichtigung der Informationskosten - günstigste Produktalternative nicht erkannt werden. Umgekehrt können aber auch durch intensive Informationssuche die Informationskosten so hoch werden, daß sie nicht durch den erzielbaren Informationsnutzen gerechtfertigt sind. Die zweite, sich möglicherweise negativ auf den Allokationsprozeß auswirkende Informationseigenschaft, ist die Tatsache, daß Informationskosten versunkene Kosten darstellen.[316] Auch wenn ein Markttausch nach erfolgter Informationssuche nicht zustande kommt, lassen sich die Informationskosten im Regelfall nicht wieder hereinholen.

Arrow und Debreu konnten nachweisen, daß es unter speziellen Bedingungen auch bei unvollständigen Informationen zu einem pareto-optimalen Marktgleichgewicht kommt.[317] Dazu ist es allerdings erforderlich, daß der Markt "vollständig" ist, d.h., daß jedes Gut zu jedem Zeitpunkt und Umweltzustand gehandelt werden kann, wie dies z.B. auf Warenterminmärkten der Fall ist. Für die meisten realen Märkte ist die Annahme der Vollständigkeit jedoch nicht erfüllt. Aus diesem Grunde wurden in der ökonomischen Diskussion neben der Betrachtung theoretischer pareto-optimaler Gleichgewichtszustände zunehmend die vorhandenen Unvollkommenheiten und Unvollständigkeiten Gegenstand der Untersuchung.[318]

Besondere Berücksichtigung finden in der Informationsökonomik die Marktversagensfälle, die durch Marktunsicherheit begründet sind. Verfügt eine Marktseite über Informationsvorsprünge, so kann sie diese für sich ausnutzen und sich opportunistisch verhalten. Die sich daraus ergebenden Gefahren für die schlechter informierte Seite werden in der Informationsökonomik in der Regel in "adverse selection" und "moral hazard" - Risiken sowie "hold up" unterschieden.[319]

"Adverse selection" - Risiken entstehen durch eine Informationsasymmetrie, die vor Vertragsabschluß existiert, d.h. es besteht schon vor Vertragsabschluß die

---

316 Vgl. Streit (1991), S. 80.
317 Vgl. Arrow (1964), Debreu (1959), S. 98ff.
318 Vgl. Hopf (1983), S. 313.
319 Vgl. z.B. Speemann (1990), Schmitz (1997), S. 20ff., Harsanyi (1995).

Möglichkeit zu opportunistischem Verhalten.[320] Als Beispiel dafür können die Verhandlungen zur Anbahnung eines Arbeitsverhältnisses genannt werden. Der potentielle Arbeitnehmer kennt seine Eigenschaften im Normalfall besser als der potentielle Arbeitgeber. Er kann demnach versuchen, seine Fähigkeiten in irreführender Weise darzustellen.[321] Auch beim Tausch von Produkten mit Erfahrungs- und Vertrauenseigenschaften kommt es zu "adverse selection"-Risiken. Ein häufig zitiertes Modell, um ein solches Marktversagen bei "adverse selection"-Risiken zu verdeutlichen, stammt von Akerlof.[322] Er betrachtet den Markt für Gebrauchtwagen. Auf diesem Markt können die Anbieter aufgrund ihrer Erfahrung mit den Fahrzeugen die Produktqualität relativ gut einschätzen, während dies für die potentiellen Abnehmer kaum möglich ist. Es besteht also eine Informationsasymmetrie zugunsten der Anbieter. Die Nachfrager sind nicht über die Produktqualität des konkreten Gebrauchtwagens informiert, sondern kennen allenfalls die Durchschnittsqualität der angebotenen Fahrzeuge. Daher werden sie auch nicht bereit sein, einen Preis zu zahlen, der oberhalb des Preises für ein durchschnittliches Fahrzeug liegt. Es ist anzunehmen, daß eine Reihe der Anbieter von Gebrauchtwagen, deren Qualität über dem Durchschnitt liegt, zu diesem Preis nicht verkaufen wollen. Für sie ist es günstiger, ihr Fahrzeug weiter zu behalten und sie verschwinden daher vom Markt. Die Folge ist, daß die Durchschnittsqualität weiter sinkt und damit auch die Zahlungsbereitschaft der potentiellen Abnehmer. Dieser Prozeß der Qualitätsverschlechterung und der Preissenkung setzt sich immer weiter fort. Im Endzustand werden nur noch die schlechtesten Gebrauchtwagen zu den niedrigsten Preisen gehandelt, oder der Markt bricht vollkommen zusammen.

Ein Marktversagen kann auch durch "moral hazard" - Risiken bedingt sein.[323] Diese sind gegenüber den "adverse selection" - Risiken dadurch gekennzeichnet, daß bei bestehenden Vertragsbeziehungen - also nach Vertragsabschluß - ein Vertragspartner über mehr relevante Informationen verfügt und dieses für opportunistisches Verhalten ausnutzen kann.[324] Ein typisches Beispiel ist das Vertragsverhältnis zwischen Arbeitgeber und Arbeitnehmer. Der Arbeitgeber kann häufig nach Vertragsabschluß nicht beurteilen, welche Leistung der Arbeitnehmer wirklich erbringt. Ein anderes Beispiel ist die Gewährung von

---

320 Vgl. Wolff (1995), S. 48.
321 Vgl. Richter / Furubotn (1996), S. 150.
322 Vgl. Akerlof (1970), S. 489ff.
323 Vgl. Stiglitz (1987), S. 3.
324 Vgl. Wolff (1995), S. 48.

Garantie- oder Kulanzleistungen bei einem Produkt. Der Hersteller kann nach Abschluß des Kaufvertrages kaum Informationen darüber erhalten, wie pfleglich der Käufer mit dem Produkt umgeht. Durch Vortäuschung falscher Tatsachen - z.B. einer besonders hohen Arbeitsleistung oder eines besonders pfleglichen Umgangs mit dem Produkt - kann der besser informierte Vertragspartner Vorteile erringen. Die auf einem solchen Markt realisierten Preise werden also nicht die wahren Knappheitsrelationen widerspiegeln.

Neben "moral hazard" und der Gefahr der "adverse selection" wird teilweise noch eine dritte Gefahr als Folge von Informationsasymmetrien genannt, die als "hold up" bezeichnet wird.[325] Damit wird die Gefahr bezeichnet, die dadurch entsteht, daß ein Vertragspartner einen Informationsvorsprung hinsichtlich seiner verborgenen Verhaltensmerkmale besitzt. Diese werden erst nach Vertragsabschluß offensichtlich, sind aber auch dann noch willentlich beeinflußbar. Als Beispiel für eine solche Verhaltensweise kann die Kulanz eines Anbieters genannt werden - der Käufer eines Produktes kann nicht vorhersehen, wie kulant sich der Anbieter verhalten wird.[326]

Auch wenn die bisherigen theoretischen Überlegungen zeigen, daß Informationsasymmetrien zu Marktversagen führen, so ist die empirische Relevanz zumindest fraglich. In der Realität existiert eine Vielzahl von durch Informationsasymmetrie gekennzeichneten Märkten, auf denen Anbieter unterschiedlicher Qualität auftreten.[327] Selbst das Modell von Akerlof für den Gebrauchtwagenmarkt konnte durch eine empirische Untersuchung auf dem Markt für gebrauchte "pickup trucks" widerlegt werden.[328] Es scheinen also Mechanismen existieren, die den Informationsasymmetrien entgegenwirken und ein vollständiges Marktversagen verhindern können. Als solche Mechanismen werden in der Literatur die Vorgänge der Informationsübertragung unter den Begriffen Signaling und Screening diskutiert.[329]

Signaling beschreibt Aktivität des besser informierten potentiellen Vertragspartners, Informationen zur schlechter informierten Seite zu übertragen. Die Informationsübertragung geschieht mit Hilfe sogenannter Signale. Diese

---

325 Vgl. Alchian / Woodward (1988), S. 67.
326 Vgl. dazu Schmitz (1997), S. 25ff.
327 Vgl. Tolle (1991), S. 7.
328 Vgl. Bond (1982), S. 836ff.
329 Vgl. Spence (1976), S. 591ff., Adler (1994), S. 31, Hopf (1983), S. 317f., Kaas (1990a), S. 541.

Signalübertragung und der damit verbundene Abbau von Informationsasymmetrien kann im Interesse der besser informierten Seite liegen. Leicht einsehbar ist dies z.B. für den Fall, daß ein Anbieter ein Produkt in einer Qualität anbietet, die oberhalb der Durchschnittsqualität liegt. Für einen solchen Anbieter besteht ein hohes Interesse daran, daß die potentiellen Abnehmer ausreichend über die Produktqualität informiert sind und er so Preise erzielen kann, die oberhalb des Durchschnittspreises liegen.

Die Übermittlung von Signalen ist insbesondere bei Unsicherheit über Erfahrungs- und Vertrauenseigenschaften von Bedeutung. In diesem Fall vermitteln die von der besser informierten Seite ausgesendeten Signale dem potentiellen Vertragspartner indirekt einen Eindruck über die vor dem Kauf nicht beobachtbaren Produkteigenschaften.[330] Als Signale zur Übermittlung der Produktqualität kommen für einen Anbieter beispielsweise der Preis, Garantieleistungen, der Markenname, die Einkaufsstätte, die Anbieterreputation oder das Ausmaß der Werbeanstrengungen in Frage.[331] Damit ein Marktversagen durch Signaling verhindert wird, ist es allerdings notwendig, daß es sich für Anbieter schlechter Qualität nicht lohnt, die irreführende Signale auszusenden.[332]

Gegenüber dem Signaling beschreibt Screening die Tätigkeit der schlechter informierten Marktseite, aktiv nach Informationen zu suchen. Ein Abnehmer kann beispielsweise Testberichte in Zeitschriften, Radio- oder Fernsehsendungen, Beratungsgespräche mit Bekannten oder Verkäufern oder auch Prospekte und Werbeanzeigen dazu nutzen, aktiv Informationen über ein Produkt zu erhalten, das er möglicherweise erwerben will. Ein Ausgleich der asymmetrischen Informationen hinsichtlich der Sucheigenschaften ist durch Screening zumindest theoretisch immer möglich. Inwieweit dies auch geschieht, ist eine Frage der anfallenden Informationskosten. Solange die Kosten geringer als der Nutzen sind, beispielsweise wenn die Ersparnis des Abnehmers durch das Auffinden der preisgünstigsten Alternative seine Informationskosten übersteigt, ist es rational, die asymmetrische Information auszugleichen. Hierbei ist allerdings die schon angesprochene Problematik zu beachten, daß der Wert der Information im Normalfall nicht im vorhinein zu bestimmen ist. Bei Erfahrungs- und Vertrauenseigenschaften ist ein vollständiger Ausgleich der asymmetrischen Informatio-

[330] Vgl. Spence (1976), S. 592, Rogerson (1983), S. 508ff.
[331] Vgl. Weiber / Adler (1995a), S. 67, Tolle (1991), S. 10ff.
[332] Vgl. Spence (1976), S. 592.

nen ausgeschlossenen. Definitionsgemäß ist eine Ermittlung dieser Produkteigenschaften vor dem Kauf nicht bzw. nur mit prohibitiv hohen Kosten möglich.

Als eine Spezialform des Screenings kann die "self selection" aufgefaßt werden. Damit ist gemeint, daß die schlechter informierte Marktseite der anderen Marktseite die Möglichkeit gibt, sich selbst einzuordnen. Ein Beispiel dafür ist das Angebot von Versicherungsverträgen mit verschieden hohen Selbstbeteiligungen zu unterschiedlichen Versicherungsprämien. Die Auswahl des Versicherungsvertrages durch den Kunden ist für die Versicherung ein Indiz für die Selbsteinschätzung seines Risikos.[333] Screening und Signaling stehen in einer wechselseitigen Beziehung, d.h. die Informationen, welche die schlechter informierte Seite sucht, muß die besser informierte Seite in irgendeiner Weise übertragen.[334]

Die Ansätze und Ergebnisse der Informationsökonomik können einen erheblichen Beitrag zur Weiterentwicklung der Diffusionstheorie leisten. Dies ist insbesondere dadurch zu begründen, daß das Problem der unvollständigen Information eng mit dem Diffusionsphänomen verknüpft ist.[335] So sind z.B. üblicherweise nicht alle potentiellen Abnehmer direkt bei Einführung eines neuen Produktes von dessen Existenz und über dessen Eigenschaften informiert. Erst im Ablauf des Diffusionsprozesses, z.B. durch Erfahrungen, die andere mit dem neuen Produkt machen, erhöht sich das Wissen der potentiellen Adopter hinsichtlich der Neuerung. Auch für Anbieter existieren bei der Markteinführung eines neuen Produktes kaum Informationen über die Zusammensetzung der Nachfragerschaft, deren Präferenzen und Verhalten, etc. Das Ausmaß der durch diese unvollständigen Informationen begründete Unsicherheit beim potentiellem Adopter und beim Anbieter hat einen erheblichen Einfluß auf den Diffusionsverlauf. Im folgenden Kapitel wird daher auch der Einfluß dieser Unsicherheit dargestellt und analysiert.

Weitere wesentliche Erkenntnisse für die Diffusionsforschung und die daraus ableitbaren Implikationen für die staatliche Politik lassen sich aus der Analyse des informationsbedingten Marktversagens gewinnen. Zum einen läßt sich eine

---

333 Es muß allerdings beachtet werden, daß in diesem Fall neben der Selbsteinschätzung des Risikos auch das Bedürfnis nach Sicherheit für die Auswahl des Versicherungsvertrages von Bedeutung ist.

334 Vgl. Adler (1994), S. 31ff.

335 Vgl. Rogers (1995), S. 6.

staatliche Beeinflussung des Diffusionsprozesses neuer Produkte durch das Versagen der Koordinationsfunktion des Marktes aufgrund von Informationsdefiziten begründen.[336] Zum zweiten lassen sich aber auch Aussagen über die Auswahl konkreter Maßnahmen aus der Analyse der vorliegenden Informationsdefizite ableiten. Besteht beispielsweise die Gefahr eines Marktversagens durch "adverse selection" - weil ein Produkt im wesentlichen durch vor dem Kauf nicht ermittelbare Erfahrungseigenschaften gekennzeichnet ist - so besteht für den Staat die Möglichkeit, die Erfahrungseigenschaften in Sucheigenschaften zu transformieren. Dies kann z.B. durch die Einrichtung von Testinstituten geschehen, welche die Produkte bewerten und durch die Veröffentlichung der Testergebnisse die Erfahrungseigenschaften für den einzelnen potentiellen Abnehmer zu Sucheigenschaften werden lassen. Damit kann der potentielle Adopter sich schon vor dem Kauf über Qualitätseigenschaften des Produktes informieren, indem er die Testergebnisse studiert.

[336] Vgl. z.B. Streit (1991), S. 112ff.

4 Einflußgrößen auf den Diffusionsprozeß umweltfreundlicher und hochwertiger Gebrauchsgüter

4.1 Darstellung des zugrundeliegenden Systematisierungsansatzes

Wie aus den bisherigen Ausführungen erkennbar ist, stellt die Diffusion von Neuerungen einen komplexen, dynamischen Vorgang dar, der von einer Vielzahl möglicher Einflußgrößen abhängig ist, wobei zwischen diesen Einflußgrößen vielfältige Abhängigkeiten bestehen. Für die Analyse der Einflußgrößen auf den Diffusionsprozeß kommt erschwerend hinzu, daß je nach Innovationsart, z.B. Nachrichten, preiswerte Verbrauchsgüter oder hochwertige Gebrauchsgüter, die Diffusionsprozesse sehr unterschiedlich ablaufen und auch von unterschiedlichen Einflußgrößen abhängen. Eine allgemeine, vollständige, eindeutige und detaillierte Darstellung dieser Einflußgrößen auf den Diffusionsprozeß ist daher kaum möglich und auch in der Literatur in dieser Form nicht zu finden. Zur Verringerung der Komplexität ist es sinnvoll, sich auf eine bestimmte Innovationsart zu konzentrieren; in der vorliegenden Arbeit werden umweltfreundliche und hochwertige Gebrauchsgüter betrachtet. Diese Güterart stellt, aus einer Reihe von, teilweise schon angesprochenen Gründen, einen besonders fruchtbaren Untersuchungsgegenstand für die vorliegende ökonomische Analyse ihres Diffusionsprozesses dar, von denen die wesentlichen hier zusammenfassend genannt werden sollen:

- Bei umweltfreundlichen Gebrauchsgütern ist die bei Abnehmern und Anbietern bestehende Unsicherheit, auf die in dieser Untersuchung ein besonderes Augenmerk gelegt werden soll, relativ hoch. Diese Unsicherheit besteht zum einen durch die in Abschnitt 1.3 schon angesprochenen prinzipiellen Schwierigkeiten bei der Bestimmung der "Umweltfreundlichkeit" eines Produktes. Zum zweiten müssen die Anbieter und Abnehmer eines solchen Produktes aufgrund des hohen politischen und gesellschaftlichen Stellenwertes des Umweltschutzes sowie der zum Teil noch unerforschten naturwissenschaftlichen Zusammenhänge damit rechnen, daß sich die Rahmenbedingungen ändern. Dies kann beispielsweise durch neue gesetzliche Vorschriften, durch einen allgemeinen Präferenzenwandel oder durch neue naturwissenschaftliche Erkenntnisse hinsichtlich der Gefährlichkeit eines Schadstoffes begründet sein. Zum dritten ist die Wahrscheinlichkeit einer solchen Änderung durch die lange Nutzungsdauer von hochwertigen Gebrauchsgütern relativ groß.
- Bei hochwertigen Gebrauchsgütern handelt es sich zumeist um einen extensiven Kaufentscheidungsprozeß der Abnehmer. Der potentielle Abnehmer wird in der Regel die Vor- und Nachteile des Produktes gegeneinander abwägen und eine rational begründete Entscheidung zur Adoption oder zur

Nichtadoption treffen. Eine solche Entscheidung ist einer ökonomischen Analyse eher zugänglich als beispielsweise der Spontankauf eines billigen Verbrauchsgutes.

- Die Produkteigenschaften sind bei der hier betrachteten Güterkategorie zumeist sehr vielfältig. Damit ergibt sich die Problematik der vieldimensionalen Bewertung dieser Produkte.
- Bei Gebrauchsgütern existieren häufig komplementäre Güter, deren Verfügbarkeit einen entscheidenden Einfluß auf die Diffusion ausüben können.
- Aufgrund der hohen Lebensdauer der betrachteten Güter kann die bisherige Versorgung mit Vorgängerprodukten die Diffusion einer Neuerung deutlich beeinflussen.
- Bei hochwertigen Gebrauchsgütern liegen häufig die in Abschnitt 2.3.2 schon kurz angesprochenen Netzwerkeffekte vor, d.h. der Nutzen dieser Produkte ist auch abhängig von der bisherigen Verbreitung der Güter.

Die hier genannten Aspekte, die für die Diffusion umweltfreundlicher und hochwertiger Gebrauchsgüter von Bedeutung sind, sollen in den folgenden Abschnitten im Rahmen der Beschreibung der Einflußgrößen auf den Diffusionsprozeß dieser Güter noch weiter ausgeführt und ergänzt werden. Zur Verbesserung der Übersichtlichkeit wird zunächst eine Systematisierung der möglichen Einflußgrößen auf den Diffusionsprozeß vorgenommen, anhand derer dann die einzelnen Größen aufgelistet und dargestellt werden. Mit Hilfe dieser Liste und den in diesem Kapitel erarbeiteten Ergebnissen wird in Kapitel 5 eine Analyse der möglichen Diffusion des sogenannten "3-Liter-Autos" vorgenommen.

In Abschnitt 2.2.2 wurden bereits unterschiedliche Ansätze zur Systematisierung der Einflußgrößen auf den Diffusionsprozeß vorgestellt. In dieser Untersuchung wird, wie schon erwähnt, ein Ansatz gewählt, bei dem die Einflußgrößen nach ihrer Zugehörigkeit zu den Komponenten des Diffusionssystems unterschieden werden. Zur Veranschaulichung dieses zugrundegelegten Systematisierungsansatzes ist in Abbildung 4-1 ein solches Diffusionssystem schematisch dargestellt. Hauptakteure in dem dargestellten Diffusionssystem sind die Anbieter und Abnehmer des neuen hochwertigen und umweltfreundlichen Produktes. Diese gehören jeweils zu einem System von Wirtschaftssubjekten ihrer Marktseite, wobei die einzelnen Systembestandteile untereinander kommunizieren und Informationen austauschen. Diese Kommunikations- und Informationsvorgänge sind in der Abbildung durch Pfeile angedeutet. Die Akteure im Anbietersystem unterscheiden sich sowohl in Hinblick auf ihre Größe als auch in Hinblick auf andere Eigenschaften, wie z.B. die Funktion (Hersteller oder Händler). In der

Abbildung sind die unterschiedliche Größe sowie die verschiedenen Eigenschaften durch die Größe und Schattierung der Symbole angedeutet.

Die Anzahl der Akteure im Anbietersystem wird in der Regel deutlich geringer ausfallen als die Anzahl der Akteure im Abnehmersystem. Dies gilt insbesondere für die Anbieter hochwertiger Gebrauchsgüter, deren Herstellung üblicherweise relativ große Investitionen und eine hohes Know-how erfordert. Durch die so bestehenden Größenvorteile und die damit verbundenen Marktzutrittsschranken sind große Anbieter wahrscheinlich. Demgegenüber stehen auf der Abnehmerseite im wesentlichen die privaten Haushalte, so daß hier von einer großen Anzahl kleiner Marktteilnehmer ausgegangen werden kann. Die Abnehmer zeichnen sich ebenso wie die Anbieter durch unterschiedliche Eigenschaften - insbesondere durch ein unterschiedliches Ausmaß an sozialen Kontakten - aus. Neben den direkt am Markttausch beteiligten Akteuren üben auch der Staat sowie die Gesellschaft, die natürliche Umwelt und andere Rahmenbedingungen Einfluß auf die Diffusion der Produkte aus. Zwischen allen Komponenten des Diffusionssystems bestehen Abhängigkeiten, die in der Abbildung durch die Verbindungslinien dargestellt sind. So beeinflussen beispielsweise die Anbieter über Werbung und sonstige absatzpolitische Maßnahmen die potentiellen Abnehmer, der Staat wirkt über seine Aktivitäten sowohl auf die Anbieter und potentiellen Abnehmer als auch auf die Produkteigenschaften (z.B. durch gesetzliche Sicherheitsvorschriften) ein. Ähnlich können auch andere gesellschaftlichen Gruppen, die natürliche Umwelt oder sonstige Rahmenbedingungen wie z.B. das Wirtschaftswachstum einen Einfluß auf die verschiedenen Komponenten des Diffusionssystem ausüben.

Unter Zuhilfenahme der Darstellung in Abbildung 4-1 lassen sich die Einflußgrößen auf den Diffusionsprozeß, die im folgenden auch als Determinanten des Diffusionsprozesses bezeichnet werden, in vier Gruppen unterscheiden. Zum ersten sind dies Einflußgrößen, die durch das Produkt bedingt sind, zum zweiten solche, die durch das Verhalten, die Eigenschaften und die Struktur der Anbieterseite bedingt sind, zum dritten Determinanten, die durch die potentiellen Abnehmer begründet sind, und zum vierten Determinanten, die durch den Staat, die Gesellschaft, die natürliche Umwelt und sonstige Rahmenbedingungen bedingt sind ("äußere Einflußgrößen").

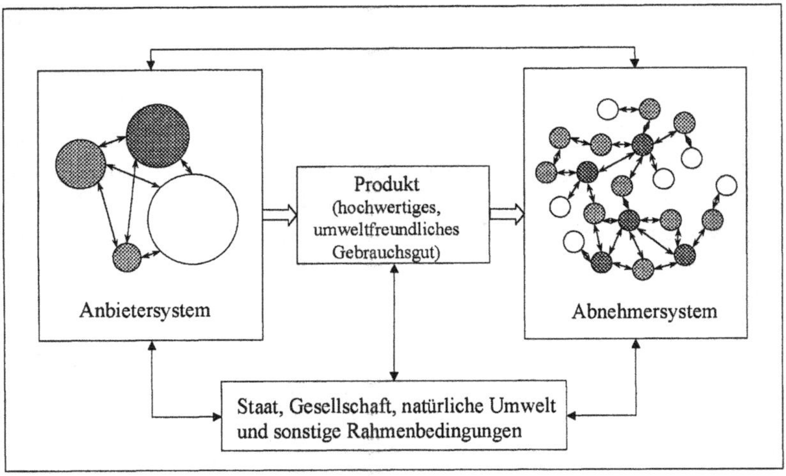

Abbildung 4-1: Bezugsrahmen für die Systematisierung der Einflußgrößen auf den Diffusionsprozeß umweltfreundlicher und hochwertiger Gebrauchsgüter

Die Auswahl dieses Systematisierungsansatzes begründet sich im wesentlichen durch die Zielsetzung dieser Untersuchung, eine Grundlage für die Auswahl staatlicher Maßnahmen zur Beeinflussung des Diffusionsverlaufs umweltfreundlicher und hochwertiger Gebrauchsgüter zu liefern. Durch die getrennte Darstellung der Einflußgrößen kann eine gezielte Auswahl und Beeinflussung einzelner Bestandteile des Diffusionssystems erfolgen. Trotz dieses Vorteils soll schon an dieser Stelle eingeräumt werden, daß aufgrund der bestehenden gegenseitigen Abhängigkeiten eine eindeutige und überschneidungsfreie Zuordnung der einzelnen Determinanten nicht immer gewährleistet ist. Beispielsweise ist die Komplexität eines Produktes, die allgemein als eine bedeutende Einflußgröße auf den Adoptionsprozeß gilt,[337] nicht nur von den objektiven Eigenschaften des Produktes abhängig, sondern z.B. auch von den individuellen Fähigkeiten und Kenntnissen des einzelnen Adopters sowie den Werbeanstrengungen und Serviceleistungen der Anbieter. Auch der Staat kann

337 Vgl. z.B. Rogers (1995), S. 242.

z.B. mittels Gesetzen einen erheblichen Einfluß auf die anderen Systembestandteile ausüben. Dieses Abgrenzungsproblem liegt jedoch in der Struktur des Diffusionsphänomens begründet und trifft auch für andere in der Literatur verwendete Systematisierungsansätze zu.[338]

Eine Sonderstellung unter den Einflußgrößen auf die Diffusion nimmt die beim Anbieter oder beim potentiellen Adopter bestehende Unsicherheit ein. Diese Unsicherheit kann prinzipiell durch alle Komponenten des Diffusionssystems begründet sein. So besteht z.B. die Unsicherheit bei dem potentiellen Adopter hinsichtlich der sozialen Akzeptanz des neuen Produktes im Abnehmersystem, hinsichtlich der Eigenschaften des Produktes (z.B. der Umweltfreundlichkeit), hinsichtlich des Verhaltens der Anbieter sowie hinsichtlich der Entwicklung der äußeren Einflußgrößen. Auch die beim Anbieter bestehende Unsicherheit wird von allen Komponenten des Diffusionssystems beeinflußt. Beispielsweise besteht Unsicherheit über das Verhalten der Konkurrenz, über die Bedürfnisse der potentiellen Adopter, über mögliche Risiken, die mit dem Produkt verbunden sind und über die Entwicklung der äußeren Einflußgrößen. Aufgrund dieser Zusammenhänge besteht die Problematik, welcher Komponente des Diffusionssystems die bestehende Unsicherheit jeweils zuzuordnen ist. Aus pragmatischen Gründen wird im folgenden die Unsicherheit bei Anbieter und potentiellem Abnehmer jeweils den anbieterseitigen bzw. den abnehmerseitigen Einflußgrößen zugeordnet, auch wenn die Ursachen für die Unsicherheit teilweise bei den anderen Komponenten des Diffusionssystems liegen.

In diesem Kapitel wird folgendes Vorgehen gewählt. Zunächst werden in den Abschnitten 4.2 bis 4.5 die produktbedingten, die anbieterbedingten, die abnehmerbedingten und die "äußeren" Determinanten des Diffusionsprozesses dargestellt und analysiert. Bei der Behandlung der anbieter- und abnehmerseitigen Einflußgrößen wird nach dem Überblick zunächst jeweils betrachtet, welchen Einfluß die auf der Marktseite bestehende Unsicherheit ausüben kann, und wodurch ihr Ausmaß begründet ist. Zur Verbesserung der Übersichtlichkeit sind in den folgenden Abschnitten die Bezeichnungen der einzelnen Determinanten des Diffusionsprozesses in **Fettdruck** dargestellt.

---

[338] Vgl. Abschnitt 2.2.2.

4.2 Durch das Produkt bedingte Einflußgrößen

4.2.1 Überblick

Es ist einleuchtend, daß die jeweiligen Produkteigenschaften die Diffusion eines Gutes beeinflussen. Hierbei ist allerdings zu beachten, daß für die Entscheidung zum Angebot und zur Adoption nicht nur die rein technische Überlegenheit eines Produktes gegenüber anderen Produkten, die gleiche oder ähnliche Bedürfnisse befriedigen, ausschlaggebend ist. Zusätzlich sind eine Reihe weiterer Eigenschaften entscheidungsrelevant, auf die im folgenden auch das Augenmerk gerichtet werden soll. Weiterhin muß insbesondere für die Adoptionsentscheidung berücksichtigt werden, daß nicht die tatsächlichen Produkteigenschaften die Entscheidungen beeinflussen, sondern die von den Wirtschaftssubjekten wahrgenommenen Eigenschaften.

Für die folgende Darstellung der produktbedingten Einflußgrößen, die im konkreten Fall eines umweltfreundlichen und hochwertigen Gebrauchsgutes das Ausmaß seines Erfolges bestimmen, wird eine von Rogers stammende Aufzählung als Ausgangspunkt gewählt. Danach wird die Adoptionsrate vor allem durch die wahrgenommenen Innovationseigenschaften "relativer Vorteil", "Kompatibilität", "Komplexität", "Erprobbarkeit" und "Beobachtbarkeit" bestimmt. Die Bedeutung dieser Eigenschaften für die Diffusionsgeschwindigkeit konnte durch empirische Untersuchungen weitgehend belegt werden.[339]

Insbesondere der relative Vorteil, der von Rogers als Grad der wahrgenommenen Überlegenheit der Innovation gegenüber der Alternative, die sie ablösen soll, definiert wird,[340] hängt von einer Reihe unterschiedlicher Faktoren ab. Die Überlegenheit eines Produktes wird z.B. durch ein besseres Preis/Leistungsverhältnis, geringe Einführungskosten, eine Verringerung von Unannehmlichkeiten, Einsparungen an Zeit und Aufwand, die Unmittelbarkeit der Übernahmevorteile und ein höheres soziales Prestige bestimmt.[341] Diese Aufzählung zeigt bereits, wie umfassend der Begriff "relativer Vorteil" ist, und wie viele verschiedene Facetten der Vorteilhaftigkeit denkbar sind. Allein die Bestimmung der technischen Leistungsfähigkeit eines Gebrauchsgut - und

---

339 Vgl. Rogers (1983), S. 220 und die dort angegebenen Quellen.
340 Vgl. Rogers (1995), S. 212.
341 Vgl. Rogers (1995), S. 216.

insbesondere eines umweltrelevanten Gutes[342] - zur Beurteilung des Preis/Leistungsverhältnisses kann mit erheblichen Schwierigkeiten verbunden sein.[343] Dies ist vor allem durch die möglicherweise sehr hohe Zahl von relevanten Produkteigenschaften begründet. Beim Pkw wären dies z.B. die Größe von Innenraum und Kofferraum, der Kraftstoffverbrauch, der Fahrkomfort, die Ausstattung, die Sicherheit, die Motorleistung, die Höchstgeschwindigkeit, der Geräuschpegel, der Ausstoß der verschiedenen Schadstoffe, u.a.

Diejenigen Bestimmungsgrößen des relativen Vorteils, die für die Diffusion der hier betrachteten umweltfreundlichen und hochwertigen Gebrauchsgüter von besonderer Bedeutung sind, sollen in Abschnitt 4.2.2 dargestellt werden. Dabei geht diese Darstellung über die Systematik Rogers' hinaus, der vor allem die technische Leistungsfähigkeit sowie als "nicht-ökonomische" Größe den mit dem Produkt verbundenen Prestigegewinn betrachtet.[344] Hier werden noch eine Reihe von Einflußgrößen beschrieben, die von anderen Autoren[345] als zusätzliche, ergänzende Innovationseigenschaften aufgeführt werden. Dies sind der Ausreifungsgrad, die Variantenvielfalt, die Modernität, das Ausmaß des Netzcharakters des Gutes, die Änderungen der Produktcharakteristika während der Diffusion und die vorhandenen Beziehungen zu anderen Gütern. Nach Ansicht des Verfassers sind diese Einflußgrößen jedoch auch weitgehend dem relativen Vorteil des Produktes zuzuordnen und sollen daher in diesem Zusammenhang behandelt werden.

Im Anschluß an die Darstellung des relativen Vorteils werden in Abschnitt 4.2.3 als weitere produktbedingte Einflußgrößen die Kompatibilität mit vorhandenen Werten und Überzeugungen, die Kompatibilität mit vorhandenen Techniken, Produkten und Handlungsweisen, die Kompatibilität mit den vorliegenden Bedürfnissen der potentiellen Adopter, die Komplexität des Produktes, seine Erprobbarkeit und seine Beobachtbarkeit behandelt. In Abbildung 4-2 ist die den folgenden Abschnitten zugrundeliegende Systematik der Einteilung der produktbedingten Determinanten des Diffusionprozesses umweltfreundlicher und hochwertiger Gebrauchsgüter dargestellt.

---

342 Vgl. dazu die Ausführungen in Abschnitt 1.3.
343 Vgl. Dichtl (1991), S. 150.
344 Vgl. Rogers (1995), S. 212ff.
345 Vgl. z.B. Fliegel / Kivlin (1966), Mohr (1977), Gierl (1987), Pechtl (1991).

Produktbedingte Einflußgrößen				
relativer Vorteil	**Kompatibilität**	**Komplexität**	**Erprobbarkeit**	**Beobachtbarkeit**
technische Leistungsfähigkeit (Effizienz, Kapazität, Dichte, Genauigkeit) nicht-ökonomischeGrößen Ausreifungsgrad Variantenvielfalt Modernität Ausmaß des Netzwerkcharakters Änderungen der Produktcharakteristika während der Diffusion Vorhandene Beziehungen zu anderen Gütern	mit vorhandenen Werten und Überzeugungen mit den vorhandenen Techniken, Produkten oder Handlungsweisen mit den vorliegenden Bedürfnissen			

Abbildung 4-2: Determinanten der Diffusion von neuen Produkten, die durch das Produkt bedingt sind

(Quelle: in Anlehnung an Rogers (1995), S. 206ff.)

4.2.2 Der relative Vorteil des Produktes

Bei umweltfreundlichen und hochwertigen Gebrauchsgütern handelt es sich in der Regel um technisch relativ aufwendige Produkte. Daher ist die Bestimmung ihrer "**technischen Leistungsfähigkeit**" ein wesentliches Entscheidungskriterium zum Vergleich des Vorteils gegenüber bestehenden Alternativen. Ein Ansatz, den Begriff "technische Leistungsfähigkeit" zu operationalisieren, stammt von Van Wyk.[346] Er nennt sechs Kriterien von neuen Techniken, davon zwei Struktur- und vier Leistungskriterien, mit Hilfe derer Verbesserungen von Produkten analysiert und beurteilt werden können. Strukturkriterien einer Innovation sind die Größe und die technische Aufwendigkeit. Bei vielen Produkten wird durch Miniaturisierung eine geringere Größe erreicht, die in der Regel als vorteilhaft gesehen werden kann. Vor allem durch die Mikroelektronik werden die Produkte technisch immer aufwendiger - wodurch die Anforderungen an den Nutzer gesenkt werden können. Beispiele für eine solche Erhöhung des technischen Aufwandes sind Antiblockiersysteme, Zentralverriegelung und aktive Fahrwerksregelungen am Personenkraftwagen.

---

[346] Vgl. van Wyk (1984).

Die Leistungskriterien, anhand derer eine Innovation beurteilt werden kann, sind nach Van Wyk die Effizienz, die Kapazität, die Dichte und die Genauigkeit. Die Bedeutung der **Effizienz** und der **Kapazität** einer Neuerung liegt auf der Hand. Ein Produkt, daß bei sonst gleichen Bedingungen beispielsweise weniger Energie verbraucht oder eine höhere Kapazität besitzt als das Vorgängerprodukt, stellt sicherlich eine Verbesserung dar. Problematisch ist die Bewertung der Effizienz eines Gebrauchsgutes allerdings, wenn sowohl Verbesserungen als auch Verschlechterungen von Eigenschaften vorliegen. So kann die Absenkung des Kraftstoffverbrauchs eines Personenkraftwagens beispielsweise mit einer Verringerung des Fahrkomforts verbunden sein. Inwieweit in solchen Fällen von einer Effizienzverbesserung gesprochen werden kann, hängt auch von den Präferenzen der Nutzer ab.[347] Dies gilt insbesondere bei der Betrachtung von umweltfreundlichen Gebrauchsgütern, da die geringere Umweltbelastung häufig durch Nachteile in anderen Produkteigenschaften erkauft wird.

Unter der **Dichte** einer Neuerung versteht van Wyk das Verhältnis ihrer Funktionen zu dem dafür in Anspruch genommenen Raum. Eine Erhöhung der technischen Leistungsfähigkeit ist gegeben, wenn mehr Funktionen bei gleichem Raumbedarf bzw. eine Reduzierung des Raumbedarfs bei gleicher Funktionalität realisiert wird. Beispiele für eine solche Erhöhung der Dichte sind die technischen Entwicklungen, die in den vergangenen Jahren bei mobilen Computern und Telefonen stattgefunden haben. Neben einer ständigen Verbesserung der Produkteigenschaften und einer Ausweitung der Funktionen wurden diese Geräte in der Regel im kleiner. Schließlich stellt auch die Erhöhung der **Genauigkeit** einer Neuerung eine Verbesserung dar, wie beispielsweise die Erhöhung der zeitlichen Genauigkeit einer Uhr oder ein schärferes Fernsehbild.

Wie diese Ausführungen erkennen lassen, sind die von van Wyk genannten Kriterien zur Beurteilung der technischen Leistungsfähigkeit von Innovationen nicht ganz überschneidungsfrei. Dies trifft insbesondere für die Unterscheidung der Struktur- und Leistungskriterien zu. Strukturelle Verbesserungen werden im Normalfall mit dem Ziel einer Verbesserung der Leistung getätigt, beispielsweise

---

347 Zum Teil kann in solchen Abwägungsfällen die Einbeziehung ökonomischer Größen als Bewertungsgrößen weiterhelfen. Wird z.B. ein geringerer Energiebedarf durch höheren Wartungsaufwand erreicht, so kann durch einen Vergleich der Energiekosteneinsparung mit den Wartungsmehrkosten eine Bewertung erfolgen. Kritisch anzumerken ist, daß eine solche Bewertung abhängig von den momentanen Marktpreisen ist und damit auch ohne Änderungen der technischen Gegebenheiten variieren kann.

führt eine Verringerung der Größe bei sonst gleicher Funktionalität zu einer Erhöhung der Dichte. Für die Beurteilung der technischen Leistungsfähigkeit eines neuen Produktes werden daher in der Regel die Kriterien Effizienz, Kapazität, Dichte und Genauigkeit ausreichen. Aus diesem Grund beschränkt sich auch die vorliegende Untersuchung auf die von van Wyk genannten Leistungskriterien zur Bestimmung der technischen Leistungsfähigkeit eines Produktes.

Während für Unternehmen als potentielle Adopter tendenziell eher die ökonomischen Vorteile entscheidend sind,[348] spielen bei Haushalten auch die **"nicht-ökonomischen" Größen** wie ein höheres soziales Prestige eine bedeutendere Rolle. Bei bestimmten Gütern, wie z.B. modische Kleidung oder Sonnenbrillen, können die Prestigewirkungen entscheidend für die Adoption sein.[349] Zwar kann insgesamt die These aufgestellt werden, daß die "nicht-ökonomischen" Größen eher bei modischen Gütern, die nur für einen relativ kurzen Zeitraum genutzt werden und einen verhältnismäßig niedrigen Anschaffungspreis haben, bedeutend sind. Trotzdem können diese Größen auch bei gewissen hochwertigen Gebrauchsgütern entscheidend für die Adoption sein - man denke beispielsweise an die Prestigewirkung bestimmter auffälliger Sportwagen.

Mohr nennt neben den von Rogers aufgeführten Innovationseigenschaften, welche die Diffusion beeinflussen, als weitere, insbesondere für Gebrauchsgüter relevante Eigenschaft, den **Ausreifungsgrad** der Innovation.[350] Damit ist ein Maß für das tatsächliche oder mögliche Vorliegen anfänglicher Mängel gemeint, das vor allem bei ganz neuen Produkten relativ hoch ist. Weist ein Produkt einen relativ geringen Ausreifungsgrad auf, so kann dies auch als negative Produkteigenschaft aufgefaßt werden, die den relativen Vorteil des Produktes verringert. Insofern ist die von Mohr vorgenommene Unterscheidung von Ausreifungsgrad und relativem Vorteil nicht gerechtfertigt. Hinweise aus verschiedenen Untersuchungen lassen die Hypothese zu, daß Innovationen, die einen geringen Ausreifungsgrad besitzen, sich nur relativ langsam ausbreiten. Dies gilt vor allem dann, wenn noch wenig Erfahrungen mit der neuen Technologie vorhanden sind. Bestätigt werden diese Überlegungen z.B. durch die empirisch festgestellte Tatsache, daß Innovationen sich in den Ländern, in denen sie zuerst eingesetzt

---

348 Vgl. Mohr (1977), S. 51, Rogers (1995), S. 213.
349 Vgl. Kortmann (1995), S. 159, Rogers (1995), S. 213f.
350 Vgl. Mohr (1977), S. 50.

wurden, vergleichsweise langsam ausbreiten. Sind die anfänglichen Mängel bzw. ist die Unsicherheit über eventuell vorhandene Mängel beseitigt, so beschleunigt sich die Diffusion.[351]

Auch die **Variantenvielfalt** eines Gebrauchsgutes kann Auswirkungen auf dessen Ausbreitung ausüben.[352] So stellt Kortmann beispielsweise fest, daß durch die Möglichkeit, mit mehreren Varianten eines Produktes die individuellen Anwenderwünsche zu befriedigen, die Diffusion tendenziell beschleunigt wird. Allerdings können zu viele Varianten auch den Aufwand der Ermittlung der Produktqualität - also die Transaktionskosten - erhöhen und somit eine konträre Wirkung haben. Für eine diffusionshemmende Wirkung hoher Produktdifferenzierung kann auch argumentiert werden, daß aufgrund der dadurch in der Produktion anfallenden Mehrkosten höhere Preise gefordert werden. Somit sinkt der relative Vorteil des Produktes und die Diffusion wird langsamer ablaufen. Mit dem Übergang zu modernen elektronisch gesteuerten Produktionstechniken - insbesondere im Automobilbau - verliert dieses Argument jedoch zunehmend an Bedeutung. Eine angemessene Marktsegmentierung durch eine entsprechende Variantenzahl des Produktes kann insgesamt als diffusionsbeschleunigend angesehen werden.[353]

Der **Modernitäts- bzw. der Neuigkeitsgrad** ist ein weiterer Aspekt, der den individuell wahrgenommenen relativen Vorteil einer Innovation bestimmt.[354] Der Modernitätsgrad gibt an, inwieweit sich die Neuerung von der Alternative, die sie ablösen soll, unterscheidet. Ob ein hoher Modernitätsgrad allerdings eine beschleunigende oder eine hemmende Wirkung auf den Diffusionsprozeß hat, hängt von den jeweiligen Gegebenheiten ab, insbesondere von der Art der Innovation und von den Eigenschaften der potentiellen Adopter. Bei innovativen Abnehmern, die einen besonderen Wert auf moderne Produkte legen, bzw. bei Produkten, bei denen die Modernität eine positive und imagefördernde Wirkung hat, wird sich die Adoptionsgeschwindigkeit mit steigendem Modernitätsgrad beschleunigen. Demgegenüber werden imitative Abnehmer vermutlich weniger schnell übernehmen, wenn ihnen das Produkt als sehr neu und modern erscheint.[355] Für die These, daß ein hoher Modernitätsgrad die Diffusion einer

351 Vgl. Mohr (1977), S. 58.
352 Vgl. z.B. Gierl (1987), S. 203.
353 Vgl. Kortmann (1995), S. 99.
354 Vgl. Gierl (1987), S. 216.
355 Vgl. Schmalen / Binninger / Pechtl (1993), S. 522.

Neuerung eher hemmt, spricht auch das Ergebnis der in Abschnitt 2.3.1 vorgestellten Untersuchung Bonus', der bei vollkommen neuen Gütern eine relativ langsame Ausbreitung feststellen konnte.[356]

Die Diffusion eines Gebrauchsgutes kann auch erheblich durch das Vorliegen von den schon angesprochenen **Netzwerkeffekten** beeinflußt werden.[357] Durch das Vorliegen von Netzwerkeffekten erhöht sich der relative Vorteil eines Produktes mit seiner Verbreitung. Netzwerkeffekte bedeuten also positive Rückkopplungen. Bei Netzwerkeffekten handelt es sich um eine Form von positiven externen Effekten,[358] weshalb auch häufig der Begriff Netzwerkexternalitäten benutzt wird. Die Besonderheit von Netzwerkexternalitäten liegt darin, daß der Nutzenzuwachs nur bei den Elementen des Netzes, also bei den Verwendern des Gutes entsteht.[359] Wie bei anderen positiven externen Effekten führt auch das Vorliegen von Netzwerkeffekten bei einem Produkt dazu, daß dessen Verbreitungsgrad geringer ist, als es aus gesamtwirtschaftlicher Sicht optimal wäre.[360] Außerdem kann die Ausbreitung eines Produktes oder einer Technik auch dadurch behindert werden, daß bei Konkurrenzprodukten Netzwerkeffekte bestehen und die dort erreichte Verbreitung schon so groß ist, daß sich auch neue, technisch überlegende Produkte nicht durchsetzen können.[361] Das Ausmaß des Netzcharakters

---

356 Vgl. Bonus (1975), S. 207.

357 Vgl. z.B. Pechtl (1991), S. 57, Dybvig / Spatt (1983).

358 Bei der Nutzung von Netzen können auch negative externe Effekte entstehen, insbesondere wenn die Netze an ihre Kapazitätsgrenzen stoßen, wie das Beispiel des Straßenverkehrs zeigt. Diese werden jedoch im allgemeinen nicht als Netzwerkeffekte oder Netzwerkexternalitäten bezeichnet. Vgl. Thum (1995), S. 6, Blankart / Knieps (1992), S. 79.

359 Vgl. Röver (1997), S. 6.

360 Vgl. Röver (1997), S. 83.

361 Ein häufig genanntes Beispiel dafür, daß eine inferiore Technik aufgrund von Netzwerkeffekten nicht durch überlegene neue Techniken abgelöst werden kann, ist die Schreibmaschinentastatur bzw. heutzutage die Computertastatur. Ursprünglich war die Anordnung der Tasten so gewählt worden, damit die häufig aufeinanderfolgenden Tasten möglichst weit voneinander entfernt sind und damit ein Verhaken der Typenhebel weitgehend vermieden wird. Spätestens mit Aufkommen der Kugelkopfschreibmaschinen entfiel diese Anforderung, so daß eine andere, mehr auf die maximal mögliche Schreibgeschwindigkeit ausgelegte Anordnung möglich gewesen wäre. Bis heute hat sich jedoch keine andere Anordnung durchsetzen können, weil ein Unternehmen, das alleine darauf setzen würde, jede neue Schreibkraft erst umlernen müßte. Damit wären die Kosten höher als der Nutzen, der durch die höhere Schreibgeschwindigkeit erreicht wird. Ein einzelnes Unternehmen wird also aus rationalen Erwägungen nicht umsteigen. Erst wenn viele Unternehmen wechseln würden, kämen auch für die neue Tastatur die Netzwerkeffekte zum Tragen, die bei der alten Technik schon vorliegen, und der Geschwindigkeitsgewinn würde entscheidend für die Wahl der Tastaturart werden. Vgl. David (1985), S. 332ff.

eines Gutes ist demnach eine die Diffusionsgeschwindigkeit beeinflussende Variable, die sich in der Regel hemmend auf neue Produkte auswirken wird.

Von Netzwerken spricht man in der Ökonomie, wenn zwischen mehreren Bestandteilen eines Systems Verbindungen bestehen. Entscheidend ist, daß die Erstellung und Aufrechterhaltung dieser Verknüpfungen mit Kosten bzw. Nutzen verbunden sind.[362] Die Netze können sowohl materiell als auch immateriell sein. Materielle Netze oder auch Hardwarenetze sind beispielsweise Telefonnetze oder Straßen- und Schienennetze. Immaterielle Netze bzw. Softwarenetze können z.B. Beziehungen zwischen Zulieferern und deren Abnehmern sein. Auch Verbindungen zwischen Computernutzern, die sich aufgrund eines gemeinsamen Standards beispielsweise hinsichtlich der verwendeten Textverarbeitungsprogramme ergeben, bilden immaterielle Netze.

In ökonomischen Untersuchungen werden die positiven Rückkopplungen mathematisch abgebildet, um anhand dieser Modelle die Auswirkungen von Netzwerkeffekten zu analysieren. Zu nennen sind beispielsweise die Modelle von Katz/Shapiro, Farrell/Saloner und von Blankart/Knieps.[363] Wesentliche Untersuchungsschwerpunkte sind zum einen die Auswirkungen von Netzwerkeffekten auf die Nutzerzahl von Gütern und zum anderen die Analyse des Wettbewerbs von konkurrierenden Technologien und damit die Frage der Etablierung von De-facto-Standards[364] durch den Marktmechanismus. Liegen Netzwerkeffekte vor, so ist häufig die Konzentration auf einen oder auf wenige Standards sinnvoll bzw. sogar erforderlich, weil erst dann die notwendige Größe der Netze erreicht wird. So wäre es bei Faxgeräten beispielsweise wenig sinnvoll, mehrere unterschiedliche Übertragungstechniken zu verwenden, so daß sich die Geräte teilweise untereinander nicht verständigen können und damit mehrere unterschiedliche Netze aufgebaut werden.

Netzwerkeffekte können beispielsweise auch durch den Konsum komplementärer Produkte begründet sein.[365] Vielfach ist der Nutzen, den man aus der Anschaffung eines Produktes ziehen kann, vom Angebot an komplementären Produkten abhängig. Bei Personenkraftwagen liegen z.B. erhebliche Netzwerkeffekte

---

362 Vgl. Blankart / Knieps (1992), S. 73.

363 Vgl. Katz / Shapiro (1985), Farrell / Saloner (1986), Blankart / Knieps (1992), ähnlich: Arthur (1990).

364 Vgl. zum Standardisierungsproblem z.B. Farrell / Saloner (1992), Thum (1995), Katz / Shapiro (1986), David / Greenstein (1990).

365 Vgl. Röver (1997), S. 12f.

aufgrund des zum Betrieb notwendigen komplementären Produktes Benzin bzw. Diesel vor. Durch die große Verbreitung von Personenkraftwagen, die mit Benzin- und Dieselmotoren betrieben werden, existiert in vielen Ländern ein flächendeckendes Netz von Tankstellen mit Benzin- und Dieselzapfsäulen. Da der Nutzen eines Pkw stark von der Verfügbarkeit von Kraftstoff abhängig ist, werden sich umweltfreundliche Pkw mit einer Antriebstechnik, die auf einem alternativen Kraftstoff (z.B. Wasserstoff) beruht, nur absetzen lassen, wenn genügend Tankstellen diesen Kraftstoff anbieten. Dies wird aber nur geschehen, wenn eine gewisse Verbreitung dieser neuen Technik erwartet wird.

Auch durch bestehende Unsicherheit können Netzwerkeffekte begründet sein.[366] Insbesondere bei langlebigen Gebrauchsgütern besteht bei den Konsumenten die Notwendigkeit, für einen relativ langen Zeitraum die Versorgung mit Ersatzteilen und komplementären Gütern gesichert zu sehen. Diese Sicherheit ist abhängig von der Anzahl der Konsumenten, die das Gut erwerben. Es liegt insofern eine Netzwerkexternalität vor, weil jeder zusätzliche Käufer die Versorgungssicherheit und damit den Nutzen der übrigen Konsumenten erhöht.[367]

Eine weitere Ursache für Netzwerkeffekte sind Lerneffekte. Je weiter ein Produkt oder eine Technik verbreitet ist, desto einfacher wird es sein, kompetente Fachleute zu finden und Informationen darüber zu erhalten.[368] Es wird für die Entscheidung zur Adoption eines neuen Gebrauchsgutes von Bedeutung sein, inwieweit ein umfassender Kundendienst gesichert ist, d.h. inwieweit genügend Werkstätten existieren, welche die Wartung und Reparatur des Produktes durchführen können.

Zusammenfassend kann festgestellt werden, daß die hier gemachten Ausführungen zu den Erscheinungsformen und Ursachen für Netzwerkeffekte zeigen, daß diese ein Phänomen darstellen, welches insbesondere bei hochwertigen Gebrauchsgütern auftritt und eine entscheidende Einflußgröße auf den Diffusionsprozeß solcher Güter darstellen können.

Wie Netzwerkeffekte führen auch **Änderungen der Produktcharakteristika während der Diffusion** zu einer Änderung des relativen Vorteils des betrachteten Produktes. Verbesserungen des Produktes werden im Regelfall dazu führen,

[366] Vgl. Röver (1997), S. 13f.
[367] Vgl. Beggs (1989), S. 437ff.
[368] Vgl. Antonelli (1990), S. 33.

daß die Diffusion beschleunigt wird. Allerdings besteht, wie in Abschnitt 2.3.2 dargestellt, auch die Möglichkeit, daß die potentiellen Abnehmer die Verbesserungen in Zukunft erwarten und deshalb die Adoption verzögern. Ist die Wahrscheinlichkeit für zukünftige erhebliche Verbesserungen des Produktes hoch, kann demnach die Diffusion verzögert und im Extremfall sogar ganz verhindert werden.[369]

Schließlich sind für die Größe des relativen Vorteils eines Produktes auch **die Beziehungen zu anderen Produkten** von Bedeutung. Relevant sind vor allem die Beziehungen zu vorausgegangenen und vorgelagerten Produkten, zu möglichen Nachfolgeprodukten und zu substitutiven Produkten.

Es kann zwischen den Beziehungen zu zeitlich und sachlich vorgelagerten Angeboten bzw. Produkten unterschieden werden. Zeitlich vorgelagerte Produkte sind die Vorgängerprodukte, die durch die Neuerung abgelöst werden sollen. Es kann davon ausgegangen werden, daß bei Gebrauchsgütern eine hohe Verbreitung der zeitlich vorgelagerten Produkte im allgemeinen zu einer langsamen Diffusionsgeschwindigkeit führt.[370] Dies gilt insbesondere dann, wenn die zeitlich vorgelagerten Produkte über eine hohe restliche Lebensdauer verfügen.[371] Unter sachlich vorgelagerten Produkten sind die zu den Gebrauchsgütern komplementären Güter zu verstehen, die zur Herstellung und Nutzung erforderlich oder zumindest zweckmäßig sind. Beispielsweise ist für ein neues Textverarbeitungsprogramm ein Computer und ein unterstützendes Betriebssystem erforderlich. Die Verbreitung solcher sachlich vorgelagerten Produkte kann als tendenziell diffusionsfördernd angesehen werden.[372]

Wie die zeitlich vorgelagerten Produkte können auch mögliche Nachfolgeprodukte den Diffusionsprozeß beeinflussen. Dies ist durch die bereits angesprochene Möglichkeit des bei Gebrauchsgütern auftretenden Leapfrogging bedingt. D.h. dadurch, daß die potentiellen Adopter eine baldige Einführung eines verbesserten Nachfolgeproduktes erwarten, wird das aktuelle Produkt nicht übernommen. Prinzipiell gilt, daß aufgrund der Unsicherheit über zukünftige Innovationen die Dauer des Diffusionsprozesses und das erreichbare Diffusi-

---

369 Vgl. Rosenberg (1976), S. 531.
370 Vgl. Kortmann (1995), S. 166.
371 Vgl. Gierl (1987), S. 194.
372 Vgl. Kortmann (1995), S. 167 und S. 177f.

onspotential in einem gewissen Maße unbestimmt ist.[373] Beispielsweise kann durch die Einführung einer erheblich überlegenen, "revolutionären" Neuerung der Diffusionsprozeß eines Produktes fast schlagartig abgebrochen werden.

Auch die Beziehungen zu substitutiven Produkten können den Diffusionsprozeß beeinflussen. Im allgemeinen wird mit steigender Zahl der Alternativen der Betrag der Preiselastizität der einzelnen Variante zunehmen.[374] Damit werden die Mengenwirkungen von Preissenkungen im Diffusionsablauf verstärkt. Die Existenz vieler substitutiver Produkte kann auch eine diffusionshemmende Wirkung haben. Ist die Vielfalt der Alternativen sehr groß, so werden die potentiellen Adopter aufgrund der daraus resultierenden Unsicherheit eventuell zunächst abwarten, bis sich die Zahl der Alternativen reduziert hat bzw. bis genügend Informationen gesammelt wurden.[375]

Obwohl der relative Vorteil einer der wesentlichen Bestimmungsgründe für die Diffusion von Neuerungen[376] ist, muß festgestellt werden, daß seine Bestimmung sowohl ex post als vor allem auch ex ante sehr häufig mit großen Schwierigkeiten behaftet ist.[377] Die Schwierigkeiten bei der Bestimmung des relativen Vorteils existieren nicht nur für den potentiellen Adopter, sondern auch in einigen Fällen für den Anbieter des Produktes. Die beim potentiellen Adopter bestehende Unsicherheit über den relativen Vorteil ist im wesentlichen von seinen individuellen Fähigkeiten und Kenntnissen, von prinzipiell nicht vollständig erkennbaren Produkteigenschaften und von unvorhersehbaren Änderungen der Rahmenbedingungen abhängig. Beim Anbieter kann Unsicherheit über den relativen Vorteil seines angebotenen Produktes insbesondere im Fall einer hohen Umweltrelevanz des Produktes bestehen. Möglicherweise wird er aufgrund nicht vorhandener Forschungsergebnisse die tatsächliche Umweltbelastung des Produktes selbst nicht bestimmen können. Selbst wenn ein Produkt nach dem Stand der Wissenschaft als umweltfreundlich einzustufen ist, kann diese Einstufung durch neue Forschungsergebnisse obsolet werden. Ein weiterer Grund für die Unsicherheit des Anbieters über den relativen Vorteil liegt darin, daß er in der Regel nicht vollständig die Anwendungsbedingungen der Neuheit beim potentiellen Adopter informiert sein wird und damit auch nicht über einen

---

373 Vgl. Kortmann (1995), S. 169.
374 Vgl. z.B. Lipsey (1971), S. 129f.
375 Vgl. Kortmann (1995), S. 171f.
376 Vgl. Rogers (1983), S. 217.
377 Vgl. Mohr (1977), S. 52.

sicheren Maßstab zur Bewertung des relativen Vorteils für den Adopter verfügt. Sowohl auf der Abnehmerseite als auch auf der Anbieterseite existiert also Unsicherheit über Faktoren, die von den Marktparteien beeinflußbar sind (endogene Unsicherheit) und Unsicherheit über Faktoren, die außerhalb des (direkten) Einflusses der Marktparteien liegen (exogene Unsicherheit). Hierauf wird in den Abschnitten 4.3.2 und 4.4.2, die sich mit der auf der jeweiligen Marktseite bestehenden Unsicherheit befassen, eingegangen werden.

4.2.3 Kompatibilität, Komplexität, Erprobbarkeit und Beobachtbarkeit

Neben dem relativen Vorteil nennt Rogers als zweite Produkteigenschaft, welche die Diffusion einer Innovation beeinflußt, die **Kompatibilität** mit vorhandenen Werten, Erfahrungen und Bedürfnissen der potentiellen Adopter. Im einzelnen unterscheidet er drei Dimensionen der Kompatibilität, nämlich die Kompatibilität mit vorhandenen Werten und Überzeugungen, die Kompatibilität mit den vorhandenen Techniken, Produkten oder Handlungsweisen und die Kompatibilität mit den vorliegenden Bedürfnissen.[378] Eine Inkompatibilität einer Neuerung mit den kulturellen Werten und Überzeugungen wird dazu führen, daß diese Neuerung nicht oder nur zögernd übernommen wird. Als typisches Beispiel hierfür kann die geringe Akzeptanz der Antibabypille in einigen überwiegend katholischen Gesellschaften genannt werden. Da der Umweltschutz eines der Themen ist, welches die deutsche Bevölkerung am meisten beschäftigt,[379] ist bei umweltfreundlichen Gütern anzunehmen, daß in dieser Hinsicht eine hohe Kompatibilität mit den vorhandenen Werten besteht.

Die Inkompatibilität einer Neuerung mit vorhandenen Techniken, Produkten und Verhaltensweisen wird sich diffusionshemmend auswirken.[380] Beispielsweise wird ein überlanger Pkw, der nicht in eine Standardgarage paßt, allein aus diesem Grund von vielen potentiellen Adoptern kaum übernommen werden. Auch die Übereinstimmung mit den vorliegenden Bedürfnissen der potentiellen Adopter beeinflußt die Diffusion einer Neuerung. Je spezifischer eine Neuerung die Bedürfnisses der potentiellen Adopter befriedigt, desto eher wird sie übernommen werden.[381]

---

378 Vgl. Rogers (1995), S. 224.
379 Vgl. Umweltbundesamt (1994), S. 77.
380 Vgl. Mohr (1977), S. 53ff., Rogers (1995), S. 225ff.
381 Vgl. Rogers (1995), S. 228.

Die dritte Produkteigenschaft, welche die Diffusion von Innovationen entscheidend beeinflußt, ist laut Rogers der Grad der **Komplexität** der Neuerung. Damit meint er das Ausmaß der Schwierigkeit, die Innovation zu verstehen und anzuwenden. Je schwieriger eine Innovation zu begreifen und anzuwenden ist, desto geringer ist die Diffusionsrate.[382] Da es sich bei hochwertigen Gebrauchsgütern in der Regel um technisch komplexe Produkte handelt, kommt diesem Tatbestand hier eine besondere Bedeutung zu. Das Ausmaß der wahrgenommenen Komplexität ist individuell abhängig von den Fähigkeiten und den Kenntnissen der potentiellen Adopter. Ist ein Produkt für einen potentiellen Adopter sehr komplex, so besteht für ihn zum einen die Möglichkeit, die Unsicherheit über den Nutzen des Produktes, welche durch diese Komplexität begründet ist, hinzunehmen. In diesem Fall beeinflußt die Komplexität den Erwartungswert des Nutzens, der aus dem Produkt gezogen werden kann. Zum zweiten kann der potentielle Adopter auch Anstrengungen unternehmen, die Komplexität des Produktes zu verringern, z.B. durch Informationssuche. Diese Anstrengungen verursachen für ihn Transaktionskosten, die ähnlich wie ein Preisaufschlag zu bewerten sind. Damit wird zwar die Unsicherheit bzgl. des Nutzens, der aus dem Produkt gezogen werden kann, verringert, aber das "Preis-/Leistungsverhältnis" verschlechtert. Beispielsweise wurden Homecomputer in den ersten Jahren fast ausschließlich von technisch interessierten und versierten Personen gekauft, denen dieses neue Produkt nicht zu komplex erschien. Demgegenüber kauften weniger versierte Individuen aufgrund der Komplexität des Produktes zunächst nicht - für sie war die bestehende Unsicherheit und/oder die notwendigen Aufwendungen zur Reduktion der Komplexität zu hoch. Erst mit steigender Bedienerfreundlichkeit und damit abnehmender Komplexität von Computern konnte sich die Diffusion stark beschleunigen.[383]

Ist es relativ einfach, eine Neuheit auszuprobieren, so wird diese Eigenschaft die Diffusion tendenziell beschleunigen. Mit Hilfe einer probeweisen Anwendung wird die bestehende Unsicherheit über die Innovation verringert. Außerdem kann der Nutzen der Neuerung unter den individuellen Bedingungen der Anwendungen ermittelt werden. Die Eigenschaft der **Erprobbarkeit** ist im Frühstadium der Diffusion besonders bedeutend. Ist eine gewisse Verbreitung erreicht, so ist die Unsicherheit aufgrund der Erfahrungen früherer Adopter geringer und es liegen

---

382 Vgl. Rogers (1995), S. 242.
383 Vgl. Rogers (1995), S. 243.

mehr Informationen über den Nutzen der Neuerung vor.[384] Die Erprobbarkeit einer Neuerung wird im wesentlichen dadurch bestimmt, inwieweit sie teilbar ist. So kann der Geschmack eines neuen Schokoladenriegels relativ einfach ermittelt werden. Diese Teilbarkeit ist bei langlebigen Konsumgütern nicht direkt gegeben, weshalb andere Möglichkeiten des Tests notwendig sein können - wie beispielsweise eine Probefahrt bei Personenkraftwagen.

Schließlich nennt Rogers noch die **Beobachtbarkeit** einer Innovation als bedeutend für die Diffusionsgeschwindigkeit. Je besser eine Neuerung beobachtbar ist, desto größer wird ihre Diffusionsgeschwindigkeit sein.[385] Für diese These sprechen zwei Gründe. Zum einen werden Informationen über die Existenz und den Nutzen einer Neuerung durch die Möglichkeit der Beobachtung von Adoptern, die bereits übernommen haben, sich in einer Gesellschaft schneller ausbreiten. Zum zweiten ist der Prestigeeffekt einer Neuerung direkt mit der Darstellbarkeit der Adoption gekoppelt.

4.3 Durch die Neuerungsanbieter bedingte Einflußgrößen

4.3.1 Überblick

Wie die Ausführung im zweiten Kapitel gezeigt haben, ist es in der Literatur unumstritten, daß die Anbieter einen erheblichen Einfluß auf den Diffusionsprozeß ausüben können. Es stellt sich die Frage, wie der Einfluß des Anbietersystems auf den Diffusionsprozeß systematisch analysiert werden kann. In dieser Untersuchung sollen im wesentlichen drei Gruppen von anbieterseitigen Einflußgrößen unterschieden werden. Zum einen wird der Diffusionsprozeß unmittelbar durch das Verhalten der Anbieter beeinflußt, daher kann als eine erste Gruppe die möglichen Verhaltensformen, insbesondere der absatzpolitischen Anstrengungen sowie möglicher Absprachen, Kooperationen und anderer Konzentrationsbemühungen der Anbieter, genannt werden. So ist z.B. die Untersuchung der Auswirkungen verschiedener Strategien der Preisfestsetzungen auf die Diffusion einer Neuerung möglich. Als zweite Gruppe werden die individuellen Eigenschaften des Neuerungsanbieters in ihrer Auswirkung auf die Diffusion betrachtet. Beispielsweise liegt die Vermutung nahe, daß ein großer und finanzkräftiger Anbieter eher in der Lage sein wird, ein neues Produkt

[384] Vgl. Rogers (1995), S. 243f.
[385] Vgl. Rogers (1995), S. 244.

erfolgreich am Markt zu plazieren als ein kleiner Anbieter ohne nennenswerte Finanzausstattung. Schließlich wird auch die Marktstruktur auf der Anbieterseite einen Einfluß auf die Diffusion eines neuen Produktes ausüben. So kann eine Marktstruktur, die einen intensiven Wettbewerb zur Folge hat, über die Verstärkung der Aktivitäten der Anbieter zu einer beschleunigten Diffusion führen. In Abbildung 4-3 sind die genannten Gruppen mit den in den folgenden Abschnitten zu betrachtenden Einflußgrößen überblicksartig dargestellt.

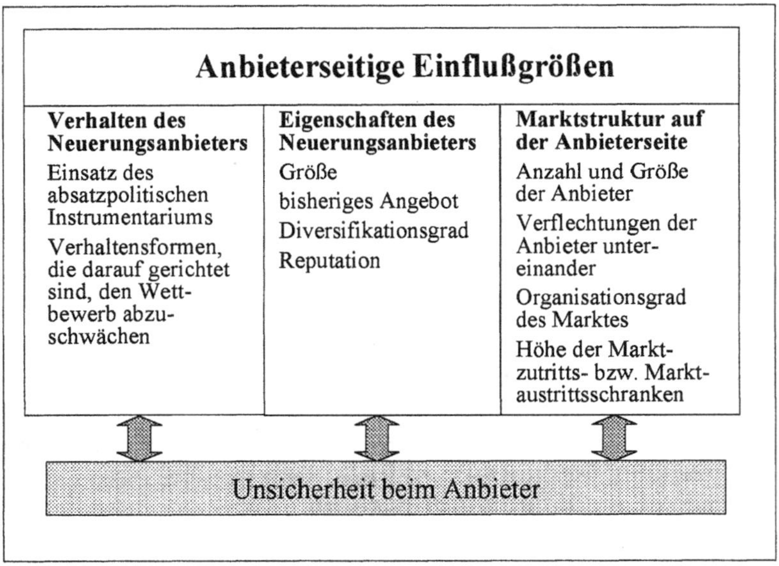

Abbildung 4-3: Determinanten der Diffusion von neuen Produkten, die durch die Anbieter bedingt sind

Als weiterer und wesentlicher Einflußfaktor auf die Diffusion von umweltfreundlichen und hochwertigen Gebrauchsgütern kann die Unsicherheit, die beim Neuerungsanbieter besteht, genannt werden. Im System der anbieterseitigen Determinanten nimmt diese Unsicherheit eine gesonderte Stellung ein. Sie wird sowohl von den anderen Determinanten beeinflußt, hat aber auch selbst Auswirkungen auf diese. Beispielsweise ist die Unsicherheit des Anbieters von seinem Informationsverhalten, von seiner Größe oder von seiner Wettbewerbssituation abhängig. Umgekehrt beeinflußt die beim Anbieter bestehende Unsicherheit wiederum z.B. sein Verhalten des Anbieters oder den Wettbewerb.

Auch zwischen den Eigenschaften des Neuerungsanbieters, seinem Verhalten und der Marktstruktur der Anbieterseite bestehen eine Reihe von Wechselwirkungen. Zum einen wird das Verhalten der Anbieter durch seine Eigenschaften sowie den Wettbewerb beeinflußt, der wiederum von der gegebenen Marktstruktur abhängig ist. Zum anderen hat aber auch das Verhalten der Anbieter einen Einfluß auf seine Eigenschaften und auf die Marktstruktur. Beispielsweise können vermehrte Ausgaben für Forschung und Entwicklung das Know-how des Anbieters erhöhen oder das Eingehen von Kooperationen die Marktstruktur verändern. Somit kann die in den nächsten Abschnitten vorgenommene Darstellung und Analyse der Einflußgrößen auch nicht überschneidungsfrei sein. Dies ist, wie oben schon erläutert wurde, auch nicht Ziel der hier vorliegenden zusammenfassenden Betrachtung der möglichen Einflußgrößen auf den Diffusionsprozeß. Im folgenden werden zunächst der Einfluß der bestehenden Unsicherheit beim Neuerungsanbieter, dann der Einfluß seiner Verhaltensweisen, anschließend der Einfluß seiner individuellen Eigenschaften und schließlich der Einfluß der anbieterseitigen Marktstruktur behandelt.

4.3.2 Unsicherheit der Neuerungsanbieter

Wie schon in Abschnitt 3.5.1 dargestellt wurde, kann die Unsicherheit, welche bei einem Wirtschaftssubjekt besteht, in endogene und exogene Unsicherheit unterschieden werden. Für den Anbieter eines neuen Produktes bezieht sich die **endogene Unsicherheit** (Marktunsicherheit) vor allem auf das Vermarktungsrisiko.[386] Je komplexer das Produkt in seinen Eigenschaften ist, desto größer wird die Unsicherheit des Anbieters tendenziell ausfallen. Daher ist - wie oben schon angesprochen - insbesondere bei umweltfreundlichen und hochwertigen Gebrauchsgütern mit einer entsprechenden Unsicherheit auf der Anbieterseite zu rechnen. Er verfügt nicht über alle notwendigen Informationen, um die Marktchancen des neuen Produktes einigermaßen sicher bestimmen zu können. Bei Gebrauchsgütern wird sich die asymmetrische Informationsverteilung in der Regel sowohl auf Such- als auch auf Erfahrungs- und Vertrauenseigenschaften beziehen. Unvollständige Informationen bestehen für den Anbieter insbesondere hinsichtlich möglicher Einsatzbedingungen des Produktes, hinsichtlich der Kompatibilität des neuen Produktes mit den Werten und Überzeugungen, mit den vorhandenen Techniken, Produkten und Handlungsweisen und mit den

[386] Vgl. Adler (1994), S. 47 und dort angegeben: Kleinaltenkamp (1993), S.18f.

vorliegenden Bedürfnissen der potentiellen Abnehmer sowie hinsichtlich des Verhaltens der Adopter nach dem Kauf.

Die Einsatzbedingungen des Produktes beeinflussen den relativen Vorteil für den Adopter und damit die Marktchancen des Produktes. Beispielsweise ist es für die Absatzchancen eines Kleinwagens von Bedeutung, wie die potentiellen Adopter das Fahrzeug einsetzen werden. Soll das Fahrzeug nur für den Stadtverkehr verwendet werden und im Regelfall nur mit einem oder zwei Personen besetzt werden, dann weist ein möglichst kleines zweisitziges Fahrzeug, aufgrund der besseren Möglichkeit, einen Parkplatz zu finden, für die potentiellen Adopter einen hohen relativen Vorteil auf. Soll das Fahrzeug jedoch auch gelegentlich einer vierköpfigen Familie Ausflüge oder Urlaubsreisen ermöglichen, so ist der relative Vorteil eines zweisitzigen Fahrzeugs deutlich geringer. In der Regel wird es sich bei den Einsatzbedingungen um Sucheigenschaften handeln - der Anbieter wird also in der Lage sein, mittels entsprechender Marktforschungsaktivitäten die Einsatzbedingungen des Produktes zu ermitteln, bevor er die Neuerung am Markt anbietet. In welchem Umfang der Anbieter die Unsicherheit bezüglich dieser Sucheigenschaften verringert, hängt von den Transaktionskosten ab, die mit den Marktforschungsaktivitäten verbunden sind.

Auch die Kompatibilität mit den vorhandenen Techniken und Produkten dürfte im allgemeinen eine Sucheigenschaft darstellen, wobei die Unsicherheit mit einem gewissen Aufwand durch Marktforschungsaktivitäten reduziert werden kann. Inwieweit das neue Produkt jedoch auch mit den Werten und Überzeugungen der Abnehmer übereinstimmt, wird sich gerade bei den hier betrachteten langlebigen Produkten erst nach dem Kauf ermitteln lassen, so daß sich die Unsicherheit darüber auf eine Erfahrungseigenschaft bezieht. Ist eine eindeutige Ermittlung solcher Kompatibilitäten auch nach dem Kauf nicht möglich, so liegt eine Unsicherheit hinsichtlich einer Vertrauenseigenschaft vor.

Das Verhalten der Adopter nach der Übernahme kann eine Erfahrungs- oder Vertrauenseigenschaft darstellen. Die Unterscheidung richtet sich danach, ob das Verhalten für den Anbieter zu beobachten ist oder nicht. Insbesondere bei Gebrauchsgütern ist für den Anbieter die Unsicherheit über den Umgang des Adopters mit dem Produkt bedeutend.

Insgesamt kann angenommen werden, daß Unternehmen, bei denen eine ausreichende Finanzausstattung vorhanden ist, die Unsicherheit über Sucheigenschaften möglichst weit verringern werden. Dies gilt insbesondere bei hochwertigen und langlebigen Produkten, da dort die auf das einzelne Produkte bezogenen Transaktionskosten im Vergleich zu den Produktionskosten eines Produktes eher gering sein werden. Die Unsicherheit hinsichtlich Erfahrungs- und Vertrauenseigenschaften kann dagegen nicht vollständig verringert werden.

Der Diffusionsprozeß eines neuen Produktes kann auch erheblich von der bei Anbietern bestehenden **exogenen Unsicherheit** beeinflußt werden. Diese Unsicherheit ist besonders bei Produkten, deren Verbreitung sich positiv oder negativ auf die natürliche Umwelt auswirken kann, von Bedeutung für den Diffusionsverlauf. Bei solchen Produkten ist die Wahrscheinlichkeit groß, daß die Diffusion durch Änderungen der Umweltbedingungen, wie z.B. durch staatliche Maßnahmen, durch neue wissenschaftliche Erkenntnisse oder durch Änderungen der natürlichen Umwelt beeinflußt werden. Exogene Unsicherheit wird insbesondere auch bei hochwertigen Gebrauchsgütern auftreten. Mit zunehmender Nutzungsdauer steigt für den Abnehmer die Unsicherheit darüber, ob sich während der Nutzungszeit die Umweltbedingungen so ändern, daß der Nutzen, der aus dem Produkt gezogen wird, beeinflußt wird. Damit existiert auch beim Anbieter eine relativ hohe Unsicherheit über die Absatzchancen des Produktes. Außerdem haben die bei langlebigen und hochwertigen Produkten in der Regel notwendigen hohen spezifischen Investitionen in Produktionsanlagen zur Folge, daß ein relativ langer Produktionszeitraum zur Amortisation notwendig ist. Da während dieser Zeit unvorhergesehene Ereignisse den Absatz beeinflussen können, besteht für den Anbieter eine relativ hohe Unsicherheit über die Gewinnchancen, die mit dem neuen Produkt verbunden sind.

Die Unsicherheit der Anbieter kann zum einen durch eine unvollständige Kenntnis prinzipiell verfügbarer Informationen begründet sein - beispielsweise kann Unsicherheit über die bestehenden gesetzlichen Vorschriften zur Schadstoffbelastung eines Produktes bestehen. Zum anderen kann die Unsicherheit auch durch unvorhersehbare zukünftige Ereignisse begründet sein.

Für diese Untersuchung sind vor allem die unvollständigen Informationen, die beim Anbieter hinsichtlich der Maßnahmen des Staates, der Aktionen von Massenmedien, Umweltschutzorganisationen und anderen unabhängigen Beratern, der Entwicklung der Bedingungen der natürlichen Umwelt, der Entwicklung der gesamtwirtschaftlichen Rahmenbedingungen sowie der technologischen Veränderungen bestehen. Zusätzlich kann beim Anbieter auch Unsicherheit über das Verhalten anderer Anbieter vorliegen. So existiert bei ihm in der Regel Unsicherheit über die zukünftigen absatzpolitischen Anstrengungen der Konkurrenz. In Tabelle 4-3 sind die in dieser Untersuchung betrachteten Ursachen für exogene Unsicherheit beim Anbieter überblicksartig dargestellt. Diese Ursachen für Unsicherheit sind natürlich nicht unabhängig voneinander. So sind beispielsweise staatliche Aktivitäten oft dadurch hervorgerufen, daß sich die

Bedingungen der natürlichen Umwelt geändert haben oder daß technologische Veränderungen stattgefunden haben. Umgekehrt können und sollen die getroffenen staatlichen Maßnahmen wiederum Auswirkungen auf die natürliche Umwelt, auf gesamtwirtschaftliche Rahmenbedingungen oder die Technologie ausüben.

Exogene Unsicherheit ist hervorgerufen durch unvollständige Informationen über:					
mögliche staatliche Aktivitäten	**Verhalten von Massenmedien, Umweltschutz-organisationen und anderer unabhängiger Berater**	**Bedingungen der natürlichen Umwelt**	**gesamtwirt-schaftliche Rahmenbe-dingungen**	**techno-logische Verände-rungen**	**Verhalten anderer Anbieter**
z.B. Mineralöl-steuererhö-hung	z.B. höhere Stellung des Umwelt-schutzes in der Gesellschaft	z.B. Treibhaus-effekt, Natur-katastrophen	z.B. Rezession, Wechselkurs-schwankungen	z.B. Erfindungen	z.B. absatz-politsche Maßnahmen anderer Anbieter

Tabelle 4-3: Mögliche Ursachen für exogene Unsicherheit beim Anbieter von neuen umweltfreundlichen und hochwertigen Gebrauchsgütern

Die Reduktion der exogenen Unsicherheit ist auf unterschiedliche Art und Weise möglich. Zum einen können die relevanten Informationen durch eigenständiges Suchen der Wirtschaftssubjekte ermittelt werden. Möglich ist auch die kommerzielle Bereitstellung von Informationen durch entsprechende Informationsdienste oder Beratungsunternehmen. Teilweise werden Informationen über Ereignisse in den genannten Bereichen als Kollektivgüter verbreitet,[387] beispielsweise Informationen über Gesetzesänderung oder technologische Neuheiten. Die Reduktion der Unsicherheit, die auf eine unvollständige Kenntnis prinzipiell verfügbarer Informationen beruht, ist mit Hilfe dieser Verfahren weitgehend möglich - inwieweit sie auch aus ökonomischer Sicht zu empfehlen ist, hängt vom Verhältnis des resultierenden Nutzens zu den mit der Information

[387] Vgl. Stobbe (1991), S. 340f.

verbundenen Transaktionskosten ab.[388] Die Beseitigung der Unsicherheit über zukünftige Ereignisse ist dahingegen grundsätzlich nicht vollständig möglich. Durch zusätzliche Information können allerdings Entwicklungen besser eingeschätzt und prognostiziert werden, so daß auch hier zumindest eine Reduktion der Unsicherheit möglich ist.

In der Regel wird bei den Anbietern damit zu rechnen sein, daß ein eigenständiges Suchen nach Informationen über Tatsachen, die den Absatz des Produktes beeinflussen können, erfolgt. Allerdings ist auch eine Verringerung der anfallenden Informationskosten durch die Bündelung der Informationssuche möglich und sinnvoll - beispielsweise, wenn Industrieverbände die Mitglieder über Gesetzesänderungen informieren, welche die Absatzbedingungen beeinflussen können.

Durch die beim Anbieter bestehende endogene und exogene Unsicherheit ist eine Unkenntnis des tatsächlichen Marktpotentials des neuen Produktes begründet. Dies führt dazu, daß die Entscheidungen der Anbieter mit einem Risiko behaftet sind. Für die Diffusion von neuen Produkten sind vor allem folgende Entscheidungen von Relevanz:

- Soll ein neues Produkt, das vom Anbieter entwickelt wurde bzw. entwickelt werden kann, am Markt eingeführt werden?
- Soll ein neues Produkt, das Konkurrenzunternehmen anbieten, imitiert werden?
- In welchem Umfang sollen absatzpolitische Maßnahmen ergriffen werden? Welche Werbeanstrengungen sollen unternommen werden, welche Produktionsmengen sollen geplant werden, etc.?

Im allgemeinen wird davon auszugehen sein, daß die Anbieter aufgrund der bestehenden Unsicherheit neue Produkte nur vorsichtig am Markt einführen werden, d.h. sie werden eher geringe Absatzmengen planen und auch die Aufwendungen für die absatzpolitischen Maßnahmen begrenzen. Im Extremfall kann eine Unterschätzung des Marktpotentials die Einführung und Diffusion des neuen Produktes sogar ganz verhindern. Es ist aber auch in Einzelfällen möglich, daß die Anbieter durch eine Fehleinschätzung z.B. des Marktpotentials dazu

---

388 Vgl. dazu die Ausführungen in Abschnitt 3.5.2.

beitragen, daß die Diffusion von minderwertigen Produkten ermöglicht bzw. beschleunigt wird,[389] z.B. indem sie große Werbeanstrengungen vornehmen.

4.3.3 Verhalten der Neuerungsanbieter

Es liegt im natürlichen Interesse jedes Unternehmers, mit Hilfe absatzpolitischer Maßnahmen oder mittels Absprachen, Kooperationen und anderer Konzentrationsbemühungen die Diffusion der von ihm angebotenen Produkte zu beschleunigen. In diesem Abschnitt werden zunächst die Möglichkeiten der Diffusionsbeeinflussung, die einem Anbieter im Rahmen seiner Absatzpolitik zur Verfügung stehen, dargestellt. Die **absatzpolitischen Maßnahmen** haben einen erheblichen Einfluß auf die im vorangehenden Abschnitt behandelten tatsächlichen oder wahrgenommenen Eigenschaften eines neuen Produktes. Sie erstrecken sich insbesondere auf die Teilgebiete der Preis- und Konditionenpolitik, der Produktgestaltung, der Kommunikationspolitik und der Distributionspolitik.

Als erste Möglichkeit, mit Hilfe derer ein Anbieter den Diffusionsprozeß beeinflussen kann, soll die **Festsetzung des Preises und die Gestaltung der Konditionen**, also der Vereinbarungen über Lieferungs- und Zahlungsbedingungen, dargestellt und diskutiert werden. Insbesondere die Preisbestimmung ist bei hochwertigen Gebrauchsgütern von Bedeutung. In der Frühphase der Diffusion werden allerdings die Beeinflussungsmöglichkeiten der Ausbreitung durch die Preisfestlegung nur begrenzt sein. Bei frühen Adoptern ist der Preis meist nicht das ausschlaggebende Kriterium für die Übernahme.[390] In der Literatur wird die Auffassung vertreten, daß dennoch durch einen zu hohen Preis die Diffusion dauerhaft gehemmt werden kann, da sich potentielle Adopter bei einem als ungünstig empfundenen Produktpreis kaum durch andere Variablen zur Übernahme verleiten lassen.[391]

In einem frühen Marktstadium ist aufgrund der noch nicht ausgebildeten Nachfragestruktur die Preisermittlung mit Hilfe der üblichen preistheoretischen Vorgehensweise nicht möglich. In der Praxis wird deshalb auf einige einfache Verfahrensregeln hinsichtlich der Preis- und Konditionenpolitik zurückgegriffen.[392] Bezüglich der Festlegung der Preishöhe werden im wesentlichen zwei

---

[389] Vgl. Kortmann (1995), S. 115.
[390] Vgl. z.B. Rogers (1995), S. 213f., Kortmann (1995), S. 193.
[391] Vgl. z.B. Bonus (1975), S. 26f., Gierl (1987), S. 112.
[392] Vgl. Kortmann (1995), S. 94.

mögliche Strategien vorgeschlagen, die sogenannte Abschöpfungsstrategie ("skimming pricing") und die Penetrationsstrategie ("penetration pricing").[393] Daneben existieren noch Vorschläge, die wirtschaftliche Anschaffungshürde durch sogenannte "Incentives" zu senken.[394]

Eine Abschöpfungsstrategie, d.h. anfänglich hohe Preise, die deutlich über den Kosten liegen, ist sinnvoll, wenn es eine große Anzahl von Erst- und Frühadoptern gibt, eine preisunelastische Reaktion zu erwarten ist, und die Neuerung wahrscheinlich nur kurze Zeit marktrelevant ist.[395] Diese Strategie kommt für die hier untersuchten hochwertigen und langlebigen Produkte weniger in Betracht. Sie wird vor allem dann durchsetzbar sein, wenn der Anbieter das Produkt exklusiv bzw. zumindest ohne großen Wettbewerbsdruck anbieten kann. Ansonsten würden die erreichbaren hohen Gewinne andere Unternehmen anreizen, das Produkt ebenfalls anzubieten. Durch den dann auftretenden Wettbewerb wären die hohen Preise vermutlich nicht mehr haltbar.[396] Das Verfolgen einer Abschöpfungsstrategie wird tendenziell zu einer Verlangsamung des Diffusionsprozesses führen - es kann aber davon ausgegangen werden, daß aufgrund der preisunelastischen Nachfrage die Auswirkungen auf den Diffusionsverlauf eher gering sein werden.

Bei der Penetrationsstrategie wird der Preis nur geringfügig über den variablen Durchschnittskosten bzw. evtl. sogar darunter festgesetzt, um eine rasche Erschließung eines großen Kundenpotentials und damit eine schnelle Diffusion zu erreichen. Beim Verfolgen dieser Strategie sollen sowohl Nachfrager von Anbietern konkurrierender Produkte abgeworben werden als auch neue Nachfrager erreicht werden. Eine Penetrationsstrategie ist vor allem dann sinnvoll, wenn ein hoher Wettbewerbsdruck und eine preiselastische Nachfrage existieren. Insbesondere die drohende Gefahr der Imitation des neuen Produktes durch Konkurrenten kann mit dieser Strategie bekämpft werden.[397] Zur Durchführung einer Penetrationsstrategie muß der Anbieter über eine gewisse Größe und Kapitalausstattung verfügen. Dann kann er die Anfangsverluste kompensieren, um später durch Erfahrungs- und Massenproduktionsvorteile eine starke Wettbewerbsposition inne zu haben, die weitere Konkurrenten ab-

---

393 Vgl. Dean (1950).
394 Vgl. Rogers (1995), S. 219ff.
395 Vgl. z.B. Simon (1992), S. 293ff.
396 Vgl. Kortmann (1995), S. 96.
397 Vgl. Dolan / Jeuland (1981), S. 61.

schreckt.[398] Bei der Festlegung des Preises ist zu beachten, daß Konsumenten häufig auch den Preis als Indiz für die Qualität eines Produktes auffassen.[399] Dies gilt insbesondere in Situationen, in denen die Unsicherheit über die Qualität eines Produktes aufgrund fehlender Entscheidungskriterien hoch ist, wie dies insbesondere zu Beginn der Diffusion häufig der Fall ist.[400] Es ist also auch vorstellbar, daß zu niedrige Preise diffusionshemmend wirken. Der Preis wird vor allem dann als Indiz für die Produktqualität herangezogen werden, wenn es sich um Produkte handelt, die durch Erfahrungs- und Vertrauenseigenschaften gekennzeichnet sind, da dann die Kosten für die Ermittlung der Eigenschaften prohibitiv hoch sind. Auch bei Produkten, die im wesentlichen durch Sucheigenschaften gekennzeichnet sind, ist denkbar, daß der Preis als Qualitätssignal angesehen wird, wenn die Kosten der Ermittlung der Sucheigenschaften besonders hoch sind.

Auch die Gewährung von sogenannten "Incentives" ist der Konditionenpolitik der Anbieter zuzuordnen. Incentives sind bestimmte Anreize meist monetärer Art, wie beispielsweise Preisnachlässe, die von den Anbietern gesetzt werden, um die Anschaffungshürde für eine Neuerung zu senken, so daß die Diffusion schneller abläuft. Die Gewährung von Incentives wird insbesondere bei hochwertigen Gebrauchsgütern ein absatzpolitisches Instrument der Anbieter darstellen. Die Anreize können sich sowohl direkt an die Adopter richten als auch an Diffusionsagenten, damit diese die potentiellen Adopter zur Übernahme bewegen, wie dies beispielsweise bei Abschlußprämien für Zeitungsabonnements der Fall ist. Sie können individuell ausgerichtet sein, sich aber auch auf eine ganze Gruppe beziehen. Incentives müssen nicht unbedingt positiver Natur sein, es ist auch denkbar, daß die Anbieter die Nicht-Übernahme durch gewisse Maßnahmen bestrafen, wie z.B. einen schlechteren Service bei alten Produkten.[401] In ihrer Wirkung sind Incentives ähnlich wie die Preisfestsetzung zu beurteilen. Der Anbieter kann beispielsweise durch Gewährung von positiven Incentives zu Beginn der Diffusion eine Penetrationsstrategie unterstützen.

Mit Hilfe seiner **Produktpolitik** beeinflußt ein Anbieter die tatsächlichen Produkteigenschaften. Wie schon angesprochen findet insbesondere bei

---

398 Vgl. Kortmann (1995), S. 96f.

399 Das dieses Verhalten auch seine Berechtigung hat, zeigen u.a. von Ungern-Sternberg / von Weizsäcker (1981), S. 615ff.

400 Vgl. z.B. Nieschlag / Dichtl / Hörschgen (1997), S. 336f., Stiglitz (1987), S. 3.

401 Vgl. Rogers (1995), S. 219ff.

langlebigen und hochwertigen Konsumgütern zumeist ein extensiver Kaufentscheidungsprozeß statt, bei dem der potentielle Adopter versucht, möglichst umfangreiche Informationen über die Produkteigenschaften zu erhalten. Bei solchen Gütern ist folglich damit zu rechnen, daß die potentiellen Adopter relativ gut über die tatsächlichen Produktqualitäten informiert sind. Daher kommt der Produktpolitik der Anbieter in diesem Fall eine hohe Bedeutung zu. Die Produktpolitik umfaßt alle Entscheidungen, die das Leistungsangebot eines Unternehmens betreffen. Dazu gehören die Gestaltung der Produktbeschaffenheit inklusive der Verpackung, die Bildung der Produktmarke, die Auswahl der Gesamtheit der produzierten bzw. vertriebenen Güter sowie Garantie- und Kundendienstleistungen.[402]

Die Ausführungen zu den Produkteigenschaften in Abschnitt 4.2 zeigen, daß die Anbieter versuchen sollten, das neue Produkt so zu konzipieren, daß es gegenüber den Alternativen möglichst überlegen, mit den Einstellungen und Werten der potentiellen Adopter vereinbar, einfach zu verstehen, leicht auszuprobieren und gut kommunizierbar ist. Von besonderer Wichtigkeit ist es, die mit dem Produkt anvisierte Zielgruppe zu definieren und das Produkt so zu gestalten, daß es den Bedürfnissen der Zielgruppe entspricht. Existiert keine ausreichend große homogene Zielgruppe, so kann durch eine Produktdifferenzierung das Diffusionspotential erhöht werden.[403] Zur Verringerung der Unsicherheit, die insbesondere beim Kauf neuer Produkte besteht, bietet es sich im Rahmen der Produktpolitik an, den potentiellen Adoptern ergänzende Nebenleistungen wie eine relativ lange Garantie oder besondere Kundendienstversprechen anzubieten.[404] Insbesondere mit Garantien kann Unsicherheit beim potentiellen Abnehmer über Erfahrungseigenschaften des Produktes verringert werden. Wird eine vollständige, lebenslange Garantie gegeben, so kann die Unsicherheit sogar vollkommen beseitigt werden. Allerdings ist zu berücksichtigen, daß im Fall einer solchen Garantie für den Anbieter die Gefahr besteht, daß der Adopter das Produkt nur unzureichend pflegt und wartet - es liegt also ein "moral hazard"-Problem vor.[405] Garantien können besonders bei neu auf dem Markt kommenden Produkten die vorhandene Qualitätsunsicherheit verringern, wenn die Garantie über das Maß der auf dem Markt befindlichen Mindestqualität hinausgeht.[406]

---

402 Vgl. z.B. Nieschlag / Dichtl / Hörschgen (1997), S. 1069.
403 Vgl. Kortmann (1995), S. 98f.
404 Vgl. z.B. Nieschlag / Dichtl / Hörschgen (1997), S. 248ff.
405 Vgl. von Ungern-Sternberg (1984), S. 102.
406 Vgl. Rapold (1987), S. 87f.

Innis / Unnava konnten z.B. in einem Laborexperiment zeigen, daß der Hinweis auf ein zehnjährige Garantie bei einem unbekannten Hersteller die Probanden in der Art beeinflußte, daß sie eine positive Einstellung gegenüber der Marke entwickelten und ihre Kaufbereitschaft erhöht wurde. Bei einem bekannten Hersteller waren diese Wirkungen durch den Hinweis auf die Garantie nicht festzustellen.[407]

Um die Nachfrage nach dem neuen Produkt auch befriedigen zu können, müssen produzierte bzw. vertriebene Mengen entsprechend geplant werden. Es sind beispielsweise Herstellungs- und Lagerkapazitäten auf- bzw. auszubauen. Aufgrund der in Abschnitt 4.3.2 beschriebenen Unsicherheit des Anbieters über die tatsächlichen Absatzmengen, die das Risiko der insbesondere bei hochwertigen Gebrauchsgütern häufig notwendigen hohen Investitionen vergrößert, ist bei risikoscheuen Anbietern damit zu rechnen, daß die Kapazitäten eher zu gering dimensioniert werden.[408] Die Diffusion kann demnach durch ein zu geringes quantitatives Angebot an neuen Produkten gehemmt werden. Je größer die Irreversibilitäten bei den Investionsentscheidungen sind, desto wahrscheinlicher ist diese Verhaltensweise der Anbieter.[409]

Neben der quantitativen Planung des Angebots kann auch das Timing des Erstangebots von erheblicher Bedeutung für die Diffusion sein. In der Regel werden die Anbieter daran interessiert sein, das neue Produkt möglichst frühzeitig auf den Markt zu bringen, um die Vorteile des monopolistischen Angebots nutzen zu können, um Kunden früh an sich zu binden und um ihr Image durch die Führungsrolle zu verbessern.[410] Allerdings besteht bei Gebrauchsgütern die Gefahr, daß negative Eindrücke, welche die Konsumenten mit noch nicht ausgereiften Produkten machen, die Vorteile einer frühen Einführung mehr als kompensieren und somit schädlich für die langfristige Diffusion sein können.[411] Der Zeitpunkt der Einführung wird nicht nur durch die technische Entwicklung des Produktes bestimmt, sondern hängt beispielsweise auch von den Kapazitäten des Produktions- und Distributionsystems, von der konjunkturellen Lage und von Konkurrenzaktivitäten ab.[412]

---

407 Vgl. Innis / Unnava (1991), S. 317ff.
408 Vgl. Kortmann (1995), S. 93.
409 Vgl. Kortmann (1995), S. 93
410 Vgl. z.B. Kotler / Bliemel (1992), S. 528.
411 Vgl. Kortmann (1995), S. 84f.
412 Vgl. Nieschlag / Dichtl / Hörschgen (1997), S. 257.

Eine Möglichkeit, die Risiken einer zu frühen Markteinführung zu verringern, ist die Durchführung eines Markttests bzw. die Einführung der Neuerung bei ausgewählten Verwendern. Dadurch wird die erstmalige Markteinführung zwar verzögert, aber die Möglichkeit der frühzeitigen Erkennung der Absatzchancen, der rechtzeitigen Mängelerkennung und eventueller öffentlichkeitswirksamer Effekte der Testphase können die Diffusion langfristig beschleunigen.[413] Durch diese Markttests wird die Unsicherheit über die Produktqualität sowohl beim Anbieter als auch beim potentiellen Adopter verringert. Je nachdem, inwieweit der Anbieter die Ergebnisse des Markttests veröffentlicht, stellt dies eine Form des Signalings dar. Insbesondere bei hochwertigen Produkten werden die Transaktionskosten, welche durch den Test entstehen, im Vergleich zu den Produktionskosten relativ gering sein, so daß ein solches Verhalten der Anbieter möglich ist. Im Automobilmarkt wurde so eine Testphase, die auch öffentlichkeitswirksame Effekte haben sollte, beispielsweise bei der Mercedes A-Klasse durchgeführt, die vor der regulären Markteinführung von zahlreichen Prominenten getestet wurde.

Die Diffusion eines Produktes kann auch - gewollt oder ungewollt - durch andere Produkte des gleichen Anbieters beeinflußt werden. Möglich ist es z.B., daß eine sogenannte Kanibalisierung auftritt, d.h. daß eigene Produkte von der Markteinführung negativ betroffen werden.[414] Die absatzpolitischen Anstrengungen für die konkurrierenden Produkte können dann gegenseitig hemmend wirken.[415] Auch aus strategischen Überlegungen, weil beispielsweise mit anderen Produkten momentan noch größere Gewinne gemacht werden können, kann ein Anbieter kein Interesse an einer schnellen Ausbreitung einer von ihm selbst angebotenen Neuerung haben. Diese Situation wird beispielsweise für den Photovoltaikmarkt unterstellt.[416] Umgekehrt kann die Diffusion eines neuen Produktes auch durch komplementäre Produkte des gleichen Herstellers gefördert werden. Beispielhaft können hier Software-Produkte für Computer genannt werden. Der Absatz eigener Produkte kann von einem Hersteller durch die Schaffung einer hohen

---

413 Vgl. Kortmann (1995), S. 91.
414 Vgl. Kotler / Bliemel (1992), S. 638.
415 Vgl. Gierl (1987), S 218.
416 Vgl. Scheer (1991).

Kompatibilität der Produkte untereinander - wie dies z.B. bei verschiedenen Office-Komponenten[417] der Fall sein kann - gefördert werden.

Die **Kommunikationspolitik** stellt ein weiteres wichtiges absatzpolitisches Instrument dar, mit dessen Hilfe die Diffusion von neuen Produkten beeinflußt werden kann. Zur Kommunikationspolitik zählen alle Entscheidungen, welche bewußt die marktliche Information eines Unternehmens betreffen. Sie umfaßt im wesentlichen die vier Bereiche Werbung, Verkaufsförderung, Öffentlichkeitsarbeit und persönlicher Verkauf. Die Kommunikationspolitik stellt das Instrumentarium des Anbieters dar, mit dem er Signale über das Vorhandensein des Produktes sowie über die Produktqualität und andere Produkteigenschaften aussenden kann. Unter Werbung versteht man jede bezahlte Form der nichtpersönlichen Präsentation und Förderung von Produkten und Ideen durch einen identifizierten Auftraggeber. Sie äußert sich z.B. durch Anzeigen in Zeitungen und Zeitschriften, Fernseh- oder Radiowerbespots, Kinowerbung, Kataloge, Großplakate, Postwurfsendungen u.v.m. Unter Verkaufsförderungen werden kurzfristig gesetzte Anreize zum Kauf bzw. Verkauf eines Produktes verstanden, wie z.B. Gewinnspiele, Ausstellungen, Kostproben und Geschenke. Die Öffentlichkeitsarbeit umfaßt eine Vielzahl von Möglichkeiten, das Image des Unternehmens und seiner Produkte in der Öffentlichkeit zu fördern. Dies kann beispielsweise durch Vorträge, Spenden, Stiftungen oder Lobbyismus geschehen. Der persönliche Verkauf umfaßt das auf den Verkaufsabschluß gerichtete Gespräch, z.B. im Rahmen von Vertreterbesuchen, Telefonverkauf und Verkaufspräsentationen. Die Zuordnung einzelner Maßnahmen zu einem der vier Bereiche ist nicht eindeutig, je nach hauptsächlich verfolgtem Zweck können sie jeweils einem anderen dieser vier Instrumente der absatzfördernden Kommunikation zugeordnet werden. Beispielsweise kann ein Messeauftritt eher einen verkaufsfördernden Zweck, das Ziel der Verbesserung des Images des Unternehmens oder das Ziel des direkten Verkaufsabschlusses haben.[418]

Im Frühstadium der Diffusion wird die Kommunikationspolitik sicher anders gestaltet sein als bei Produkten, die schon lange am Markt eingeführt sind.[419] Ein vorrangiges Ziel der frühen Kommunikationspolitik wird die Erhöhung des Bekanntheitsgrades sein. Es ist auch zu vermuten, daß insbesondere die frühen

---

417 z.B. Textverarbeitungsprogramme, Tabellenkalkulationsprogramme und Graphikprogramme.

418 Vgl. Kotler / Bliemel (1992), S. 828.

419 Vgl. z.B. Nieschlag / Dichtl / Hörschgen (1997), S. 574.

Adopter Wert auf außerökonomische Faktoren wie z.B. Zufriedenheit, Lebensstil und soziales Bewußtsein legen,[420] so daß die Kommunikationspolitik dies berücksichtigen sollte. Weiterhin ist im frühen Diffusionsstadium eine Konzentration beispielsweise der Werbeaktivitäten auf die Meinungsführer aus mehreren Gründen sinnvoll.[421] Bei umweltfreundlichen und hochwertigen Gebrauchsgütern wird es sich bei den Meinungsführern vermutlich um solche Personen handeln, denen eine hohe Kompetenz hinsichtlich der technischen Eigenschaften der Produkte und auch in Umweltfragen zugesprochen wird, und die daher einen hohen Einfluß auf die Übernahmeentscheidung der anderen Haushalte ausüben können. Dies können beispielsweise Personen sein, die sich beruflich mit den Produkten befassen (z.B. Automechaniker, Ingenieure), oder auch technisch begabte Laien und Aktivisten in Umweltorganisationen bzw. -parteien. Die Meinungsführer selbst stellen in dieser Phase einen erheblichen Anteil der potentiellen Adopter dar, so daß sich auch aus diesem Grund eine Ausrichtung der Kommunikationspolitik auf diesen Personenkreis empfiehlt. Außerdem ist Werbung bei Meinungsführern aufgrund ihrer Unabhängigkeit und ihrer eigenständigen Informationssuche wirksamer.[422]

Auch hinsichtlich der Wirkung der vom Anbieter ausgesendeten Signale kann zwischen Such-, Erfahrungs- und Vertrauenseigenschaften unterschieden werden. So wird in der informationsökonomischen Theorie z.B. die These vertreten, daß die Glaubwürdigkeit von Werbeaussagen hinsichtlich Erfahrungseigenschaften geringer ist als hinsichtlich Sucheigenschaften.[423] Diese These konnte von Ford et al. empirisch bestätigt werden. Die naheliegende These, daß die Glaubwürdigkeit von Werbeaussagen hinsichtlich Vertrauenseigenschaften noch geringer ausfällt, ließ sich allerdings nicht bestätigen.[424]

Gerade im frühen Markt kann sich Werbung für einen einzelnen Anbieter kaum lohnen, weil diese auch positive Ausstrahlungseffekte auf die Produkte von Konkurrenzanbietern ausübt.[425] Es ist z.B. möglich, daß eine Kampagne für eine neue umweltfreundliche Produktvariante, die auf einen bestimmten Schadstoff verzichtet, auch positive Auswirkungen für den Absatz äquivalenter Produkte

---

420 Vgl. Shama (1981), S. 6.
421 Vgl. z.B. Nieschlag / Dichtl / Hörschgen (1997), S. 474f. und Kaas (1973), S. 67f.
422 Vgl. Kaas (1973), Kortmann (1995), S. 103.
423 Vgl. Nelson (1970), S. 312f.
424 Vgl. Ford et. al. (1988), Ford et al. (1990).
425 Vgl. Kortmann (1995), S. 123

anderer Anbieter ausübt. Wird aus diesem Grunde auf Werbung verzichtet, so hat dies einen negativen Einfluß auf die Diffusion. Ein möglicher Ausweg besteht in der Durchführung von Gemeinschaftswerbung, die anteilig finanziert wird.[426]

Für eine erfolgreiche und schnell ablaufende Diffusion ist es erforderlich, daß die neuen Produkte auch für die potentiellen Adopter verfügbar sind. D.h. die Transaktionskosten zur Beschaffung des Produktes müssen für den potentiellen Adopter möglichst gering sein. Damit kommt der **Distributionspolitik** der Anbieter eine entscheidende Rolle zu. Unter Distributionspolitik ist die Gesamtheit der Entscheidungen hinsichtlich der betrieblichen Aktivitäten zur Überbrückung des räumlichen und zeitlichen Abstands zwischen Entstehungsort des Produktes und dem Endkäufer zu verstehen. Schwerpunkte der Distributionspolitik sind die Gestaltung des Vertriebssystems, die Auswahl der Absatzwege und der Verkaufstechniken sowie Standortfragen und Entscheidungen hinsichtlich Betriebs- und Lieferbereitschaft.[427] Für hochwertige Gebrauchsgüter, die in der Regel dadurch gekennzeichnet sind, daß sie eine hohe technische Komplexität aufweisen, daß sie dem Verwender erklärt werden müssen, und daß Kundendienst und Garantieleistungen vom Hersteller übernommen werden, empfiehlt sich ein Distributionssystem, bei dem der Hersteller einen möglichst direkten Kontakt zum Endabnehmer hat. Dies geschieht in der Praxis vor allem über Vertragshändlersysteme.[428] Durch die Distributionspolitik wird die maximale Diffusionsgeschwindigkeit determiniert.[429] Außerdem beeinflußt sie die räumliche Ausbreitung der Diffusion - sind beispielsweise neue Produkte zunächst nur in Ballungszentren verfügbar, so wird die räumliche Ausbreitung von diesen Ballungszentren ausgehen.

Zusammenfassend läßt sich feststellen, daß der gezielte Einsatz absatzpolitischer Instrumente im Regelfall die Diffusion neuer Produkte fördern wird, da eine schnell ablaufende Diffusion im Interesse der Anbieter liegt. Allerdings können Konflikte mit anderen unternehmerischen Zielen im Einzelfall auch eine Verzögerung der Diffusion zur Folge haben.

Neben den absatzpolitischen Anstrengungen der Neuerungsanbieter werden auch solche **Verhaltensweisen, die darauf gerichtet sind, den Wettbewerb auf dem**

---

426 Vgl. Kortmann (1995), S. 123.
427 Vgl. Nieschlag / Dichtl / Hörschgen (1997), S 1024.
428 Vgl. z.B. Kotler / Bliemel (1992), S. 749, Nieschlag / Dichtl / Hörschgen (1997), S 466ff.
429 Vgl. Kortmann (1995), S. 104.

betrachteten Markt abzuschwächen, einen Einfluß auf die Diffusion ausüben können. Dies kann beispielsweise durch (erlaubte oder unerlaubte) Absprachen, Kooperationen oder durch die Übernahme bzw. die Fusion mit anderen Unternehmen geschehen. Solche Verhaltensweisen können auch durch das System staatlicher Forschungsförderung initiiert sein. Dies ist beispielsweise der Fall, wenn die gemeinschaftliche Forschung und Entwicklung mehrerer Anbieter gefördert wird, und diese Anbieter eine gemeinsame Strategie bei der Markteinführung des neuen Produktes durchführen. Auch durch die vielfach bestehenden persönlichen Kontakte zwischen den Managern und Forschern verschiedener Unternehmen können solche Verhaltensformen[430] begründet sein, wie es beispielsweise auch im Begriff "Schweigekartell der Oberingenieure"[431] zum Ausdruck kommt.

Das Ziel einer schnelleren Diffusion des neuen Produktes wird z.B. auch durch gemeinschaftliche Werbung oder gemeinsame Produktionsstätten erreichbar sein. Der durch die Koordination erreichbare verbesserte Informationsfluß und dessen Auswirkungen auf die horizontale Diffusion wird zudem eine tendenziell diffusionsbeschleunigende Wirkung haben.[432]

Es kann jedoch auch möglich und in vielen Fällen sogar wahrscheinlich sein, daß die genannten legalen und illegalen Kooperationsformen zu einer Verlangsamung der Diffusion führen. Beispielsweise kann es im ökonomischen Interesse der Anbieter liegen, in der Anfangsphase der Diffusion durch Absprachen künstlich hohe Preise zu erzielen und das neue Produkt zunächst einmal als Luxusgut zu plazieren. Auch eine Verringerung des Technologie-Wettbewerbs um immer weitere Verbesserungen des neuen Produktes kann ein Ziel solcher Kooperationen sein. Damit können die Anbieter verhindern, daß die notwendigen Aufwendungen für Forschung und Entwicklung nicht einen Großteil der erzielbaren Gewinne verzehren. Lobbyarbeit ist eine weitere Möglichkeit, mit deren Hilfe Anbieterorganisationen versuchen können, den Wettbewerb zu beeinflussen. Dies kann beispielsweise dadurch geschehen, daß auf die Förderung bestimmter umweltfreundlicher Produkte durch den Staat und damit einer Verbesserung der wettbewerblichen Position hingewirkt wird. Zusammenfassend läßt sich feststellen, daß es schwer zu beurteilen ist, welche konkreten Auswirkungen derartige Verhaltensweisen auf die Diffusion von neuen Produkten

---

430 Vgl. Kortmann (1995), S. 121.
431 Vgl. Reuter (1995), S. 19f.
432 Vgl. Robertson / Gatignon (1986), S. 6f.

haben werden, insbesondere weil sie aufgrund der verdeckten Durchführung in der Regel gar nicht oder nur teilweise beobachtbar sind.

4.3.4 Eigenschaften der Neuerungsanbieter

Der Einfluß der Eigenschaften des Neuerungsanbieters auf den Diffusionsprozeß eines Produktes ist vor allem durch zwei Mechanismen gegeben. Zum einen bestimmen seine Eigenschaften als Rahmenbedingungen seine möglichen Verhaltensweisen - beispielsweise können die Werbeanstrengungen durch das zur Verfügung stehende Budget begrenzt werden. Zum zweiten können die Anbietereigenschaften auch eine wesentliche Rolle bei der Wahrnehmung der Produkteigenschaften durch den Abnehmer spielen. Insbesondere beim Vorliegen hoher Unsicherheit werden Eigenschaften der Anbieter, wie z.B. seine Größe oder seine Unternehmensphilosophie als Hilfskriterien zur Beurteilung des neuen Produktes mit herangezogen. Im folgenden werden als Eigenschaften des Anbieters seine Größe, sein bisheriges Angebot, sein Diversifikationsgrad und seine Reputation dargestellt und hinsichtlich der möglichen Auswirkungen auf die Diffusion analysiert.

Die **Größe des Anbieters** hat sowohl Auswirkungen auf die Einsatzmöglichkeiten für absatzpolitische Maßnahmen als auch auf die Wahrnehmung der Produkteigenschaften durch die Abnehmer. Durch die mit der Größe anwachsenden Produktions-, Investitionskapazitäten und Finanzierungsmöglichkeiten werden große Anbieter eher die Möglichkeit haben, ein Produkt mit Nachdruck am Markt zu plazieren und auch die entstehende Nachfrage durch eine entsprechende Produktion zu befriedigen. Auch können die anfänglichen Verlustphasen von großen Anbietern länger durchgehalten werden, so daß die Gefahr, daß die Diffusion trotz langfristig guter Gewinnchancen durch die Aufgabe des Anbieters abgebrochen wird, geringer ausfällt. Zudem werden die durch die Größe möglicherweise bedingten Massenproduktionsvorteile niedrigere Preise zulassen, die auch eine schnelle Diffusion begünstigen.[433] Diese Vorteile großer Anbieter können noch einen indirekt wirkenden Effekt auf die Diffusion ausüben. Die Kenntnis der Zusammenhänge kann zur Folge haben, daß die Abnehmer - insbesondere beim Vorliegen von Unsicherheit über Erfahrungs- und Vertrauenseigenschaften - neue Produkte eher adoptieren, wenn sie von großen Unternehmen angeboten werden.

---

433 Vgl. Kortmann (1995), S. 120.

Durch große Anbieter kann die Diffusion aber auch gehemmt werden. Es ist anzunehmen, daß kleinere Unternehmen flexibler technologische Neuerungen aufgreifen und weiterentwickeln können.[434] Die Entscheidungsstrukturen in Großunternehmen werden tendenziell bürokratischer sein, so daß die dort bestehenden unternehmensinternen Transaktionskosten die Diffusion verzögern. Solche Entscheidungsstrukturen können allerdings wieder den Vorteil aufweisen, daß die getroffene Entscheidung zum Angebot des neuen Produktes fundierter ist, beispielsweise auf ausführlichen Marktanalysen beruht und der Diffusion aus diesem Grunde größere Erfolgschancen eingeräumt werden können. Zusammenfassend kann die Hypothese aufgestellt werden, daß die Größe des Neuerungsanbieters positiv mit der Diffusionsgeschwindigkeit korreliert. Da es sich bei umweltfreundlichen und hochwertigen Gebrauchsgütern - wie oben schon angesprochen - im Regelfall um relativ große Anbieter handeln wird, wird daher von positiven Auswirkungen auf deren Diffusion auszugehen sein.

Das **bisherige Angebotsverhalten des Neuerungsanbieters** ist eine weitere Größe, welche einen Einfluß auf den Erfolg und die Geschwindigkeit des Diffusionsprozesses ausüben kann. Hat der Anbieter bereits Erfahrungen mit ähnlichen Produkten, resultieren daraus eine Reihe von Vorteilen. So werden sich die bei ähnlichen Produkten gemachten Erfahrungen mit Kunden und Absatzmittlern positiv auf die Gestaltung der Absatzpolitik auswirken können. Der Anbieter ist den potentiellen Adoptern in dem Produktbereich schon bekannt und muß sich nicht erst neu positionieren. Bereits vorhandene Strukturen zur Lagerung, Vorführung und Auslieferung der Produkte können genutzt werden.[435] Damit sind die Transaktionskosten für den Anbieter geringer als wenn er ein für ihn neues Produktsegment bearbeiten würde. Auch die Produktionskosten können bei entsprechenden Erfahrungen und bei vorhandenen Anlagen geringer sein. Die mögliche Nutzung vorhandener und evtl. schon teilweise abgeschriebener Produktionsanlagen kann zu einem raschen Angebot ausreichender Stückzahlen mit einem verhältnismäßig geringen Preis führen und damit eine schnelle Diffusion ermöglichen. Auch das in der bisherigen Forschung, Entwicklung und Produktion gewonnene technische Know-how wird sich positiv auf die Diffusion auswirken können. Je größer das Know-how ist, umso größer ist die Wahrscheinlichkeit einer hohen technischen Leistungsfähigkeit des Produktes,

---

434 Vgl. Gerybadze (1982), S. 262.
435 Vgl. Kotler / Bliemel (1992), S. 71f.

möglicher zukünftiger Verbesserungen und einer größeren Vielfalt technologischer Alternativen, wodurch eine schnellere Diffusion bewirkt wird.[436]

Der **Diversifikationsgrad eines Unternehmens** gibt Aufschluß darüber, inwieweit es mit anderen Produkten auch andere Märkte bedient. Unternehmen, die auch auf anderen Märkten vertreten sind, werden dort schon eine positive Einstellung bei den Abnehmern aufbauen können, so daß die bei umweltfreundlichen und hochwertigen Gebrauchsgütern häufig vorliegende Unsicherheit über Erfahrungs- und Vertrauenseigenschaften durch den vorhandenen "Goodwill"[437] verringert wird. Damit ergeben sich positive Wirkungen für die Diffusion der neuen Produkte. Auch können aus produktionstechnischen oder anderen absatzpolitischen Gründen Vorteile für den Anbieter bei einer entsprechenden Diversifikation bestehen. Zu denken ist beispielsweise an die Nutzung vorhandener Beziehungen zu Zulieferern, vorhandener Produktionsanlagen, bestehender Absatzwege und Servicesysteme,[438] die einem Anbieter, der ein neues Produkt exklusiv anbietet, noch nicht zur Verfügung stehen. Außerdem wird ein Anbieter, der auf vielen Märkten agiert, Fehlschläge auf einem Markt eher verkraften können und damit bei neuen Produkten, bei denen die Unsicherheit groß sind, vermutlich eine größere Risikobereitschaft aufweisen. Umgekehrt kann ein weites Produktprogramm aber auch dazu führen, daß beim Auftreten von Anlaufschwierigkeiten schneller aufgegeben wird, als wenn die gesamte Existenz des Unternehmens an dem einen Produkt hängen würde. Zudem kann - wie oben schon erläutert - eine Konkurrenz zu eigenen Produkten auch zu einer Behinderung der Diffusion führen. Insgesamt kann aber vermutet werden, daß ein hoher Diversifikationsgrad sich positiv auf die Diffusionsgeschwindigkeit auswirken wird.

Die **Reputation eines Anbieters** läßt sich nur teilweise durch seine absatzpolitischen Maßnahmen beeinflussen. Sie wird zu einem Teil auch aus - zumindest kurzfristig - kaum von ihm beeinflußbaren Größen determiniert. So kann beispielsweise eine ungünstige Presse oder der Widerstand von Verbraucher- und Umweltschützern die Reputation eines Anbieters schädigen.[439] Die Reputation kann einen erheblichen Einfluß auf die vom Abnehmer wahrgenommenen

---

436 Vgl. Kortmann (1995), S. 77.
437 Vgl. Rapold (1987), S. 30ff., von Ungern-Sternberg / von Weizsäcker (1984), S. 613f.
438 Vgl. Kotler / Bliemel (1992), S. 71f.
439 Dies wurde zum Beispiel bei der geplanten Versenkung der Bohrinsel Brent Spar durch den Mineralölkonzern Shell deutlich.

Produkteigenschaften und damit auf die Diffusion von Neuerungen haben.[440] Verfügt ein Anbieter über eine hohe Reputation, so wird die Unsicherheit bei den potentiellen Adoptern hinsichtlich der Produktqualität eher gering sein. Anschaulich wird dies an der schon genannten Tatsache, daß insbesondere bei namhaften Herstellern in der Automobilbranche bereits Bestellungen für einen neuen Pkw-Typ eingehen, wenn die Entscheidung zur Entwicklung getroffen wurde und noch kaum Informationen hinsichtlich der Produkteigenschaften bestehen. Damit wird - mit der Terminologie der Neuen Institutionenökonomik ausgedrückt - durch die Reputation der Anbieter ein sich selbst durchsetzender Vertrag geschaffen. D.h. für den Anbieter ist es ökonomisch rational, eine hohe Produktqualität zu liefern, da er damit seine Reputation erhält und einen höheren Preis erzielen kann. Trotz asymmetrischer Informationsverteilung kommt es aufgrund der Reputation nicht zum Marktversagen.[441]

Die Reputation kann sich sowohl auf einen einzelnen Anbieter als auch auf das ganze Anbietersystem beziehen. Es wird davon ausgegangen, daß Anbietersysteme mit einer hohen Reputation vor allem dann eine schnellere Diffusion von Neuerungen erreichen können, wenn diese mit Unsicherheit in bezug auf die Leistungsfähigkeit behaftet sind. Umgekehrt wird bei Produkten, bei denen die Unsicherheit der Leistungsfähigkeit gering ist, die Reputation nur eine untergeordnete Rolle spielen.[442]

4.3.5 Marktstruktur der Anbieterseite

Neben dem individuellen Verhalten des Neuerungsanbieters und seinen individuellen Eigenschaften hat auch die Marktstruktur des Neuerungsmarktes sowie der Märkte seiner Substitutions- und Komplementärgüter einen Einfluß auf die Diffusion des neuen Produktes. Durch die Marktstruktur wird die Intensität des Wettbewerbs bestimmt, welche das Verhalten der Anbieter beeinflußt. Die Marktstruktur ist folglich mitbestimmend für das Marktangebot des neuen Produktes und das Angebot seiner Substitutions- bzw. Komplementärgüter, wodurch wiederum die Diffusion beeinflußt wird. Im folgenden wird der Einfluß der Marktstruktur auf das Verhalten der Anbieter und damit auf den Diffusionsprozeß anhand der Aspekte "Anzahl und Größe der Anbieter", "Verflechtungen

440 Vgl. z.B. Spremann (1988), S. 613ff. oder Robertson / Gatignon (1986), S. 4.
441 Vgl. Richter / Furobotn (1996), S. 255ff.
442 Vgl. Robertson / Gatignon (1986), S. 4.

der Anbieter untereinander", "Organisationsgrad des Marktes"[443] und die "Höhe der Marktzutritts- bzw. Marktaustrittsschranken" kurz diskutiert.[444]

Bevor die genannten Aspekte im einzelnen behandelt werden, sollen zunächst einige allgemeine Aussagen zum Zusammenhang von Marktstruktur, Wettbewerb und Diffusion bei umweltfreundlichen und hochwertigen Gebrauchsgütern gemacht werden. Der Fall, daß der Neuerungsanbieter eine monopolistische Position einnimmt und auch nicht unmittelbar mit dem Marktzutritt von Konkurrenten rechnen muß, wird in der Regel nur im sehr frühen Marktstadium auftreten. Es ist auch davon auszugehen, daß die betrachteten umweltfreundlichen Gebrauchsgüter in einer Konkurrenzsituation zu anderen, weniger umweltfreundlichen Alternativen stehen. Aufgrund der schon angesprochenen Größenvorteile sowie der häufig vorhandenen Marktzutrittsschranken bei dieser Güterkategorie, ist demnach zumeist von einer oligopolistischen Marktstruktur auszugehen.

Insgesamt läßt sich feststellen, daß eine Marktstruktur, die den Wettbewerb der Anbieter fördert, in der Regel eine positive Wirkung auf die Diffusion von neuen Produkten haben wird.[445] Ein ausgeprägter Wettbewerb wird vermutlich die Anbieter animieren, ihr absatzpolitisches Instrumentarium verstärkt einzusetzen. Durch die dadurch bewirkte schnellere Ausbreitung der Informationen über die neuen Produkte und die Verbesserungen der tatsächlichen und wahrgenommenen Produkteigenschaften sowie mit den Produkten verbundene Leistungen, wird die Diffusion beschleunigt. Es ist allerdings einzuräumen, daß die Wirkungen der absatzpolitischen Instrumente auf die Abnehmer insbesondere in Wettbewerbssituationen kaum vorhersehbar sind. Dies liegt unter anderem darin begründet, daß der Wettbewerb selbst diese Wirkung beeinflußt.[446] Beispielsweise werden Werbeaktivitäten, die unter starkem Wettbewerbsdruck durchgeführt werden, vom Konsumenten sicher anders wahrgenommen werden als in monopolistischen Situationen. Außerdem ist eine Vorhersage des Abnehmerverhaltens im frühen Marktstadium allein deshalb kaum möglich, da aufgrund der fehlenden Informationen nicht unbedingt von rationalem Verhalten ausgegangen

443 Der Organisationsgrad des Marktes ist ein Marktstrukturkriterium, das sich sowohl auf die Anbieter- als auch auf die Abnehmerseite bezieht. Aus pragmatischen Gründen wird es in diesem Abschnitt behandelt.

444 Vgl. zur Marktstruktur z.B. Gerybadze (1982), S. 89f., Stobbe (1991), S. 311f., Oberender (1989).

445 Vgl. Kortmann (1995), S. 126.

446 Vgl. Gatignon (1984), S. 389.

werden kann.[447] Neben den Argumenten, die für eine wettbewerbsbedingte Beschleunigung der vertikalen Diffusion sprechen, gibt es auch zahlreiche Argumente dafür, daß der Wettbewerb Anbieter zu einer raschen Imitation der Produktneuheit anreizt und damit zu einer schnellen horizontalen Diffusion innerhalb des Anbietersystems führen wird. Dies ist z.B. durch das wachsende Risiko begründet, das aufgrund progressiv abnehmender ökonomischer Übernahmevorteile mit einer späten Imitation der Produktneuheit verbunden ist.[448]

Die Wirkung des Wettbewerbs auf die Diffusion muß allerdings nicht unbedingt positiv sein. Beispielsweise können bei einem ausgeprägten Wettbewerb die Anbieter von Konkurrenzprodukten eine aggressive Verteidigungsstrategie durch den verstärkten Einsatz ihrer absatzpolitischen Instrumente verfolgen, so daß die Diffusion des neuen Produktes in diesem Fall eher gebremst würde.[449] Außerdem kann es insbesondere bei starkem Wettbewerbsdruck im ökonomischen Interesse des Neuerungsanbieters liegen, durch Geheimhaltung bzw. durch gesetzliche Schutzrechte wie Patente oder Gebrauchsmuster die horizontale Diffusion zu verhindern und damit die Gesamtdiffusion einer Neuerung zu verlangsamen.[450]

Wesentliche Kriterien zur Beschreibung der Marktstruktur sind die **Anzahl und die Größe der Marktteilnehmer**. Sie werden insbesondere zur Bestimmung der horizontalen Konzentration auf einem Markt herangezogen. Bezogen auf die hier betrachtete Anbieterseite läßt sich nach diesen Kriterien die Marktform zwischen den Idealtypen homogenes Polypol und Monopol bestimmen. Zur Analyse der Auswirkungen auf den Wettbewerb ist jedoch zu beachten, daß, wie neuere wettbewerbstheoretische Ansätze zeigen, nicht die tatsächliche Anzahl der Konkurrenten den Wettbewerbsdruck bestimmen, sondern die Anzahl der potentiellen Konkurrenten.[451] Hinsichtlich der Auswirkungen verschiedener Marktformen auf die Diffusion von Neuerungen lassen sich in der Literatur im wesentlichen zwei unterschiedliche Aussagen finden, die sich teilweise direkt widersprechen. So vertritt eine Reihe von Autoren die Auffassung, daß sich Neuerungen am schnellsten unter polypolistischen Bedingungen verbreiten,

447 Vgl. Eliashberg / Chatterjee (1985), S. 258.
448 Vgl. Gold (1981), S. 259.
449 Vgl. Kortmann (1995), S. 168
450 Vgl. Kortmann (1995), S. 126.
451 Vgl. z.B. zum Ansatz der "Contestable Markets": Baumol / Panzar / Willig (1982), Oberender / Väth (1989), S. 15ff.

während andere wiederum meinen, daß die Ausbreitung von neuen Ideen am schnellsten in Industrien mit wenigen, sehr großen Anbietern erfolgt.[452]

Zur Begründung der ersten Position, die unter anderem Bain, Brozen, Robinson und Stocking[453] vertreten, wird aufgeführt, daß viele Konkurrenten die Anbieter dazu drängen, nach Neuerungen zu suchen. Damit wird implizit unterstellt, daß die Wettbewerbsintensität mit der Anzahl der Konkurrenten zunimmt. Diese Annahme kann aber insbesondere für Polypolmärkte mit hohem Vollkommenheitsgrad nicht aufrechterhalten werden. Hier ist eher mit der sogenannten "Schlafmützenkonkurrenz" zu rechnen, d.h. die einzelnen kleinen Anbieter sehen sich eher als Kollegen denn als Wettbewerber.[454] Als weiterer Grund für die schnellere Diffusion auf Polypolmärkten wird genannt, daß dort die Gefahr der Blockierung der Diffusion durch Fehleinschätzungen und -entscheidungen einzelner Anbieter geringer ist. Während auf Märkten mit einer geringen Anbieterzahl eine Fehleinschätzung des Marktpotentials durch einzelne Anbieter die Diffusion verzögern und im Extremfall sogar ganz verhindern kann,[455] ist die Wahrscheinlichkeit, daß bei einer großen Anzahl von Konkurrenten keiner die wahren Marktchancen einer Neuerung erkennt, wesentlich geringer. Gegen die These, daß polypolistische Bedingungen die Diffusion von Neuerungen beschleunigen, spricht auch, daß der Einsatz absatzpolitischer Instrumente zur Förderung der Diffusion im Polypol aus zwei Gründen vermutlich geringer ausfallen wird, als bei Marktformen mit geringerer Anzahl der Anbieter. Zum ersten verfügt der einzelne Anbieter zumeist nicht über ausreichende Mittel, allein eine Neuerung durch umfangreiche absatzpolitsche Maßnahmen am Markt zu plazieren. Zum zweiten treten durch die Werbung einzelner Anbieter auch positive externe Effekte in Form von besserer Information und der Bildung einer positiven Einstellung zur gesamten Produktkategorie für die Konkurrenten auf. Damit ist unter der Annahme von rationalem Verhalten zu erwarten, daß die insgesamt unternommenen absatzpolitischen Maßnahmen ein suboptimales Niveau haben werden. Die Hypothese, daß die Diffusionsgeschwindigkeit auf

452 Vgl. Kortmann (1995), S. 118ff.

453 Vgl. Mansfield (1963) und die dort angegebenen Quellen: Bain (1953), Brozen (1951), Robinson (1952), Stocking (1950).

454 Vgl. z.B. Brösse (1997), S. 286.

455 Umgekehrt kann bei einer geringen Anzahl von Anbietern durch Fehleinschätzung auch eine minderwertige Neuerung mit großen absatzpolitischen Anstrengungen am Markt durchgesetzt werden. Vgl. Kortmann (1995), S. 115.

polypolistischen Märkten am größten ist, läßt sich durch diese Überlegungen demnach nicht stützen.[456]

Die zweite Position, daß neue Ideen am schnellsten in Industrien mit wenigen, möglichst großen Anbietern hervorgebracht und umgesetzt werden, wird unter anderem von Schumpeter und Villard vertreten.[457] Gestützt wird diese Hypothese von den Überlegungen, daß die Unternehmen aufgrund der Größe eher bereit und in der Lage sind, die Einführung neuer Produkte zu finanzieren und die Risiken auf sich zu nehmen. Außerdem werden sie in der Regel über bessere Manager verfügen. Weiterhin bestehen bei wenigen Anbietern gegenüber dem oben dargestellten Polypolfall geringere positive Wirkungen der absatzpolitischen Anstrengungen für die Produkte der Konkurrenten - im Monopolfall definitionsgemäß sogar keine. Auch aus diesem Grund wird also mit einem höheren Niveau der absatzpolitischen Anstrengungen zu rechnen sein. Es existieren allerdings auch eine Reihe von Gründen, die gegen die Hypothese einer raschen Diffusion bei wenigen großen bzw. im Extremfall nur einem großen Anbieter sprechen.[458] Zu nennen ist insbesondere die zunehmende Gefahr von Absprachen und Kartellbildungen, die eine abnehmende Wettbewerbsintensität zur Folge haben können und damit auch die Diffusion verzögern können.[459] Auch ist durch empirische Studien belegt, daß die Annahme, große Unternehmen würden Neuerungen schneller übernehmen als kleine und mittlere, nicht haltbar ist.[460] Gegen eine schnellere Diffusion unter monopolistischen Bedingungen sprechen desweiteren die Überlegungen, daß die absatzpolitischen Anstrengungen mehrerer Anbieter in der Summe höher sein werden als die eines einzelnen und daß eine Monopolsituation tendenziell weitere Innovationen hemmen wird.

Neben der Zahl der Anbieter und der durchschnittlichen Größe ist auch die Heterogenität auf der Seite der Anbieter von Bedeutung für die Diffusion von Neuerungen. Robertson und Gatignon gehen davon aus, daß ein mittlerer Heterogenitätsgrad am günstigsten für eine schnelle Diffusion sein wird. Dies

---

456 Auch in einer empirischen Untersuchung zu Prozeßinnovationen in der Textilindustrie konnte nachgewiesen werden, daß bei sehr kleinen Unternehmen die Diffusion verhältnismäßig langsam abläuft. Vgl. Kleine (1980), S. 25.

457 Vgl. Roberts (1989), S. 111ff., Mansfield (1963) und die dort angegebenen Quellen: Schumpeter (1939), Villard (1958).

458 Vgl. Kortmann (1995), S. 123f.

459 Hier sei auf die Diskussion zur Stagnationstendenz monopolistischer Strukturen verwiesen. Vgl. z.B. Baran / Sweezy (1967), S. 83ff., Sweezy (1972), S. 322ff.

460 Vgl. z.B. Kortmann (1995), S. 124.

wird im wesentlichen durch die Überlegung begründet, daß der Informationsfluß zwischen den Unternehmen bei mittlerem Heterogenitätsgrad am größten ist.[461] Weiterhin sprechen für diese Hypothese, daß ein hoher Heterogenitätsgrad eine geringe Reaktionsverbundenheit der Unternehmen und damit eine geringe Wettbewerbsintensität zur Folge hat, wodurch wiederum die Diffusion negativ beeinflußt wird. Eine zu geringe Heterogenität bedeutet demgegenüber eine hohe Markttransparenz, wodurch der Wettbewerb abnehmen kann.[462]

Zusammenfassend läßt sich feststellen, daß kein eindeutiger Zusammenhang zwischen der Marktform und der Diffusionsgeschwindigkeit auszumachen ist. Trotzdem lassen sich aus der Marktform einige Schlüsse auf die Intensität des Wettbewerbs ziehen, die wiederum die Diffusionsgeschwindigkeit beeinflußt. Insgesamt erscheint das "weite Oligopol"[463], das von Kantzenbach als die Marktform mit der optimalen Wettbewerbsintensität angesehen wird, auch für die Erzielung einer hohen Diffusionsgeschwindigkeit günstige Voraussetzungen zu bieten.[464] Wie oben ausgeführt, ist in der Regel bei hochwertigen Gebrauchsgütern mit einer oligopolistischen Marktstruktur zu rechnen, so daß - solange keine Wettbewerbsbeschränkungen vorliegen - von günstigen Diffusionsvoraussetzungen bei solchen Gütern auszugehen ist. Allerdings haben die oben dargestellten Überlegungen gezeigt, daß im Einzelfall auch eine polypolistische oder monopolistische Struktur positive Wirkungen auf die Diffusion haben kann. Es sind bei der Betrachtung der konkreten Situation folglich immer auch die anderen Marktbedingungen, die Produkte und die individuellen Eigenschaften der einzelnen Marktteilnehmer zu berücksichtigen.

Hinsichtlich des Marktstrukturkriteriums "**Verflechtungen der Anbieter untereinander**" lassen sich horizontale und vertikale Verflechtungen der Anbieter unterscheiden. Horizontale Verflechtungen können durch Kooperationsverträge von Anbietern gleicher bzw. ähnlicher Produkte, durch Lizenzvergabe an andere Anbieter oder durch Kooperationen mit Anbietern komplementärer Produkte bestehen. Vertikale Verflechtungen bestehen im unterschiedlichen

---

461 Vgl. Robertson / Gatignon (1986), S. 6f.
462 Vgl. Kantzenbach (1967), S. 46f.
463 Weite Oligopole zeichnen sich durch eine nicht zu geringe Anzahl relativ großer, kapitalkräftiger Anbieter aus, zwischen denen eine fühlbare oligopolistische Interdependenz besteht, die allerdings noch nicht so hoch ist, daß wettbewerbsbeschränkende Maßnahmen in größerem Ausmaß zu erwarten sind. Vgl. Kantzenbach (1967), S. 44f.
464 Vgl. Kortmann (1995), S. 315.

Ausmaß der Koordination zwischen den verschiedenen Produktions- und Handelsstufen des neuen Produktes.

Horizontale Verflechtungen zwischen den Anbietern werden in der Regel zu einer Beschleunigung der Diffusion neuer Produkte führen. Üblicherweise werden Kooperationsverträge zwischen Anbietern gleicher bzw. ähnlicher Produkte, beispielsweise hinsichtlich einer gemeinschaftlichen Werbung, mit dem Ziel der Senkung der Transaktionskosten und der Förderung des Gesamtabsatzes geschlossen.[465] Es ist jedoch auch denkbar, daß Kooperationen mit dem Ziel der Verzögerung der Diffusion bestimmter Produkte aus strategischen Gründen abgeschlossen werden. Bestehen Patente oder andere rechtliche Ansprüche auf das neue Produkt, so wird ein hohes Ausmaß an horizontaler Verflechtung in Form einer großzügigen Vergabe von Lizenzen die Diffusionsgeschwindigkeit erhöhen. Für den Lizenzgeber können die Vorteile der Lizenzvergabe neben der Einnahme daraus auch in einem erhöhten eigenen Absatz durch die massive Markteinführung des neuen Produktes bestehen. Dies gilt insbesondere, wenn Netzwerkeffekte bestehen und es dem einzelnen Anbieter schwer fallen würde, schnell eine ausreichende Marktdurchdringung zu erreichen. Auch Kooperationen mit Anbietern komplementärer Produkte werden in der Regel eine diffusionsbeschleunigende Wirkung haben. Denkbar sind in diesem Fall unter anderem gemeinsame Serviceleistungen oder auch Gemeinschaftswerbung, wie sie beispielsweise bei Waschmitteln und Waschmaschinen durchgeführt wird.

Das Ausmaß der **vertikalen Verflechtungen** auf einem Markt wird durch die Anzahl und Intensität der vertikalen Beziehungen zwischen den Anbietern bestimmt. Die Theorie der Transaktionskosten zeigt, daß ein hohes Maß an vertikaler Koordination tendenziell auf solchen Märkten auftreten wird, auf denen große Unsicherheit besteht.[466] Die Spannweite vertikaler Verflechtungen reicht von unverbindlichen Absprachen über den Abschluß mehr oder weniger bindender Verträge bis hin zur vollkommenen Integration einer Produktions- oder Handelsstufe. Robertson/Gatignon stellen die Hypothese auf, daß ein hohes Ausmaß an vertikaler Koordination eine schnelle Adoption und Diffusion zur Folge hat. Dies wird mit dem durch die Kooperation begründeten größeren Informationsfluß erklärt, der eine diffusionsfördernde Wirkung hat.[467] Kortmann

465 Vgl. Kortmann (1995), S. 123.
466 Vgl. Richter / Furubotn (1996), S. 359ff.
467 Vgl. Robertson / Gatignon (1986), S. 4f.

weist allerdings darauf hin, daß die Praxis Zweifel an dieser Argumentation aufkommen läßt, weil der Informationsfluß im wesentlichen von persönlichen Beziehungen und nicht von formalen Bedingungen abhängt.[468]

Der **Organisationsgrad des Marktes** wird bestimmt durch die Gesamtheit an Institutionen und Verfahrensregeln, unter deren Zuhilfenahme die Marktteilnehmer miteinander in Kontakt treten. Ist ein Markt hoch organisiert, so besteht eine große Markttransparenz.[469] Die damit gewährleistete Information über die Verfügbarkeit eines neuen Produktes ist eine notwendige Bedingung für eine schnell ablaufende Diffusion. Eine geringe Markttransparenz kann die Diffusion von Neuerungen hemmen, da der potentielle Abnehmer entweder gar nicht über das Vorhandensein eines für ihn erwerbenswerten Produktes informiert ist oder zumindest Unsicherheit besteht, ob die bekannte Variante auch die vorteilhafteste ist. Ein hoher Organisationsgrad erscheint somit vorteilhaft für eine große Diffusionsgeschwindigkeit.[470]

Weiterhin kann die Diffusion eines neuen Produktes erheblich von der Höhe der **Marktzutritts- und Marktaustrittsschranken** abhängen. Liegen Marktzutrittsschranken vor, so ist es den am Markt operierenden Firmen möglich, dauerhaft Gewinne zu erzielen, ohne dadurch Marktzutritte hervorzurufen. Ursachen dafür können Produktdifferenzierungsvorteile, absolute Kostenvorteile und Betriebsgrößenvorteile sein.[471] Diese Ursachen für Marktzutrittsschranken liegen in der Regel bei hochwertigen Gebrauchsgütern vor. Über Produktdifferenzierungsvorteile verfügen die Anbieter, wenn Präferenzen bei den potentiellen Abnehmern bestehen, die sie z.B. durch vorhergehende absatzpolitische Aktivitäten aufbauen konnten. Absolute Kostenvorteile bestehen vor allem durch das bei solchen Gütern notwendige Know-how, durch existierende Patente und durch den bestehenden Zugang zu wichtigen Vorprodukten und qualifizierten Arbeitskräften. Auch liegen bei technisch komplexen Produkten häufig steigende Skalenerträge in der Produktion vor, so daß die etablierten Anbieter über Betriebsgrößenvorteile verfügen, die von neu auf den Markt kommenden Anbietern mit zunächst geringen Absatzzahlen kaum ausgeglichen werden können.

---

468 Vgl. Kortmann (1995), S. 118f.
469 Vgl. Stobbe (1991), S. 563.
470 Vgl. Kortmann (1995), S. 89.
471 Vgl. Bain (1971), S. 12ff.

Die Auswirkungen von Marktzutrittsschranken auf die Diffusion von neuen Produkten ist nur schwer zu beurteilen. Aufgrund einer durch Marktzutrittsschranken begründeten geringen Anzahl von Anbietern (im Extremfall eines einzelnen Anbieters) ist denkbar, daß die Diffusion nur relativ langsam abläuft. Insbesondere wenn die Anbieter versuchen, Marktzutrittsschranken durch Werbemaßnahmen zu schaffen, können diese erhöhten Anstrengungen allerdings auch die Diffusion fördern.[472] Für die positive Wirkung einer bestimmten Höhe von Marktzutrittsschranken auf die Diffusion von neuen Produkten spricht auch, daß gerade durch die dadurch entstehenden Gewinnmöglichkeiten ein Anreiz für ein verstärktes Engagement in neue Produkte gegeben wird. Außerdem könnte eine durch die Nichtexistenz von Marktzutrittsschranken begründete hohe Anzahl von Wettbewerbern - wie oben gezeigt - auch eine diffusionshemmende Wirkung haben.

Marktaustrittsschranken - beispielsweise durch sunk costs - bei den Anbietern der betrachteten neuen Güter werden in der Anfangsphase der Diffusion keine Rolle spielen. Liegen jedoch Marktaustrittsschranken bei substitutiven oder den bei Gebrauchsgütern oft vorhandenen komplementären Gütern vor, so sind Auswirkungen auf die Diffusion denkbar. Aufgrund der absatzsichernden Maßnahmen der Anbieter von Substitutionsgütern bei Vorliegen von Marktaustrittsschranken wird die Diffusion der neuen Produkte vermutlich verlangsamt. Die umgekehrte Wirkung können durch Marktaustrittsschranken bedingte absatzfördernde Maßnahmen von Anbietern komplementärer Produkte verursachen. Beispielsweise wäre denkbar, daß die Mineralölindustrie die Diffusion von Kraftfahrzeugen mit Motoren, die keine auf Mineralöl basierende Energie benötigen, durch massive Werbe- und Preismaßnahmen zu verhindern suchen würde.

Zusammenfassend läßt sich feststellen, daß die Wirkung der Marktstruktur auf die Diffusion von neuen Produkten sehr differenziert betrachtet werden muß. Tendenziell kann eine wettbewerbsfördernde Marktstruktur zwar als diffusionsbeschleunigend angesehen werden. Für die Analyse der Diffusion eines konkreten Produktes ist jedoch zu berücksichtigen, daß aufgrund der Vielzahl möglicher einzelner Wirkungsmechanismen im Einzelfall auch die gegenteilige Wirkung denkbar ist.

---

[472] Vgl. Kortmann (1995), S. 117.

4.4 Durch die potentiellen Abnehmer bedingte Einflußgrößen

4.4.1 Überblick

Die Einflußgrößen, die durch die potentiellen Abnehmer bedingt sind, lassen sich in einer weitgehend analogen Vorgehensweise wie die anbieterbedingten Einflußgrößen systematisieren. Einen Einfluß auf die Diffusion haben Größen, die durch das Verhalten der potentiellen Abnehmer, durch die Eigenschaften der potentiellen Abnehmer und durch die Marktstruktur der Abnehmerseite bedingt sind. In Abbildung 4-4 sind diese Gruppen von Einflußgrößen sowie die in den folgenden Abschnitten betrachteten einzelnen Ausprägungsgrößen dargestellt.

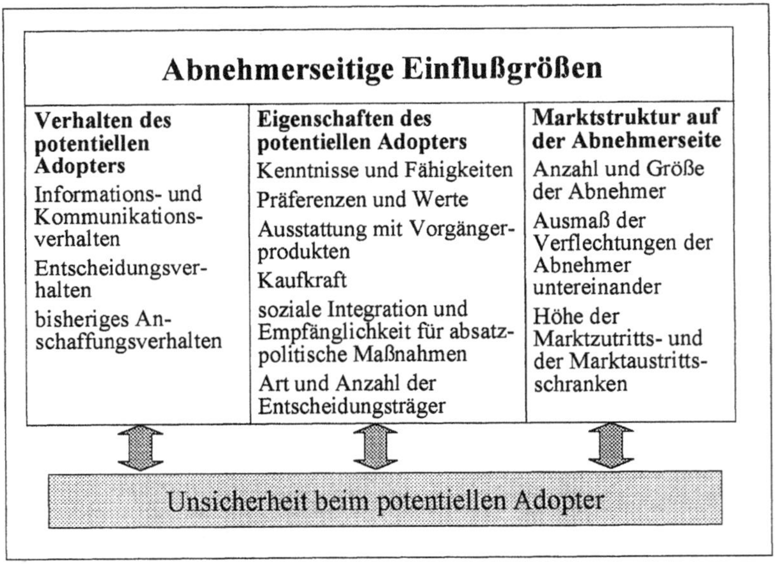

Abbildung 4-4: Determinanten der Diffusion von neuen Produkten, die durch die potentiellen Abnehmer bedingt sind

Im Vergleich zu der Situation auf der Seite der Anbieter sind die Gewichte dieser drei Gruppen allerdings verschoben. Bei den potentiellen Abnehmern sind neben den Verhaltensweisen vor allem deren Eigenschaften für die Adoption und damit auch für die Diffusion von Bedeutung.

Die beim potentiellen Adopter bestehende Unsicherheit über die Produkteigenschaften beeinflußt die Diffusion in einem erheblichen Maße.[473] Diese Unsicherheit wird - wie auch die Unsicherheit des Neuerungsanbieters - von den anderen Diffusions-Determinanten der Marktseite beeinflußt und hat gleichzeitig Wirkungen auf diese Determinanten. Beispielsweise ist die Unsicherheit vom Informationsverhalten der potentiellen Adopter und von ihren Kenntnissen abhängig. Die bestehende Unsicherheit hat aber auch Auswirkungen auf das Entscheidungs- und Informationsverhalten sowie auf die Beziehungen der potentiellen Abnehmer untereinander.

Die Festlegung des Untersuchungsgegenstandes auf Konsumgüter legt zwar den Schluß nahe, daß sich diese Untersuchung auf Haushalte als Abnehmer konzentriert. Allerdings ist es notwendig, auch einige Besonderheiten von Unternehmen als Abnehmer anzusprechen. Dies ist vor allem dadurch begründet, daß die Nachfrage von Unternehmen auch die Adoptionsentscheidung der Haushalte beeinflussen kann. Beispielsweise wäre denkbar, daß ein Großauftrag eines Unternehmens den Anbietern die Fertigung hoher Stückzahlen mit entsprechend niedrigen Preisen erlaubt, und dadurch auch die Übernahmeentscheidung der Haushalte beeinflußt wird.

Im folgenden wird zunächst der Einfluß der Unsicherheit beim potentiellen Adopter auf die Diffusion beschrieben und analysiert. In den anschließenden Abschnitten wird dann der Einfluß auf die Diffusion der weiteren genannten Gruppen von Einflußgrößen behandelt.

4.4.2 Unsicherheit der potentiellen Abnehmer

Die Unsicherheit bei den potentiellen Adoptern kann - ebenso wie die Unsicherheit beim Neuerungsanbieter - in endogene und exogene Unsicherheit unterschieden werden. In der Regel ist davon auszugehen, daß die **endogene Unsicherheit** aufgrund vorliegender Informationsasymmetrien bei den potentiellen Abnehmern höher ist als bei den Anbietern, beispielsweise weil Informationsvorsprünge hinsichtlich der Produktqualität bestehen. Aus diesem Grunde befassen sich die

---

[473] Vgl. Rogers (1995), S. 6.

meisten ökonomischen Untersuchungen, die sich mit asymmetrischen Informationsverteilungen bei Kaufprozessen beschäftigen, auch ausschließlich mit der Unsicherheit der Nachfrager.[474]

Die für den potentiellen Adopter eines neuen Produktes bestehende Unsicherheit bezieht sich zum einen auf die Produkteigenschaften und zum anderen auf das Verhalten der Anbieter. Im einzelnen besteht die Unsicherheit bezüglich der physikalisch-technischen Eigenschaften, des Preises, der Produktnebenleistungen sowie der Garantie-, Service- oder Kulanzleistungen und des Produktimages. Je nach Beschaffenheit des Produktes herrscht für den potentiellen Adopter also Unsicherheit bezüglich von Such-, Erfahrungs- und/oder Vertrauenseigenschaften. Während die Unsicherheit hinsichtlich der Sucheigenschaften vor dem Kauf mit einem relativ geringen Aufwand reduziert werden kann, ist dies bei Erfahrungs- und Vertrauenseigenschaften nicht ohne weiteres möglich, so daß diese Unsicherheit den Diffusionsprozeß in der Regel deutlicher beeinflussen wird. Gerade bei den im Zentrum dieser Untersuchung stehenden hochwertigen und umweltfreundlichen Gebrauchsgütern kommt diese Problematik zum Tragen. Solche Produkte sind häufig komplexe, technologische Güter[475], deren Eigenschaften von vielen potentiellen Adoptern nicht sicher beurteilt werden können. Außerdem weisen Gebrauchsgüter naturgemäß eine Reihe von Eigenschaften - wie z.B. die Lebensdauer - auf, die erst nach dem Kauf beobachtbar sind. Hinzu kommt, daß die Umweltfreundlichkeit eines Produktes in der Regel eine Vertrauenseigenschaft ist. Der relativ hohe Preis solcher Produkte verhindert zudem, daß die Unsicherheit durch einen probeweisen Kauf zur Feststellung der tatsächlichen Eigenschaften abgebaut wird.

Das Verhalten des Neuerungsanbieters ist nur zum Teil vor dem Kauf beobachtbar - es existieren auch Verhaltensweisen, die erst nach Vertragsabschluß bzw. gar nicht beobachtbar sind, also den Erfahrungs- und Vertrauenseigenschaften zuzuordnen sind. Zu nennen ist z.B. die zukünftige Preis- und Produktpolitik. So kann die Unsicherheit über mögliche zukünftige Preisänderungen oder die Unsicherheit, ob das Produkt überhaupt langfristig im Angebotsprogramm des Unternehmens bleibt, die Entscheidung zur Übernahme ganz erheblich beeinflussen.

---

474 Vgl. z.B. Nelson (1970), Darby / Karni (1973), Weiber / Adler (1995a), Weiber / Adler (1995b).

475 Vgl. Weiber / Pohl (1996), S. 677f.

Besteht die Unsicherheit beim potentiellen Abnehmer durch assymmetrische Informationsverteilung hinsichtlich Erfahrungs- und Vertrauenseigenschaften, so können für ihn die bereits dargestellten Gefahren "adverse selection", "moral hazard" und "hold up" auftreten. Sind die Eigenschaften bzw. das Verhalten nach Vertragsabschluß nicht mehr durch den Anbieter variierbar, wie dies z.B. bei physikalisch-technischen Produkteigenschaften der Fall ist, die der Abnehmer nicht schon vor dem Kauf ermitteln kann, so besteht die Gefahr der "adverse selection". Bei Verhaltensweisen oder Produkteigenschaften, die nach Vertragsabschluß veränderbar sind und vom Vertragspartner nicht beobachtet werden können, kann "moral hazard" vorliegen. Beispielsweise kann bei Abschluß eines Wartungsvertrages für das Produkt vom Abnehmer in der Regel nicht beurteilt werden, wie groß die Anstrengungen des Anbieters wirklich sind. Sind die Leistungseigenschaften zwar nach Vertragsabschluß veränderbar, aber dann vom Vertragspartner zu beobachten, so besteht die Gefahr des "hold up".[476] Dies ist insbesondere bei langlebigen und hochwertigen Gebrauchsgütern vorstellbar, da hier für den Anbieter die Möglichkeit besteht, gewisse Produkteigenschaften (wie Service- und Kulanzleistungen) noch nach dem Kauf zu beeinflussen.

Die beim Abnehmer existierende **exogene Unsicherheit** kann im Prinzip auf die gleichen unvollständigen Informationen zurückgeführt werden wie die beim Anbieter bestehende exogene Unsicherheit, auch wenn Anbieter und potentielle Abnehmer einen unterschiedlichen Informationsstand über die Bedingungen der Umwelt besitzen können. S Somit ist auch ein unterschiedliches Ausmaß der exogenen Unsicherheit möglich.[477] Als Ursachen für die Unsicherheit sind insbesondere unvollständige Informationen hinsichtlich der Maßnahmen des Staates, der Aktionen von Massenmedien, Umweltschutzorganisationen und anderen unabhängigen Beratern, der Entwicklung der Bedingungen der natürlichen Umwelt, der Entwicklung der gesamtwirtschaftlichen Rahmenbedingungen sowie hinsichtlich der technologischen Veränderungen zu nennen. Wie oben schon ausgeführt, ist die Möglichkeit der Änderung dieser Größen während der Nutzungsdauer vor allem bei umweltfreundlichen und hochwertigen Gebrauchsgütern besonders hoch. Zudem kann beim potentiellen Adopter auch Unsicherheit über das Verhalten der anderen Adopter bestehen. Solche Unsicherheit ist insbesondere bei Produkten, die durch eine hohe soziale

---

476 Vgl. z.B. Kaas (1995), S. 25ff.
477 Vgl. Kaas (1992b), S. 886.

Relevanz gekennzeichnet sind, und bei Produkten, bei denen Netzwerkeffekte bestehen, von Bedeutung.

Es stellt sich die Frage, in welcher Weise die beim potentiellen Adopter bestehende endogene und exogene Unsicherheit auf den Diffusionsprozeß einwirkt. Diese Fragestellung kann mit Hilfe der Theorie des wahrgenommenen Risikos behandelt werden. Danach verursacht die Unsicherheit - z.B. hinsichtlich der Produkteigenschaften, der staatlichen Aktivitäten oder der Entwicklung der natürlichen Umweltbedingungen - ein Risiko der Adoption für den potentiellen Abnehmer. Grundannahme dieser Theorie ist, daß ein Produkt erst dann übernommen wird, wenn das Risiko nicht mehr höher als ein bestimmtes, individuelles Maß ist.[478] Für die Adoptionsentscheidung relevant ist nicht das tatsächliche Risiko, sondern das vom potentiellen Adopter wahrgenommene Risiko. Je nach produktspezifischem Wissen existiert also noch eine mehr oder weniger große zweite Risikokomponente, die vom potentiellen Adopter nicht wahrgenommen wird. Insbesondere bei technologischen Innovationen gibt es eine große Wahrscheinlichkeit, daß bestimmte mit dem Produkt verbundene Problembereiche überhaupt nicht erkannt werden und somit auch nicht als Risikofaktoren wahrgenommen werden.[479]

Liegt das wahrgenommene Risiko bei der erstmaligen Erwägung der Übernahme des neuen Produktes über der individuellen Schwelle, so wird zunächst nicht adoptiert. Je nach Dringlichkeit der Anschaffung und persönlichem Interesse wird der potentielle Adopter mehr oder weniger versuchen, die bestehende Unsicherheit und damit das wahrgenommene Risiko zu senken. Als wichtigste Maßnahmen stehen ihm dazu die (aktive und passive) Informationssuche, die probeweise Übernahme und das Abwarten von Preissenkungen zur Verfügung.[480] Durch die Informationsaufnahme verändert sich in der Regel das wahrgenommene Risiko. Diese Veränderung ist auf zwei Effekte zurückzuführen, auf den Risikoreduktionseffekt und auf den Risikoerkennungseffekt.[481] Zum einen bewirkt ein erhöhter Informationsstand hinsichtlich der Produkteigenschaften bzw. hinsichtlich produktrelevanter Faktoren eine Verringerung der Unsicherheit, wodurch das wahrgenommene Risiko reduziert wird (Risikoreduktionseffekt). Zum anderen

---

478 Vgl. z.B. Kroeber-Riel (1984), S. 360ff., Weiber / Pohl (1996), S. 680, Gierl (1997), S. 1077.

479 Vgl. Weiber / Pohl (1996), S. 677.

480 Vgl. Gierl (1997), S. 1077

481 Vgl. Weiber / Pohl (1996), S. 678.

können durch die Informationen bisher nicht wahrgenommene Risikofaktoren erkannt werden, wodurch das wahrgenommene Risiko erhöht wird (Risikoerkennungseffekt). Die beiden Effekte überlagern sich, so daß eine allgemeingültige Aussage darüber, ob sich das insgesamt wahrgenommene Risiko erhöht oder verringert, nicht treffen läßt. Es ist vielmehr von den Bedingungen des Einzelfalls abhängig. In der überwiegenden Anzahl der Fälle kann jedoch davon ausgegangen werden, daß eine Erhöhung des Informationsstandes eine Verringerung des wahrgenommenen Risikos zur Folge haben wird. Pauschal lassen sich zur Ausprägung der Teileffekte folgende Aussagen machen:[482]

- Der Risikoreduktionseffekt wird tendenziell umso größer sein, je höher das produktspezifische Know-how des potentiellen Adopters ist. Im Falle eines hohen Kenntnisstandes hinsichtlich der Produktkategorie ist davon auszugehen, daß der potentielle Adopter die ihm zur Verfügung stehenden Informationen besser bewerten kann. Weiterhin kann ein hoher Risikoreduktionseffekt vor allem dann erwartet werden, wenn die Informationsquelle glaubwürdig ist, und die Informationen sich konkret auf das betrachtete Produkt beziehen. Auch Garantien oder eine hohe Reputation des Anbieters führen zu einer Verstärkung des Risikoreduktionseffektes.
- Der Risikoerkennungseffekt ist demgegenüber bei geringem produktspezifischen Wissen des potentiellen Adopters zu erwarten. Je höher die Komplexität des Produktes, desto wahrscheinlicher ist auch die anfängliche Nichtwahrnehmung bestimmter Risikofaktoren. Es kann folglich angenommen werden, daß der Risikoerkennungseffekt bei komplexen Produkten, wie hochwertigen und umweltfreundlichen Gebrauchsgütern, besonders stark ausgeprägt ist. Eine Verstärkung dieses Effektes ist insbesondere auch dann zu erwarten, wenn Verbraucherorganisationen oder Anbieter von Konkurrenzprodukten konkret auf mögliche Risiken der neuen Produkte hinweisen.

Entscheidend für den Übernahmezeitpunkt des neuen Produktes ist neben dem wahrgenommenen Risiko auch das individuell akzeptierte Risikoniveau, welches im Zeitablauf ansteigen, sinken oder auch konstant bleiben kann. Ein Ansteigen der Risikobereitschaft eines potentiellen Adopters ist vor allem dann zu erwarten, wenn die Dringlichkeit der Anschaffung hoch ist. Demgegenüber wird die Risikobereitschaft durch die während des Adoptionsprozesses stattfindenden Lernprozesse tendenziell sinken, wenn die Dringlichkeit der Anschaffung gering

---

482 Vgl. Weiber / Pohl (1996), S. 678.

ist. Von einem konstanten Niveau des akzeptierten Risikos ist bei relativ festgelegten bzw. unbeeinflußbaren Persönlichkeitsstrukturen des potentiellen Adopters auszugehen, die sich in ihrer Risikobeurteilung nicht durch die mit den Informationsprozessen verbundenen Lernprozesse beeinflussen lassen.[483] In Abbildung 4-5 sind die möglichen Konstellationen bei abnehmendem wahrgenommenen Risiko und sinkender, konstanter und steigender Risikobereitschaft des potentiellen Adopters sowie die Bedeutung für den Adoptionszeitpunkt dargestellt. Im Vergleich zum Übernahmezeitpunkt, der sich ergeben würde, wenn keine Unsicherheit besteht bzw. das wahrgenommene Risiko von Anfang an niedriger als das akzeptierte Risiko ist, wird sich die Adoption hinauszögern. Handelt es sich z.B. um eine dringliche Anschaffung, d.h. steigt das akzeptierte Risikoniveau (Fall 1), so wird der Adoptionszeitpunkt noch relativ früh liegen (Zeitpunkt t_1). Demgegenüber wird der Übernahmezeitpunkt durch eine sinkende Risikobereitschaft (Fall 3) - gegebenenfalls ins Unendliche - hinausgeschoben.

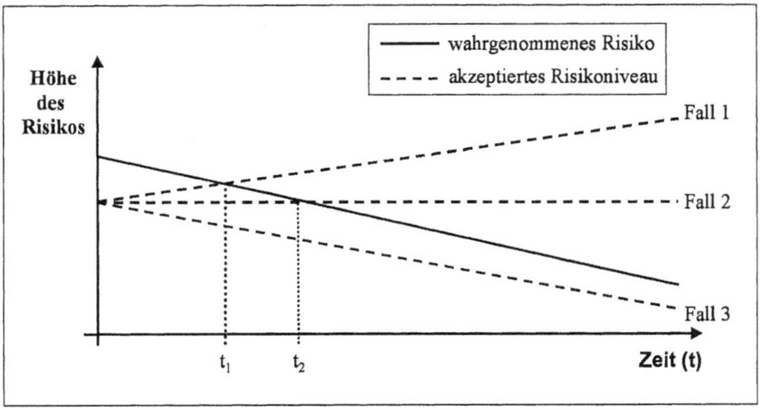

Abbildung 4-5: Mögliche Adoptionszeitpunkte bei abnehmendem wahrgenommenen Risiko

Zusammenfassend läßt sich also feststellen, daß das Vorliegen von Unsicherheit bei den potentiellen Adoptern den Adoptionsprozeß tendenziell verlängert,[484] so daß von einer Verlangsamung des Diffusionsprozesses auszugehen ist. Wie groß

[483] Vgl. Weiber / Pohl (1996), S. 680f.
[484] Vgl. Gierl (1997), S. 1077

diese Verlangsamungswirkung ausfällt, ist von einer Reihe von Faktoren abhängig. Zu nennen sind insbesondere die individuelle Risikobereitschaft, das individuelle produktspezifische Know-how, die Qualität der Informationsquellen, die Aktivitäten und die Reputation der Anbieter, die Komplexität des Produktes und die Dringlichkeit der Anschaffung. Bei technologischen Produkten besteht auch die Möglichkeit, daß es zum Leapfrogging-Verhalten kommt, da die Übernahme der nachfolgenden Technologie aufgrund des heranrückenden Zeitpunkts der Verfügbarkeit und der - beabsichtigten oder nicht beabsichtigten - Informationsaufnahme über diese Zukunftstechnologie wahrscheinlicher wird.[485]

Es sei noch darauf hingewiesen, daß Unsicherheit in bestimmten Situationen auch genau den gegenteiligen Effekt haben kann. Potentielle Abnehmer können bei einer durch unvollständige Informationen bedingten Fehleinschätzung des relativen Vorteils ein Produkt übernehmen, obwohl es gegenüber den Alternativen minderwertig ist.

4.4.3 Verhalten der potentiellen Abnehmer

Als diffusionsrelevantes Verhalten der Abnehmer sind insbesondere das Informations- und Kommunikationsverhalten sowie das Entscheidungsverhalten und das bisherige Anschaffungsverhalten zu nennen. Für das **Informationsverhalten** ist relevant, mit welcher Intensität Informationen über das neue Produkt gesucht bzw. aufgenommen werden, welche Informationsquellen genutzt werden und welcher Stellenwert den einzelnen Informationsquellen beigemessen wird.[486] Ein Maß für die Intensität der Informationsaufnahme sind die Anstrengungen und Aufwendungen des potentiellen Adopters, also seine Kosten der Informationsaufnahme.[487] Wie empirische Untersuchungen zeigen, ist das Ausmaß des wahrgenommenen Informationsbedarfs und der Informationsbeschaffung in erster Linie von der Art der Güter abhängig und bei langlebigen Gebrauchsgütern besonders hoch.[488] Die relativ hohe Bedeutung des Umweltschutzes im gesellschaftlichen Wertesystem[489] wird das Ausmaß des Informationsbedarfs bei umweltfreundlichen Gebrauchsgütern tendenziell weiter erhöhen. Allerdings ist

---

485 Vgl. Gierl (1997), S. 1077

486 Vgl. Kroeber-Riel (1984), S. 246ff.

487 Wie schon angesprochen, kann der Prozeß der Informationssuche auch einen Nutzen stiften - sei es durch den Erlebniswert des Besichtigens, Prüfens und Vergleichens von Produkten oder durch die Schaffung von Wissen. Vgl. Kaas (1992a), S. 10.

488 Vgl. Fritz / Hefner (1981), S. 233.

489 Vgl. Umweltbundesamt (1994), S. 77.

festzustellen, daß nach einer Untersuchung von Duncan und Olshavsky selbst beim Kauf eines hochwertigen und langlebigen Gebrauchsgutes (Farbfernsehgerät) zweiundzwanzig Prozent der untersuchten Konsumenten gar keine Informationen gesucht haben. Auch diejenigen Konsumenten, die Informationen gesucht haben, taten dies nur mit einer relativ geringen Intensität.[490]

Hinsichtlich der Art der Informationsquellen können persönliche und unpersönliche Informationen unterschieden werden.[491] Beispiele für Informationsquellen mit persönlicher Information sind Gespräche mit Freunden und Bekannten, Verkaufsgespräche mit professionellen Vertretern sowie Gespräche mit Beratungsstellen. Unpersönliche Kommunikation findet über Massenmedien statt, beispielsweise durch Fernseh- oder Radiowerbung und durch redaktionelle Berichte in Zeitschriften und anderen Medien. Empirische Untersuchungen konnten zeigen, daß die persönliche Information die mit Abstand größte Rolle bei der Informationsbeschaffung spielt.[492] Wie die Ausführungen in Abschnitt 2.2.1 gezeigt haben, wird diese Tatsache in der Diffusionsforschung berücksichtigt - insbesondere den epidemischen Diffusionsmodellen liegt die Annahme zugrunde, daß die interpersonelle Informationsweitergabe den entscheidenden Mechanismus bei der Diffusion von Neuerungen darstellt. Die verschiedenen Informationsquellen werden von den potentiellen Abnehmern hinsichtlich ihrer Vertrauenswürdigkeit und Qualität unterschiedlich bewertet. In diesem Zusammenhang erscheint bemerkenswert, daß Meffert feststellen konnte, daß die individuelle Bewertung der Informationsquellen nicht mit der tatsächlichen Nutzung korreliert, insbesondere Testzeitschriften und Beratungsstellen wurden als hoch eingeschätzt, aber nur in geringem Umfang genutzt.[493] Für den Durchschnittskonsumenten wichtigste Informationsquellen sind Verkaufsgespräche gefolgt von Gesprächen mit persönlichen Bekannten, Testinformationen in Zeitschriften sowie Werbung.[494]

Das Informationsverhalten der potentiellen Abnehmer ändert sich im Ablauf der Diffusion. In der Frühphase wird zumeist die Massenkommunikation die dominierende Rolle einnehmen, da aufgrund der geringen Verbreitung von Informationen über das Produkt wenig informierte Gesprächspartner zur

---

490 Vgl. Duncan / Olshavsky (1982), S. 39.
491 Vgl. Rogers (1995), S. 17ff.
492 Vgl. Kroeber-Riel (1984), S. 256.
493 Vgl. Meffert (1979), S. 56.
494 Vgl. Kroeber-Riel (1984), S. 255f.

Verfügung stehen. Die Innovatoren, die in dieser Frühphase der Diffusion das neue Produkt eventuell adoptieren werden, zeichnen sich gerade dadurch aus, daß sie empfänglich für Massenkommunikation sind.[495] In den späteren Phasen der Diffusion wird die interpersonelle Information eine zunehmende Rolle spielen.

Neben der Informationssuche der potentiellen Adopter ist für den Ablauf der Diffusion auch von Bedeutung, wie das weitere **Kommunikationsverhalten** der potentiellen und tatsächlichen Abnehmer ausgestaltet ist. Insbesondere das Ausmaß der Weitergabe selbst erhaltener Informationen und positiver bzw. negativer Erfahrungen mit der Nutzung des Produktes kann als wesentlich für die Diffusion angesehen werden.[496] Wie für die Marktseite der Anbieter kann insbesondere auch für die potentiellen Abnehmer die These aufgestellt werden, daß im allgemeinen die Diffusion umso schneller ablaufen wird, je größer der Informationsfluß zwischen ihnen ist. Bei Produkten, die sich als vergleichsweise minderwertig herausstellen, führt ein hohes Ausmaß der Kommunikation zwischen den potentiellen Adoptern dahingegen zu einem raschen Auslaufen des Diffusionsprozesses.

Für den Ablauf des Diffusionsprozesses läßt sich aus diesen Überlegungen schließen, daß im allgemeinen ein aktives Informationsverhalten, wie es insbesondere bei umweltfreundlichen und hochwertigen Gebrauchsgütern zu erwarten ist, die Diffusion beschleunigen wird. Je größer der Informationsfluß zwischen den potentiellen Adoptern, desto schneller wird die Diffusion ablaufen. Eine besonders schnelle Diffusion - vor allem in der Anfangsphase - kann erreicht werden, wenn sich der Kreis der potentiellen Adopter durch innovatives Informationsverhalten auszeichnet, d.h. wenn Informationen aktiv gesucht werden und eine hohe Empfänglichkeit für Massenkommunikation besteht. Demgegenüber wird die Diffusion nur langsam beginnen, wenn die potentiellen Adopter dadurch gekennzeichnet sind, daß sie nur passiv Informationen aufnehmen, und daß sie der interpersonellen Information eine hohe Bedeutsamkeit beimessen.

Das **Entscheidungsverhalten** der potentiellen Adopter hängt mit dem Informationsverhalten zusammen. Es stellt sich die Frage, wie rational die getroffenen Adoptionsentscheidungen sind, d.h. inwieweit der potentielle Adopter über die Produkteigenschaften informiert ist und diejenige Alternative mit dem

---

495 Vgl. Rogers (1995), S. 22.
496 Vgl. Pechtl (1991), S. 32f.

höchsten Nettonutzen wählt. Bei den in der vorliegenden Untersuchung betrachteten hochwertigen Gebrauchsgütern ist in der Regel damit zu rechnen, daß sich die potentiellen Adopter intensiv mit den neuen Produkten beschäftigen und eine überlegte Kaufentscheidung treffen.[497] In der Literatur existieren unterschiedliche Auffassungen darüber, inwieweit sich die getroffenen Adoptionsentscheidungen durch objektive ökonomische Größen erklären lassen. Beispielsweise wird dies von Rogers bezweifelt,[498] während Griliches langfristig die ökonomischen Faktoren als wesentlich herausstellt.[499] Die Auffassung, daß die Bedeutung der ökonomischen Größen im Diffusionsverlauf zunimmt und im späten Markt die Adoptionsentscheidung dominieren, vertritt auch Mettler.[500] Zu Beginn eines neuen Marktes mit noch nicht ausgeprägter Marktstruktur ist eine rationale Adoptionsentscheidung aufgrund der durch Informationsdefizite bestehenden Unsicherheit auch kaum möglich. Auch Nabseth stellt fest, daß eine hohe beim Adopter bestehende Unsicherheit dazu führt, daß gegenüber den rein ökonomischen Faktoren die subjektiven Einstellungen bei der Wahrnehmung des relativen Vorteils an Gewicht gewinnen.[501]

Einen Einfluß auf das Entscheidungsverhalten hat auch die Art der Adopter. Bei Unternehmen spielen ökonomische Kriterien eine weitaus größere Rolle als bei Haushalten. Dies ist im wesentlichen dadurch begründet, daß bei Unternehmensentscheidungen in der Regel ökonomische Kriterien wie Rentabilität und Kosteneffizienz bedeutend sind, und die Unternehmen über ein größeres kalkulatorisches Know-how als die Haushalte verfügen. Haushalte können demgegenüber im Nachhinein jede Entscheidung als rational begründen, indem sie entsprechende Nutzenvorstellungen vorgeben.[502]

Auch das **bisherige Beschaffungsverhalten** der potentiellen Adopter kann Auswirkungen auf den Diffusionsprozeß haben. Hier ist insbesondere der sogenannte Carry-Over-Effekt zu nennen, womit gemeint ist, daß Abnehmer bei Adoptionsentscheidungen (unbedacht) die bisherigen Konsum- und Investiti-

---

497 Vgl. Kotler / Bliemel (1992), S. 271.
498 Vgl. Rogers (1995), S. 270
499 Vgl. Griliches (1957), S. 522.
500 Vgl. Mettler (1988), S. 248f.
501 Vgl. Nabseth (1974), S. 302.
502 In der verhaltenswissenschaftlichen Theorie wird ein solches Vorgehen in der auf Festinger (1957) zurückgehenden Theorie der kognitiven Dissonanz untersucht. Vgl. Nieschlag / Dichtl / Hörschgen (1997), S. 558ff.

onsmuster beibehalten und Neuerungen daher nicht übernehmen.[503] Zu beobachten ist beispielsweise, daß bei der Neuanschaffung eines Gutes das bisher verwendete Produkt bzw. dessen Nachfolgeprodukt erworben wird, ohne sich über weitere, möglicherweise überlegene Alternativen zu informieren.[504] Dieses Verhalten kann aus informationsökonomischer Sicht folgendermaßen beschrieben werden. Ist der Abnehmer mit der Qualität des bisher von ihm bezogenen Produktes zufrieden, so muß ein neues Produkt eine hohe Prämie - z.B. in Form einer besonderer Leistungsfähigkeit oder eines besonders niedrigen Preises - versprechen, damit er dieses Produkt unbekannter Qualität ausprobiert. Ansonsten ist dem Abnehmer das Qualitäts-Risiko eines neuen Produktes zu hoch.[505]

4.4.4 Eigenschaften der potentiellen Abnehmer

Neben den beschriebenen Verhaltensweisen können als zweite Kategorie von abnehmerseitigen Einflußgrößen auf die Diffusion von neuen Produkten die Eigenschaften der potentiellen Abnehmer betrachtet werden. Obwohl diese Eigenschaften individuell unterschiedlich sind, so lassen sich doch Aussagen darüber machen, inwiefern die Diffusion durch eine Abnehmerschaft, in der bestimmte Eigenschaften verstärkt auftreten, beeinflußt wird. Wie in Kapitel 2 angesprochen, lassen sich die Adopter in den verschiedenen Phasen des Diffusionsprozesses hinsichtlich ihrer Eigenschaften unterscheiden. So sind beispielsweise Innovatoren zumeist durch viele soziale Kontakte, durch technisches Verständnis und ausreichende finanzielle Mittel gekennzeichnet.[506] Neben dieser Unterscheidung der Adopter hinsichtlich des Zeitpunkts der Übernahme können die potentiellen Adopter auch in Abhängigkeit von dem betrachteten Produkt unterschieden werden, z.B. wird sich der Kreis potentieller Abnehmer von hochwertiger Kleidermode sicherlich von dem Kreis der potentiellen Abnehmer neuer Computermodelle unterscheiden. Im Anschluß werden die Auswirkungen folgender Adoptereigenschaften auf die Diffusion dargestellt:

- Kenntnisse und Fähigkeiten,

---

503 Vgl. Kortmann (1995), S. 167.
504 Vgl. Kroeber-Riel (1984), S. 333ff.
505 Vgl. von Ungern-Sternberg / von Weizsäcker (1981), S. 623.
506 Vgl. Rogers (1995) S. 263f.

- Präferenzen und Werte,
- Ausstattung mit Vorgängerprodukten,
- Kaufkraft,
- soziale Integration und Empfänglichkeit für absatzpolitische Maßnahmen,
- Art und Anzahl der Entscheidungsträger.

Die **Kenntnisse und Fähigkeiten** der potentiellen Adopter sind entscheidend für die Wahrnehmung der Eigenschaften des neuen Produktes. Wie oben schon erläutert sind für die Adoptionsentscheidung die wahrgenommenen Produkteigenschaften und nicht die tatsächlichen Produkteigenschaften relevant. Ein technisch sehr komplexes Produkt wie beispielsweise ein Automobil kann von Teilen der Abnehmerschaft, die sich besonders für Automobile interessieren und über entsprechende Kenntnisse verfügen, als wenig komplex und als gut in den Eigenschaften zu beurteilen angesehen werden. Die gleichen Adopter nehmen vielleicht andere, weniger komplexe Produkte wie beispielsweise Reinigungsmittel für den Haushalt als sehr komplex wahr. Die Kenntnisse und Fähigkeiten bestimmen folglich auch das Ausmaß der Unsicherheit, die mit dem neuen Produkt verbunden wird.[507]

Die **Präferenzen und Werte** der potentiellen Adopter dürften insbesondere bei Konsumgütern entscheidend für die Übernahmeentscheidung der potentiellen Adopter sein. Die Auswahl und Gewichtung der Produkteigenschaften, die für die Kaufentscheidung als relevant angesehen werden, beruhen auf diesen subjektiven Präferenzen und Werten des Übernahmekandidaten. Konsumenten können z.B. besonderen Wert auf Design, Zuverlässigkeit oder Umweltfreundlichkeit eines neuen Produktes legen. Selbst wenn eine vollständige Information über alle Produkteigenschaften besteht, führt eine Überlegenheit eines neuen Produktes hinsichtlich bestimmter Eigenschaften daher nicht zwingend zu einem Markterfolg. Wesentlich ist, daß diese Eigenschaften für den potentiellen Adopter auch kaufentscheidend sind.[508] So wird ein neues umweltfreundliches Produkt vermutlich nur übernommen werden, wenn im Wertesystem des potentiellen Adopters ein Umweltbewußtsein verankert ist und damit die Umweltfreundlichkeit ein entscheidendes Kriterium für ihn darstellt. Im realistischen Fall, daß der potentielle Adopter nicht über vollständige Informationen verfügt, verstärkt sich

[507] Vgl. Rogers (1995) S. 243.
[508] Vgl. Kortmann (1995), S. 134.

die Bedeutung der Präferenzen und Werte dadurch, daß ein Übernahmekandidat in der Regel über die Produkteigenschaften, die ihn besonders interessieren, auch am besten informiert sein wird. Vorteile eines neuen Produktes bei für ihn weniger interessanten Eigenschaften wird er eventuell gar nicht wahrnehmen. Die Bedeutung von Präferenzen und Werten wird bei Haushalten eine größere Rolle spielen als bei Unternehmen. Allerdings sind auch bei Unternehmen die subjektiven Präferenzen und Werte der Individuen von Bedeutung, welche die Adoptionsentscheidung treffen. Außerdem können bestimmte Unternehmensziele, wie beispielsweise der Umweltschutz, eine den Werten der Konsumenten äquivalente Wirkung besitzen.

Wie in Abschnitt 4.2.2 schon angesprochen, beeinflußt die **Ausstattung der Abnehmerschaft mit Vorgängerprodukten** die Diffusion eines neuen Gebrauchsgutes. Hier sind zwei gegenläufige Wirkungen zu betrachten. Eine hohe Verbreitung von Vorgängerprodukten führt zu einem nahezu gesättigten Markt und erlaubt damit nur eine relativ langsame Diffusion des neuen Produktes, die im wesentlichen durch den Ersatzbedarf bestimmt wird. Je größer die verbleibenden Restnutzungsdauern der Vorgängerprodukte, desto langsamer wird daher die Diffusion ablaufen.[509] Umgekehrt führt eine hohe Verbreitung von technisch ähnlichen Vorgängerprodukten zum Aufbau von Know-how, wodurch die Informationsphase verkürzt werden kann, die Unsicherheit bei der Adoptionsentscheidung verringert und die Diffusionsgeschwindigkeit größer wird. Ob der Effekt den ersten kompensieren kann, hängt vom Einzelfall ab. Insbesondere bei einer sehr hohen Sättigung des Marktes mit dem Vorgängerprodukt und einer hohen Lebensdauer desselben, erscheint dies jedoch sehr zweifelhaft.

Die **Kaufkraft** der potentiellen Adopter, also der Betrag, der ihnen für Konsumzwecke zur Verfügung steht, wird bei hochwertigen Gebrauchsgütern einen erheblichen Einfluß auf den Diffusionsprozeß ausüben, da sie eine notwendige Bedingung zur Anschaffung darstellt.[510] Die Kaufkraft wird im wesentlichen durch die Höhe des Einkommens und die vorhandenen Finanzierungsmöglichkeiten bestimmt. Herrscht in der anvisierten Abnehmerschaft eine im Vergleich zum Produktpreis niedrige Kaufkraft, so wird der Diffusionsprozeß nicht durch Verbreitung von Informationen und Einstellungen zum Produkt bestimmt, sondern durch die verhältnismäßig langsamere Änderung der

509 Vgl. Gierl (1987), S. 194, Kortmann (1995), S. 166.
510 Vgl. Nieschlag / Dichtl / Hörschgen (1997), S. 209.

Einkommen oder der Preise. In diesem Fall kann von einer langsamen Diffusion gesprochen werden.[511] Auch bei Unternehmen wird das Nichtvorhandensein von Geldkapital häufig als Grund für die Ablehnung bzw. Verzögerung der Adoption genannt.[512]

Auch die **soziale Integration** der anvisierten Käuferschaft sowie die **Empfänglichkeit für absatzpolitische Maßnahmen** üben einen positiven Einfluß auf die Diffusion aus. Wie oben schon erläutert wurde, werden die sozialen Interaktionen zwischen den Individuen als wesentlicher diffusionsbestimmender Faktor angesehen. Abnehmer, die über zahlreiche und intensive soziale Kontakte verfügen und für absatzpolitische Maßnahmen der Anbieter wie z.B. Werbung empfänglich sind, werden in der Regel schneller über Neuerungen informiert sein. Außerdem beeinflußt die Zugehörigkeit zu einer bestimmten Gruppe auch das Konsumentenverhalten[513], im Extremfall kann dies dazu führen, daß eine positive Adoptionsentscheidung aufgrund des ausgeübten sozialen Drucks gefällt wird.

Schließlich wird die Adoption eines neuen Produktes auch von der **Art und Anzahl der Entscheidungsträger** beeinflußt. Je mehr Individuen bei der Adoptionsentscheidung involviert sind, desto größer wird in der Regel der benötigte Zeitraum sein. Bei Haushalten wird die Anzahl der bei der Adoptionsentscheidung beteiligten Personen zumeist deutlich geringer sein als bei Unternehmen. Bezogen auf die Anschaffung hochwertiger Gebrauchsgüter können allerdings auch bei Haushalten eine Vielzahl von Personen beteiligt sein. Beispielsweise können dies bei der Installation einer Photovoltaik-Anlage der Bauherr, dessen Familie, der Architekt, der Bauunternehmer, die Handwerker, die Bank, der Steuerberater, die Baubehörde, die Fördermittelgeber und die Elektrizitätsversorungsunternehmen sein. Durch die zeitaufwendige Weitergabe von Informationen und die gegenseitige Rechtfertigungspflicht wird die Adoptionsentscheidung vermutlich deutlich verlangsamt, in einigen Fällen kann allein durch die hohe Anzahl der Beteiligten die Adoption auch ganz verhindert werden.[514] In diesem Fall wären die Transaktionskosten der Koordination prohibitiv hoch.

---

511 Vgl. Bonus (1975), S. 39.
512 Vgl. Nabseth (1974), S. 307.
513 Vgl. Nieschlag / Dichtl / Hörschgen (1997), S. 188.
514 Vgl. Kortmann (1995), S. 159.

4.4.5 Marktstruktur der Abnehmerseite

Zur dritten Kategorie von abnehmerbedingten Einflußgrößen auf die Diffusion von neuen Produkten gehören die Bedingungen der Marktstruktur auf der Seite der potentiellen Abnehmer, die den Wettbewerb beeinflussen. Allgemein läßt sich feststellen, daß der Wettbewerb unter den Abnehmern in der Regel eine geringere Verhaltensbeeinflussung ausüben wird als der unter den Anbietern. Ein Wettbewerb um die Abnahme von Gütern - beispielsweise bei "exotischen" Automobilen, die nur in geringer Stückzahl gebaut werden und deshalb lange Lieferzeiten haben - existiert nur in seltenen Fällen. Im allgemeinen ist die Konkurrenz zwischen den Abnehmern eher durch das soziale System bedingt, d.h. durch den Konsum des Gutes entstehen Wirkungen auf andere, die als Formen des Wettbewerbs interpretiert werden können. Als solche bei Abnehmern auftretende Verhaltensweisen können der demonstrative Konsum, das Mitläufertum (Mitläufereffekt) und das snobistische Verhalten (Snob-Effekt) genannt werden.[515] Das Konzept des demonstrativen Konsums geht auf Velben zurück.[516] Darunter wird der Konsum auffälliger Güter verstanden, der deutlich über das übliche Maß hinausgeht und daher Neidreaktionen hervorrufen soll. Der Mitläufereffekt beschreibt den Umstand, daß ein Wirtschaftssubjekt von einem Gut bei gegebenem Preis mehr (bzw. weniger) nachfragt, weil andere Wirtschaftssubjekte von diesem Gut mehr (bzw. weniger) nachfragen.[517] Dahingegen beschreibt der Snob-Effekt die umgekehrte Erscheinung, nämlich daß die nachgefragte Menge eines Konsumenten negativ mit der Gesamtnachfrage korreliert.[518] Welche Form dieser Verhaltensweisen im konkreten Fall überwiegt, ist unter anderem vom Diffusionsstadium abhängig. Frühe Adopter werden in der Regel eher ein snobistisches Verhalten aufweisen, während im weiteren Ablauf der Diffusion imitatives Verhalten überwiegt.[519] Ob sich ein neues Produkt für demonstrativen Konsum eignet, ist von dessen Wahrnehmung durch andere Individuen abhängig. Im Falle umweltfreundlicher Produkte kann die mit der Adoption verbundene Herausstellung einer umweltfreundlichen Verhaltensweise

---

515 Vgl. Kortmann (1995), S. 160f.
516 Vgl. Velben (1986), S. 79ff.
517 Vgl. Leibenstein (1966), S. 237.
518 Vgl. Leibenstein (1966), S. 245f.
519 Vgl. Schmalen / Binninger / Pechtl (1993), S. 522.

einen Zusatznutzen stiften[520] und damit eine diffusionsbeschleunigende Wirkung zeitigen.

Als für die Diffusion von umweltfreundlichen und hochwertigen Gebrauchsgütern relevante Marktstrukturkriterien sollen im folgenden die Anzahl und Größe der Abnehmer, das Ausmaß der Verflechtungen der Abnehmer untereinander und die Höhe der Marktzutritts- und Marktaustrittsschranken für Abnehmer angesprochen werden.[521]

Im Gegensatz zur Situation bei den Anbietern ist das Marktstrukturkriterium **Anzahl und Größe der Marktteilnehmer** auf der Seite der Abnehmer für die vorliegende Untersuchung aufgrund des Untersuchungsgegenstandes "hochwertiges Gebrauchsgut" weitgehend bestimmt. Es wird sich in der Regel um eine hohe Zahl von kleinen Abnehmern handeln. Daher ist eine geringe Intensität des Abnehmerwettbewerbs und damit eine geringe wettbewerbsbedingte Einwirkung auf den Diffusionsprozeß zu erwarten. Es ist allerdings zu beachten, daß bei bestimmten Konsumgütern - und insbesondere bei Pkw - auch mehr oder weniger große Unternehmen als Nachfrager auftreten. Die zwischen diesen Unternehmen bestehenden Konkurrenzsituationen können den Diffusionsprozeß deutlich beeinflussen. Dies kann bei umweltfreundlichen Gebrauchsgütern der Fall sein, wenn sich durch deren Anschaffung positive Wirkungen auf den Absatzmärkten der Unternehmen ergeben, z.B. durch einen Imagegewinn. In einem solchen Fall bewirkt der Wettbewerb auf den Absatzmärkten, daß auch die Konkurrenzunternehmen zur Übernahme des neuen Produktes gedrängt werden, und damit die Diffusion beschleunigt wird. Durch die Existenz großer Abnehmer kann noch ein weiterer Effekt bedingt sein, der die Diffusion positiv beeinflußt. Die große nachgefragte Menge eines oder mehrerer großer Abnehmer ermöglicht dem Anbieter die Planung großer Stückzahlen, so daß es ihm durch Skaleneffekte bei der Produktion möglich ist, das Produkt zu einem niedrigeren Preis anzubieten. Damit wird auch die Adoptionsentscheidung anderer positiv beeinflußt und die Diffusion beschleunigt. Die Verringerung der Unsicherheit beim Anbieter aufgrund der garantierten Absatzmenge wirkt sich demnach positiv auf die Diffusion des neuen Produktes aus.

---

520 Vgl. Steger (1994), S. 218.

521 Der Organisationsgrad des Marktes wurde schon bei den anbieterseitigen Einflußgrößen in Abschnitt 4.3.5 behandelt.

Dieser Effekt, der durch eine sichere und relativ hohe nachgefragte Menge bewirkt wird, kann auch durch die Organisation der Nachfrage der einzelnen Haushalte erreicht werden, indem diese z.B. eine gemeinsame Großbestellung aufgeben. Diese Vorgehensweise wäre eine Form von **Verflechtungen zwischen den Abnehmern**. Ein Beispiel für einen solchen Sachverhalt ist die Bestellaktion, die mit Unterstützung von Greenpeace für umweltfreundliche, FCKW-freie Kühlschränke mit Propan/Butan-Technik durchgeführt wurde.[522] Durch die große Anzahl von Vorbestellungen, in vier Wochen gingen 65.000 Aufträge ein, konnte der Hersteller dkk Scharfenstein vorerst von der Liquidation durch die Treuhand bewahrt werden. Somit wurde die neue Technik am Markt eingeführt und konnte sich ausbreiten. Diese Art der gebündelten Nachfrage von Haushalten stellt eine horizontale Verflechtung der Abnehmer dar. Andere horizontale Verflechtungen zwischen Haushalten bestehen vor allem durch die schon angesprochenen Kommunikationsbeziehungen bzw. -netzwerke.[523] Auch zwischen Unternehmen als Abnehmer können die genannten horizontalen Verflechtungen bestehen. Zusätzlich sind jedoch auch vertikale Verflechtungen zwischen den Unternehmen untereinander und zwischen Unternehmen und Haushalten möglich, beispielsweise durch die Beziehungen zwischen Weiterverkäufern und Endabnehmern. Im allgemeinen kann davon ausgegangen werden, daß die Wirkungen von Verflechtungen zwischen den potentiellen Abnehmern denen auf der Marktseite der Anbieter entsprechen. Ein hohes Ausmaß an vertikalen und horizontalen Verflechtungen wird sich - unter anderem durch die damit verbundene Kommunikation - positiv auf die Diffusion auswirken.

Den potentiellen Abnehmern steht der Marktzutritt im Regelfall offen, so daß durch **Marktzutrittsschranken** keine direkten Wirkungen auf die Diffusion bedingt sind. In dem hier betrachteten Fall eines hochwertigen Konsumgutes wird der Marktzutritt allerdings durch die Kaufkraft der potentiellen Adopter beschränkt. Daneben können im Einzelfall noch weitere Marktzutrittsschranken bestehen, z.B. durch beim Adopter bestehende infrastrukturelle Voraussetzungen, durch die Erfüllung bestimmter vorgeschriebener Eigenschaften oder auch durch Moralvorstellungen.[524] So wird beispielsweise ein Hausbesitzer in einem dünn besiedelten Gebiet, der nicht über einen Erdgasanschluß verfügt, keine umweltfreundliche Erdgasheizung einsetzen können. Für ein Individuum, das

522 Vgl. o.V. (1993), S. 96.
523 Vgl. Rogers (1995), S. 286ff.
524 Vgl. Kortmann (1995), S. 139.

nicht über einen Führerschein verfügt, werden die Einsatzmöglichkeiten eines Pkw stark begrenzt sein. Auch eventuell bestehende **Marktaustrittsschranken** auf der Abnehmerseite werden im Regelfall nicht so hoch sein, daß sie die Diffusion nachhaltig beeinflussen können. Beispielsweise sind die Aufwendungen für die Anschaffung eines Vorgängerproduktes bei den hier betrachteten hochwertigen Konsumgütern in der Regel zumindest teilweise über den Markt für Gebrauchtwaren wieder hereinzuholen, so daß die Höhe der "sunk costs" eher gering ist.

4.5 "Äußere" Einflußgrößen

In dieser vierten Gruppe ist die Vielzahl der Einflußgrößen auf den Diffusionsprozeß zusammengefaßt, die nicht direkt dem Markttausch zuzuordnen sind und deshalb im folgenden als äußere[525] Einflußgrößen bezeichnet werden sollen. Die Struktur dieser Gruppe von Einflußgrößen ist sehr heterogen, es sind darin sowohl die Beeinflussungsmöglichkeiten des Staates und der Medien als auch die möglichen Auswirkungen von Änderungen der gesamtwirtschaftlichen Lage oder des Auftretens von Umweltproblemen vertreten. Wie diese Aufzählung schon zeigt, ist durch solche Einflußgrößen eine Vielzahl möglicher Wirkungen auf den Diffusionsprozeß vorstellbar. Im folgenden soll daher nur ein Überblick über die für umweltfreundliche und hochwertige Gebrauchsgüter wesentlichen Einflußgrößen gegeben werden. Es sind für diese Güter vor allem fünf Gruppen von äußeren Einflußgrößen von Bedeutung, nämlich die Einflußmöglichkeiten des Staates, der Einfluß von Massenmedien, Umweltschutzorganisationen und anderen unabhängigen Beratern, der Einfluß von Veränderungen der natürlichen Umwelt, der Einfluß der gesamtwirtschaftlichen Rahmenbedingungen sowie der Einfluß der technologischen Entwicklung (Abbildung 4-6).

---

[525] Der Begriff "äußere" Determinanten meint also etwas anderes als der Begriff "exogene" Einflußfaktoren bzw. Determinanten, der - wie in Kapitel 2.2.1 beschrieben - für solche Einflußfaktoren verwendet wird, deren Wirkung sich im Diffusionsverlauf nicht ändert.

„Äußere“ Einflußgrößen				
Maßnahmen des Staates	**Massenmedien, Umweltschutzorganisationen und andere unabhängige Berater**	**Veränderungen der natürlichen Umwelt**	**Gesamtwirtschaftliche Rahmenbedingungen**	**technologische Entwicklung**

Abbildung 4-6: Ausgewählte "äußere" Determinanten des Diffusionprozesses umweltfreundlicher und hochwertiger Gebrauchsgüter

Innerhalb dieser "äußeren" Einflußgrößen auf die Diffusion umweltfreundlicher und hochwertiger Gebrauchsgüter nimmt der Staat eine Sonderstellung ein. Zum einen beeinflußt der Staat - wie die anderen hier genannten Einflußgrößen auch - den Diffusionsprozeß als eine "äußere" Größe. Zum anderen kann es aber insbesondere auch das Ziel des Staates sein, selbst auf die Determinanten des Diffusionsprozesses einzuwirken, um z.B. die Diffusion besonders umweltfreundlicher Produkte zu fördern. In diesem Abschnitt soll daher nur ein prinzipieller Überblick über den staatlichen Einfluß auf den Diffusionsprozeß - insbesondere in Hinsicht auf die Beeinflussung der beim Anbieter und potentiellen Abnehmer vorliegenden Unsicherheit - gegeben werden.

Die Einflußnahme des Staates auf die Diffusion von neuen Produkten und Technologien kann sehr erheblich sein. Sie kann sowohl beabsichtigt erfolgen, z.B. durch die direkte Förderung bzw. Hemmung bestimmter Produkte oder Technologien, als auch unbeabsichtigt durch Sekundärwirkungen von staatlichen Maßnahmen. So können z.B. gesetzliche Regelungen, wie die zahlreichen Vorschriften im Nahrungs- und Arzneimittelbereich, die Ausbreitung von neuen Produkten erheblich verzögern.[526] Umgekehrt kann der Staat die Diffusion bestimmter Produkte und Technologien unterstützen, wie dies beispielsweise durch die Förderung von Solaranlagen oder die Vorschriften zu den Einspeisevergütungen des elektrischen Stroms aus regenerativen Energiequellen, die zu einer erheblichen Verbreitung von Windkraftanlagen geführt haben, geschieht.

---

[526] Vgl. z.B. Ray (1978), S. 263.

Bei umweltfreundlichen Produkten ist häufig mit einer aktiven Diffusionsbeeinflussung durch den Staat zu rechnen. Begründet werden kann diese staatliche Einflußnahme in der Regel mit dem Vorliegen externer Effekte.[527] Dem Staat stehen hierzu die schon in Kapitel 2.3.3 angesprochenen Instrumente zur Verfügung, die von der Gestaltung der Wirtschaftsordnung (z.B. Wettbewerbs-, Haftungs- und Patentregeln) über Zielbeeinflussung, Anreizmittel (z.B. Abgaben und Subventionen), Kooperationslösungen, Zwangsmittel, staatliche Ersatzvornahmen, innerstaatlichen Koordinationsmechanismen bis hin zur förmlichen Planung reichen.[528]

Die beim Anbieter und potentiellen Abnehmer über zukünftige staatliche Maßnahmen bestehende Unsicherheit kann den Diffusionsprozeß deutlich beeinflussen. Unklarheiten über solche Maßnahmen des Staates werden sich auf die Diffusion neuer umweltfreundlicher Produkte, bei denen mit einem staatlichen Eingreifen gerechnet wird, auswirken. Im Regelfall führt diese Unsicherheit dazu, daß die Produkte sich weniger schnell ausbreiten. Umgekehrt wird einem klaren gesetzlichen Rahmen von den Unternehmen eine impulsgebende Wirkung für die Ausbreitung umweltfreundlicher Produkte zugeschrieben.[529]

Der Staat kann aber auch aktiv das Ausmaß der unvollständigen Informationen und damit die Unsicherheit bei Anbietern und potentiellen Adoptern beeinflussen. Dies ist z.B. durch die Bereitstellung von Informationen, durch Regelungen wie vorgeschriebene Mindestgarantien oder Haftungsregeln möglich. Letztere verringern zwar die Unsicherheit der potentiellen Adopter - erhöhen aber gleichzeitig die Unsicherheit der Anbieter. Beispielsweise können sehr restriktive Haftungsregeln dazu führen, daß das Risiko der Entschädigungszahlungen für den Anbieter so groß wird bzw. daß der Abschluß einer Versicherung so teuer wird, daß er auf eine Markteinführung eines Produktes ganz verzichtet oder zumindest einen entsprechenden Preisaufschlag verlangt.[530] Der Staat kann durch Informationsdienstleistungen auch dazu beitragen, daß Erfahrungseigenschaften in Sucheigenschaften transformiert werden, z.B. indem er Testinstitute wie die Stiftung Warentest einführt und unterstützt, welche Informationen über Produkteigenschaften bereitstellen, die für den potentiellen Adopter normalerweise vor dem Kauf nicht zu ermitteln wären.

---

527 Vgl. Streit (1991), S. 13ff.
528 Vgl. Brösse (1995a), S. 507.
529 Vgl. Kull (1995), S. 22.
530 Vgl. Brösse (1996), S. 162ff.

Neben dem Staat können auch andere Personen und Institutionen einen Einfluß auf die Diffusion ausüben, insbesondere die Massenmedien, Umweltschutzorganisationen und andere unabhängige Berater. Der Einfluß dieser Gruppen ist im wesentlichen durch zwei Mechanismen begründet. Zum einen können sie die Ausbreitung von Informationen über neue Produkte fördern. Im Falle positiver Informationen wird sich dieser Informationsfluß positiv auf die Diffusion der neuen Produkte auswirken. Werden jedoch Mängel oder andere Nachteile des Produktes verbreitet, so wird die gegenteilige Wirkung eintreten. Zum zweiten haben diese Gruppen einen Einfluß auf den Meinungsbildungsprozeß und damit auf die Präferenzen der potentiellen Adopter, wobei es auch möglich ist, daß diese Meinungsbeeinflussung zur Verfolgung eigener Ziele geschieht.[531] Wie weit beispielsweise die Einflußmöglichkeiten der Massenmedien auf den individuellen Meinungsbildungsprozeß gehen, wird heftig diskutiert. Im allgemeinen wird angenommen, daß die Massenmedien weitgehend beeinflussen können, mit welchen Themen sich das Publikum beschäftigt, der Einfluß auf die konkrete individuelle Meinung jedoch geringer ist.[532] Umweltschutzorganisationen können sich zur Bereitstellung von Informationen und Beeinflussung der Präferenzen der Konsumenten teilweise eigener Medien, wie z.B. Organisationszeitschriften, aber auch anderer Massenmedien bedienen. Auch unabhängige Berater, die weder dem Anbieter- noch dem Abnehmersystem zuzurechnen sind, können bei aufwendigen und komplizierten Neuerungen einen erheblichen Einfluß auf die Adoptionsentscheidung ausüben. Ihre Bedeutung wird größer als die der Meinungsführer eingeschätzt.[533] Für die Bauindustrie wurde beispielsweise festgestellt, daß Berater (z.B. Architekten) häufig eine verzögernde Wirkung auf die Diffusion ausüben, weil sie auf "bewährte" Technologien setzen.[534]

Veränderungen der natürlichen Umwelt können äußerst vielgestaltig sein. Denkbar sind z.B. Naturereignisse, Katastrophen oder die langsame Veränderung der natürlichen Umgebung. Hinsichtlich des Eintretens und der Wirkung solcher Umweltveränderungen besteht sowohl beim Anbieter und beim potentiellen Adopter als auch bei den staatlichen Entscheidungsträgern eine sehr hohe Unsicherheit. Größtenteils sind diffusionsbeeinflussende Geschehnisse wie Naturereignisse oder Katastrophen überhaupt nicht vorhersehbar. Auch eine Änderung des wissenschaftlichen Erkenntnisstands hinsichtlich der Kausalitäten

---

531 Vgl. Dohmen (1998), S. 15ff.
532 Vgl. Kroeber-Riel (1984), S. 587.
533 Vgl. Kortmann (1995), S. 159.
534 Vgl. Shoemaker (1981), S. 202.

bei bestimmten Umweltproblemen kann sich schlagartig durch revolutionäre neue Entdeckungen vollziehen. In der Regel wird sich dieser Prozeß jedoch über einen längeren Zeitraum erstrecken. Man denke beispielsweise an die Zeitspanne, die von ersten Vermutungen über die Gesundheitsgefährdung durch Rauchen bis zum endgültigen Beweis vergangen ist. Die Verdrängung FCKW-haltiger Spraydosen ist ein Beispiel dafür, wie groß die Auswirkungen von Veränderungen der ökologischen Rahmenbedingungen auf die Verbreitung von Produkten sein können. Möglicherweise werden sich ähnliche Auswirkungen ergeben, wenn bewiesene wissenschaftliche Erkenntnisse über die Klimaänderungen durch CO_2-Emissionen vorliegen.

Auch die gesamtwirtschaftlichen Rahmenbedingungen, wie z.B. die Entwicklung des Bruttosozialproduktes, die Höhe und die Verteilung der verfügbaren persönlichen Einkommen in einer Volkswirtschaft, die Höhe der Arbeitslosigkeit, die Entwicklung der Auftragslage oder die Zu- und Abnahme der Lagerbestände im Handel, können die einzelwirtschaftlichen Entscheidungen der Marktteilnehmer beeinflussen[535] und damit auch einen Einfluß auf den Diffusionsprozeß ausüben. So ist es z.B. vorstellbar, daß Haushalte in Zeiten steigender Arbeitslosigkeit den Kauf von hochwertigen Produkten aufgrund der Befürchtungen um den eigenen Arbeitsplatz zunächst verschieben. Außerdem ist festzustellen, daß sich die Anbieter in ihren absatzpolitischen Anstrengungen prozyklisch verhalten, d.h. in Phasen der Rezession werden beispielsweise auch die Werbeausgaben stark reduziert - auch wenn sich dieses sowohl aus konjunkturellen als auch aus unternehmensspezifischen Gesichtspunkten sicher eher nachteilig auswirkt.[536]

Schließlich kann die Diffusion einzelner Produkte durch die technologische Entwicklung in anderen Bereichen beeinflußt werden, wobei äußerst vielgestaltige Wirkungen möglich sind. Zu denken ist beispielsweise an die Auswirkungen, welche die Informationstechnologie auf andere Wirtschaftsbereiche ausübt. Die Konsequenzen der zunehmenden Vernetzung der Haushalte und Unternehmen auf die zukünftige Entwicklung des Kommunikationsverhaltens, auf die zukünftigen Arbeitsplätze und das Verkehrsverhalten sind kaum vorhersehbar.[537]

---

535 Vgl. Nieschlag / Dichtl / Hörschgen. (1988), S. 614f.
536 Vgl. Dhalla (1980), S.158ff., Schmahl (1978), 502ff., Nieschlag / Dichtl / Hörschgen. (1997), S.586.
537 Vgl. Heinze / Kill (1992), S. 216ff.

Aufgrund der Heterogenität der äußeren Determinanten lassen sich keine allgemeingültigen Aussagen über die Beeinflussung des Diffusionsprozesses treffen. Die konkreten Auswirkungen sind von den Bedingungen des Einzelfalls abhängig. Es ist sowohl möglich, daß ein Diffusionsprozeß kaum durch solche Größen beeinflußt wird, als auch, daß äußere Einflußgrößen entscheidend für den Erfolg bzw. Mißerfolg der Diffusion sind. Kennzeichnend für den Einfluß der äußeren Determinanten ist weiterhin die große Unsicherheit, die mit ihnen verbunden ist.

5 Analyse und Beurteilung des möglichen Diffusionsprozesses eines "3-Liter-Autos"

5.1 Darstellung der zugrundeliegenden Umweltproblematik

Die Reduzierung der energiebedingten CO_2-Emissionen ist ein Problemfeld, welches in der internationalen Nachhaltigkeitsdebatte intensiv diskutiert wird. Dies liegt unter anderem am globalen Charakter der CO_2-Problematik. Die energiebedingten CO_2-Emissionen werden als Hauptursache für den sogenannten anthropogenen Treibhauseffekt verantwortlich gemacht, der die Erwärmung der Erdatmosphäre zur Folge hat. Auch wenn das Ausmaß dieses Effektes bisher noch nicht eindeutig ermittelt werden kann[538], so ist doch die Mehrheit der Fachleute der Meinung, daß eine Fortsetzung der bisherigen Entwicklung zu katastrophalen Folgen führen wird.[539] Es ist insbesondere davon auszugehen, daß durch die mit der Erwärmung einhergehende Erhöhung des Meeresspiegels dazu führen wird, daß Küstenregionen und ganze Inselgruppen überschwemmt werden.[540] Eine weitere Problematik, die mit den CO_2-Emissionen verbunden ist, stellt die Erschöpfbarkeit der fossilen Energieträger dar, deren Verbrennung im wesentlichen für die anthropogenen CO_2-Emissionen verantwortlich ist.

Aufgrund der Dringlichkeit des Problems wurden auf dem sogenannten Erdgipfel, der 1992 in Rio der Janeiro stattfand, von den meisten Ländern der Erde als gemeinsames Ziel festgelegt, die Treibhausgaskonzentrationen in der Atmosphäre auf einem solchen Niveau zu stabilisieren, daß gefährliche Klimaänderungen verhindert werden.[541] Die sogenannten Annex-I-Länder, zu denen die Industrieländer und die Transformationsländer gezählt werden, verpflichteten sich in Rio unverbindlich, ihre CO_2-Emissionen bis zum Jahre 2000 auf dem Niveau von 1990 zu stabilisieren.[542] Im Rahmen der Vertragsstaatenkonferenzen in Berlin 1995, in Genf 1996 und Kyoto 1997 wurde verhandelt, wie die Lastenverteilung beim Klimaschutz auf die einzelnen Länder aufgeteilt werden sollte. Die Konferenz in Kyoto brachte schließlich differenzierte Reduktionsziele für die Annex-1-Länder.[543]

---

538 Vgl. z.B. Schönwiese (1997), S. 1ff., Denhard (1997), S. 27ff.
539 Vgl. z.B. Tetzlaff (1996), S. 24, o.V. (1998d), S. 42.
540 Vgl. z.B. von Weizsäcker (1989), S. 61.
541 Vgl. UNFCCC (1992), Article 2.
542 Vgl. UNFCCC (1992), Article 4-2b.
543 Vgl. UNFCCC (1998), S. 30.

Land	Verpflichtung 2008 bis 2012 gegenüber 1990	
USA		- 7%
Japan		- 6%
EU		- 8%
Belgien	- 7,5%	
Dänemark	- 21%	
Deutschland	- 21%	
Finnland	0%	
Frankreich	0%	
Griechenland	+ 25%	
Großbritannien	-12,5%	
Luxemburg	- 28%	
Irland	+ 13%	
Italien	- 6,5%	
Niederlande	- 6%	
Österreich	- 13%	
Portugal	+ 27%	
Schweden	+ 4%	
Spanien	+ 15%	
Schweiz		- 8%
Kanada		- 6%
Ungarn / Polen		- 6%
Mittel- und osteuropäische Länder		- 8%
Rußland / Ukraine		0%
Neuseeland		0%
Norwegen		+ 1%
Australien		+ 8%
Island		+ 10%

Tabelle 5-1: Aufteilung der Klimaschutzverpflichtungen für die Treibhausgase Kohlendioxid, Methan und Distickstoffoxid auf die Annex-1-Länder

(Quelle: UNFCCC (1998), S. 30 und Europäische Kommission (1999), S. 27)

Tabelle 5-1 gibt diese Reduktionsverpflichtungen bzw. die maximal zulässigen Emissionserhöhungen sowie die Aufteilung des 8%-igen Reduktionsziels der Europäischen Union auf die Mitgliedsstaaten an.[544] Unabhängig davon hat die

[544] In zwei weiteren Klimakonferenzen in Buenos Aires 1998 und in Bonn 1999 wurden wietere Regelungen und Instrumente zur Umsetzung der in Kyoto getroffenen Beschlüsse ausgearbeitet.

neue deutsche Bundesregierung das von der früheren Bundesregierung genannte, weitergehendere Ziel, die CO_2-Emissionen bis zum Jahr 2005 gegenüber 1990 um 25 % zu senken, bekräftigt.[545]

Die Erfolge der bisherigen internationalen Klimaschutzpolitik sind aus heutiger Sicht eher bescheiden. Das Ziel der Annex-1-Länder, die CO_2-Emisionen im Zeitraum bis zum Jahre 2000 auf dem Niveau von 1990 zu stabilisieren, wird klar verfehlt - die Kohlendioxid-Emissionen dieser Länder werden um mehr als 10 % höher liegen als im Jahr 1990.[546]

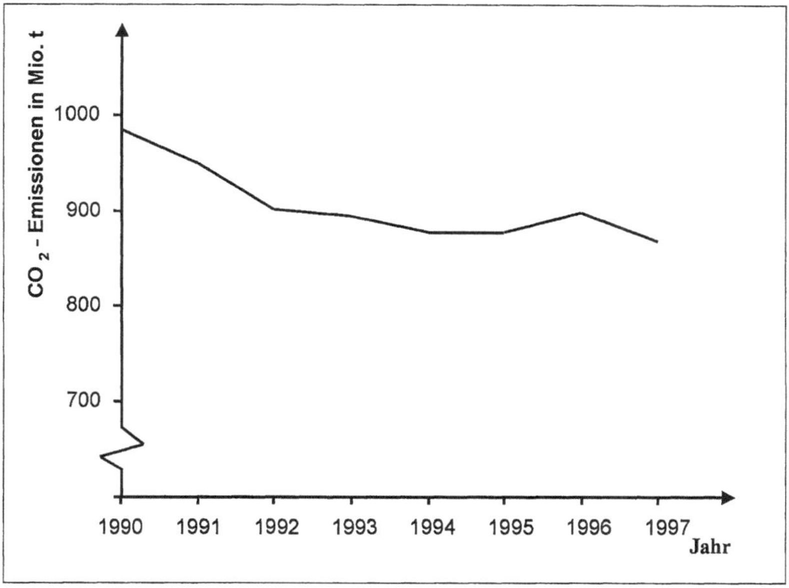

Abbildung 5-1: Energiebedingte CO_2-Emissionen in der Bundesrepublik Deutschland in den Jahren 1990 bis 1997

(Quelle: Deutsches Institut für Wirtschaftsforschung (1999a), S. 132)

545 Vgl. Deutsche Bundesregierung (1998).
546 Vgl. UNFCCC (1996).

Auch wenn in der Bundesrepublik Deutschland die CO_2-Emissionen schon in einem gewissen Umfang gesenkt werden konnten, so ist es nach dem momentanen Erkenntnisstand unwahrscheinlich, daß ohne weitreichende zusätzliche klimaschutzpolitischen Maßnahmen auf allen Ebenen das von der deutschen Bundesregierung gesetzte 25%-Ziel bis zum Jahre 2005 erreicht wird.[547] Zwar sind im Zeitraum von 1990 bis 1998 die CO_2-Emissionen um 13 % zurückgegangen (Abbildung 5-1), fast drei Viertel dieses Rückgangs wurden jedoch durch die Betriebsschließungen und anderen grundlegenden Veränderungen in den neuen Bundesländern bereits bis zum Jahre 1993 erreicht.[548] In Prognosen wird davon ausgegangen, daß ohne einschneidende Änderungen bis zum Jahre 2005 eine Reduktion der CO_2-Emissionen von nur ca. 15 % gegenüber der Referenzsituation im Jahre 1990 erfolgen wird.[549]

Die Analyse der CO_2-Emissionen in den verschiedenen Sektoren (Abbildung 5-2) zeigt, daß sich der Anteil der Emissionen des Verkehrs und der Haushalte in den letzten Jahren deutlich erhöht hat. Insbesondere in diesen Bereichen wird noch ein erheblicher Handlungsbedarf zur Emissionsreduktion gesehen.[550] Da bei unveränderten Rahmenbedingungen auch weiterhin mit einer zunehmenden Verkehrsleistung zu rechnen ist, wird eine Reduktion der insgesamt durch den Verkehr verursachten CO_2-Emissionen trotz sinkender spezifischer CO_2-Emissionen schwierig sein.[551] Der Hauptanteil (ca. 60 %) der verkehrsbedingten CO_2-Emissionen wird vom Pkw-Verkehr verursacht.[552] Es erscheint demnach zweckmäßig, bei dem Versuch, die CO_2-Emissionen des Verkehrs zu reduzieren, insbesondere beim Pkw-Verkehr anzusetzen.

---

547 Vgl. Esso (1998), S. 3, Deutsches Institut für Wirtschaftsforschung (1999a), S. 123.
548 Deutsches Institut für Wirtschaftsforschung (1999a) S. 124f.
549 Vgl. z.B. Esso (1998), S. 3.
550 Vgl. Deutsches Institut für Wirtschaftsforschung (1999a), S. 131f.
551 Vgl. Deutsches Institut für Wirtschaftsforschung (1999b), S. 200.
552 Im Jahre 1991 betrugen die verkehrsbedingten CO_2-Emissionen in den alten und neuen Bundesländern zusammen ca. 185 Mt, wovon ca. 113 Mt allein vom Pkw-Verkehr verursacht wurden. Vgl. Umweltbundesamt (1994), S. 261f.

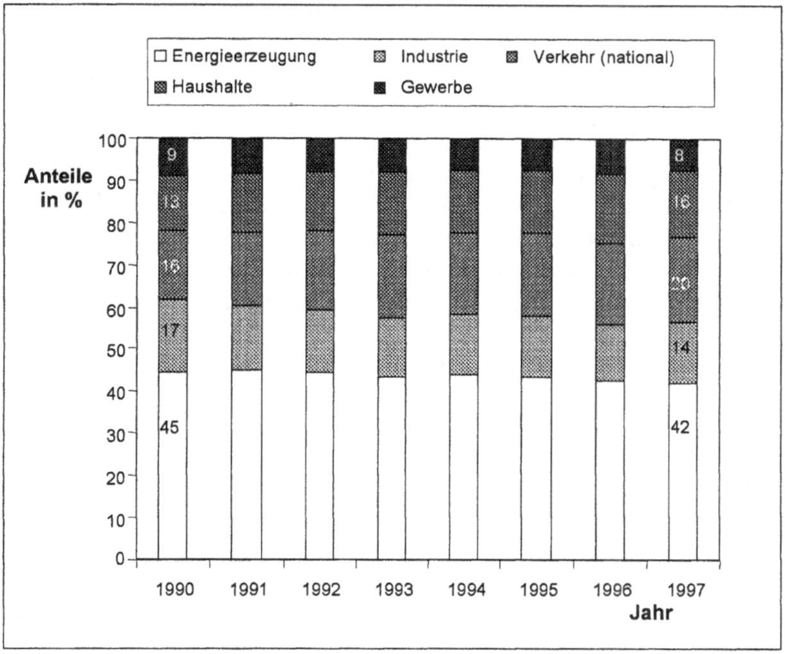

Abbildung 5-2: Struktur der energiebedingten CO_2-Emissionen in der Bundesrepublik Deutschland in den Jahren 1990 bis 1997

(Quelle: Deutsches Institut für Wirtschaftsforschung (1999a), S. 132)

Prinzipiell existieren drei - sich im Idealfall ergänzende - Möglichkeiten, die Menge des von Personenkraftwagen emittierten Kohlendioxids zu senken. Zum einen kann versucht werden, die Fahrleistungen der Personenkraftwagen bei gleichbleibender Verkehrsleistung[553] zu verringern. D.h. trotz verringerter Fahrleistung von Personenkraftwagen können die Individuen die gleichen Strecken zurücklegen. Möglich ist dies beispielsweise dadurch, daß der Besetzungsgrad der Fahrzeuge erhöht wird. Bilden beispielsweise zwei Personen

553 Die im Personenverkehr erbrachte Verkehrsleistung gibt die Summe der Wegstrecken an, die von der betrachteten Personengruppe zurückgelegt werden. Sie wird in Personenkilometern (Pkm) gemessen. Legen beispielsweise 100 Personen je eine Strecke von 10 km zurück, so entspricht dies einer Verkehrsleistung von 1000 Pkm.

einen Fahrgemeinschaft, so bedeutet dies eine Halbierung der Fahrleistung bei gleichbleibender Verkehrsleistung.[554] Eine weitere Möglichkeit, die Fahrleistung von Pkw bei gleichbleibender Verkehrsleistung zu verringern, ist das Ausweichen auf andere Verkehrsträger, z.B. auf Busse und Bahnen. Dies führt dann zu einer Verringerung der CO_2-Emissionen, wenn die Benutzung des anderen Verkehrsträgers mit weniger CO_2-Emissionen verbunden ist. Das kurz- bis mittelfristige Potential dieser Maßnahme wird als eher gering angesehen, da aufgrund der dominierenden Rolle des Pkw-Verkehrs - er macht ca. 82 % des gesamten Personenverkehrsaufkommens aus - ein erheblicher Kapazitätsausbau der anderen Verkehrsträger notwendig wäre.[555] Lediglich in Ballungsräumen mit einem flächendeckenden Angebot an öffentlichen Verkehrsmitteln wird ein gewisses Potential zur Verlagerung des Verkehrs gesehen.[556]

Die zweite prinzipielle Möglichkeit zur Verringerung der CO_2-Emisionen des Pkw-Verkehrs ist eine Absenkung der Fahrleistung bei gleichzeitiger Absenkung der Verkehrsleistung im Personenverkehr. Dies ist zum einen durch die Vermeidung "unnötiger" Fahrstrecken[557] möglich. Maßnahmen, die in diese Kategorie fallen sind z.B. die Vermeidung von Parksuchverkehr durch Parkleitsysteme oder die Verringerung des Berufsverkehrs durch Heimarbeit. Neben der Verringerung des unnötigen Verkehrs kann auch eine weitergehende Einschränkung der Verkehrsleistung beispielsweise durch die Erhöhung der Kosten des Personenverkehrs (z.B. durch streckenabhängige Straßennutzungsgebühren) oder durch Fahrverbote erreicht werden.[558] Ein Erhöhung der Kosten führt vermutlich zu erheblichen Problemen in mehreren Bereichen. Zum einen können soziale Ungerechtigkeiten auftreten, da die Mobilität der finanziell schwächeren Personengruppen stark eingeschränkt würde. Außerdem wären erhebliche ökonomische Schwierigkeiten zu erwarten, wenn die Mobilität in einem nationalen Alleingang eingeschränkt würde. Zudem kommt, daß Mobilität ein positiv besetzter Begriff ist, mit dem häufig Freiheit und Freizügigkeit

554 Wenn zusätzliche Wege - beispielsweise zur Abholung des Mitfahrers - vernachlässigt werden.

555 Vgl. Esso (1998), S.3.

556 Vgl. Wagner (1995), S. 108.

557 Unter unnötigen Fahrstrecken sollen solche verstanden werden, deren Vermeidung keine Nutzeneinbuße mit sich führt.

558 Auch mit Hilfe drastischer Erhöhungen der Mineralölsteuer, die nicht durch den Übergang zu verbrauchssparenden Fahrzeugen kompensiert werden kann, ist eine solche Wirkung erreichbar.

assoziiert wird und die Mobilität selbst einen Freizeitwert besitzt.[559] Bei einer weitgehenden Einschränkung dieser Mobilität wäre folglich mit erheblichen Widerständen zu rechnen.

Die dritte Möglichkeit, die CO_2-Emissionen des Pkw-Verkehrs zu verringern, besteht darin, die spezifischen CO_2-Emissionen pro gefahrenen Kilometer abzusenken. Dies kann durch eine energiesparende Fahrweise[560] oder eine Veränderung der Fahrzeugtechnik erreicht werden. Eine Veränderung der Technik kann zum einen darin bestehen, daß auf alternative Energieträger ausgewichen wird, deren Einsatz weniger CO_2-Emissionen verursacht. In Frage kommen vor allem Erdgas, Wasserstoff, elektrische Energie[561] und Kraftstoffe, die aus landwirtschaftlichen Produkten gewonnen werden können (z.B. Rapsöldiesel oder Methanol). Allerdings wird ein weitgehender Einsatz alternativer Energiequellen kurz- und mittelfristig kaum für möglich gehalten. Bis zum Jahr 2020 wird der Anteil von Fahrzeugen, die über eine solche Technik verfügen, selbst bei einer Forcierung der klimapolitischen Anstrengungen auf maximal 6 bis 8 % prognostiziert.[562]

Zu schnelleren Erfolgen bei der Absenkung der spezifischen CO_2-Emissionen kann eine weitere Verbesserung der konventionellen, auf Otto- und Dieselmotoren beruhenden Technik führen. Schon in den zurückliegenden Jahren sind der durchschnittliche Kraftstoffverbrauch und damit auch die spezifischen CO_2-Emissionen der neu in den Verkehr gebrachten Fahrzeuge gesunken. In Abbildung 5-3 ist die Entwicklung des durchschnittlichen Kraftstoffverbrauchs der aus deutscher Produktion neu in den Verkehr gebrachten Personenkraftwagen sowie des durchschnittlichen Kraftstoffverbrauchs aller in der Bundesrepublik Deutschland zugelassenen Personenkraftwagen in den Jahren 1978 bis 1998 dargestellt. Bis auf eine Phase der Verbrauchserhöhung in den Jahren 1987 bis 1989, die im wesentlichen auf die Einführung des Katalysators zurückzuführen ist, konnte der durchschnittlicher Kraftstoffverbrauch der deutschen Neufahrzeuge kontinuierlich gesenkt werden. Mit zeitlicher Verzögerung sank auch der

---

559 Vgl. z.B. Wagner (1995), S. 106ff.

560 Vgl. dazu die Ausführungen in Abschnitt 5.2.3.1.

561 Elektrische Energie ist zunächst durch einen Energieumwandlungsprozeß herzustellen. Dies kann außerhalb des Fahrzeugs, z.B. in einem Kraftwerk geschehen oder im Fahrzeug, z.B. durch Brennstoffzellen. Zur Reduktion der CO_2-Emissionen ist es erforderlich, daß die bei diesem Produktionsprozeß entstehenden CO_2-Emissionen geringer ausfallen als die bei einem konventionellen Fahrzeug entstehenden Emissionen.

562 Vgl. z.B. Shell (1997), S. 20, Esso (1998), S. S2.

durchschnittliche Verbrauch im Pkw-Bestand. Trotz dieser Erfolge ist der insgesamt von Personenkraftwagen verbrauchte Kraftstoff aufgrund der ansteigenden Fahrleistungen nicht gesunken. Während der Gesamtkraftstoffverbrauch der Personenkraftwagen bis zum Jahre 1990 ständig angestiegen ist, konnte er im anschließenden Zeitraum (bis 1998) zumindest konstant gehalten werden.[563]

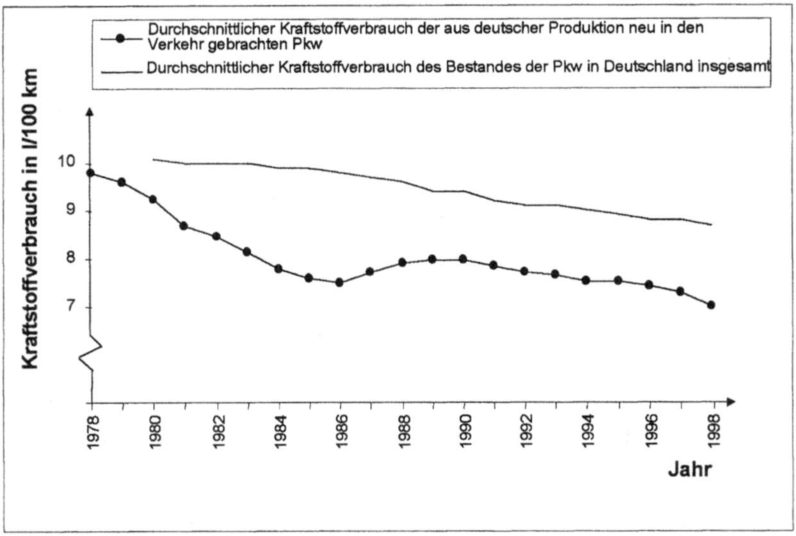

Abbildung 5-3: Durchschnittlicher Kraftstoffverbrauch von Personenkraftwagen in der Bundesrepublik Deutschland

(Quellen: VDA (1999), S. 127, Bundesminister für Verkehr (1999) S. 276f.)

Um eine deutliche Reduktion des durch den Pkw-Verkehr verbrauchten Kraftstoffs und damit der durch ihn verursachten CO_2-Emisionen zu erreichen, ist daher eine viel weitgehendere Verbrauchsreduktion notwendig. Das sogenannte "3-Liter-Auto", das im folgenden genauer betrachtet werden soll, ist das herausragendes Produkt, welches in diesem Zusammenhang zumeist genannt wird. Damit diese Senkung der spezifischen CO_2-Emissionen beim Produkt

563 Vgl. Bundesminister für Verkehr (1999), S. 277.

"3-Liter-Auto" aber auch insgesamt wirksam wird, ist eine erfolgreiche Diffusion dieses Produktes notwendig.

5.2 Markt- und Wettbewerbsbedingungen auf dem Markt für "3-Liter-Autos"

5.2.1 Überblick

Bevor im folgenden Abschnitt 5.3 eine Analyse des möglichen Diffusionsprozesses des "3-Liter-Autos" mit Hilfe der in Kapitel 4 erarbeiteten Liste von Einflußgrößen auf den Diffusionsprozeß umweltfreundlicher und hochwertiger Gebrauchsgüter erfolgt, soll in diesem Abschnitt ein grundlegender Überblick über die Situation auf dem Automobilmarkt sowie die Wettbewerbsbedingungen für das "3-Liter-Auto" gegeben werden. Dazu werden zunächst die Marktbedingungen in der Automobilbranche im allgemeinen betrachtet. Hierbei wird insbesondere auf die Entwicklung der Anzahl und Größe der Pkw-Anbieter sowie ihrer horizontalen und vertikalen Verflechtungen, auf die Markteintritts- und Marktaustrittsbedingungen, auf den Organisationsgrad und die Markttransparenz, auf die Abgrenzung der einzelnen Pkw-Märkte voneinander sowie auf die Rahmenbedingungen für den Automobilmarkt eingegangen.

Anschließend an diese Analyse der Marktbedingungen in der Automobilbranche im allgemeinen wird das Produkt "3-Liter-Auto" dargestellt und seine Wettbewerbssituation analysiert. Dazu erfolgt zunächst eine Definition dessen, was in dieser Arbeit unter einem "3-Liter-Auto" verstanden werden soll. Danach werden die technischen Maßnahmen beschrieben, die zu einer Reduktion des Kraftstoffverbrauchs auf drei Liter führen können und die bisher bzw. in unmittelbarer Zukunft verfügbaren "3-Liter-Autos" und ihre technischen Eigenschaften dargestellt. Aufbauend auf diese Darstellung des betrachteten Produktes sowie auf der Darstellung der Marktbedingungen wird dann die Wettbewerbssituation für das "3-Liter-Auto" analysiert. In diesem Zusammenhang wird insbesondere darauf eingegangen, zu welchen anderen Produkten das "3-Liter-Auto" im Wettbewerb steht und welches die entscheidenden Gesichtspunkte für Wettbewerbsvorteile und -nachteile sind.

Unter Verwendung der in den Abschnitten 5.2.2 und 5.2.3 dargestellten Sachverhalte wird in Abschnitt 5.2.4 versucht, eine Aussage zum Absatzpotential für "3-Liter-Autos" in der Bundesrepublik Deutschland für den Zeitraum bis zum Jahr 2020 zu geben. Hierbei kann es sich nur um eine grobe Schätzung handeln. Dies ist zum einen dadurch begründet, daß die technische Entwicklung - vor allem bei einem großen Zeithorizont - kaum vorherzusehen ist. Damit sind auch die Preise, weitere Kosten und Nutzwerte solcher "3-Liter-Autos" nur sehr schwer abzuschätzen. Zum zweiten können sich die Rahmen- und Umweltbedingungen gerade in dem sensiblen naturwissenschaftlichen und politischen Gebiet der anthropogenen Kohlendioxidemissionen und ihrer möglichen Auswirkungen auf das Klima drastisch ändern. Zu nennen seien nur die unterschiedlichen Möglichkeiten der Entwicklung der Mineralölsteuer in Deutschland, die in erheblichen Maße von den politischen Machtverhältnissen abhängen. Diese können beispielsweise in einer Zurücknahme der letzten Erhöhungen im Rahmen der sogenannten "Ökosteuer", in einer weiteren Anhebung der "Ökosteuer" oder in einer Umlegung der Kraftfahrzeugsteuer auf die Mineralölsteuer bestehen.

5.2.2 Marktbedingungen in der Pkw-Branche

5.2.2.1 Entwicklung der Anzahl und Größe der Pkw-Anbieter und ihrer Verflechtungen

Die Automobilbranche ist durch einen schon lang anhaltenden Konzentrationsprozeß gekennzeichnet. Zu Beginn dieses Jahrhunderts war die Automobilproduktion durch Einzelfertigung der Fahrzeuge in relativ kleinen Unternehmen bestimmt. Im Jahre 1912 gab es allein in Deutschland 60 Unternehmen, die sich der Automobilfertigung widmeten und insgesamt 14.296 Personenkraftwagen produzierten. Die durchschnittliche Beschäftigtenzahl eines Unternehmens betrug 268 Personen. Nach dem ersten Weltkrieg stieg die Zahl der Pkw-Produzenten in Deutschland vor allem aufgrund der Inflationskonjunktur kurzfristig bis auf 86 im Jahr 1924 an. Dann setzte jedoch eine Welle von Marktaustritten ein, die durch den starken Wettbewerb, der sich vor allem aus der Stabilisierung der deutschen Währung und der damit verbundenen Ausfälle im Export sowie der verstärkt auf den deutschen Markt drängenden ausländischen Pkw-Produzenten ergab. Diese Entwicklung wurde begünstigt durch die bis Mitte 1925 geltenden zollfreien Einfuhrkontingente des Versailler Vertrags und dem bald daran anschließenden deutsch-italienischen Handelsvertrag, in dem niedrige Zollsätze vereinbart wurden, die auf dem Wege der Meistbegünstigung allen bedeutenden automobilbauenden Ländern zugute kamen. Die Marktaustritte führten dazu, daß es im Jahre 1926 nur noch 30 Pkw-Produzenten gab.[564]

---

[564] Vgl. Busch (1966), S. 22ff.

Aufgrund des starken Wettbewerbs und der Weltwirtschaftskrise zu Beginn der dreißiger Jahre kam es zu weiteren Marktaustritten sowie zu Unternehmenszusammenschlüssen, von denen der Zusammenschluß der Firmen Audi, Horch und Zschopauer Motorenwerke zur Auto Union AG die Struktur der Branche am meisten beeinflußte.[565] Diese Entwicklung führte dazu, daß Mitte der dreißiger Jahre nur vier Konzerne 77 % des Pkw-Absatzes in Deutschland auf sich vereinten, die Auto Union AG, die Adler-Werke AG, die Adam Opel AG und die Daimler-Benz AG[566].

In den Zeiten des Nationalsozialismus wurde die deutsche Automobilindustrie zu einem Zwangskartell zusammengeschlossen und in wesentlichen Bereichen staatlich gelenkt. So wurde beispielsweise versucht, durch eine Förderung des Exportes Devisen zu beschaffen. Mit Erfolg, die Export-Quote von Personenkraftwagen versechsfachte sich in den Jahren von 1933 bis 1938.[567] Weiterhin wurde durch staatliche Lenkung die Zahl der Pkw-Typen von 50 auf 26 gesenkt, um so Potentiale für die Förderung von Rationalisierung und die Steigerung der Ausbringungsmöglichkeiten zu gewinnen. Während des zweiten Weltkrieges war die Automobilwirtschaft ein Objekt der vollständig geplanten Kriegswirtschaft. Die Pkw-Produktion wurde zugunsten der Lkw-Produktion, die für die inländische Versorgung sowie für den Transportbedarf der Wehrmacht erhöht wurde, fast vollständig zurückgefahren. Der Pkw-Bedarf der Wehrmacht wurde zu großen Teilen dadurch gedeckt, daß auf den Bestand von Privat-Pkw zurückgegriffen wurde.[568]

Nach dem zweiten Weltkrieg waren 80 % der Produktionsanlagen in Deutschland ausgefallen. Dennoch gelang es innerhalb einer relativ kurzen Zeit, die Produktionskapazitäten wieder zu erhöhen. Bereits 1952 war das Niveau von 1938 wieder erreicht. Durch die auch in den folgenden Jahren anhaltende starke Wachstumsdynamik wurden viele Unternehmen veranlaßt, in der Automobilbranche als Newcomer einzusteigen Die Zahl der deutschen Pkw-Anbieter stieg in den Jahren von 1950 bis 1958 von 10 auf 18. Dies waren im wesentlichen Anbieter von Kleinwagen und Kleinstwagen, wie beispielsweise die sogenannten

565 Vgl. Berg (1984), S. 173.

566 Aufgrund des im Jahre 1931 zwischen Daimler Benz und BMW getroffenen Arbeitsabkommens zur Ausschaltung der Konkurrenz sowie zur Kooperation in Produktion und Verkauf wird in dieser Aufzählung BMW zum Daimler Benz - Konzern zugehörig betrachtet. Vgl. Busch (1966), S. 28.

567 Vgl. Busch (1966), S. 30.

568 Vgl. Busch (1966), S. 31f.

Kabinenroller. In den Folgejahren erwiesen sich jedoch solche Fahrzeuge als inferior, so daß viele der Anbieter von Kleinwagen sich aus dem Markt zurückziehen mußten bzw. übernommen wurden. Auch einige Hersteller größerer Fahrzeuge bekamen Schwierigkeiten auf dem wettbewerbsintensiven Pkw-Markt. So mußte z.B. im Jahr 1961 die Borgward-Gruppe, die damals der viertgrößte deutsche Automobilhersteller war, Konkurs anmelden. Auch die Auto-Union GmbH war den veränderten Marktbedingungen nicht gewachsen und wurde zunächst von der Daimler Benz AG übernommen und dann an das Volkswagenwerk veräußert.[569]

Der Konzentrationsprozeß in der Automobilindustrie hat auch in den siebziger, achtziger und neunziger Jahren immer weiter angehalten - vor allem begründet durch die in der Automobilproduktion vorhandene Kostendegression.[570] Dies gilt sowohl auf nationaler als auch auf internationaler Ebene. Beispielsweise gehören heute in Italien die Firmen Lancia, Autobianchi, Alfa Romeo, und Ferrari zum Fiat-Konzern.[571] Aber es gibt auch immer mehr internationale Übernahmen und Zusammenschlüsse, wie z.B. die Übernahmen von Seat, Skoda, Rolls Royce und Bentley durch den VW-Konzern oder die Fusion der Daimler Benz AG mit dem Chrysler-Konzern. Durch diese und weitere Zusammenschlüsse kam es im Jahr 1999 dazu, daß nur noch 13 vollständig unabhängige Automobilhersteller den Weltmarkt bedienten.[572] Abbildung 5-4 gibt einen Überblick über die zehn größten Automobilhersteller des Jahres 1998 sowie deren Absatz- und Umsatzzahlen.

Als Gründe für die zunehmende Globalisierung in der Automobilbranche, die sich vor allem in einem globalen Wettbewerb und einem zunehmenden internationalen Fertigungsverbund[573] äußert, werden vom Verband der Automobilindustrie (VDA) beispielsweise die neuen Kommunikations- und Informationstechnologien, die neuen logistischen Prozesse, die gesunkenen Transportkosten und die liberalere Welthandelsordnung genannt.[574] Am Beispiel der deutschen Automobilindustrie zeigt sich die internationale Verflechtung sehr deutlich. So verfügen deutsche Automobilhersteller in mehr als 40 Ländern über 120 Produktions- und

---

569 Vgl. Berg (1984), S. 173ff.
570 Vgl. VDA (1999), S. 14.
571 Vgl. Matteucci / von Frankenberg / Neubauer (1995), S. 187.
572 Vgl. VDA (1999), S. 192.
573 Vgl. VDA (1999), S. 60.
574 Vgl. VDA (1999), S. 14.

Montagestätten, in denen Fahrzeuge mit deutschen Markenzeichen gebaut werden.[575] Dies sind insgesamt elf Prozent der Weltautomobilproduktion.

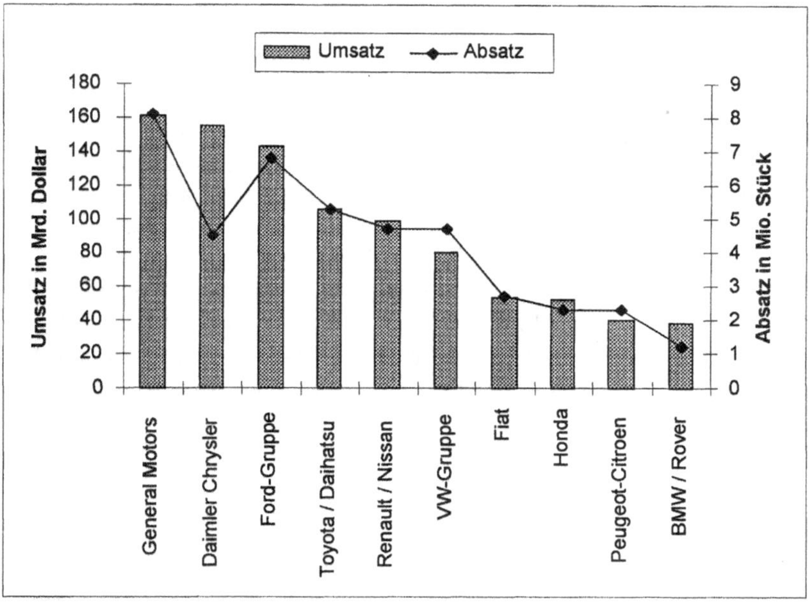

Abbildung 5-4: Absatz und Umsatzzahlen der 10 größten Automobilhersteller der Welt im Jahr 1998

(Quelle: VDA (1999), S. 193)

Zusammenfassend läßt sich feststellen, daß es sich auf der Anbieterseite des Pkw-Marktes um ein weites Oligopol mit einem funktionierendem und intensivem Wettbewerb handelt.[576] Der Konzentrationsprozeß ist in der Vergangenheit zwar immer weiter fortgeschritten und scheint auch heute noch nicht sein Ende gefunden zu haben - aufgrund der zunehmenden Internationalisierung und Globalisierung führt die Konzentration jedoch offensichtlich bisher nicht zu einer Abschwächung des Wettbewerbs. Diese Hypothese wird unter anderem dadurch

575 Vgl. VDA (1999), S. 50.
576 Vgl. Berg (1984), S. 180f., VDA (1999), S. 14, Diez (1988), S. 25.

bestätigt, daß sich die Aufwendungen der deutschen Automobilindustrie für Forschung und Entwicklung im Zeitraum von 1990 bis 1998 mehr als verdoppelt haben, und auch die Zahl der Patente stark angestiegen ist.[577] Diese Fakten sind deutliche Indizien für einen funktionierenden Wettbewerb.

Neben der horizontalen Konzentration ist auch die vertikale Verflechtung in der Automobilindustrie groß - dies gilt sowohl für die Seite der Zulieferer als auch für die Absatzseite. Aufgrund der zunehmenden Komplexität sowie aufgrund der Verbreiterung und Differenzierung der Modellpalette gehen die Pkw-Hersteller zwar immer mehr dazu über, Teile der Fertigung auszugliedern - die Fertigungstiefe der Automobilhersteller sank von ca. 50 % zu Beginn der achtziger Jahre[578] bis auf unter 30 % im Jahre 1998[579] - trotzdem kann aufgrund der verbliebenen Selbsterstellung der Vorprodukte sowie der engen Zusammenarbeit zwischen Pkw-Herstellern und Zulieferern auf den Gebieten der Forschung und Entwicklung und der Logistik von einer hohen vertikalen Verflechtung gesprochen werden. Teilweise werden die Zulieferer sogar auf dem gleichen Firmengelände angesiedelt, wie dies beispielsweise bei der Produktion des MCC Smart der Fall ist.[580]

Weiterhin sind enge vertikale Verflechtungen zu den Händlern vorhanden. In der Regel werden die Personenkraftwagen über Vertragshändler verkauft. In einem Händlervertrag werden weitreichende Absprachen hinsichtlich der Größe der Verkaufs-, Ausstellungs- und Werkstattflächen, des Umfangs des Neuwagenbestandes, der Bestückung des Ersatzteillagers, der Höhe der Werbeaufwendungen, etc. getroffen. Zumeist wird der Händler auch verpflichtet, nur die Marke bzw. die Marken des Herstellers zu führen. Im Gegenzug gewährt der Hersteller dem Händler einen Gebietsschutz und unterstützt ihn z.B. bei der Werbung, der Präsentation des Angebotes und der Aus- und Fortbildung.[581] Dieses System der engen vertikalen Verflechtung wurde von der Europäischen Kommission zunächst bis 2002 kartellrechtlich freigestellt.[582]

---

577 Vgl. VDA (1999), S. 43.
578 Vgl. Berg (1984), S. 185f.
579 Vgl. VDA (1999), S. 47.
580 Vgl. Jocham (1997), S. 22.
581 Vgl. Berg (1984), S. 189f.
582 Verordnung 1475/95 der Europäischen Kommission, ABl. L 145 vom 29. 6. 1995, S. 25.

5.2.2.2 Markteintritts- und Marktaustrittsbedingungen auf dem Pkw-Markt

Der Markt für Personenkraftwagen ist durch relativ hohe Markteintrittsschranken gekennzeichnet.[583] Diese Markteintrittsschranken auf dem Pkw-Markt sind in allen der in Abschnitt 4.3.5 dargestellten Ursachen begründet, also sowohl in Produktdifferenzierungsvorteilen, als auch in absoluten Kostenvorteilen und in Betriebsgrößenvorteilen der etablierten Anbieter.[584]

Produktdifferenzierungsvorteile bestehen vor allem dadurch, daß die etablierten Anbieter durch Werbung und andere absatzpolitische Aktivitäten über Jahrzehnte hinweg Traditionen geschaffen und sich ein Image begründet haben, das je nach Marke für Exklusivität, Qualität und Prestige der produzierten Fahrzeuge steht.[585] Außerdem ist durch das oben beschriebene Vertragshändlersystem mit der üblicherweise vertraglich festgelegten Markenbindung der Zugang zu den vom Autokäufer genutzten Absatzwegen für Newcomer auf dem Pkw-Markt erschwert. Um erfolgreich in den Pkw-Markt einzusteigen, wären also vermutlich sehr hohe anfängliche Ausgaben für Werbung und andere absatzpolitische Aktivitäten sowie ein hoher Aufwand zum Aufbau eines Händlersystems notwendig.

Absolute Kostenvorteile bestehen bei den etablierten Herstellern vor allem dadurch, daß Newcomer auf dem Automobilmarkt kaum über das notwendige Know-how verfügen und vermutlich Schwierigkeiten bei der Beschaffung von qualifiziertem Personal haben werden. Die etablierten Pkw-Hersteller besitzen eine sehr lange Erfahrung in der Entwicklung und Fertigung von Personenkraftwagen sowie einen großen Stamm von qualifiziertem Personal. Außerdem bestehen zwischen den etablierten Pkw-Herstellern und den Zulieferern langjährige und intensive Vertragsbeziehungen, so daß zumindest die Hypothese aufgestellt werden kann, daß für einen Newcomer schlechtere Konditionen bei Vertragsverhandlungen mit den Zulieferern erwartet werden können. Dieser Nachteil für Newcomer wird sich zumindest teilweise durch die neuen Beschaffungsmethoden per Internet, die mit dem Begriff "Business to Business" umschrieben werden, ausgleichen lassen.[586]

---

583 Vgl. Berg (1984), S. 183ff.
584 Vgl. Bain (1971), S. 12ff.
585 Vgl. Berg (1984), S. 183.
586 Vgl. Groothuis (2000), S. 100ff.

Vorteile durch die Betriebsgröße ergeben sich für etablierte Hersteller im Vergleich zu neu auf den Markt kommenden Anbietern durch die in der Automobilproduktion typische Kostendegression.[587] Ein neuer Anbieter muß einen ausreichend großen Marktanteil erreichen können, um Kostenersparnisse durch Skaleneffekte im gleichen Ausmaß zu nutzen wie die etablierten Anbieter.[588] Für die Automobilbranche ermittelte Berg im Jahr 1984 beispielsweise eine notwendige Produktions- und Absatzzahl (mindestoptimale technische Betriebsgröße) von 200.000 bis 250.000 Fahrzeugen pro Jahr für ein Mittelklassefahrzeug. Bei kleineren Fahrzeuge geht er sogar von einer minimalen Jahresproduktion von 500.000 Fahrzeugen aus.[589] Auch wenn durch die Entwicklung und Flexibilisierung in der Fertigungstechnik sich die Massenproduktionsvorteile heute reduziert haben, so kann trotzdem vermutet werden, daß für einen neuen Hersteller eine Jahresproduktion von 100.000 bis 200.000 Fahrzeugen nötig sein wird, um ähnliche Kostenvorteile wie die etablierten Hersteller zu erreichen. Bestätigt wird diese Vermutung durch die Tatsache, daß der einzig neue größere Anbieter der vergangenen Jahre auf dem Automobilmarkt - die Firma Micro Compact Car AG (MCC), die den Smart produziert - vor Beginn der Fertigung eine Jahresproduktion von ca. 200.000 Fahrzeugen einplante.[590]

Will ein Anbieter neu in den Pkw-Markt eintreten, existieren für ihn zwei prinzipielle Strategien.[591] Zum einen kann versucht werden, über die Realisierung eines Nischenproduktes, z.B. eines Sportwagens, eines Luxusfahrzeuges oder auch eines besonders umweltfreundlichen Fahrzeuges, bei relativ geringen Produktionszahlen eine Wettbewerbsposition zu erreichen, die ausreichende Gewinne verspricht. Da in solchen Produktsegmenten auch die etablierten Hersteller kaum Massenproduktionsvorteile erzielen können, bestehen bei dieser Strategie die Markteintrittshemmnisse vor allem darin, daß Produktdifferenzierungsvorteile bei den etablierten Herstellern vorliegen. Die schon bei den potentiellen Abnehmern bestehenden Präferenzen können nur schwer ausgeglichen werden. Es ist fraglich, ob ein Newcomer in der Lage sein wird, dieses

587 Vgl. VDA (1999), S. 14.
588 Vgl. Bain (1971), S. 16.
589 Vgl. Berg (1984), S. 184.
590 Vgl. Boldt / Scholtys (1999), S. 48ff.
591 Vgl. Berg (1984), S. 183ff.

ausreichend schnell zu bewerkstelligen, um einen erfolgreichen und dauerhaften Marktzutritt zu realisieren.[592]

Als zweite grundsätzliche Möglichkeit bietet sich für den neu in den Markt eintretenden Anbieter eine Mengenstrategie an. D.h. er versucht, durch hohe Stückzahlen die Vorteile der Kostendegression zu nutzen und sich damit über niedrige Preise einen großen Marktanteil zu sichern. Ein bedeutender Nachteil dieser Strategie sind allerdings die hohen Investitionen, die für ein solches Engagement im Markt für Personenkraftwagen aufgewendet werden müßten.[593]

Zusammenfassend kann festgestellt werden, daß durch die beschriebenen Ursachen auf dem Pkw-Markt der Markteintritt neuer Hersteller deutlich behindert wird. Diese Feststellung wird unter anderem durch die Geschichte der Micro Compact Car AG (MCC AG) bestätigt, die zeigt, wie schwer es für ein bisher nicht am Pkw-Markt etabliertes Unternehmen ist, den erfolgreichen Markteintritt zu schaffen. Die Gründungsidee für dieses Unternehmen stammt von dem Schweizer Unternehmers Hayek - lange bekannt als Hersteller der Swatch-Uhren. Ziel war die Produktion eines preisgünstigen und umweltfreundlichen "City-Cars". Nachdem eine Kooperation mit Volkswagen gescheitert war, gründeten im Jahr 1994 die Daimler Benz AG und Hayeks Firma SHM die MCC AG, wobei die Daimler Benz AG 51 % der Anteile hielt. Zur Produktion des geplanten Fahrzeuges mit dem Namen "Smart" wurde in Lothringen ein Montagewerk errichtet. Im Jahr 1997 wurde eine Kapitalerhöhung durchgeführt, bei der die Firma SHM nicht mitzog und ihren Anteil auf 19 % reduzierte. Die ersten "Smarts" für den Markt wurden dann 1998 produziert und ausgeliefert. Im Jahr 1998 verkaufte Hayek auch den Rest seiner Anteile, so daß die MCC AG mittlerweile eine 100 %ige Tochter der Daimler-Chrysler AG ist.

Augrund der hohen Kapitalbindung bei der Pkw-Produktion sind auch die Marktaustrittsbarrieren sehr hoch. Ein Abbau von Produktionskapazitäten ist allein schon wegen der oft großen regionalen Bedeutung von Automobilproduktionsstätten mit einer Reihe von sozialen und ökonomischen Problemen

---

592 Vgl. Berg (1984), S. 183f.
593 Vgl. Berg (1984), S. 184f.

verbunden. Demzufolge ist mit großen Widerständen von Gewerkschaften und sonstigen politischen Gruppierungen zu rechnen.[594]

5.2.2.3 Organisationsgrad und Markttransparenz

Auf dem Automobilmarkt ist, zumindest in den Volkswirtschaften mit einer hohen Motorisierungsdichte, ein hoher Grad der Marktorganisation gegeben, d.h. es existieren eine Vielzahl von Institutionen und Verfahrensregeln, unter deren Zuhilfenahme die Marktteilnehmer miteinander in Kontakt treten. Dies sind beispielsweise das ausgebaute Vertragshändlersystem,[595] die vorhandenen gesetzlichen Regelungen zur Zulassung und zum Verkauf von Personenkraftwagen, die Finanzierungs- und Leasingangebote der Geldinstitute und die Vielzahl der Massenmedien, die sich mit Personenkraftwagen befassen. Aufgrund dieses hohen Organisationsgrades ist eine relativ große Markttransparenz vorhanden. In der Europäischen Union wird die Markttransparenz gegenwärtig durch die Einführung des Euros weiter erhöht. Die grenzüberschreitenden Preisvergleiche werden vereinfacht, und es ist bereits festzustellen, daß sich die Preise immer weiter angleichen.[596] Auch durch diese Entwicklung wird also der internationale Wettbewerb in der Pkw-Branche intensiviert.

5.2.2.4 Abgrenzung der einzelnen Pkw-Märkte voneinander

Als Grundlage für die Analyse der Wettbewerbssituation des "3-Liter-Autos" ist eine Abgrenzung der einzelnen Teilmärkte des Automobilmarktes notwendig. Die verschieden großen Teilmärkte sind durch mehr oder weniger große "Substitutionslücken"[597] voneinander getrennt.[598] Es können beispielsweise in einer ersten Abgrenzung die Personenkraftwagen von den Lastkraftwagen unterschieden

---

594 Ein Beispiel aus jüngster Zeit gab die Diskussion um die Schließung bzw. um den Verkauf der Rover-Werke durch BMW.

595 Vgl. dazu die Ausführungen in Abschnitt 5.2.2.1.

596 Vgl. VDA (1999), S. 68.

597 Das Konzept der Substitutionslücken geht auf Joan und E.A.G. Robinson zurück und beschreibt die Tatsache, daß Nachfrager bei unterschiedlichen Gütern eine mehr oder weniger große Substituierbarkeit sehen. Werden zwei Güter als weitgehend substituierbar angesehen, so ist die Substitutionslücke klein. Vgl. Robinson (1946) und Robinson (1954).

598 Die Ermittlung der Größe der Substitutionslücken kann mit Hilfe objektiver Kriterien oder anhand der subjektiven Präferenzen der Abnehmer erfolgen, wobei die Auswahl des Verfahrens und die Größe der Teilmärkte von der jeweiligen Zwecksetzung abhängig ist.

werden.[599] Jedoch ist schon bei dieser, auf den ersten Blick ziemlich eindeutigen Abgrenzung, zu bemerken, daß eine Reihe von Fahrzeugen existieren (z.B. Kombinationskraftwagen), die Attribute von beiden Gütergruppen besitzen. Gleiches gilt auch für die Abgrenzung der verschiedenen Pkw-Märkte gegeneinander. Übliche Kriterien, die zu einer solchen Abgrenzung verwendet werden, sind die Größe der Fahrzeuge, ihre Leistung, ihr Preis, ihr Hubraum und ihre Höchstgeschwindigkeit.

In der Presse sowie in Rundfunk und Fernsehen werden Personenkraftwagen häufig in die Klassen Kleinwagen, Untere Mittelklasse, Mittelklasse, Obere Mittelklasse und Luxusklasse eingeteilt. Zudem kommen die Sonderfahrzeuge wie Sportwagen, Geländewagen, Cabriolets oder Vans. In den letzten Jahren werden häufig die besonders kleinen Kleinwagen noch einmal gesondert abgegrenzt und als Mini-Cars oder Kleinstwagen bezeichnet.[600] Die Einteilung in diese Fahrzeugklassen, die als einzelne Marktsegmente des Pkw-Marktes betrachtet werden können, erfolgt vor allem anhand der Kriterien Preis, Größe, Leistung und Verwendungszweck. Die Substitutionslücken zwischen zwei benachbarten Marktsegmenten sind relativ gering, während beispielsweise die Substitutionslücke zwischen einem Kleinwagen und einem Fahrzeug der Oberklasse sehr groß sein dürfte. Aufgrund der Anzahl der unterschiedlichen Kriterien und des fließenden Übergangs ist eine solche Marktabgrenzung jedoch nicht immer eindeutig.[601]

In amtlichen Statistiken, wie beispielsweise in den vom Kraftfahrbundesamt herausgegebenen Zulassungs- und Bestandszahlen von Personenkraftwagen, wird zur Abgrenzung verschiedener Fahrzeugklassen in der Regel auf das Kriterium "Hubraumvolumen" zurückgegriffen. Dieses Kriterium eignet sich zwar auch nicht zur eindeutigen Abgrenzung verschiedener Marktsegmente, trotzdem kann in einer ersten Näherung angenommen werden, daß Fahrzeuge mit sehr geringem Hubraum den Kleinwagen zuzuordnen sind. Mit steigendem Hubraumvolumen wird es sich um Fahrzeuge der Mittelklasse(n), und der Luxusklasse handeln.[602] In Abbildung 5-5 ist die Entwicklung der Anteile an den Neuzulassungen in

---

599 Vgl. Berg (1984), S. 178.

600 Die genannte Unterscheidung der Fahrzeuge bezieht sich auf die Klasseneinteilung der jährlich durchgeführten Umfrage der Zeitschrift "Auto Motor Sport" zu den besten Autos in den verschiedenen Fahrzeugkategorien.

601 Vgl. Berg (1984), S. 179.

602 Auch der Verband der Automobilindustrie (VDA) bedient sich zur Abgrenzung der Fahrzeugklassen der Hubraumgröße. Vgl. VDA (1999), S. 25.

Deutschland zwischen 1992 und 1998 für verschiedene Hubraumklassen dargestellt. Es ist zu erkennen, daß die Fahrzeuge mit einem Hubraum zwischen 1500 und 2000 ccm, welche am ehesten der Mittelklasse zuzuordnen sind, mit über 50 % eindeutig dominieren. Bemerkenswert ist die deutliche Zunahme der Neuzulassungen von Fahrzeugen unter 1000 ccm Hubraum, deren Anteil sich von 1992 bis 1999 von ca. 3 % auf über 7 % mehr als verdoppeln konnte.

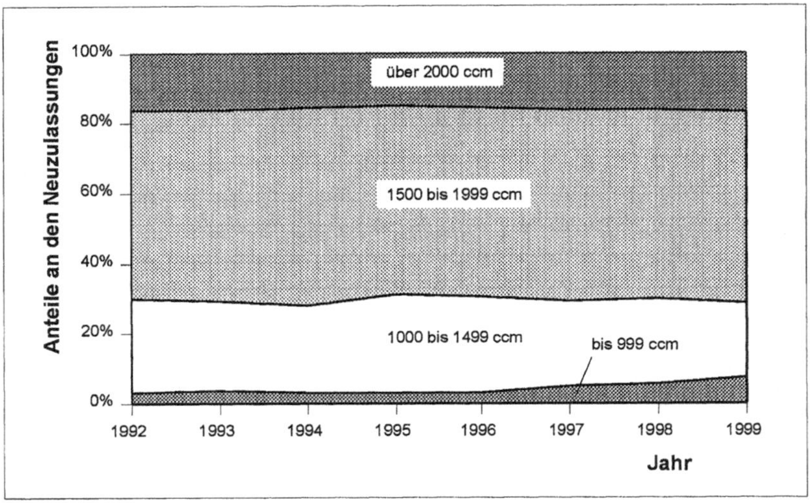

Abbildung 5-5: Anteile an den Neuzulassungen von Personenkraftwagen in Deutschland in den Jahren 1992 bis 1999 nach Hubraumklassen

(Quelle: Kraftfahrbundesamt)

5.2.2.5 Rahmenbedingungen für den Automobilmarkt

Die Rahmenbedingungen für den Automobilmarkt können zu Beginn dieses Jahrzehnts als relativ gut beurteilt werden. Laut Frühjahrsgutachten der Arbeitsgemeinschaft deutscher wirtschaftswissenschaftlicher Forschungsinstitute e.V. befindet sich die Weltwirtschaft in einer Phase kräftiger Expansion mit insgesamt guten Aussichten für die folgenden Jahre, auch wenn angenommen wird, daß sich das Weltwirtschaftswachstum in den folgenden Jahren leicht abschwächt. In Deutschland werden die Konjunkturaussichten ebenfalls positiv beurteilt; für die Jahre 2000 und 2001 wird jeweils ein Wachstum des Bruttoinlandsprodukts von 2,8 % erwartet.[603]

Die Weltautomobilkonjunktur war im Jahr 1998 durch die Südostasienkrise etwas eingebrochen, wobei jedoch die Entwicklung in Nordamerika, Westeuropa und insbesondere in Deutschland weiter positiv verlief.[604] Nach dem Einbruch der Zulassungszahlen im Jahr 1993, der vor allem durch die sehr hohe Nachfrage im Jahr 1992 aufgrund der deutschen Wiedervereinigung und der Rezession im Jahr 1993 bedingt war, nahmen die Neuzulassungen in Deutschland relativ kontinuierlich zu und lagen im Jahr 1999 mit über 3,8 Millionen fast auf dem Niveau von 1992 (Abbildung 5-6). Es ist allerdings möglich, daß die deutsche Automobilkonjunktur durch die in den Jahren 1999 und 2000 angestiegenen Kraftstoffpreise gedämpft wird.[605]

Relevant für die Beurteilung und Prognose der Entwicklung in Deutschland ist neben der Anzahl der Neuzulassungen auch die Entwicklung der Fahrzeuglöschungen. Wie Abbildung 5-6 zeigt, ist die Anzahl der Fahrzeuglöschungen von 1992 bis 1998 stark und relativ kontinuierlich angestiegen, lediglich im Jahr 1999 ging ihre Anzahl wieder zurück, wodurch sich ein Wachstum des Gesamtbestandes von 1,7 % ergab. Während im Jahr 1992 vor allem der Neubedarf an Fahrzeugen verantwortlich für die hohen Neuzulassungszahlen war, ist in den vergangenen Jahren im wesentlichen der Ersatzbedarf[606] für aus dem Verkehr gezogene Fahrzeuge als treibende Kraft für den Absatz anzusehen.[607]

---

603 Vgl. Arbeitsgemeinschaft deutscher wirtschaftswissenschaftlicher Forschungsinstitute e.V. (2000), S. iii.

604 Vgl. VDA (1999), S. 16ff.

605 Diese Wirkung ist im wesentlichen für den gesamten Automobilabsatz denkbar. Die Bedingungen für den Absatz verbrauchsarmer Pkw werden durch die hohen Kraftstoffpreise jedoch vermutlich verbessert.

606 Für den angestiegenen Ersatzbedarf dürften unter anderem auch die hohen Steuersätze für nicht-schadstoffarme Pkw nach dem Kraftfahrzeugsteueränderungsgesetz von 1997 (Vgl. Deutscher Bundestag (1997), S.805ff.) verantwortlich sein.

607 Vgl. VDA (1999), S. 29.

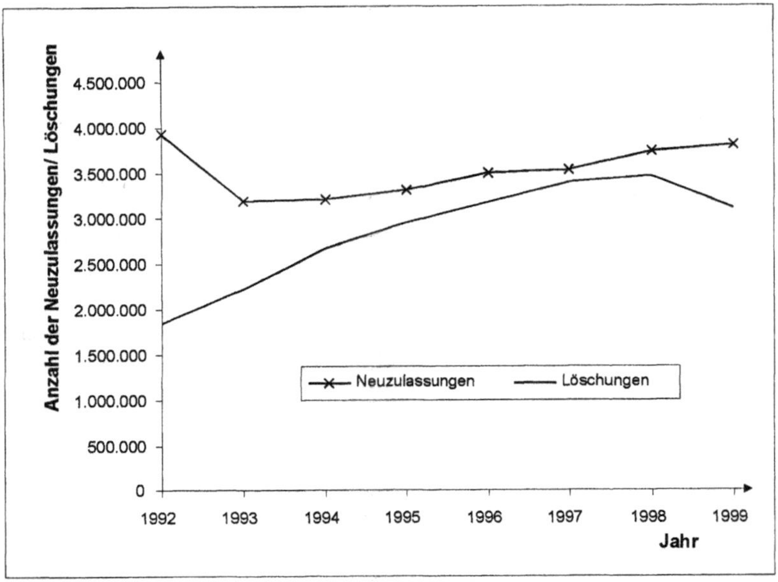

Abbildung 5-6: Entwicklung der Neuzulassungen und Löschungen von Personenkraftwagen in der Bundesrepublik Deutschland in den Jahren 1992 bis 1999

(Quelle: Kraftfahrbundesamt)

5.2.3 Das Produkt "3-Liter-Auto" und seine Wettbewerbsposition

5.2.3.1 Definition und Beschreibung des Produktes "3-Liter-Auto"

In der Literatur wird die Bestimmung dessen, was unter einem "3-Liter-Auto" verstanden werden kann, bisher nicht eindeutig gehandhabt. Teilweise werden solche Fahrzeuge als "3-Liter-Auto" bezeichnet, deren Kraftstoffverbrauch maximal drei Liter pro hundert Kilometer beträgt. Bei der Bestimmung des Kraftstoffverbrauchs wird die in der Europäischen Union seit 1996 vorgeschriebene Messung im MVEG II-Fahrzyklus zugrundegelegt. Bei einigen Autoren liegt auch die Auffassung vor, daß Fahrzeuge, bei denen der Kraftstoffverbrauch zwischen drei und vier Liter beträgt, also lediglich eine drei vor dem Komma steht, als "3-Liter-Autos" bezeichnet werden können.[608] In dieser Untersuchung wird eine dritte Definition zugrundegelegt, die sich in letzter Zeit immer mehr durchsetzt und die sich an dem CO_2-Ausstoß orientiert, der eine steuerliche Förderung als "3-Liter-Auto" in der Bundesrepublik Deutschland ermöglicht. Danach sind solche Fahrzeuge durch einen Kohlendioxidausstoß von weniger als 90 g/km gekennzeichnet,[609] welcher einem Kraftstoffverbrauch von ca. 3,8 Liter/100km Benzin bzw. von ca. 3,4 Liter/100km Diesel entspricht.[610]

Um diese Werte zu erreichen, ist eine Reduktion des Kraftstoffverbrauchs gegenüber den heute verfügbaren sparsamsten Personenkraftwagen um ca. 40 % notwendig. Dieser Abstand zu konventionellen Fahrzeugen ist so groß, daß das "3-Liter-Auto" als eigenständige Produktkategorie eingestuft werden kann, deren mögliche Diffusion hier analysiert werden soll. Eine Reduktion des Kraftstoffverbrauchs in dem angegebenen Umfang ist nur durch vielfältige technische Maßnahmen möglich. Ansatzpunkte bieten vor allem die Wirkungsgradverbesserung des Antriebsstranges, die Reduzierung des Gewichts und die Reduzierung von Luft- und Rollwiderständen.[611]

Als Maßnahmen, die eine Verbesserung des Wirkungsgrades des Antriebsstranges zur Folge haben, kommen insbesondere motorische Veränderungen, verbrauchsoptimierte Getriebe und die Abschaltung des Motors in Stillstandphasen in Betracht. Oft genannte motorische Veränderungen sind z.B. der Einsatz von Direkteinspritzungen bei Otto- und Dieselmotoren, die Optimierung des Motormanagements durch den Einsatz von Elektronik, die Aufladung der Motoren und der Einsatz von Mehrventilzylinderköpfen.[612] Prinzipbedingt liegt der Kraftstoffverbrauch bei Dieselmotoren um ca. 15-20 % niedriger als der von Benzinmotoren. Aus diesem Grunde ist damit zu rechnen, daß zunächst nahezu ausschließlich Dieselfahrzeuge als "3-Liter-Autos" angeboten werden. Neben diesen motortechnischen Maßnahmen besteht ein gewisses Potential durch den

608 Vgl. Demel (1995), S. 392.
609 Vgl. Deutscher Bundestag (1997), S.805ff.
610 Da der Kohlenstoffanteil und damit die resultierenden CO_2-Emissionen pro Liter bei Dieselkraftstoff höher als bei Benzin sind (Diesel: 2,633 kg CO_2 pro Liter, Benzin: 2,338 kg CO_2 pro Liter), sind die maximal zulässigen Kraftstoffverbräuche bei Dieselfahrzeugen geringer.
611 Vgl. z.B. Redlich et al. (1992), S. 91, Demel (1995), S. 399f.
612 Vgl. z.B. Redlich et al. (1992), S. 64

Einsatz von Getrieben, die so ausgelegt und konstruiert sind, daß sie hinsichtlich des Kraftstoffverbrauchs optimiert sind. Eine wesentliche Maßnahme sind sogenannte lange Übersetzungen, die dazu führen, daß der Motor in einem Drehmoment/Drehzahl-Bereich arbeitet, in dem sein Wirkungsgrad hoch ist. Vorkehrungen, die auch zur Erreichung dieses Ziels dienen können, sind der Einsatz von 6-Gang-Getrieben oder von stufenlosen Getrieben sowie automatisierte Schaltungen mit elektronischen Regelungen oder automatische Schaltempfehlungen. Eine weitere Maßnahme ist die automatische Abschaltung des Motors in Stillstandphasen, z.B. vor Ampeln. Bei dieser Technik wird der Motor mit Hilfe einer Schwungnutzautomatik wieder gestartet, sobald der Fahrer das Gaspedal betätigt. Diese Abschaltung des Motors führt zu einer Absenkung des Durchschnittsverbrauchs in der Größenordnung von sechs bis acht Prozent.[613]

Der Kraftstoffverbrauch eines Personenkraftwagens wird erheblich durch das Gewicht beeinflußt. Der gewichtsbedingte Anteil am Kraftstoffverbrauch und damit an den CO_2-Emissionen liegt zwischen ca. 40 % auf Autobahnen und ca. 70 % im Stadtverkehr.[614] In der Vergangenheit ist das Fahrzeuggewicht aufgrund der steigenden Komfort- und Sicherheitsansprüche (z.B. Geräuschdämmung, Klimaanlage, Servolenkung, Anti-Blockier-System (ABS), Airbags, Seitenaufprallschutz) kontinuierlich angestiegen. Beispielsweise stieg das Leergewicht des VW-Golf-Basismodells von 1974 bis heute um knapp 40 %. Eine Absenkung des Fahrzeuggewichts ist vor allem durch den Einsatz von Leichtbaumaterialien wie Aluminium, Magnesium und Kunststoff sowie über eine materialsparende Konstruktion möglich. Problematisch ist in diesem Zusammenhang der Zielkonflikt, der in einem gewissen Umfang zwischen der Reduktion des Gewichts und den Anforderungen an die Fahrzeugsicherheit besteht. Außerdem können die Umweltbelastungen bei Herstellung und Entsorgung durch die Verwendung der Leichtbaumaterialien ansteigen.[615]

Als weitere Möglichkeit zur Reduzierung des Kraftstoffverbrauchs bietet sich eine Absenkung der Fahrwiderstände an. Potentiale bestehen vor allem beim Luft- und Rollwiderstand. Der neben der Querschnittsfläche entscheidende Luftwiderstandsbeiwert von Personenkraftwagen wurde vor allem in den siebziger und achtziger Jahren erheblich reduziert, er sank um ca. ein Drittel.[616]

---

613 Vgl. Hazelaar / Wester (1995), S. 93.
614 Vgl. z.B. Redlich et al. (1992), S. 40.
615 Vgl. z.B. Schäper / Leitermann (1996), S. 223ff.
616 Vgl. Hazelaar / Wester (1995), S. 86.

Eine weitergehende Absenkung des Kraftstoffverbrauchs durch diese Maßnahme wird noch um ca. fünf Prozent für möglich gehalten.[617] Die Verringerung des Rollwiderstandes ist durch Verwendung optimierter Reifen möglich. Damit ist eine Absenkung des Rollwiderstandes um ca. 30 % machbar, was zu einer Verringerung des Kraftstoffverbrauchs um ca. sechs Prozent führen würde.[618]

Der Wirkungsgrad des Antriebsstranges und die Fahrwiderstände sind in einem hohen Maße auch von der Fahrweise abhängig. Bemüht sich der Fahrer, das Fahrzeug so zu betreiben, daß der Motor im Bereich des günstigen Wirkungsgrades betrieben wird, indem er z.B. früh hochschaltet, und vermeidet er unnötige Beschleunigungen und unnötig hohe Geschwindigkeiten, so ist eine Reduktion der Kraftstoffverbrauchs um bis zu 30 % möglich.[619] Technische Maßnahmen zur Unterstützung des Fahrers bei einer solchen verbrauchsarmen Fahrweise sind eine Verbrauchsanzeige oder eine elektronische Schaltempfehlung.

Die genannten Maßnahmen zur Verbrauchsreduzierung sind nach dem heutigen technischen Wissensstand durchführbar. Damit ist es möglich, ein "3-Liter-Auto" zu entwickeln, das im wesentlichen den heutigen Anforderungen hinsichtlich Sicherheit, Komfort und Fahrleistungen entspricht. Der Realisierung entgegen stehen jedoch die mit den Maßnahmen verbundenen teilweise sehr hohen Kosten, die zu einem relativ hohen Verkaufspreis eines 3-Liter-Fahrzeuges führen und damit seine Marktchancen beeinträchtigen.[620]

Die Realisierung eines Personenkraftwagens, der nur drei Liter Kraftstoff auf einhundert Kilometer verbraucht, ist es auch durch Einschränkungen der Gebrauchstüchtigkeit gegenüber konventionellen Personenkraftwagen möglich. Beispielsweise kann ein kleines Fahrzeug als reines Stadtauto konzipiert werden.[621] Möglich wäre eine Ausstattung mit nur zwei Sitzplätzen und einem

---

617 Vgl. z.B. Demel (1995), S. 399, Redlich et al. (1992), S. 56.

618 Vgl. z.B. Redlich et al. (1992), S. 53.

619 Vgl. WDR (2000).

620 Im Jahr 1995 gab der ehemalige Vorstandssprecher der Audi AG an, daß aus Kundensicht ein Mehrpreis von ca. 2.000 DM gegenüber einem sparsamen Pkw akzeptiert werden würde, wenn die "günstige" (und trotz Ölpreiserhöhung und ökologischer Steuerreform auch heute noch unwahrscheinliche, Anmerkung des Verfassers) Annahme eines Dieselpreises von 2,50 DM/Liter gemacht wird sowie eine Jahresfahrleistung von 20.000 km unterstellt wird, so daß sich die Anschaffung innerhalb von zwei Jahren amortisieren würde. Das Angebot eines "3-Liter-Autos" zu diesem Mehrpreis stelle seiner Meinung nach ein sehr ehrgeiziges Ziel dar. Vgl. Demel (1995), S. 402f. Vgl. zum Marktpotential von "3-Liter-Autos" auch die Ausführungen in den Abschnitten 5.2.3.2 und 5.2.4.

621 Vgl. z.B. Redlich et al. (1992), S. 48ff.

kleinen Kofferraum sowie einem relativ klein dimensionierten Motor. Damit wäre ein vergleichsweise niedriger Verkaufspreis möglich. Solche Fahrzeuge, die in ihren Dimensionen noch unterhalb der Kleinstwagen liegen, sollen im folgenden als Mircowagen[622] bezeichnet werden. Denkbar wären bei ihnen auch Einschränkungen hinsichtlich der Erfüllung heute üblicher Sicherheits- und Komfortansprüche.

Daß eine Reduktion des Kraftstoffverbrauchs durch die Anwendung solcher Maßnahmen kein technisches Problem darstellt, zeigen die in der Größenordnung von drei Liter pro hundert Kilometer liegenden Benzinverbräuche der Kleinstwagen aus den fünfziger Jahren. Insbesondere eine Absenkung der Sicherheitsansprüche ist den potentiellen Adoptern allerdings kaum zu vermitteln. In einer Umfrage, die der Autor im Jahre 1996 zur Thema "Diffusion neuer umweltfreundlicher Pkw-Konzepte" durchgeführt hat, gaben ca. 95 % der Befragten an, daß bei einem "3-Liter-Auto" hinsichtlich der Sicherheit keine Nachteile gegenüber einem konventionellen Fahrzeug bestehen sollten.[623] Bestätigt wird dieses Ergebnis unter anderem durch eine repräsentative Umfrage des Spiegels in der Bundesrepublik Deutschland aus dem Jahre 1993, bei der über 90 % der Befragten angaben, daß die Sicherheit eines Fahrzeugs ein entscheidendes Kaufkriterium darstellt.[624] Hinsichtlich Komfort, Größe und Fahrleistungen werden demgegenüber Einschränkungen beim "3-Liter-Auto" in Kauf genommen. Dies wurde in der Umfrage aus dem Jahr 1996 von über 70 % der Befragten eingeräumt. Zu ähnlichen Ergebnissen kommt auch eine Befragung, welche die Zeitschrift "Auto Motor Sport" bei 30.000 Lesern durchgeführt hat. Insbesondere eine geringere Motorleistung würde akzeptiert werden.[625]

Die Einführung von Personenkraftwagen, die hinsichtlich der Größe deutlich unter den heute üblichen Kleinwagen liegen, ist jedoch sowohl bei den Fahrzeugherstellern als auch bei Umweltverbänden umstritten. So hat beispielsweise der heutige VW-Vorstandsvorsitzende Piëch schon im Jahr 1991 gefordert,

---

622 Dieser Begriff wird vom ADAC für eine Fahrzeugklasse unter den heute üblichen Kleinstwagen verwendet.

623 Diese Umfrage wurde im Mai 1996 durchgeführt. Befragt wurden 246 Personen, die von der Alters- und Geschlechtsstruktur so ausgewählt wurden, daß sie dem Bevölkerungsdurchschnitt in der Bundesrepublik Deutschland entsprechen. Der Fragekatalog, der bei dieser Umfrage verwendet wurde sowie die Auszählung der Antworthäufigkeiten befinden sich im Anhang dieser Untersuchung.

624 Vgl. Spiegel (1993), S. 342.

625 Vgl. Auto-Motor-Sport-Leserbefragung, zitiert bei: o.V. (1998g), S. 20.

daß das "3-Liter-Auto" über vier Sitzplätze verfügen soll und daß es keine Einschränkungen im Komfort und bei den Fahrleistungen geben soll.[626] Auch die Umweltschutzorganisation Greenpeace spricht sich gegen die Einführung von Stadtautos, Drittwagen, sogenannten Alibiautos oder "FunCars" aus, da diese Fahrzeuge im wesentlichen nur zu einer Erhöhung der Fahrzeugzahl führen würden.[627]

In diesem Zusammenhang sei kurz auf die Diskussion zur Relevanz des "3-Liter-Autos" für die Reduktion der CO_2-Emissionen der gesamten sich im Betrieb befindlichen Fahrzeugflotte eingegangen. Die teilweise genannte Kritik, daß eine Reduktion der CO_2-Emissionen besser und kostengünstiger über eine Verringerung des Kraftstoffverbrauchs aller Pkw zu erreichen sei, als durch die Einführung des mehr oder weniger symbolischen Produktes "3-Liter-Auto",[628] hat natürlich - zumindest kurzfristig - ihre Berechtigung. In mittelfristiger Perspektive wird mit einer ungefähren Halbierung des durchschnittlichen Kraftstoffverbrauchs neuer Fahrzeuge auf ca. vier bis fünf Liter bis zum Jahr 2020 gerechnet.[629] Eine solche Reduktion ist jedoch nur möglich, wenn sich bei den Neuzulassungen auch ein größerer Anteil von "3-Liter-Autos" befindet. Es ist demnach keine Frage, ob der massenhafte Einsatz von solchen Fahrzeugen sinnvoll ist und erfolgen wird, sondern höchstens, ab wann dieser Einsatz sinnvollerweise erfolgen wird. Die Tatsache, daß nahezu alle Automobilhersteller an der Entwicklung eines "3-Liter-Autos" arbeiten,[630] spricht dafür, daß dieser Zeitpunkt aus der Sicht der Automobilhersteller nicht in allzu weiter Ferne liegt.

Zusammenfassend kann also festgestellt werden, daß aus heutiger Sicht vor allem zwei Optionen zur technischen Realisierung eines "3-Liter-Autos" existieren. Zum einen kann durch relativ aufwendige Maßnahmen versucht werden, ein Fahrzeug zu entwickeln und zu fertigen, welches in seinen wesentlichen Eigenschaften einem handelsüblichen Konkurrenzmodell entspricht. Zum anderen können speziell entwickelte, besonders kleine und in ihrer Einsatzfähigkeit eingeschränkte Personenkraftwagen angeboten werden.

---

626 Vgl. o.V (1998c) S. 36ff.
627 Vgl. Greenpeace (1999a), S. 14.
628 Vgl. Bommer (1996).
629 Vgl. z.B. Shell (1997), S. 18, Esso (1998), S. 2.
630 Vgl. Blumenstock (1999), S. 50.

Ein bereits realisiertes Beispiel für die erste dieser Optionen ist der VW Lupo 3L TDI, der Mitte 1999 auf dem Markt kam und heutige Sicherheits-, Fahrleistungs- und Ausstattungsansprüche erfüllen soll. Mit einem nahezu baugleichem Seat Arosa und dem Audi Al2, der von der Innenraumgröße einem Fahrzeug der unteren Mittelklasse entspricht, hat der Volkswagenkonzern zwei weitere "3-Liter-Autos" angekündigt.[631] Volkswagen bietet den VW Lupo 3L TDI zu einem Preis von ca. 27.000 DM an und erwartet zunächst Verkaufszahlen von 5.000 bis 10.000 Stück/Jahr.[632]

Als schon realisiertes Beispiel für die zweite Option zur Realisierung eines "3-Liter-Autos" - also ein Fahrzeug, daß nur ein geringes Platzangebot bei Erfüllung hoher Sicherheitsanforderungen bietet - kann der 2-sitzige MCC Smart genannt werden, dessen im Dezember 1999 mit einem Preis von ca. 19.000 DM auf den Markt gekommene cdi-Version einen Verbrauch von 3,4 Litern Diesel pro 100 km hat und damit die Anforderungen an ein "3-Liter-Auto" gerade erfüllt.

Um in den weiteren Ausführungen dieses Kapitels über Anhaltspunkte hinsichtlich der Eigenschaften des Produktes "3-Liter-Auto" zu verfügen, soll im folgenden zunächst kurz die Technik des VW Lupo 3L TDI dargestellt werden. Daran anschließend sollen die technischen Eigenschaften des MCC Smart kurz beschrieben werden.[633] Der "3-Liter-Lupo" basiert auf dem in Jahr 1998 erschienenen Kleinwagen VW Lupo, der nach Auskunft des VW-Vorstandsvorsitzenden Piëch insbesondere mit der Zielsetzung entwickelt wurde, eine Plattform für ein "3-Liter-Auto" zu bieten.[634] Gegenüber dem Basisfahrzeug sind eine große Anzahl der oben genannten Maßnahmen hinsichtlich des Antriebsstranges, des Gewichtes und der Fahrwiderstände getroffen worden.

Im einzelnen verfügt der Lupo TDI über einen neu entwickelten 3-Zylinder-Dieselmotor mit Direkteinspritzung, Turbolader, Ladeluftkühlung und elektronischer Motorsteuerung. Zur Verringerung des bei einem 3-Zylinder-Motor prinzipbedingt relativ unruhigen Motorlaufes und lauten Motorgeräusches, ist der Motor mit einer Ausgleichswelle ausgestattet. Das Getriebe verfügt über fünf Gänge und läßt sich in unterschiedlichen Modi betreiben. Im sogenannten

---

631 Vgl. o.V. (1999a), S. 30, .o.V. (1999b).

632 Vgl. Möser (1999), o.V. (1999b), S. 17.

633 Wenn nicht anders angegeben beziehen sich die Angaben auf Prospektmaterial der Volkswagen AG bzw. der MCC Smart AG.

634 Vgl. Kaden / Linden (1996), S. 41.

tiptronic-Modus kann der Fahrer den Gang durch kurzes Antippen des Schalthebels wechseln. Dabei kommt das Getriebe ohne Kupplungspedal aus. Zudem existiert ein Automatic-Modus, in dem das Getriebe selbsttätig schaltet. Hier bietet sich dem Fahrer die Auswahl zwischen einem sportlichen und verbrauchsoptimierten Schaltprogramm. Im verbrauchsoptimierten Programm wird der Motor automatisch abgeschaltet, wenn im Stillstand das Bremspedal getreten wird. Das Loslassen des Bremspedals führt dazu, daß der Motor wieder gestartet wird.

Durch den Einsatz von Aluminium, beispielsweise in Motor und Getriebe, in Türen, Motorhaube und Sitzrahmen sowie von Magnesium in Heckdeckel, Getriebegehäuse und Lenkrad konnte beim "3-Liter-Lupo" eine erhebliche Gewichtsreduktion erreicht werden. Zusammen mit anderen Maßnahmen, wie z.B. einer gewichtsoptimierten Wärmeschutzverglasung und dem Verzicht auf ein Reserverad, wurde das Gewicht um ca. 140 kg gegenüber dem Standard-Lupo-Modell gesenkt. Weitere Verbrauchsreduzierungen konnten durch eine aerodynamische Optimierung, z.B. durch strömungsgünstigere Stoßfänger und einen glattflächigen Kühlergrill sowie den Einsatz von Leichtlaufreifen erreicht werden.

Trotz der getroffenen Maßnahmen zur Verbrauchsreduktion entspricht der VW Lupo 3L TDI nach Angaben des VW-Konzerns allen wichtigen Sicherheitsanforderungen. Die Karosserie ist durch hochfeste Stahlträger versteift, das Fahrzeug ist mit Seitenaufprallschutz, Gurtstraffern, Gurtkraftbegrenzern, ABS und Doppelairbag ausgestattet. Hinsichtlich der Fahrleistungen übertrifft der 3-Liter-Lupo aufgrund des geringeren Gewichts und des geringeren Luft- und Rollwiderstandes das Basisfahrzeug deutlich.

Der zweite Personenkraftwagen, der die gesetzlichen Mindestanforderungen zur steuerlichen Förderung als "3-Liter-Auto" erfüllt, ist der MCC Smart cdi. Im Gegensatz zum VW Lupo 3L TDI unterscheidet sich die drei-Liter-Version des Smarts nur durch die Motorisierung von dem Basismodell[635] und ist als zweisitziges Stadtfahrzeug konzipiert. Aufgrund seiner Länge von nur 2,5 Metern kann der Smart vor allem bei der Parkplatzsuche im Großstadtverkehr Vorteile gegenüber anderen Kleinwagen verbuchen. Es ist teilweise sogar möglich, quer zur Fahrbahn zu parken.

---

635 Das Basismodell wurde aufgrund einiger aufgetretener Mängel seit seiner Einführung im Jahr 1998 schon mehrfach nachgebessert. Vgl. Gunkel (2000), S. M8.

Mit seinem Preis von ca. 19.000 DM ist der Smart cdi um fast 8.000 DM billiger als der Lupo 3L TDI. Ein vergleichbares Smart Benzinmodell kostet allerdings nur ca. 16.000 DM und hat einen Kraftstoffverbrauch von 4,8 l/100 km.[636] Bei dem neu entwickelten Motor der cdi-Version handelt es sich um einen Dieselmotor mit 799 cm^3 Hubraum und einer Leistung von 30 kW / 41 PS. Der Motor verfügt über eine sogenannte "Common Rail"-Direkteinspritzung und einen Abgasturbolader. Das Getriebe des Smart cdi erlaubt wie beim Lupo die Auswahl zwischen einem vollautomatischen Fahrprogramm und einem halbautomatischen Fahrprogramm, in dem die Gangwahl vom Fahrer bestimmt wird. In Bezug auf die aktive und passive Sicherheit entspricht der Smart cdi heute üblichen Anforderungen. Er verfügt über eine Sicherheitsheitsfahrgastzelle, über ABS, elektronische Bremskraftverteilung, Doppelairbags und Gurtstraffer.

In Tabelle 5-2 sind zusammenfassend die wesentlichen technischen Daten des VW Lupo 3L TDI und des MCC Smart dargestellt. Zum Vergleich sind zusätzlich die technischen Daten eines Renault Twingo Smile aufgeführt. Bei diesem Fahrzeug handelt es sich um eine auf Initiative von Greenpeace im Jahr 1996 vorgestellte Machbarkeitsstudie, d.h. nicht um ein serienmäßig produziertes und angebotenes Fahrzeug. Unterschiede zum "3-Liter-Lupo" bestehen vor allem in der Motor-Bauart. Der Twingo Smile ist mit einem sehr kleinen aufgeladenen 2-Zylinder-Viertakt-Ottomotor mit Vierventiltechnik und Boxeranordnung ausgestattet. Der Vergleich der sonstigen technischen Daten des Lupo 3L TDI mit dem Twingo Smile zeigt jedoch, daß hinsichtlich der prinzipiellen Bauart keine gravierenden Unterschiede existieren, die wesentlichen Parameter der Auslegung eines 4-sitzigen "3-Liter-Autos" scheinen beim jetzigen Stand der Technik durch das Ziel der Verbrauchsreduzierung relativ stark eingeschränkt zu sein.

---

[636] Dies entspricht einer CO_2-Emission von 115 g/km.

	VW Lupo 3L TDI	MCC Smart	Twingo Smile
Motor-Bauart	3-Zylinder-Dieselmotor mit Direkteinspritzung, Turbolader und Ladeluftkühlung	3-Zylinder-Dieselmotor mit "Common Rail"-Direkteinspritzung (cdi)	2-Zylinder-Boxermotor, Viertakt Otto mit Druckwellenlader
Hubraum	1.191 cm^3	799 cm^3	358 cm^3
Max. Leistung	45 kW (61 PS) bei 4.000 U/min	31 kW (41 PS) bei 4.200 U/min	40 kW (55 PS) bei 5.500 U/min
Max. Drehmoment	120 Nm bei 1.800 U/min	100 Nm bei 1.800 bis 2.800 U/min	75 Nm bei 2.900 U/min
Verdichtung	19,5:1	18,5:1	9:1
Getriebe	5-Gang-Handschalt-getriebe mit Tiptronic und Automatic-Modus	6-Gang-Handschalt-getriebe - mit Softtouch und Automatic-Modus	5-Gang-Handschalt-getriebe
Leergewicht	830 kg	720 kg	650 kg
Zulässiges Gesamtgewicht	1.190 kg	980 kg	1.050 kg
Zuladung	360 kg	260kg	400 kg
Kofferraumvolumen	130 l (830 l bei umgeklappter Rücksitzbank)	150 l bis zur Gürtellinie, 260 l bis zum Dach	168 l (261 l bei umgeklappter Rücksitzbank)
Anzahl der Sitzplätze	4	2	4
Fahrzeuglänge x Breite x Höhe	3,53 m x 1,62 m x 1,46 m	2,5 m x 1,52 m x 1,54 m	3,48 m x 1,76 m x 1,42 m
Luftwiderstands-beiwert (c_W)	0,32	0,37	0,25
Höchstgeschwin-digkeit	165 km/h	135 km/h (elektronisch begrenzt)	über 150 km/h
Beschleunigung 0-100 km/h	14,5 s	19,8 s	ca. 14 s
Kraftstoff-verbrauch	2,99 l/100 km, Diesel	3,4 l/100km Diesel	3,3 l/100km, Super bleifrei
CO_2-Emissionen	81 g/km	90 g/km	78 g/km
Erfüllte Abgasnorm	Euro D 4 Norm	Euro D 3 Norm	Euro 2 Norm (optimierungsfähig für Euro 3 Norm)

Tabelle 5-2: Technische Daten des VW Lupo 3L TDI, des Smart cdi und der Machbarkeitsstudie Twingo Smile

(Quellen: Prospektmaterial der Volkswagen AG, Prospektmaterial der MCC AG, Greenpeace (1999a), S. 15f.)

5.2.3.2 Wettbewerbsverhältnisse für das "3-Liter-Auto"

Als Grundlage für die in Abschnitt 5.2.4 durchzuführende Abschätzung des Marktpotentials des "3-Liter-Autos" ist die Betrachtung seiner Situation im Wettbewerb notwendig. In diesem Zusammenhang wird insbesondere darauf eingegangen, zu welchen anderen Produkten das "3-Liter-Auto" im Wettbewerb steht, welches die entscheidenden Gesichtspunkte für Wettbewerbsvorteile und -nachteile sind und welche Wettbewerbsposition das "3-Liter-Auto" im Vergleich einnimmt.

Hinsichtlich der Produkte, mit denen ein "3-Liter-Auto" im Wettbewerb steht, lassen sich die im folgenden aufgeführten Fahrzeugarten unterscheiden. Erstens konkurrieren die verschiedenen "3-Liter"-Fahrzeugmodelle untereinander. Zweitens konkurrieren die "3-Liter-Fahrzeuge" mit anderen alternativen und umweltfreundlichen Personenkraftwagen, wie beispielsweise Elektroautos. Drittens besteht eine Konkurrenz des "3-Liter-Autos" zu den konventionellen Personenkraftwagen. Schließlich müssen auch die Konkurrenzbeziehungen zu anderen Verkehrsträgern, wie öffentliche Verkehrsmittel, die insbesondere hinsichtlich ihrer Umweltauswirkungen als vorteilhaft angesehen werden können, bei der Untersuchung der Wettbewerbssituation des "3-Liter-Autos" berücksichtigt werden.

Der Wettbewerb der "3-Liter-Autos" untereinander wird in den nächsten Jahren aller Voraussicht nach zunehmen. Wie oben schon erwähnt, arbeitet fast jeder Automobilhersteller an der Entwicklung eines "3-Liter-Autos". Diese Fahrzeuge werden gegeneinander in Konkurrenz stehen und um Marktanteile kämpfen. Dadurch verringern sich zunächst die Marktchancen des einzelnen Modells. Ein funktionierender Preis- und Qualitätswettbewerb wird allerdings über sinkende Preise und/oder steigende Qualität dazu führen, so daß sich der Marktanteil des "3-Liter-Autos" insgesamt erhöhen kann. Ob durch diesen Effekt die Verringerung der Marktchancen des einzelnen Modells kurzfristig ausgeglichen wird, ist kaum abzusehen. Mittel- bist langfristig ist davon auszugehen, daß sich das "3-Liter-Auto" vom Nischenprodukt zu einem relativ weit verbreiteten Fahrzeugtyp entwickelt.[637]

Auch der Wettbewerb zu anderen umweltfreundlichen Personenkraftwagen, wie Elektrofahrzeuge, Gasfahrzeuge, Wasserstoffahrzeuge oder Fahrzeuge, die mit

[637] Vgl. dazu die Ausführungen in Abschnitt 5.2.4.

Kraftstoffen aus nachwachsenden Rohstoffen betrieben werden, kann sich auf das Marktpotential des "3-Liter-Autos" auswirken - auch wenn aus heutiger Perspektive nicht damit zu rechnen ist, daß sich solche Fahrzeuge in den nächsten Jahren in einem großen Ausmaß am Markt durchsetzen können.[638] Beispielsweise verfügen die heute am Markt erhältlichen Elektrofahrzeuge nur über eine Reichweite von ca. 50 bis 100 km und sind in der Regel deutlich teurer als herkömmliche Pkw. Ist die Batterie einmal leer, so ist ein mehrstündiger Ladevorgang notwendig.[639] Aus diesen Gründen eignen sich die Elektrofahrzeuge nur für Nischeneinsätze - z.B. aufgrund ihrer lokalen Emissionsfreiheit für den Betrieb in besonders umweltsensiblen Gebieten.[640] Personenkraftwagen, deren Motor mit Wasserstoff betrieben wird, entweder direkt oder durch die Zwischenschaltung einer Brennstoffzelle, werden voraussichtlich erst in 10 bis 20 Jahren am Markt verfügbar sein.[641] Allenfalls die gasbetriebenen Fahrzeuge sowie die mit Kraftstoffen aus nachwachsenden Rohstoffen betriebenen Fahrzeuge können mittelfristig in spürbarer Konkurrenz zum "3-Liter-Auto" treten. Je nach Kraftstoffart ist es bei Kraftstoffen aus nachwachsenden Rohstoffen teilweise auch möglich, daß Fahrzeuge mit konventionellen Motoren, also auch "3-Liter-Autos", damit betrieben werden. Dieser Fall liegt beispielsweise beim sogenannten Biodiesel (Rapsmethylester) vor. Insofern ist hier nicht unbedingt von einer Konkurrenzsituation auszugehen. Die Wettbewerbsposition des "3-Liter-Autos" im Vergleich zu anderen umweltfreundlichen Fahrzeugkonzepten kann also zusammenfassend zumindest in kurz- und mittelfristiger Perspektive als sehr gut bezeichnet werden.

Entscheidend für das Marktpotential des "3-Liter-Autos" ist vor allem die Konkurrenz zu konventionellen Personenkraftwagen und damit die Möglichkeit, Marktanteile von solchen Fahrzeugen zu übernehmen. Als Konkurrenzprodukte des "3-Liter-Autos" sind heute im wesentlichen die Microwagen und die Kleinst- und Kleinwagen anzusehen. Mittelfristig ist jedoch davon auszugehen, daß es zunehmend größere "3-Liter-Autos" gibt, und damit auch Fahrzeuge der Mitteklasse(n) in Konkurrenz zum Produkt "3-Liter-Auto" stehen. Bei Fahrzeugen wie dem Lupo 3L TDI, die in ihren Eigenschaften weitgehend den

---

638 Vgl. dazu die Ausführungen in Abschnitt 5.1.

639 Ein VW Golf Citystromer hat beispielsweise eine Reichweite von 50 bis 90 km und kostet 49.500 DM, die Ladezeit beträgt sechs bis acht Stunden.

640 Die bisherigen Mängel in der Praxistauglichkeit von Elektrofahrzeugen werden z.B. auch von Greenpeace eingeräumt. Vgl. Greenpeace (1999a), S.12.

641 Auskunft der BMW AG und der Daimler Benz AG.

konventionellen Personenkraftwagen entsprechen, werden die entscheidenden Wettbewerbskriterien vor allem der Mehrpreis eines 3-Liter-Fahrzeugs und die möglichen Einsparungen durch den geringeren Kraftstoffverbrauch sein. Insbesondere bei umweltfreundlich eingestellten Fahrzeugkäufern ist aber auch davon auszugehen, daß sie einen eigenständigen Vorteil in den geringeren CO_2-Emissionen sehen und daher einen gewissen Mehrpreis zu zahlen bereit sind. Bestätigt wird diese Annahme durch eine Befragung des Bundesumweltministeriums aus dem Jahre 1996, in der fast 40 % der Befragten angaben, sich auch dann umweltgerecht zu verhalten, wenn dies zusätzlich erheblich höhere Kosten und Mühen verursacht.[642]

Microwagen wie der MCC Smart cdi stellen eine Produktkategorie dar, die nicht ausschließlich mit den konventionellen Kleinst- und Kleinwagen in Konkurrenz stehen. Mit Hilfe von Marketingmaßnahmen wird versucht, solche Fahrzeuge als "FunCars" bzw. als "Life Style"-Fahrzeuge zu positionieren, so daß sie auch in Konkurrenz beispielsweise zu Cabrios, Geländefahrzeugen oder Zweirädern stehen.

In Tabelle 5-3 sind die Standardmodelle der in Deutschland meistverkauften Microwagen und Kleinstwagen mit ihren Verbrauchswerten, ihrer Motorleistung, ihren vom ADAC berechneten Kosten pro Kilometer[643] sowie ihrem Preis dargestellt. Die Tabelle ist so aufgebaut, daß die Kosten pro Kilometer (in denen die Anschaffungskosten berücksichtigt sind) von oben nach unten zunehmen. Wie zu erkennen ist, liegt der Smart cdi mit Kosten von nur 44,6 Pfennig pro Kilometer relativ günstig und auch der VW Lupo 3L TDI nimmt mit 49,4 Pfennig pro Kilometer zumindest einen mittleren Platz ein. Auffällig ist allerdings, daß beide Fahrzeuge vergleichsweise hohe Preise haben. Zwar ist der Preis des Smart cdi mit ca. 19.000 DM noch deutlich billiger als der des Lupo 3L TDI mit fast 27.000 DM, er liegt aber immer noch um mehr als 4.000 DM über dem Preis eines viersitzigen Fiat Seicento.

---

642 Vgl. Bundesministerium für Umwelt, Naturschutz und Reaktorsicherheit (1996), S. 19.

643 Darin sind alle Fahrzeugkosten enthalten, wie z.B. Wertverlust, Steuern, Versicherungen, Werkstatt- und Pflegekosten, Kraftstoffkosten, etc. Angenommen wird vom ADAC eine Jahresfahrleistung von 15.000 km sowie Kraftstoffpreise von 1,56 DM/Liter Diesel, 1,95 DM/Liter Normalbenzin und 2,00 DM/Liter Superbenzin.

Typ	Verbrauch in Liter/100 km (Kraftstoffart)	Motorleistung in kW (PS)	Kosten pro km in Pfg.	Preis in DM
VW Lupo 1.0	5,6 (Super)	37 (50)	44,2	18.450
MCC Smart & pure	4,8 (Super)	33 (45)	44,4	15.980
MCC Smart cdi	3,4 (Diesel)	30 (41)	44,6	18.980
Seat Arosa 1,0 Select	5,8 (Super)	37 (50)	47,8	16.790
Ford KA 1,3 l	6,3 (Super)	44 (60)	48,1	18.050
Fiat Seicento Young	6,2 (Super)	40 (55)	48,2	14.800
Renault Twingo 1.2	6,0 (Super)	43 (60)	48,3	17.350
Fiat Seicento Citymatic	6,1 (Super)	29 (40)	48,5	15.890
Daewoo Matiz S	6,4 (Normal)	38 (51)	48,8	14.900
VW Lupo 3L TDI	3,0 (Diesel)	45 (61)	49,4	26.900
Daihatsu Cuore GL Automatik	6,6 (Normal)	41 (55)	49,7	15.390
Peugeot 106 Special 1,0	6,2 (Super)	37 (50)	49,8	17.250
Seat Arosa 1,4 Stella	6,2 (Super)	44 (60)	49,8	18.990
VW Lupo 1,7 SDI	4,4 (Diesel)	44 (60)	50,2	22.800
Seat Arosa 1,7 SDI Select	4,4 (Diesel)	44 (60)	50,9	20.590
Citroen Saxo 1.0 X	6,2 (Super)	37 (50)	51,0	17.100
VW Lupo 1,4	6,2 (Super)	55 (75)	51,1	21.500
Citroen Saxo 1.1 X	6,5 (Super)	44 (60)	51,7	18.000
Peugeot 106 Special 1,1	6,4 (Super)	44 (60)	52,2	17.900
Honda Logo 1,3i	6,3 (Super)	48 (65)	53,2	19.450
Peugeot 106 Special 1,5 D	5,3 (Diesel)	40 (55)	54,0	19.900
Citroen Saxo 1.5 D X	5,3 (Diesel)	40 (54)	54,9	21.400
Rover Mini 1,3i	6,6 (Super)	46 (63)	57,3	20.900

Tabelle 5-3: Kraftstoffverbrauch, Leistung, Kosten und Preise verschiedener Kleinfahrzeuge im Vergleich

(Quelle: Allgemeiner Deutscher Automobilclub (2000))

Kritisch anzumerken an der Berechnung der Kosten pro Kilometer ist allerdings, daß der ADAC eine jährliche Fahrleistung von 15.000 km unterstellt. Diese Fahrleistung ist für Microwagen und Kleinstwagen deutlich zu hoch angesetzt. Die durchschnittliche Fahrleistung eines Personenkraftwagens in Deutschland betrug im Jahr 1998 ca. 12.700 Kilometer.[644] Wenn man davon ausgeht, daß Kleinstfahrzeuge und vor allem Microwagen im wesentlichen für den Stadtverkehr genutzt werden und häufig Zweitfahrzeuge in einem Haushalt sind, so wird

[644] Einschließlich der verübergehend abgemeldeten Fahrzeuge. Ohne die vorübergehend abgemeldeten Fahrzeuge betrug die durchschnittlicher Fahrleistung ca. 14.100 km. Vgl. Der Bundesminister für Verkehr (1999), S. 155.

vermutlich eine durchschnittliche Fahrleistung von ca. 10.000 Kilometer im Jahr von diesen Personenkraftwagen kaum überschritten werden.[645] Da mit zunehmender Fahrleistung der Fixkostenanteil und damit auch der Anteil der Anschaffungskosten geringer wird und die Kostenvorteile durch den niedrigen Verbrauch ansteigen, muß festgestellt werden, daß die in der Tabelle dargestellten Kosten pro Kilometer für den VW Lupo TDI und den MCC Smart cdi für eine durchschnittliche Nutzung im Vergleich mit den anderen Fahrzeugen zu gering angesetzt sind. Dies wird z.B. daran deutlich, daß allein der Kostenvorteil beim Kraftstoffverbrauch, über den der VW Lupo 3L TDI gegenüber dem VW Lupo 1,0 verfügt, um über 300 DM von ca. 980 DM/Jahr auf ca. 650 DM/Jahr zurückgeht, wenn mit den Fahrzeugen nur 10.000 Kilometer im Jahr gefahren werden. Allein dadurch würde sich also der Abstand bei den Kosten pro Kilometer zwischen diesen beiden Fahrzeugen um mehr als drei Pfennig vergrößern. Insgesamt kann daher festgestellt werden, daß die heute verfügbaren "3-Liter-Autos" in ihrer Wirtschaftlichkeit den konventionellen Kleinwagen als unterlegen zu beurteilen sind. Dies ist vor allem durch den hohen Anschaffungspreis, der sich bei den relativ geringen durchschnittlichen Fahrleistungen auch deutlich auf die Kosten pro Kilometer auswirken wird, begründet.

Die Konkurrenzsituation des "3-Liter-Autos" zu anderen Verkehrsträgern, die sich durch eine geringere Umweltbelastung als der Pkw-Verkehr auszeichnen (also vor allem der schienengebundene Nah- und Fernverkehr), kann sich vor allem deshalb auf das Marktpotential von "3-Liter-Autos" auswirken, weil besonders umweltorientierte Verbraucher eher solche Verkehrsträger nutzen werden. Auch wenn, wie in Abschnitt 5.1 schon festgestellt, das Potential zur Verlagerung des Straßenverkehrs auf die Schiene relativ gering ist, so werden vermutlich bei einer Qualitätsverbesserung des Schienenverkehrs zunächst die umweltorientierten Verbraucher den Verkehrsträger wechseln und somit nicht mehr als potentielle Adopter des "3-Liter-Autos" in Frage kommen. In diesem Zusammenhang ist jedoch zu beachten, daß insbesondere Kleinst- und Microwagen nicht unbedingt als Substitutionsgüter zum Bahnverkehr betrachtet werden können. Im Gegenteil, durch die Kombination von solchen Pkw für Kurzstrecken und die Nutzung des Bahnverkehrs für Langstrecken können

---

[645] Beispielsweise wird in einer Untersuchung für den Bundesminister für Verkehr für das Jahr 2005 die durchschnittliche jährliche Fahrleistung eines Kleinwagens mit 9890 km/Jahr prognostiziert, während ein mittleres Fahrzeug mit 12160 km/Jahr und ein großes Fahrzeug mit 14780 km/Jahr angesetzt wird. Vgl. Redlich et al. (1992), S. 20.

größere Fahrzeuge substituiert werden.[646] Ein Beispiel für die Förderung einer solchen Kombination der Verkehrsmittel ist die Kooperation der Firma MCC mit der Deutschen Bahn AG. So ist es beispielsweise möglich, den MCC Smart kostengünstiger in Autoreisezügen zu transportieren oder am Zielbahnhof einen MCC Smart zu mieten. In diesem Fall kann also davon gesprochen werden, daß das Stadtfahrzeug MCC Smart und der Fernverkehr der Deutschen Bahn in einem gewissen Ausmaß komplementäre Güter sind.

5.2.4 Abschätzung des Marktpotentials des "3-Liter-Autos"

In diesem Abschnitt soll eine grobe Abschätzung des Marktpotentials des "3-Liter-Autos" in den kommenden 20 Jahren vorgenommen werden, um somit eine ungefähre Vorstellung von der Größenordnung der möglichen Diffusion dieser Fahrzeuge zu erhalten. Wie in Abschnitt 1.3 ausgeführt, wird unter dem Begriff Marktpotential im Begriffssystem der Diffusionstheorie die Gesamtzahl aller Wirtschaftssubjekte, die aufgrund ihrer individuellen Eigenschaften und der gegebenen Rahmenbedingungen als Adopter in Frage kommen, verstanden. Die so ermittelte Zahl wird natürlich deutlich höher als die in den nächsten Jahren tatsächlich realisierte Absatzmenge sein, welche nicht nur vom theoretischen Marktpotential abhängig ist, sondern auch davon, wie viele der potentiellen Adopter tatsächlich zu realen Übernehmern werden, und wann diese Übernahme geschieht. Die Größe und Entwicklung dieses Anteils der tatsächlichen Adopter am Marktpotential, die sogenannte Diffusionsquote, wird durch die in Abschnitt 5.3 beschriebenen Einflußgrößen auf die Diffusion des "3-Liter-Autos" bestimmt. Es ist allerdings zu berücksichtigen, daß ein Teil dieser Einflußgrößen wiederum das Marktpotential beeinflussen kann. Insbesondere eine Änderung der Rahmenbedingungen, wie z.B. eine drastische Erhöhung der Kraftstoffpreise, könnte das Marktpotential des "3-Liter-Autos" erheblich verändern.

Bei der Ermittlung des Marktpotentials des "3-Liter-Autos" kommt erschwerend hinzu, daß es sich vor allem aufgrund der schon beschriebenen technischen Entwicklung, die es unter anderem erlauben wird, immer größere "3-Liter-Autos" anzubieten, nicht um eine konstante Größe handelt. Es ist vielmehr anzunehmen, daß das Marktpotential von solchen Personenkraftwagen in den kommenden 20

---

646 Vor allem ältere Menschen, denen lange Strecken im Pkw zu anstrengend sind, können Vorteile aus dieser Kombination der Verkehrsmittel ziehen. Dies mag ein Grund für die relativ hohe Akzeptanz des MCC Smart bei ältern Menschen sein. Vgl. Gunkel (2000), S. M8.

Jahren deutlich zunehmen wird. Um dennoch eine plausible Abschätzung des Marktpotentials vornehmen zu können, wird folgendes Vorgehen gewählt. Zunächst wird die heutige Situation kurz dargestellt und eine Abschätzung des derzeitigen Marktpotentials von "3-Liter-Autos" vorgenommen. Anschließend werden für die kommenden 20 Jahre einige Hypothesen hinsichtlich der Entwicklung auf dem Automobilmarkt aufgestellt. Diese Hypothesen stützen sich zum Teil auf absehbare und plausible Trends sowie auf in der Literatur vorhandene Prognosen.

Die heutige Situation ist dadurch gekennzeichnet, daß bisher nur wenige 3-Liter-Fahrzeuge existieren. Zum Zeitpunkt der Erstellung dieser Untersuchung sind nur die zwei in Abschnitt 5.2.3.1 dargestellten Pkw, der VW Lupo 3L TDI und der MCC Smart cdi, am Markt verfügbar. Diese Fahrzeuge sind den Klassen Kleinstwagen bzw. Microwagen zuzuordnen, so daß zunächst angenommen werden kann, daß sich ihr heutiges Marktpotential aus einem Bruchteil des Absatzes dieser Klassen ergibt. In Abbildung 5-7 ist die Entwicklung der Neuzulassungen von solchen Fahrzeugen in den Jahren 1994 bis 1999 dargestellt. Wie zu erkennen ist, ist die Zahl der Neuzulassungen in den letzten Jahren kontinuierlich angestiegen und beträgt im Jahr 1999 über 250.000 Einheiten.

Zwar sind, wie im vorherigen Abschnitt dargestellt, die heute verfügbaren "3-Liter-Autos" laut den Berechnungen des ADACs bei einer Jahresfahrleistung von 15.000 km in Hinsicht auf die Kosten pro Kilometer den übrigen Kleinst- und Microwagen nahezu ebenbürtig. Dennoch ist anzunehmen, daß die "3-Liter-Autos" vor allem aufgrund der vergleichsweise hohen Anschaffungspreise und der niedrigen Fahrleistungen nur einen relativ geringen Teil dieser Neuzulassungen ausmachen können. Diese Annahme wird auch deshalb gelten, weil unterstellt werden kann, daß ein wesentlicher Anschaffungsgrund für Kleinst- und Microwagen ihr geringer Preis ist. Daher werden die bisher verfügbaren verhältnismäßig teuren "3-Liter-Autos" für viele der Nachfrager von konventionellen Kleinst- und Microwagen nicht als Alternative in Frage kommen. Zur groben Abschätzung der Höhe des heutigen Marktpotentials wird auf ein Ergebnis der vom Verfasser im Jahr 1996 durchgeführten Umfrage zurückgegriffen. Danach gaben von den Personen, die ein Fahrzeug mit einer Motorleistung von bis zu 55 PS fuhren, ca. 20 % an, im Jahr über 20.000 km mit dem Pkw zurückzulegen. Dieser Anteil der Autofahrer könnte den Kauf eines "3-Liter-Autos" in Betracht ziehen. Auch wenn dieses Ergebnis der Umfrage nur einen groben Anhaltspunkt liefert, wird angenommen, daß ein Anteil von ca. 20 % der heutigen Neuzulassungen von Kleinst- und Microwagen als potentieller Absatz für "3-Liter-Autos" in Frage kommt. Damit ergibt sich im Jahr 2000 ein geschätztes Marktpotential in der Bundesrepublik Deutschland von ca. 50.000 Einheiten/Jahr.

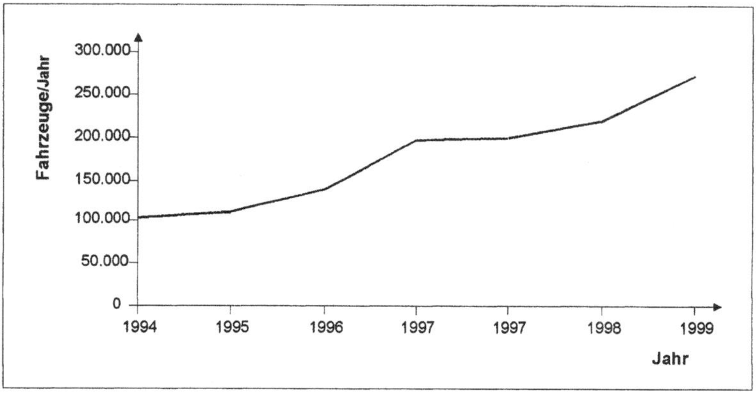

Abbildung 5-7: Entwicklung der Neuzulassungen von Kleinstwagen und Microwagen in der Bundesrepublik Deutschland in den Jahren 1994 bis 1999

(Quelle: Kraftfahrbundesamt, eigene Berechnungen[647])

Für die weiteren Entwicklungen auf dem Automobilmarkt in den kommenden Jahren werden folgende Hypothesen aufgestellt:

- Der technische Fortschritt sowie die Konkurrenz durch weitere "3-Liter-Autos" werden dazu führen, daß diese Fahrzeuge sich in ihren Eigenschaften, vor allem in Größe, Komfort und Preis, immer mehr den konventionellen Personenkraftwagen annähern. Die voraussichtliche Erhöhung der Kraftstoffpreise durch die "ökologische" Steuerreform wird einen weiteren Beitrag zur Verbesserung der Wettbewerbsfähigkeit von "3-Liter-Autos" leisten.[648] Für das Jahr 2020 kann angenommen werden, daß es möglich ist, konkurrenzfähige "3-

---

647 Die Zahlen ergeben sich aus der Summation der Neuzulassungszahlen der Fahrzeugtypen, die als Kleinst- und Microwagen bezeichnet werden. Da für 1999 nur die Neuzulassungszahlen der ersten neun Monate vorlagen, wurde die Gesamtzahl in diesem Jahr geschätzt.

648 Vgl. dazu die Ausführungen in Abschnitt 5.3.1.3.

Liter-Autos" bis zur oberen Mittelklasse herzustellen.[649] Hinsichtlich des zeitlichen Ablaufes dieser Entwicklung ist davon auszugehen, daß der Großteil der Verbrauchsverringerungen in den oberen Fahrzeugklassen erst in den Jahren 2010 bis 2020 erfolgen wird. Dies ist vor allem dadurch begründet, daß bei der Forschung, Entwicklung und Produktion solcher Fahrzeuge Lerneffekte wahrscheinlich sind. Somit wird zunächst mit relativ geringen Verbesserungen zu rechnen sein - nach den erfolgten Lernprozessen wird sich die Entwicklung dann beschleunigen.

- Es ist zu erwarten, daß die Bevölkerung in der Bundesrepublik Deutschland in den Jahren von 2000 bis 2010 nicht weiter zunehmen und auf dem Niveau von 82 Millionen Menschen bleiben wird. Vor allem aufgrund der niedrigen Geburtenraten wird im Zeitraum von 2010 bis 2020 die Anzahl der in Deutschland lebenden Menschen auf ca. 80,5 Millionen zurückgehen. Zu berücksichtigen ist allerdings, daß der Anteil der Erwachsenen an der Bevölkerung von 81 % im Jahre 2000 bis zum Jahr 2020 auf 85 % ansteigt, und der Rückgang der Bevölkerung sich daher nicht auf das Käuferpotential für Personenkraftwagen auswirken wird - im Gegenteil: Bis zum Jahr 2015 ist mit einer ansteigenden Zahl der Erwachsenen in Deutschland zu rechnen.[650]
- Der Trend zu mehr Kleinst- und Microwagen wird weiter anhalten.[651] Dies ist vor allem durch die Zunahme von Zweit- und Drittwagen und die Erschließung neuer Käuferschichten durch "Lifestyle"-Fahrzeuge und Stadt-Pkw begründet.[652] Auch durch die Zunahme des Anteils älterer Leute an der Bevölkerung - im Jahr 2020 wird es wahrscheinlich sechs Millionen mehr Senioren geben als heute[653] - besteht ein Potential für die weitere Erhöhung der Absatzzahlen solcher Fahrzeuge. Wie erste Untersuchungen zu den Käuferschichten des MCC Smarts zeigen, ist gerade der Anteil der über 50-jährigen an den Käufern relativ hoch, er wird auf ca. 15 % geschätzt.[654] Insgesamt wird angenommen, daß durch das steigende Angebot von konkurrenzfähigen "3-Liter-Autos" in den Größenklassen von Microwagen und Kleinstwagen sowie zunehmend auch in der Klasse der Kleinwagen, bis zum Jahr 2010 ca. 50 % der Käufer dieser

---

649 Auch der ehemalige Verstandssprecher der Audi AG geht davon aus, daß in absehbarer Zeit "3-Liter-Varianten" von Mittelklassewagen angeboten werden. Vgl. Demel (1995), S. 391ff.

650 Vgl. Shell (1999), S. 11.

651 Vgl. Kernbach (2000), S. 60.

652 Vgl. Gunkel (2000), S. M8.

653 Vgl. Shell (1999), S. 12.

654 Vgl. Gunkel (2000), S. M8.

Fahrzeugklassen als potentielle Adopter von "3-Liter-Autos" in Frage kommen.

- Gegen Ende des betrachteten Zeitraumes werden sich Sättigungserscheinungen beim Marktpotential von "3-Liter-Autos" bemerkbar machen. Diese sind im wesentlichen auf drei Ursachen zurückzuführen. Zum einen wird mit der Annäherung des Marktpotentials von "3-Liter-Autos" an die Absatzzahlen aller Pkw ein weiterer Anstieg immer weniger wahrscheinlich. Es ist anzunehmen, daß für einen gewissen restlichen Anteil der Pkw-Käufer (z.B. die Käufer von Luxus- und Sportwagen) der Kraftstoffverbrauch kein entscheidendes Kaufkriterium darstellt. Zum zweiten ist damit zu rechnen, daß in den Jahren um 2020 zunehmend konkurrenzfähige alternative Fahrzeugkonzepte, wie z.B. Brennstoffzellenfahrzeuge, auf den Markt kommen,[655] die das Marktpotential von "3-Liter-Autos" tendenziell verringern werden.[656] Als dritte Ursache ist der Ende des zweiten Jahrzehnts einsetzende langfristige Rückgang der erwachsenen Bevölkerung in Deutschland zu nennen, der das Absatzpotential aller Pkw - und damit auch der "3-Liter-Autos" - absenken wird.
- Für das Marktpotential im Jahr 2020 lassen sich folgende Überlegungen anstellen. Laut einer Prognose der Shell AG wird, unter der Voraussetzung einer ordnungspolitisch orientierten weltweiten Zusammenarbeit, im Jahr 2020 die Zahl der neuzugelassenen Personenkraftwagen in Deutschland mit ca. 4,1 Millionen um etwa 250.000 höher liegen als im Jahr 1999. In diesem Szenario wird unterstellt, daß der durchschnittliche Kraftstoffverbrauch der dann neuzugelassenen Fahrzeuge 3,5 Liter/100 km beträgt. In einem weiteren Szenario mit der Annahme einer wenig koordinierten internationalen und innerstaatlichen Politik, die vor allem durch punktuelles Eingreifen gekennzeichnet ist, geht die Prognose der Shell AG von einer Neuzulassungszahl von ca. 3,3 Millionen Personenkraftwagen mit einem durchschnittlichen Kraftstoffverbrauch von vier Liter/100 km aus.[657] Nach dem in dieser Untersuchung angesetzten Kriterium zur Abgrenzung von "3-Liter-Autos" muß es sich, um diese durchschnittlichen Verbrauchszahlen zu erreichen, in beiden Szenarien bei einem Großteil der Fahrzeuge um "3-Liter-Autos" handeln. Je nach Szenario ist, unter der Berücksichtigung, daß bei der Berechnung dieser Verbrauchswerte ein gewisser Anteil alternativer Fahrzeugkonzepte unterstellt

[655] Vgl. Shell (1999), S. 22ff.

[656] Auch durch die Einführung ganz neuer Verkehrskonzepte ist ein langfristiges Absenken des Marktpotentials von "3-Liter-Autos" möglich. Vgl. dazu z.B. Heinze / Kill (1992).

[657] Vgl. Shell (1999), S. 26ff.

wurde,[658] mit einer Zahl von ca. 1,5 bis 2,5 Millionen neuzugelassener "3-Liter-Autos" zu rechnen. Da davon ausgegangen werden kann, daß die Diffusionsquote im Jahr 2020 sehr hoch sein wird, d.h., daß nahezu alle potentiellen Adopter eines solchen Fahrzeuges auch tatsächliche Adopter sind, wird in dieser Untersuchung eine grobe Schätzung des Marktpotentials im Jahr 2020 von zwei Millionen Fahrzeugen pro Jahr vorgenommen.

Unter Zugrundelegung dieser Annahmen wird die im folgenden beschriebene Entwicklung des Marktpotentials von "3-Liter-Autos" geschätzt. Das Marktpotential wird sich in den Jahren bis 2010 vor allem auf die potentiellen Käufer von Micro-, Kleinst- und Kleinwagen beschränken und daher zunächst einen relativ geringen Anstieg auf ca. 500.000 Fahrzeuge/Jahr im Jahre 2010 haben. In den folgenden zehn Jahren wird sich der Anstieg des Marktpotentials beschleunigen, da aufgrund der technischen Entwicklung und der Lerneffekte zunehmend größere Fahrzeuge als "3-Liter-Autos" angeboten werden. Gegen Ende des Betrachtungszeitraumes verursachen die wahrscheinlich auftretenden Sättigungserscheinungen ein Abflachen des Anstiegs des Marktpotentials. Insgesamt kann also eine logistische Entwicklung des Marktpotentials angenommen werden. In Abbildung 5-8 ist der so grob abgeschätzte Verlauf des Marktpotentials von "3-Liter-Autos" in der Bundesrepublik Deutschland dargestellt.

Wie sich die Diffusionsquote und damit der tatsächliche Absatz von "3-Liter-Autos" entwickeln wird, hängt von der Vielzahl der weiteren Einflußgrößen ab, die in Kapitel 4 dargestellt wurden. Je nach Intensität und Wirkungsrichtung dieser Determinanten des Diffusionsprozesses, kann der Verlauf des tatsächlichen Absatzes sehr unterschiedlich aussehen. Zur Veranschaulichung dieses Sachverhaltes sind in Abbildung 5-8 schematisch zwei mögliche Absatzverläufe dargestellt.

---

658 Die Shell AG geht im ersten Szenario vom einem 50%igen Anteil alternativer Antriebsarten an den Neuzulassungen und einem 20%igen Anteil am Bestand von Pkw im Jahr 2020 aus. Im zweiten Szenario wird ein 7%iger Anteil solcher Fahrzeuge am Bestand unterstellt.

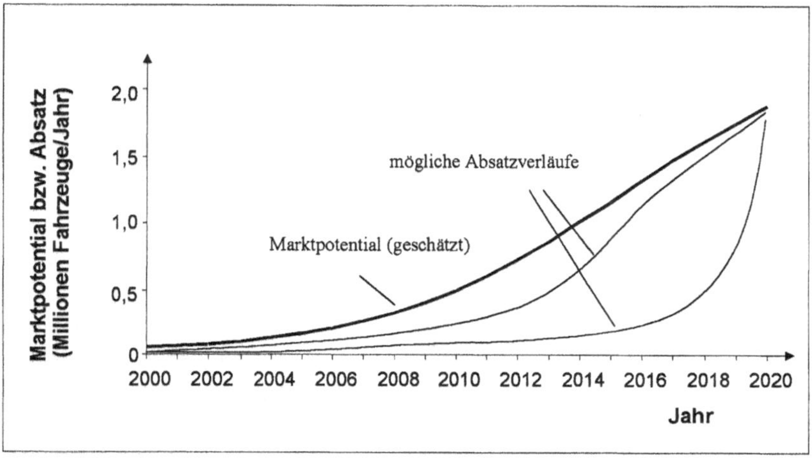

Abbildung 5-8: Abschätzung der Entwicklung des Marktpotentials von 3-Liter-Autos in den Jahren 2000 bis 2020

Es sei noch einmal darauf hingewiesen, daß eine quantitative Analyse des Diffusionsverlaufs des "3-Liter-Autos" aufgrund der in dieser Untersuchung genannten Gründe zum jetzigen Zeitpunkt nicht möglich ist. Selbst die vorgenommene Abschätzung des Marktpotentials beruht auf einer Reihe von - zwar plausiblen, aber dennoch kaum abgesicherten - Annahmen und ist daher eher als eine grobe Tendenz, denn als quantitative Prognose zu verstehen. Die qualitative Analyse der Wirkung der verschiedenen Einflußfaktoren auf den Diffusionsprozeß des "3-Liter-Autos" soll im folgenden Abschnitt durchgeführt werden.

5.3 Darstellung und Analyse der Einflußgrößen auf den Diffusionsprozeß eines "3-Liter-Autos"

5.3.1 Durch das Produkt bedingte Einflußgrößen

5.3.1.1 Der relative Vorteil des Produktes

Im folgenden soll dargestellt und analysiert werden, in welchem Umfang die im Abschnitt 4.2 dargestellten produktbedingten Determinanten des Diffusionsprozesses für das "3-Liter-Auto" bedeutungsvoll sind. Wie oben dargelegt, können Wirkungen auf den Diffusionsprozeß vor allem vom "relativen Vorteil" ausgehen.

Der **relative Vorteil** eines neuen Produktes ist abhängig von der technischen Leistungsfähigkeit, von nicht ökonomischen Größen wie Prestige u.ä. sowie von einigen weiteren Aspekten (Ausreifungsgrad, Modernität, Netzwerkcharakter des Gutes, etc.) im Vergleich zu vorhandenen Produkten, welche annähernd die gleichen Bedürfnisse befriedigen. Für das "3-Liter-Auto" wird also im wesentlichen ein konventioneller Kleinst- bzw. Microwagen zum Vergleich herangezogen werden.

Die **technische Leistungsfähigkeit** eines Produktes läßt sich, wie in Abschnitt 4.2 ausgeführt, mit Hilfe seiner Effizienz, seiner Kapazität, seiner Dichte und seiner Genauigkeit beschreiben. Zur Beurteilung der **Effizienz** des "3-Liter-Autos" muß zunächst definiert werden, welche Effizienz relevant ist. Für den hier zugrundeliegenden Untersuchungsgegenstand ist natürlich die Energieeffizienz des "3-Liter-Autos" von Bedeutung. Gelingt es, die gleiche Fahrleistung mit einem geringeren Energieverbrauch als bei einem konventionellen Fahrzeug zurückzulegen, so liegt eine Erhöhung der Energieeffizienz vor. Neben dem Kraftstoffverbrauch im Betrieb des Fahrzeugs müssen auch die Energieanteile berücksichtigt werden, die bei der Herstellung und der Entsorgung anfallen. Zudem kommt noch die bei der Nutzung neben dem Kraftstoff notwendige zusätzliche Energie hinzu, beispielsweise für Wartung und Ersatzteile.[659] Die Bestimmung des sogenannten "Kumulierten Energieaufwandes"[660] gestaltet sich für ein Produkt wie den Personenkraftwagen als schwierig, da der Energieaufwand wesentlich vom Nutzungsverhalten abhängig ist. Bei Fahrzeugen, die wenig gefahren werden, ist vor allem der Anteil des Energieaufwandes der Herstellung relativ groß. Berechnungen zeigen, daß bei einem Fahrzeug, das vorwiegend zu Einkaufszwecken benutzt wird und eine Jahresfahrleistung von ca. 5.000 km hat, der Anteil der Herstellung am kumulierten Energieaufwand ca. 35 % ausmacht. Demgegenüber beträgt dieser Anteil bei einem Vielfahrerfahrzeug mit einer Jahresfahrleistung von ungefähr 30.000 km nur ca. neun Prozent.[661] Da die Herstellung von 3-Liter-Fahrzeugen - insbesondere durch die Verwendung von Leichtbaumaterialien wie Aluminium und Magnesium - energieintensiver als bei konventionellen Materialien ist,[662] spielt das mögliche Nutzungsverhalten eine erhebliche Rolle für die Frage, wie groß der

---

659 Vgl. Fleissner (1996), S. 139.
660 Vgl. Schaefer (1995), S. 1.
661 Vgl. Fleissner (1996), S. 148ff.
662 Vgl. Schäper / Leitermann (1996), S. 223.

Energieeffizienz-Vorteil dieses Produktes ist. Wird das Fahrzeug als Zweit- oder Drittwagen vorwiegend zum Einkauf verwendet, ist dieser Vorteil wesentlich geringer als beim Einsatz als Vielfahrerfahrzeug auf Langstrecken. Bei den heute verfügbaren "3-Liter-Autos" handelt es sich um Kleinst- bzw. Microwagen, bei denen, wie oben schon ausgeführt, mit relativ geringen jährlichen Fahrleistungen gerechnet werden kann. Dies gilt insbesondere, wenn es sich bei den Käufern um besonders umweltbewußte Verkehrsteilnehmer handelt, die das Fahrzeug nur relativ selten nutzen und möglichst auf andere Verkehrsträger ausweichen. Bei zukünftigen, größeren "3-Liter-Autos" ist jedoch mit höheren Fahrleistungen und daher auch mit größeren Vorteilen in Bezug auf die Energieeffizienz zu rechnen.

Für den potentiellen Adopter sind hinsichtlich des Effizienzkriteriums neben dem Energiebedarf noch weitere Größen relevant. Als Inputgröße sind für ihn im wesentlichen der Anschaffungspreis und die Unterhaltskosten (Versicherung, Steuern, Wartungskosten) von Bedeutung.[663] Können diese insgesamt gesenkt werden, ohne daß beim Output - also der Produktqualität - Einbußen gegenüber einem konventionellen Fahrzeug in Kauf genommen werden müssen, so kann aus Sicht des potentiellen Adopters von einer Erhöhung der Effizienz gesprochen werden. Für die heute verfügbaren "3-Liter-Autos" ist eine solche Effizienzerhöhung, wie die Ausführungen in Abschnitt 5.2 zeigen, nicht gegeben.

Die alleinige Berücksichtigung der Kostenseite greift bei der Beurteilung der Effizienz aus Sicht des potentiellen Adopters allerdings zu kurz. In die Betrachtung einbezogen werden müssen auch Unterschiede des Produkts gegenüber den Alternativen, die sich in der Produktqualität bemerkbar machen. Wesentliche Qualitätskriterien, die in diesem Zusammenhang genannt werden können, sind die Sicherheit, der Komfort sowie die Fahrleistungen wie z.B. Höchstgeschwindigkeit und Beschleunigung. Wie oben schon dargestellt, wird vor allem die Sicherheit eines Personenkraftwagens als ein entscheidendes Bewertungskriterium angesehen. Dieser Bedeutung der Sicherheit als Kaufkriterium wurde beim VW Lupo 3L TDI Rechnung getragen. Gegenüber dem vergleichbaren SDI-Modell verfügt er serienmäßig über ABS und kann somit in Bezug auf die Sicherheit vorteilhaft bezeichnet werden. Die serienmäßige Ausstattung mit oben beschriebenen Automatikgetriebe und mit Aluminiumfelgen sind weitere Vorteile gegenüber dem konventionellen Modell. Vor allem aufgrund

---

663 Wie in Fußnote 347 schon angesprochen, können zur Beurteilung des Effizienzkriteriums hilfsweise auch solche ökonomischen Größen herangezogen werden.

des geringeren Gewichts verfügt das 3-Liter-Modell zudem bei den Fahrleistungen gegenüber der SDI-Variante über Vorteile.[664]

Inwieweit diese Vorteile den Mehrpreis aufwiegen, kann nicht abschließend beurteilt werden, da dies von den individuellen Präferenzen des potentiellen Adopters abhängig ist. Es sei allerdings die Feststellung erlaubt, daß weder ein deutlicher Vorteil noch ein Nachteil des 3-Liter-Modells gegenüber den Standardmodellen hinsichtlich des Effizienzkriteriums zu erkennen ist. Im Vergleich zu anderen heute verfügbaren alternativen Fahrzeugkonzepten, die nur niedrige CO_2-Emissionen verursachen, ist allerdings ein erheblicher Vorteil zu erkennen.[665]

Für die 3-Liter-Variante des MCC Smarts können ähnliche Schlußfolgerungen gezogen werden. Zwar ist durch die geringe Fahrzeuggröße eine deutliche Einschränkung der allgemeinen Gebrauchstüchtigkeit des Fahrzeugs gegeben. Diese kommt allerdings kaum zum Tragen, wenn das Fahrzeug nur zu Zwecken eingesetzt wird, bei denen die Größe des Fahrzeuges keine wesentliche Rolle spielt, z.B. als Einkaufsfahrzeug oder als Freizeitfahrzeug. Solange dadurch Fahrten mit anderen Personenkraftwagen, die einen höheren Kraftstoffverbrauch haben, eingespart werden, kann der Einsatz unter Umweltgesichtspunkten vorteilhaft sein. Wenn diese Fahrzeuge als Zweit- oder Drittwagen eingesetzt werden, sind allerdings auch die Umweltbeeinträchtigungen zu berücksichtigen, die bei der Herstellung und bei der Entsorgung anfallen. Problematisch ist weiterhin, daß solche Lifestyle- und Funcars auch neuen Pkw-Verkehr verursachen können, beispielsweise wenn zusätzlich kleine Strecken mit ihnen zurückgelegt werden.

Der Einschränkung des Gebrauchswertes solcher Microwagen steht ein verhältnismäßig geringer Anschaffungspreis sowie niedrige Unterhaltskosten gegenüber. Auch hier ist aus heutiger Sicht ohne entsprechende empirische Untersuchungen kaum zu beurteilen, ob von den potentiellen Adoptern hinsichtlich des Effizienzkriteriums ein relativer Vorteil dieser 3-Liter-Fahrzeuge wahrgenommen wird.

---

664 So ist z.B. beim 3L TDI - Modell die Beschleunigung von 0 auf 100 km/h in 14,5 Sekunden statt in 16,8 Sekunden beim SDI - Modell möglich.

665 Am Markt angeboten werden bisher nur Elektrofahrzeuge, die hinsichtlich ihrer technischen Eigenschaften den "3-Liter-Autos" deutlich unterlegen sind. Vgl. dazu die Ausführungen in Abschnitt 5.2.3.2.

Auf das Produkt Personenkraftwagen kann das Leistungskriterium **Kapazität** als das mögliche Transportvolumen an Personen und Gepäck interpretiert werden. Aufgrund der physikalischen Zusammenhänge wird es sich bei einem "3-Liter-Auto" in den nächsten Jahren in der Regel um ein kleines Fahrzeug mit geringer Kapazität handeln, so daß er gegenüber anderen Kleinwagen als gleichwertig, gegenüber größeren konventionellen Pkw allerdings als unterlegen betrachtet werden kann. Ein Einsatz als alleiniges Familienfahrzeug wird aus diesen Gründen im Normalfall nicht in Frage kommen.

Die **Dichte** des Produktes, also das Verhältnis der Funktionen zu dem dafür in Anspruch genommenen Raum, kann in Hinsicht auf das Produkt "Personenkraftwagen" als Transportkapazität pro Fahrzeuggröße definiert werden. Bei einem Kleinstwagen ist dieses Verhältnis relativ groß, d.h. es finden trotz geringer Fahrzeuggröße, womit beispielsweise Vorteile bei der Parkplatzsuche verbunden sind, vier Personen Platz. Da die Dichte eines Drei-Liter-Fahrzeugs aufgrund der Gewichtseinsparungen tendenziell noch höher liegen wird als bei einem konventionellen Kleinstwagen, sind in Hinsicht auf dieses Leistungskriterium keine Nachteile gegenüber anderen Personenkraftwagen auszumachen. Auch für Microwagen, die zwar nur zwei Personen Platz bieten, aber dafür noch deutlich geringere äußere Ausmaße haben, sind keine Nachteile gegenüber anderen Fahrzeugen festzustellen.

Unter dem Kriterium "**Genauigkeit**" kann beispielsweise die Genauigkeit der Lenkung, der Bremsen und der Gangschaltung zusammengefaßt werden. Hinsichtlich dieser Kriterien sind keine signifikanten Unterschiede zu erwarten, die über das Maß der Unterschiede, die zwischen einzelnen Fahrzeugtypen bestehen, hinausgehen. Für den Fall, daß ein "3-Liter-Auto" von einem Unternehmen entwickelt wird, das bisher keine Pkw angeboten hat und nicht über das notwendige Know-how verfügt, ist allerdings denkbar, daß dieses Kriterium weniger gut erfüllt wird.

Neben der technischen Leistungsfähigkeit sind bei einer Reihe von Produkten auch **nicht-ökonomische Größen** kaufentscheidend, beispielsweise ein mit den Produkten verbundener Prestigegewinn. Wie in Abschnitt 4.2 festgestellt wurde, gilt das insbesondere bei modischen Gütern, die einen geringen Anschaffungspreis haben. Dies trifft zwar auf das Produkt Personenkraftwagen nicht zu, es ist beim "3-Liter-Auto" jedoch dennoch mit einer erheblichen Beeinflussung der subjektiven Wahrnehmung des relativen Vorteils durch nicht-ökonomische Größen zu erwarten. Dies ist zum einen darin begründet, daß mit dem Produkt Personenkraftwagen häufig Emotionen verbunden sind. So gaben in der oben bereits erwähnten Spiegel-Umfrage beispielsweise ca. 65 % der Befragten an, daß sie sich für manche Autos richtig begeistern können. 35 % finden es sympathisch, wenn man seinem Auto einen Namen gibt.[666] Zum zweiten steigt die Bedeutung nicht-ökonomischer Größen bei einem "3-Liter-Auto" durch dessen Umweltrelevanz. Das "gute Gefühl", etwas für die Umwelt zu tun, kann für eine erhebliche Anzahl von Personen ausschlaggebend sein, nicht nur eine rein individuelle Kosten-Nutzen-Abwägung zu treffen.[667] Diese Aussagen gelten im wesentlichen für private Haushalte; für Unternehmen als potentielle Adopter werden im Regelfall die "harten" ökonomischen Größen ausschlaggebend für die Adoptionsentscheidung sein. Dennoch ist es beim öffentlichkeitswirksamen "3-Liter-Auto" auch möglich, daß eine Verwendung solcher Fahrzeuge dem Unternehmen einen (Umwelt-)Imagegewinn liefert, der die möglichen Mehrkosten aufwiegt.

Als weitere Aspekte des relativen Vorteils, welche die Diffusion von umweltfreundlichen neuen Produkten beeinflussen, wurden in Abschnitt 4.2 der Ausreifungsgrad, die Variantenvielfalt, die Modernität, das Ausmaß des Netzwerkcharakters, die Änderungen der Produktcharakteristika während der Diffusion sowie die vorhandenen Beziehungen zu anderen Gütern genannt.

Der **Ausreifungsgrad** eines Personenkraftwagens stellt ein Maß für das tatsächliche oder mögliche Vorliegen anfänglicher Mängel dar. Gerade bei neuen Personenkraftwagen wird häufig vermutet, daß bei den ersten ausgelieferten Fahrzeugen noch Mängel vorliegen. So äußerten beispielsweise über 60 % der Befragten in der vom Autor im Jahr 1996 durchgeführten Umfrage, daß sie kein Fahrzeug kaufen würden, das gerade erst auf den Markt kam. Die immer wieder auftretenden Rückrufaktionen der verschiedenen Automobilhersteller zur Behebung solcher Mängel bestätigen die Berechtigung solcher Vorbehalte. Insbesondere beim neu entwickelten MCC Smart traten solche Rückrufaktionen relativ häufig auf.[668] Da es sich bei einem "3-Liter-Auto" um ein Produkt handelt, das im Vergleich zu Neuentwicklungen konventioneller Fahrzeuge über eine größere Anzahl von technischen Neuerungen verfügt, ist bei ihnen von einem

---

666 Vgl. Spiegel (1993), S. 324f.

667 Wie oben schon erwähnt, gaben bei einer Befragung des Bundesumweltministeriums ca. 40 % der Befragten an, sich auch dann umweltfreundlich zu verhalten, wenn dies zusätzlich erheblich höhere Kosten und Mühen verursacht. Vgl. Bundesministerium für Umwelt, Naturschutz und Reaktorsicherheit (1996), S. 19.

668 Vgl. Gunkel (2000), S. M8.

relativ geringeren Ausreifungsgrad auszugehen, der insbesondere in der Anfangsphase zu einer vergleichsweise langsamen Diffusion führen kann.

Die **Variantenvielfalt** eines "3-Liter-Autos" wird gegenüber einem konventionellen Pkw zumindest zu Beginn der Diffusion eingeschränkt sein. Dies ist zum einen darin begründet, daß anfangs die Anzahl der angebotenen "3-Liter-Modelle" relativ gering sein wird. Zum anderen wird auch die Vielfalt der Ausstattungsvarianten innerhalb eines Fahrzeugmodells begrenzt sein, da fast jede zusätzliche Ausstattung ein höheres Gewicht und damit auch einen höheren Kraftstoffverbrauch bedeutet. Die Hersteller werden daher vermutlich vorerst bei einem "3-Liter-Auto" wenige Ausstattungsvarianten anbieten. Erkennbar ist dies auch an der Tatsache, daß für den VW Lupo 3L TDI zur Zeit lediglich acht Positionen als Sonderausstattung verfügbar sind. Zum Vergleich: Für einen VW-Lupo in der Basisausstattung existieren 28 Positionen. Durch die Einschränkung der Variantenvielfalt bedingt, ist eine geringere Anpassungsmöglichkeit an die individuellen Ansprüche, die tendenziell diffusionshemmend wirken kann.

Wie in Abschnitt 4.2 dargelegt, kann ein hoher **Modernitätsgrad** einer Neuerung sowohl diffusionsbeschleunigend als auch diffusionshemmend wirken. Sind die potentiellen Adopter den Innovatoren zuzuordnen, so werden sie einen hohen Modernitätsgrad als positiv beurteilen; eher konservativ orientierte potentielle Adopter werden dagegen bei sehr modernen Produkten vermutlich zurückhaltend reagieren. Der Modernitätsgrad eines "3-Liter-Autos" ist im Vergleich zu konventionellen neuen Fahrzeugen sicher höher; gegenüber alternativen umweltfreundlichen Fahrzeugkonzepten ist er allerdings gering. Im Hinblick auf die Zielsetzung der Reduzierung der CO_2-Emissionen kann der Modernitätsgrad eines "3-Liter-Autos" als positiv bewertet werden. Solche Fahrzeuge sind modern genug, um innovative Abnehmer anzusprechen und gleichzeitig nicht soweit von der konventionellen Technik entfernt, daß erhebliche Bedenken bei eher konservativen Abnehmern zu erwarten sind.

Hinsichtlich des Kriteriums "**Ausmaß des Netzwerkcharakters**" sind beim "3-Liter-Auto" keine großen Unterschiede zu herkömmlichen Personenkraftwagen festzustellen, so daß die Diffusion durch diesen Faktor nicht außergewöhnlich beeinflußt wird. In Hinblick auf die Versorgung mit dem Komplementärgut "Kraftstoff" sind leichte Vorteile aufgrund der höheren Reichweite von "3-Liter-

Autos" zu verzeichnen.[669] Für den Fall, daß ein bisher nicht am Automobilmarkt agierender Hersteller ein "3-Liter-Auto" anbietet, sind allerdings Bedenken der potentiellen Adopter hinsichtlich der Sicherheit der Ersatzteilversorgung und des Vorhandenseins kompetenter Werkstätten zu erwarten. Gegenüber alternativen umweltfreundlichen Fahrzeugkonzepten, die eine andere Energiequelle nutzen, verfügt das "3-Liter-Auto" durch das vorhandene Tankstellennetz allerdings über einen sehr erheblichen Vorteil.

Durch die in Abschnitt 5.2.4 angesprochenen **Veränderungen der Produktcharakteristika,** die beim "3-Liter-Auto" in den kommenden Jahren zu erwarten sind, wird sich die Diffusion dieser Fahrzeuge beschleunigen. Dies ist vor allem durch die immer weitergehende Anpassung an die bei konventionellen Fahrzeugen üblichen Charakteristika begründet.

Die Diffusionswirkungen der **vorhandenen Beziehungen zu anderen Gütern** sind beim "3-Liter-Auto" sehr unterschiedlich. Wie in Abschnitt 4.2 ausgeführt, wirkt eine hohe Verbreitung zeitlich vorgelagerter Produkte, die über eine relativ lange Lebensdauer verfügen, diffusionshemmend. Daher ist in entwickelten Volkswirtschaften, die bereits über eine hohe Pkw-Dichte verfügen, nicht mit einer sehr schnellen Ausbreitung von "3-Liter-Autos" zu rechnen. Demgegenüber wird die schon angesprochene, im Vergleich zu alternativen Fahrzeugkonzepten große Verbreitung von sachlich vorgelagerten Produkten, wie Kraftstoffe, Ersatzteile, etc., sich positiv auf die Diffusion auswirken. Mit Leapfrogging-Effekten ist bei "3-Liter-Autos" nicht zu rechnen. In absehbarer Zeit erscheinen keine Technologien realisierbar, die ein Abwarten bei der Adoption für den potentiellen Übernehmer sinnvoll erscheinen lassen. Im Gegenteil - wie oben schon erwähnt - wird die Realisierung möglicher alternativer Fahrzeugkonzepte wie Brennstoffzellenfahrzeuge oder Wasserstoffahrzeuge erst in zehn bis 20 Jahren möglich sein. Auch das mögliche Nachfolgeprodukt "2-Liter-Auto" ist nicht in absehbarer Zeit zu erwarten, Volkswagen hat beispielsweise im Juni 1999 angekündigt, diese Entwicklung zurückzustellen. Hinsichtlich der Beziehungen zu substitutiven Gütern ist beim "3-Liter-Auto" eher mit einer diffusionshemmenden Wirkung zu rechnen - wie in Abschnitt 5.2.3.2 dargestellt, hat fast jeder Automobilhersteller einen Kleinwagen im Sortiment, der zwischen

[669] Der VW Lupo 3L TDI kann mit einer Tankfüllung ca. 1.000 km zurücklegen. Zum Vergleich: Ein Lupo-Benzinmodell hat - je nach Motorvariante - eine Reichweite von ca. 500 bis 600 km.

4,5 und sechs Liter Kraftstoff auf 100 Kilometer benötigt und im Anschaffungspreis deutlich unter dem heute verfügbaren VW Lupo 3L TDI liegt.

5.3.1.2 Kompatibilität, Komplexität, Erprobbarkeit und Beobachtbarkeit

Neben dem relativen Vorteil des Produktes "3-Liter-Auto" sind insbesondere auch die Kompatibilität des Produktes mit Werten, Überzeugungen, vorhandenen Techniken, Produkten und Verhaltensweisen sowie vorhandenen Bedürfnissen, die Komplexität des Produktes, seine Erprobbarkeit und seine Beobachtbarkeit möglicherweise entscheidend für einen erfolgreichen Diffusionsverlauf. Hinsichtlich der **Kompatibilität** mit den Werten und Überzeugungen ist das "3-Liter-Auto" wie alle umweltfreundlichen Produkte positiv zu bewerten. Auch die Kompatibilität mit vorhandenen Techniken, Produkten oder Handlungsweisen ist bei einem "3-Liter-Auto" relativ hoch - es sind kaum Änderungen im Vergleich zu einem konventionellen Pkw zu erwarten. Im Gegensatz zu anderen alternativen Antriebskonzepten, wie beispielsweise einem Elektro-Pkw, weist ein "3-Liter-Auto" hinsichtlich dieses Kriteriums erhebliche Vorteile auf. Dagegen ist die Kompatibilität mit vorliegenden Bedürfnissen bei dem heute vorliegendem "3-Liter-Auto" und den in näherer Zukunft zu erwartenden Modellen nicht uneingeschränkt gegeben. Zwar kann durch den niedrigen Kraftstoffverbrauch das Bedürfnis des Sparens befriedigt werden, da aber die Sparsamkeit eines Pkw eventuell mit Unsportlichkeit, geringer Größe und niedrigeren Sicherheitsstandards assoziiert wird, können hier Inkompatibilitäten vorliegen. Insbesondere das Bedürfnis nach ausreichendem Platz, z.B. für Urlaubsreisen, andere Ausflüge oder größere Transporte, scheint von den heute realisierten "3-Liter-Autos" nicht ausreichend befriedigt werden zu können. Wie wichtig dieses Bedürfnis für die Adoptionsentscheidung ist, zeigt die Umfrage des Spiegels aus dem Jahr 1993. Fast 50% der Befragten achten beim Kauf sehr stark auf das Raumangebot des Fahrzeugs.[670] Dieses Ergebnis wurde auch in der am Institut für Wirtschaftswissenschaften in Aachen durchgeführten Umfrage bestätigt; das Raumangebot wird als wichtiger als die Motorleistung, die Höchstgeschwindigkeit und das Design angesehen. Hinsichtlich der Sportlichkeit und der Sicherheit scheint der VW Lupo 3L TDI zu beweisen, daß hier keine Abstriche gegenüber konventionellen Fahrzeugen notwendig sind - im Gegenteil. Fraglich ist allerdings, ob dies auch von den potentiellen Adoptern wahrgenommen wird.

---

[670] Vgl. Spiegel (1993), S. 343.

Auch die **Komplexität**, die **Erprobbarkeit** und die **Beobachtbarkeit** des "3-Liter-Autos" können dessen Diffusion beeinflussen. Ein Pkw stellt aus technischer Sicht ein sehr komplexes Produkt mit einer Vielzahl von Einzelaggregaten dar und ist für die Mehrzahl der Nutzer nicht mehr zu durchschauen. Fast 60 % der vom Autor befragten Autonutzer gaben an, über geringe bzw. keine Kenntnisse hinsichtlich der Automobiltechnik zu verfügen. Da zur Anwendung des Produktes Personenkraftwagen allerdings kaum Technikkenntnisse erforderlich sind, wird die wahrgenommene Komplexität eines konventionellen Personenkraftwagens vermutlich nicht als zu hoch angesehen. Im Vergleich dazu wird die wahrgenommene Komplexität eines "3-Liter-Autos" kaum höher sein. Allenfalls bestimmte Sonderausstattungen, die zur Reduktion des Kraftstoffverbrauchs führen, wie die Auswahl verschiedener Getriebemodi oder die Abschaltung des Motors in Stillstandsphasen beim VW Lupo 3L TDI können die wahrgenommene Komplexität etwas erhöhen. Auch hinsichtlich dieses Kriteriums können "3-Liter-Autos" als vorteilhaft gegenüber alternativen Fahrzeugen angesehen werden, die mit Antriebssystemen ausgestattet sind, die für den potentiellen Adopter bisher unbekannt sind. Die Möglichkeit der Erprobung ist bei einem "3-Liter-Auto" vor allem im Rahmen einer Probefahrt möglich. Ob eine solche Fahrt allerdings ausreicht, eventuell vorhandene Bedenken hinsichtlich der Alltagstauglichkeit, Haltbarkeit und Ausfallsicherheit zu verringern, ist fraglich. Mit dieser Problematik ist zwar auch bei der Einführung konventioneller Personenwagen zu rechnen, jedoch sind aufgrund des größeren Neuigkeitsgrades eines "3-Liter-Autos" solche Bedenken der potentiellen Adopter eher zu erwarten. Die Beobachtbarkeit kann ein entscheidendes Kriterium für die Ausbreitung von "3-Liter-Autos" darstellen. Insbesondere, wenn das (Umwelt-)Image ein wesentliches Kaufkriterium darstellt, wird es für den potentiellen Adopter - sei es ein privater Haushalt oder ein Unternehmen - wichtig sein, daß die Adoption auch beobachtbar ist. Außerdem kann die Beobachtung, daß schon eine größere Anzahl von Personen ein "3-Liter-Auto" adoptiert haben, sich positiv auf die Entscheidung der anderen potentiellen Adopter auswirken. Die im allgemeinen sehr gute Beobachtbarkeit des Produktes Pkw im öffentlichen Straßenverkehr, gegebenenfalls unterstützt durch ein auffälliges Design, einen entsprechenden Aufkleber, etc., wird sich positiv auf die Diffusion des "3-Liter-Autos" auswirken.

5.3.1.3 Zusammenfassender Überblick über die produktbedingten Einflußgrößen

In Tabelle 5-4 sind noch einmal zusammenfassend die Wirkungsrichtungen der produktbedingten Einflußgrößen auf die Diffusion des "3-Liter-Autos" dargestellt. In dieser überblicksartigen Darstellung können natürlich nur die grundlegenden

Tendenzen angeben werden. Dennoch ist erkennbar, daß die Wirkung der produktbedingten Einflußgrößen ziemlich ausgeglichen ist, d.h. die diffusionsfördernden Einflüsse und die diffusionshemmenden Einflüsse heben sich gegenseitig ungefähr auf. Dies gilt insbesondere auch für die Einflußgrößen, die den relativen Vorteil des Produktes bestimmen.

Einflußgröße	**Wirkung**
Relativer Vorteil	
Technische Leistungsfähigkeit	
- Effizienz	o
- Kapazität	-
- Dichte	o
- Genauigkeit	o
Nicht-ökonomische Größen	+
Weitere Aspekte des relativen Vorteils	
- Ausreifungsgrad	-
- Variantenvielfalt	-
- Modernität	+
- Ausmaß des Netzwerkcharakters	o
- Änderungen der Produktcharakteristika während der Diffusion	+
- Vorhandene Beziehungen zu anderen Gütern	o
Kompatibilität	
Kompatibilität mit vorhandenen Werten und Überzeugungen	+
Kompatibilität mit vorhandenen Techniken, Produkten und Handlungsweisen	+
Kompatibilität mit vorliegenden Bedürfnissen	-
Komplexität	o
Erprobbarkeit	-
Beobachtbarkeit	+

(+: positive Wirkung auf die Diffusion
o: keine Aussage möglich bzw. keine Wirkung
-: negative Wirkung auf die Diffusion)

Tabelle 5-4: Wirkung der produktbedingten Einflußgrößen auf die Diffusion des "3-Liter-Autos"

Wie die Analyse zeigt, existiert bisher keine nennenswerte Überlegenheit des "3-Liter-Autos" gegenüber konventionellen Personenkraftwagen. Das Vorliegen eines ausreichend hohen relativen Vorteils ist aber eine wesentliche und notwendige Voraussetzung für eine erfolgreiche Diffusion.[671] Insofern wäre eine

[671] Vgl. Kortmann (1995), S. 275.

insgesamt deutlich positive Wirkung des relativen Vorteils notwendig. Aus Tabelle 5-4 ist außerdem gut ersichtlich, welche Hemmnisse für die Diffusion des "3-Liter-Autos" existieren. Dies sind insbesondere eine technische Leistungsfähigkeit, die in der Gesamtheit als der technischen Leistungsfähigkeit eines konventionellen Personenkraftwagen leicht unterlegen bezeichnet werden kann. Außerdem stellen der geringe Ausreifungsgrad, die mangelnde Variantenvielfalt, die fehlende Kompatibilität mit den vorhandenen Bedürfnissen und die ungenügende Erprobbarkeit Diffusionshemmnisse dar.

Während die letztgenannten Einflußgrößen kaum vom Staat zu beeinflussen sind, ist als Ansatzpunkt für staatliche Maßnahmen eine Erhöhung des relativen Vorteils durch eine Verbesserung der Effizienz des "3-Liter-Autos" geeignet. Schon die bisherigen staatlichen Maßnahmen setzen an der Erhöhung des relativen Vorteils des Produktes "3-Liter-Auto" an. Das bisherige Ziel ist vor allem, den Nachteil, der durch den erhöhten Anschaffungspreis oder durch den Verzicht hinsichtlich der technischen Leistungsfähigkeit besteht, auszugleichen. Wie das Beispiel des VW Lupo 3L TDI zeigt, ist es heute schon möglich, ein Fahrzeug zu bauen, das in Hinsicht auf die Gebrauchstüchtigkeit einem konventionellen Kleinstwagen entspricht. Gelingt es also, die Kosten eines solchen Fahrzeugs auf ein vergleichbares oder niedrigeres Niveau zu senken, so ist mit einer relativ schnellen Diffusion von "3-Liter-Autos" zu rechnen, insbesondere wenn diese in absehbarer Zeit auch in höheren Pkw-Klassen zur Verfügung stehen. Konkrete Maßnahmen, um die Kosten eines "3-Liter-Autos" auf ein vergleichsweise niedriges Niveau zu senken, sind zum einen die Subventionierung des "3-Liter-Autos" in Form der vorübergehenden Befreiung von der Kraftfahrzeugsteuer und zum anderen die Erhöhung der Mineralölsteuer. Während die erste Maßnahme in der letzten Legislaturperiode eingeführt wurde, ist die zweite Maßnahme durch die jetzige Bundesregierung beschlossen worden.

Die vorübergehende Befreiung von der Kraftfahrzeugsteuer (bis zu einem Betrag von maximal 1.000 DM) bedeutet eine Senkung der Fixkosten für die Nutzer eines "3-Liter-Autos" und bedingt für den Nutzer daher eine Verbesserung des Kosten/Nutzen-Verhältnisses des Fahrzeugs. Sie wirkt jedoch nicht direkt auf die jeweilige Entscheidung der Nutzer zur Verwendung des Fahrzeugs und der damit verbundenen Emission von Kohlendioxid. Ist das erklärte Ziel dieser Subvention die Verringerung der Kohlendioxidemissionen, so ist an dieser Maßnahme zu kritisieren, daß die Bemessungsgrundlage nicht direkt mit diesem Tatbestand zusammenfällt. Dies kann vor allem deshalb von Bedeutung sein, weil durch den geringeren Kraftstoffverbrauch von "3-Liter-Autos" die für die Häufigkeit der Nutzung des Fahrzeugs entscheidenden variablen Kosten verringert werden. Dem für den Klimaschutz positiven Effekt der Verringerung der CO_2-Emissionen pro gefahrenen Kilometer kann also eine Erhöhung der Fahrleistung gegenüberstehen. Auch wenn aufgrund der relativ geringen Preiselastizität von Kraftstoff, die Zahlenangaben schwanken zwischen 0.1 und 0.55,[672] damit zu rechnen ist, daß insgesamt eine Verringerung der CO_2-Emissionen eintreten wird, ist die mögliche Erhöhung der Fahrleistung kritisch zu bewerten. Dies gilt insbesondere, weil von der Pkw-Nutzung noch weitere externe Effekte ausgehen, wie z.B. Autostaus, Unfälle und Lärm.[673] Die Subventionierung der Fixkosten des "3-Liter-Autos" kann auch mit dem Ausgleich der positiven externen Effekte, welche durch die Pionieranbieter und die frühen Abnehmer verursacht werden, begründet werden. Aus dieser Perspektive wäre die Bemessungsgrundlage richtig gewählt. Allerdings kann dann kritisiert werden, inwieweit die Subventionierung gerade dieses neuen Produktes notwendig erscheint - aus Gründen der Gleichbehandlung wäre auch die Subventionierung anderer neuer Produkte notwendig. Zusammenfassend läßt sich feststellen, daß die vorübergehende Befreiung von der Kraftfahrzeugsteuer eine Maßnahme darstellt, welche die Diffusion des "3-Liter-Autos" zwar fördern kann, aber aus ökonomischer Sicht zumindest kritisch zu betrachten ist. Die Einführung dieser Maßnahme läßt sich vermutlich vor allem damit begründen, daß bei einer Subventionierung in der Regel kaum Widerstände zu erwarten sind.[674]

Auf große Widerstände ist dagegen die Erhöhung der Mineralölsteuer gestoßen.[675] Kritisiert wird in diesem Zusammenhang vor allem die Problematik der internationalen Wettbewerbsfähigkeit, die zusätzliche Belastung der Autofahrer und die damit verbundenen sozialen Ungerechtigkeiten sowie die Nutzung als staatliche Einnahmequelle. Die Erhöhung des Kraftstoffpreises kann über die Verteuerung der Nutzung konventioneller Personenkraftwagen und der vergleichsweise geringeren Belastung von sparsamen Fahrzeugen die Diffusion des "3-Liter-Autos" fördern. Allerdings ist eine deutliche Wirkung aufgrund der geringen Preiselastizität des Kraftstoffs erst bei einer erheblichen Erhöhung der Mineralölsteuer zu erwarten. Zwar liegt die langfristige Preiselastizität von Kraftstoffverbrauch gerade auch wegen der Möglichkeit zum Kauf sparsamerer Fahrzeuge höher als die kurzfristige Preiselastizität, dennoch ist ihr Wert immer

672 Vgl. z.B. Dahl (1986), Conrad (1984), S. 267.
673 Vgl. Bommer (1996).
674 Vgl. dazu z.B. Andel (1977), S. 505.
675 Vgl. o.V. (2000), S. 3.

noch deutlich unterhalb von eins.[676] Um abrupte Übergänge und die damit verbundenen wirtschaftlichen und sozialen Probleme zu vermeiden, wäre eine kontinuierliche und deutlich Erhöhung der Mineralölsteuer über einen längeren Zeitraum notwendig.[677] Ansatzpunkte für eine solche Strategie der staatlichen Entscheidungsträgern beginnen sich in der aktuellen Politik abzuzeichnen. Im Rahmen der "ökologischen Steuerreform" wurde die Mineralölsteuer in den Jahren 1999 und 2000 jeweils um sechs Pfennig angehoben. Außerdem wurden weitere Erhöhungen um jeweils sechs Pfennig für die Jahre 2001 und 2002 angekündigt. Auch wenn eine langsame Erhöhung der Kraftstoffpreise weitgehend durch den niedrigeren Verbrauch der Fahrzeuge ausgeglichen werden könnte, handelt es sich doch um eine sehr unpopuläre Maßnahme, bei der mit weiterem erheblichen Widerstand von Automobilindustrie und auch von Autofahrern, die in Automobilclubs organisiert sind, zu rechnen ist.[678] In Hinsicht auf die Diffusion des "3-Liter-Autos" läßt sich feststellen, daß eine konsequente Verfolgung dieser Strategie der kontinuierlichen Erhöhung der Mineralölsteuer dazu führen wird, daß in absehbarer Zeit eine hohe Verbreitung dieser Fahrzeuge erreicht werden kann.

Eine weitere Maßnahme, die zur Förderung der Diffusion von "3-Liter-Fahrzeugen" diskutiert wird, ist die Einführung von Flottenverbrauchsgrenzwerten, wie sie in den USA unter dem Kürzel CAFE (Corporate Average Fuel Economy Standards) existieren. Durch die Verpflichtung der Hersteller von Pkw, daß der mit den Absatzzahlen gewichtete durchschnittliche Kraftstoffverbrauch ihrer Fahrzeuge einen bestimmten Wert einhalten muß, soll erreicht werden, daß von ihnen verbrauchsgünstige Fahrzeuge zu niedrigen Preisen angeboten werden. Kann ein Hersteller mit den bisherigen Absatzzahlen seiner Fahrzeuge den Flottenverbrauchsgrenzwert nicht einhalten, so besteht für ihn neben der Möglichkeit, durch technische Maßnahmen den Verbrauch seiner Fahrzeugmodelle zu verringern, auch die Option, den Verkauf der besonders kraftstoffsparenden Modelle z.B. durch niedrigere Preise zu forcieren.[679] Durch eine solche Maßnahme kann somit die Diffusion von "3-Liter-Autos" gefördert werden. Die Diffusionsgeschwindigkeit bestimmt sich je nachdem, wie niedrig der Flottenverbrauchsgrenzwert angesetzt wird. Zur Vermeidung abrupter Übergänge ist auch

---

[676] Vgl. Laut Dahl liegt die langfristige Preiselastizität von Kraftstoff bei 0.55. Vgl. Dahl (1986), S. 67ff.
[677] Vgl. o.V. (1995), S. 4.
[678] Vgl. Bommer (1996), S. 260.
[679] Vgl. Bommer (1996), S. 258.

hier eine schrittweise Anpassung zu empfehlen. Kritisiert werden kann bei dieser Maßnahme vor allem die Tatsache, daß die variablen Kosten der Pkw-Nutzung wie bei der Subventionierung sinken werden und damit zusätzlicher Pkw-Verkehr mit den sich daraus ergebenen negativen externen Effekten verursacht wird.[680]

Neben dem Ansatzpunkt, die Kosten des "3-Liter-Autos" im Vergleich zu denen eines konventionellen Personenkraftwagens abzusenken, existieren noch weitere Möglichkeiten für den Staat, den relativen Vorteil des "3-Liter-Autos" zu beeinflussen. Zu nennen sind insbesondere imagefördernde Aktivitäten, wie Appelle und Kampagnen, sowie die Ausstattung der Fahrzeuge mit zusätzlichen Verfügungsrechten. Aufgrund der hohen Bedeutung der interpersonellen Kommunikation bei den Kaufentscheidungsprozessen von Personenkraftwagen sollten Appelle und Kampagnen vor allem bei den Meinungsführern ansetzen. Die Ausstattung der Fahrzeuge mit Sonderrechten, wie z.B. die Fahrerlaubnis bei Smog-Alarm oder in bestimmten Gebieten (Innenstädte), geringere Parkgebühren, Sonderparkplätze, etc., kann den relativen Vorteil des "3-Liter-Autos" für bestimmte Nutzergruppen deutlich erhöhen, so daß damit die Diffusion vor allem in der Anfangsphase beschleunigt werden kann. Aufgrund der bestehenden Eigendynamik des Diffusionsprozesses wirken sich solche Maßnahmen auch auf den weiteren Ablauf der Diffusion aus. Als problematisch ist allerdings anzusehen, daß eine dauerhafte Gewährung der zusätzlichen Verfügungsrechte aufgrund der (beabsichtigten) zunehmenden Verbreitung des "3-Liter-Autos" nicht möglich wäre. Außerdem ist bei der Ausgestaltung zu beachten, daß das Ausmaß der Fördermaßnahmen überschaubar bleibt, damit es von den potentiellen Adoptern auch wahrgenommen werden kann.[681]

Ergänzend ist noch zu erwähnen, daß die Überlegungen in diesem Abschnitt gezeigt haben, daß das Produkt "3-Liter-Auto" im Vergleich zu anderen Fahrzeugkonzepten, mit Hilfe derer eine Reduktion der von Personenwagen verursachten CO_2-Emissionen möglich wäre, wesentlich bessere Voraussetzungen für eine erfolgreiche Diffusion bietet. Daraus kann gefolgert werden, daß zur Erreichung des umweltpolitischen Ziels der Verringerung der CO_2-Emissionen die Förderung der Diffusion des "3-Liter-Autos" unter heutigen Bedingungen der Förderung der Diffusion anderer alternativer Antriebskonzepte vorzuziehen

---

680 Vgl. Bommer (1996), S. 258f.
681 Vgl. o.V. (1998f), S. 6.

wäre.[682] Um langfristig auch die Chancen der Durchsetzung anderer Antriebskonzepte zu erhöhen, sind vor allem Maßnahmen erforderlich, welche die Überwindung der durch Netzwerkeffekte bedingten Nachteile zum Ziel haben.

5.3.2 Durch die Neuerungsanbieter bedingte Einflußgrößen

5.3.2.1 Unsicherheit beim Neuerungsanbieter

In diesem Abschnitt soll der mögliche Einfluß der beim Anbieter bestehenden endogenen und exogenen Unsicherheit auf den Diffusionsprozeß des "3-Liter-Autos" diskutiert werden. Wie schon angesprochen, ist das Ausmaß der **endogenen Unsicherheit** beim Anbieter im Regelfall geringer als beim potentiellen Abnehmer. Die asymmetrische Informationsverteilung zuungunsten der Anbieter unterscheidet sich auch hinsichtlich ihres Charakters von den Informationsdefiziten der potentiellen Abnehmer. Während sich der potentielle Abnehmer bei einem Massenprodukt wie dem "3-Liter-Auto" einem oder wenigen Anbietern gegenübersieht und für ihn damit der potentielle Vertragspartner in seinen individuellen Eigenschaften relativ gut zu beurteilen ist, sieht sich der Anbieter nicht einem, sondern sehr vielen potentiellen Vertragspartnern gegenüber. Die unvollständige Information bezieht sich für ihn demnach nicht nur auf die durchschnittlichen Eigenschaften der potentiellen Abnehmer sondern auch auf die Verteilung dieser Eigenschaften in der Abnehmerschaft. Sie können hinsichtlich Such-, Erfahrungs- oder Vertrauenseigenschaften bestehen.

Unsicherheit über **Sucheigenschaften** ist beim Anbieter vor allem durch unvollständige Informationen über die Präferenzen, Bedürfnisse, Anforderungen und die sonstigen Eigenschaften der potentiellen Adopter begründet. Aus dieser Unsicherheit resultiert für den Anbieter ein mehr oder weniger großes Vermarktungsrisiko.[683] Für das Produkt "3-Liter-Auto" ist beispielsweise die Bereitschaft der potentiellen Adopter, auf Komfort und Platzangebot gegenüber einem konventionellen Pkw zu verzichten, eine bedeutende Form von solchen Sucheigenschaften, über die beim Anbieter Unsicherheit bestehen kann. Ebenso ist die Höhe des Preisaufschlags für ein "3-Liter-Auto", den die potentiellen

---

682 Damit ist nicht gesagt, daß die Förderung von Forschung und Entwicklung der anderen Konzepte nicht notwendig ist. Im Gegenteil, um eine erfolgreiche Diffusion solcher Konzepte überhaupt erst zu ermöglichen, bedarf es noch erheblicher Anstrengungen in Forschung und Entwicklung.

683 Vgl. Adler (1994), S. 47.

Adopter bereit sind, in Kauf zu nehmen, eine Sucheigenschaft für den Anbieter. Auch die Einsatzbedingungen für das "3-Liter-Auto" - beispielsweise als Firmenwagen, vorwiegend als Einkaufswagen oder als Familienfahrzeug können den Sucheigenschaften zugeordnet werden. Informationen über diese Sucheigenschaften sind für den Anbieter vor allem durch Marktforschung zu erhalten. Es ist allerdings fraglich, ob die Unsicherheit vollständig reduziert werden kann, da die Kosten einer umfassenden Marktstudie sehr hoch sein können.

Durch die Unsicherheit über das Marktpotential, die durch unvollständige Informationen hinsichtlich der Sucheigenschaften begründet ist, kann die Diffusion des "3-Liter-Autos" behindert werden. So ist es z.B. möglich, daß nur wenige Anbieter überhaupt ein "3-Liter-Auto" anbieten oder daß nur relativ geringe Produktionskapazitäten eingeplant werden - mit entsprechenden Folgen für die Produktionskosten bzw. die Preise des Produktes. Eine Reduktion der bestehenden Unsicherheit ist durch Signaling der potentiellen Abnehmer, z.B. durch eine Organisation der potentiellen Abnehmer durch Umweltschutzorganisationen oder durch die Ankündigung eines Großauftrages von einen einzelnen großen Abnehmer denkbar.

Auch Unsicherheit bei den Anbietern über **Erfahrungseigenschaften** kann die Diffusion des "3-Liter-Autos" beeinflussen. Die Abgrenzung zwischen Such- und Erfahrungseigenschaften ist, wie oben schon ausgeführt, nicht eindeutig. Die Einordnung hängt vielmehr von den Kenntnissen und Fähigkeiten der Anbieter ab. So läßt sich beispielsweise die tatsächliche Zahlungsbereitschaft nicht immer vor dem Kauf mit Hilfe der Marktforschung ermitteln. Dies kann durch die Qualität der Marktforschung oder auch durch kaum überwindbare Schwierigkeiten bei der Datenerhebung begründet sein. Beispielsweise ist eine Falschbeantwortung der befragten Personen denkbar, sei es durch Überforderung, aus Prestige- oder anderen Beweggründen.[684] Diese Hypothese wird durch die Äußerung eines Volkswagensprechers bei der Vorstellung des VW Lupo 3L TDI, daß es sehr schwierig sei, das mögliche Kundenpotential für das Fahrzeug abzuschätzen, unterstützt.[685] Es existieren auch Erfahrungseigenschaften der Abnehmer, die erst nach dem Kauf auftreten und daher auch erst dann ermittelt werden können, wie z.B. die tatsächlichen Einsatzbedingungen des "3-Liter-Autos". Von Unsicherheit über Erfahrungseigenschaften kann im Prinzip die gleiche diffusionshemmende

684 Vgl. Berekoven / Eckert / Ellenrieder (1986).
685 Vgl. o.V. (1999b), S. 17.

Wirkung wie beim Vorliegen von Unsicherheit über Sucheigenschaften erwartet werden.

Zu den **Vertrauenseigenschaften** der potentiellen Adopter zählen im wesentlichen deren tatsächliche Präferenzen, Anforderungen und sonstige Eigenschaften, die dem Anbieter auch nach dem Kauf nicht offenbart werden. Es ist beispielsweise denkbar, daß ein umweltfreundlicher Adopter auch nach dem Kauf nicht zugibt, daß er trotz des geringen Verbrauchs z.B. auch ein hohes Beschleunigungsvermögen des Fahrzeugs wünschen würde. In diesem Fall könnte die Unsicherheit über die tatsächlichen Präferenzen dazu führen, daß die gewählte Bauweise des Fahrzeugs nicht optimal den Kundenwünschen entspricht und dadurch die Diffusion verzögert wird. Anstrengungen der potentiellen Adopter nach dem Kauf, die der Anbieter nicht beobachten kann, sind z.B. die durchgeführte Pflege des Fahrzeugs oder auch die Weitergabe von Informationen über die Fahrzeugnutzung und -bewertung an Bekannte. Auch wenn diese Anstrengungen im Einzelfall durchaus bedeutsam sein können, z.B. für die Lebensdauer des Fahrzeugs oder für die Meinungsbildung bei anderen potentiellen Adoptern, so kann dennoch davon ausgegangen werden, daß die Unsicherheit der Anbieter darüber den Diffusionsprozeß kaum mehr beeinflussen wird wie bei einem konventionellen Personenkraftwagen.

Wie in Abschnitt 4.3.2 dargestellt, sind als Ursache für exogene Unsicherheit vor allem die unvollständigen Informationen bei Anbietern bezüglich möglicher staatlicher Aktivitäten, des Verhaltens von Massenmedien, Umweltschutzorganisationen und anderer unabhängiger Berater, der Bedingungen der natürlichen Umwelt, der gesamtwirtschaftlichen Rahmenbedingungen, der technologischen Entwicklung sowie des Verhaltens der eigenen Marktseite von Bedeutung. Die bestehende Unsicherheit kann zum einen dadurch begründet sein, daß die Wirtschaftssubjekte nicht über bereits vorhandene Bedingungen informiert sind. Aufgrund der Marktstruktur auf dem Automobilmarkt mit wenigen großen Anbietern ist dies allerdings nicht sehr wahrscheinlich. Die Kosten der Informationsbeschaffung sind für sie - gemessen am Transaktionsvolumen - verhältnismäßig gering. Daher ist auch zu vermuten, daß bei den Anbietern im allgemeinen keine bedeutende Unsicherheit hinsichtlich der bereits vorhandenen Bedingungen besteht.[686] Zum zweiten existieren auch unvollständige Informa-

[686] Wie in Abschnitt 5.3.3.1 gezeigt wird, ist dies bei den potentiellen Adoptern anders. Bei den Adoptern kann durchaus auch Unsicherheit über bereits vorhandene exogene Größen bestehen.

tionen hinsichtlich möglicher zukünftiger Ereignisse. Durch die relativ lange Nutzungsdauer eines "3-Liter-Autos" bekommt gerade die Unsicherheit über mögliche Ereignisse, die erst in einigen Jahren auftreten können, eine besondere Bedeutung für den Diffusionsprozeß.

Die Unsicherheit der Anbieter über **staatliche Aktivitäten** wird sich im wesentlichen nicht auf bereits erfolgte bzw. fest geplante Maßnahmen beziehen, sondern auf solche, die in Zukunft erfolgen können. Solche Maßnahmen - man denke z.B. an die im Vorfeld der Bundestagswahl 1998 von den Grünen aufgestellte Forderung eines Kraftstoffpreises von 5 DM/Liter - können den relativen Vorteil des Produktes erheblich beeinflussen. Unvollständige Informationen über die staatliche Steuer- und Subventionspolitik erhöhen insbesondere das Investitionsrisiko der Anbieter und können ein längerfristiges unternehmerisches Engagement hemmen oder sogar ganz verhindern.[687] Vor allem durch die unterschiedlichen politischen Auffassungen, die innerhalb und vor allem zwischen den verschiedenen politischen Parteien über eine Anhebung der Mineralölsteuer bestehen,[688] erhöht sich die Unsicherheit über die zukünftige Entwicklung - insbesondere wenn eine Änderung der politischen Machtverhältnisse in Betracht gezogen wird.

Auch die Unsicherheit, die durch unvollständige Informationen über das bereits vorhandene Verhalten und die Eigenschaften von **Massenmedien, Umweltschutzorganisationen und anderen unabhängigen Beratern** existiert, wird beim Anbieter im Normalfall relativ gering sein. Dagegen wird die Unsicherheit über zukünftige Aktionen dieser Gruppen und Organisationen einen Einfluß auf die Entscheidungen der Anbieter ausüben. Insbesondere die Unsicherheit hinsichtlich des möglichen sozialen Drucks, der sich aufgrund von Kampagnen, Berichterstattungen, etc. ergeben kann, kann von Bedeutung sein. Dies gilt vor allem für die Anbieter, für die eine "schlechte Presse" durch geringes Engagement im Produktsegment des "3-Liter-Autos" sich deutlich auf die Konkurrenzfähigkeit auswirken kann. Die Diffusion des "3-Liter-Autos" kann durch die Unsicherheit über solche Aktionen sogar positiv beeinflußt werden, wenn beispielsweise die Automobilunternehmen auch aufgrund der Gefahr, ein schlechtes Umweltimage zu bekommen, ein "3-Liter-Auto" anbieten.

---

687 Vgl. z.B. Eucken (1968), S. 285ff.
688 Vgl. o.V. (2000), S. 3.

Die Unsicherheit über die **Bedingungen der natürlichen Umwelt** kann beim Anbieter zum einen aus unvollständigen Informationen über bereits bekannte Zusammenhänge und Entwicklungen bestehen und zum anderen über mögliche zukünftige Forschungsergebnisse oder Entwicklungen. In Bezug auf die Diffusion des "3-Liter-Autos" sind vor allem die bisher nicht eindeutigen Forschungsergebnisse über die Auswirkungen der anthropogenen CO_2-Emissionen auf das Klima relevant. Wie Dierkes und Fietkau feststellen, ist die individuelle Wahrnehmung von Umweltrisiken unter anderem davon abhängig, inwieweit die Person mit der betreffenden Technik vertraut ist und ob es sich um eine kontinuierliche Schädigung handelt. Sind die Personen mit einer Technik gut vertraut und handelt es sich um eine kontinuierliche Schädigung, so wird das Umweltrisiko zumeist unterschätzt.[689] Diese Bedingungen treffen für die Anbieter von Personenkraftwagen und die Belastung durch die CO_2-Emissionen zu, so daß wahrscheinlich das bestehende Umweltrisiko von den Anbietern tendenziell unterschätzt wird. Diese Hypothese wird z.B. durch die Tatsache unterstützt, daß der Verband der Automobilindustrie in seinem Jahresbericht 98/99 ausdrücklich darauf hinweist, daß die Beeinflussung des Klimas durch menschliche Aktivitäten nicht erwiesen ist.[690] Solange also die Schädigung der Umwelt durch CO_2-Emissionen nicht eindeutig erwiesen ist, kann davon ausgegangen werden, daß die Anstrengungen der Anbieter in Bezug auf die (Weiter-)Entwicklung und Markteinführung des "3-Liter-Autos" verhältnismäßig gering ausfallen. Die Unsicherheit über die Umweltbedingungen wird die Diffusion des "3-Liter-Autos" demzufolge tendenziell hemmen.

Die unvollständigen Informationen, die bei Anbietern über die **gesamtwirtschaftlichen Rahmenbedingungen** vorliegen, können sich auch hemmend auf den Diffusionsprozeß auswirken. Relevant ist vor allem die Unsicherheit, die sich aus unvollständigen Informationen über die zukünftige Entwicklung ergibt. Bedeutend für die Diffusion des "3-Liter-Autos" kann vor allem die Unsicherheit der Anbieter über die wirtschaftliche Entwicklung sein, da die Vergangenheit gezeigt hat, daß der Automobilabsatz sehr eng mit der gesamtwirtschaftlichen Entwicklung verbunden ist.[691] Risikoscheue Anbieter werden in Phasen

---

689 Vgl. Dierkes / Fietkau (1988), S. 48ff.

690 Auch die bisher noch nicht eindeutig erwiesene kanzerogene Wirkung von Dieselabgasen wird vom VDA angesprochen. Vgl. VDA (1998), S. 167 und 185.

691 Vgl. VDA (1999), S. 16ff.

ungewisser wirtschaftlicher Entwicklung vermutlich die Investition in neue oder ausgeweitete Produktionsanlagen für "3-Liter-Autos" scheuen.

Hinsichtlich der **technologischen Veränderungen** wird bei den Anbietern in der Regel keine große Unsicherheit bestehen, da sie relativ gut über die technischen Möglichkeiten informiert sind.

Die Unsicherheit über das **Verhalten der eigenen Marktseite** wird in der Mehrzahl der Fälle nicht diffusionshemmend, sondern sogar diffusionsfördernd sein. Diese Unsicherheit ist eine Basis für einen funktionierenden Wettbewerb auf der Anbieterseite.[692] Auch wenn kein eindeutiger Zusammenhang zwischen Wettbewerbsintensität und Diffusionsgeschwindigkeit existiert, so kann doch davon ausgegangen werden, daß die diffusionsbeschleunigenden Wirkungen des Wettbewerbs überwiegen.[693]

5.3.2.2 Verhalten der Neuerungsanbieter

Als Determinanten des Diffusionsprozesses, die vom Verhalten der Neuerungsanbieter abhängig sind, wurden in Abschnitt 4.3.3 der Einsatz des absatzpolitischen Instrumentariums und Verhaltensformen, die auf eine Abschwächung des Wettbewerbs gerichtet sind, genannt. Diese **verhaltensabhängigen Einflußgrößen** auf den Diffusionsprozeß des "3-Liter-Autos" können zum jetzigen Zeitpunkt allerdings nicht abschließend beurteilt werden, da sie bisher kaum bzw. gar nicht auf empirische Sachverhalte gestützt werden können. Deshalb können in diesem Abschnitt z.T. nur Hypothesen aufgestellt werden, deren empirische Überprüfung noch aussteht. Wie dargelegt, werden zum **absatzpolitischen Instrumentarium** in der Regel die Preis- und Konditionenpolitik, die Produktgestaltung, die Kommunikationspolitik und die Distributionspolitik gezählt.

Die für den Anbieter eines "3-Liter-Autos" günstigste **Preispolitik** ergibt sich durch die vorhandenen Rahmenbedingungen des Automobilmarktes. Aufgrund der Konkurrenzbedingungen auf dem oligopolistisch strukturierten Automobilmarkt, der Tatsache, daß nahezu alle Automobilhersteller an einem "3-Liter-Auto" arbeiten, und des relativ langen Angebotszeitraums empfiehlt sich aus theoretischer Sicht eine Penetrationsstrategie. D.h., um schnell ein möglichst großes Kundenpotential zu erschließen, sollte der Anbieter anfänglich niedrige

692 Vgl. die Ausführungen in Abschnitt 4.3.5.
693 Vgl. Kortmann (1995), S. 310ff. und die Ausführungen in Kapitel 4.

Preise wählen, die nur gering über den variablen Durchschnittskosten bzw. sogar darunter liegen. Diese Strategie wird anscheinend auch beim VW Lupo 3L TDI verfolgt, zumindest gilt der Preis als äußerst knapp kalkuliert, auch wenn der VW-Vorstandsvorsitzende Ferdinand Piëch angibt, daß das Fahrzeug intern nicht subventioniert werde.[694] Eine solche Preispolitik wirkt sich positiv auf die Diffusion aus. Die in Abschnitt 4.3.3 angesprochene Gefahr, daß potentielle Adopter aufgrund zu niedriger Preise auf eine schlechte Qualität schließen, könnte theoretisch auch beim "3-Liter-Auto" bestehen. Es ist beispielsweise möglich, daß aufgrund eines niedrigen Preises auf mangelnde Sicherheit geschlossen wird, insbesondere wenn das Fahrzeug nicht von einem etablierten Hersteller angeboten wird. Allerdings ist die Markttransparenz vermutlich aufgrund der großen Anzahl von Institutionen, Automobilzeitschriften, etc. so groß, daß eine falsche Bewertung bei der Mehrzahl der Individuen nicht lange Bestand haben würde.

Die Gewährung von Incentives im Rahmen der **Konditionenpolitik** ist beim Produkt "3-Liter-Auto" vor allem in zweierlei Form möglich, zum einen in Gestalt von Vorteilen für die Vertragshändler, wenn sie ein "3-Liter-Auto" verkaufen, zum anderen in Form von Vorteilen an Großabnehmer, in der Regel also an Unternehmen. Das an private Abnehmer Incentives in größeren Umfang gewährt werden, ist eher unwahrscheinlich. Inwieweit diese Maßnahmen ergriffen werden, kann nicht beurteilt werden. Ein Einsatz ist vor allem denkbar, wenn die gesetzten Verkaufserwartungen nicht erfüllt werden. Insofern kann eine Diffusion, die zunächst für den Anbieter nicht zufriedenstellend verläuft, durch die Gewährung von Incentives möglicherweise noch beschleunigt werden.

Wie bei der Beschreibung des Produktes "3-Liter-Auto" in Abschnitt 5.2.3.1 dargestellt, existieren vor allem zwei Strategien der **Produktgestaltung**. Zum einen kann versucht werden, ein "vollwertiges Auto" zu produzieren, das in Hinsicht auf die Qualitätsmerkmale Sicherheit, Komfort und Fahrleistungen im wesentlichen den konventionellen Personenwagen entspricht. Diese Strategie, die auch beim 3-Liter-Lupo verfolgt wurde,[695] ist allerdings mit vergleichsweise hohen Kosten verbunden, so daß auch ein relativ hoher Produktpreis resultiert. Als zweite mögliche Strategie ist die Entwicklung eines Microwagens denkbar, bei dem aufgrund des Verzichts auf Raumangebot, Fahrleistungen, o.ä. ein

---

694 Vgl. o.V. (1999b), S. 17.
695 Vgl. Möser (1999).

niedrigerer Preis realisierbar wäre. Welche dieser beiden Strategien erfolgversprechender ist, kann noch nicht beurteilt werden.[696] Zu den Maßnahmen, die im Rahmen der Produktgestaltung vom Anbieter getroffen werden können, gehören auch die Gewährung einer besonderen Garantiezeit oder eines besonderen Kundendienstes, um den möglichen Bedenken der potentiellen Adopter entgegenzuwirken.

Eine weitere Maßnahme der Produktgestaltung ist die Gewährung von zusätzlichen Vorteilen für die Adopter eines "3-Liter-Autos". Beispielsweise ermöglichte die Firma MCC, daß die Käufer des Kleinstwagens Smart günstigere Konditionen bei der Miete eines größeren Fahrzeugs bei einem Leihwagenanbieter bekommen, wenn der Smart für die geplante Fahrt nicht ausreicht. Diese Aktion gehört zu einem Programm, das "Smartmove" genannt wird und in dessen Rahmen z.B. auch verbilligte Tarife und gesonderte Parkflächen in Parkhäusern oder um ca. die Hälfte reduzierte Preise auf Autozügen der Deutschen Bahn gehören.[697] Mit Hilfe solcher Maßnahmen kann der Anbieter den relativen Vorteil des Fahrzeugs für den Adopter erhöhen.

Auch die Planung der Produktionskapazitäten kann einen erheblichen Einfluß auf die Diffusion des "3-Liter-Autos" ausüben. Wird nur eine geringe Produktionskapazität eingeplant, so ist keine schnelle Diffusion möglich, da die Anbieter eine hohe Nachfrage nicht sofort bedienen könnten. Zwar werden die Fertigungstechniken im Automobilbau immer flexibler, so daß mittlerweile eine schnellere Anpassung der Produktionskapazitäten an eine unerwartet starke Nachfrage machbar ist. Jedoch sind auch dieser Anpassung Grenzen gesetzt. Für eine Erhöhung der Produktionskapazität des VW Polo von geplanten 800 Einheiten/Tag auf 2.000 Einheiten/Tag hat Volkswagen beispielsweise ein Jahr benötigt und mußte daher Lieferprobleme in Kauf nehmen.[698] Beim VW Lupo 3L TDI ist zu erwarten, daß Volkswagen die Produktionskapazitäten an die Größenordnung der zunächst erwarteten Absatzzahlen von 5.000 bis 10.000 Stück im Jahr[699]

---

696 Aus ökologischer Sicht wäre es in mittel- bis langfristiger Perspektive sicherlich günstiger, wenn die Automobilhersteller die erste Strategie verfolgen, da in dem Fall eher Fahrzeuge mit hohem Kraftstoffverbrauch substituiert würden, während der zweite Fahrzeugtyp eher zusätzlich als Zweit- oder Drittfahrzeug angeschafft werden wird und sogar zusätzlichen Verkehr erzeugen kann. Vgl. dazu die Ausführungen in Abschnitt 5.3.1.1

697 Vgl. o.V. (1998a), S. 43.

698 Vgl. Kaden / Linden (1996), S. 43.

699 Vgl. o.V. (1998e), S. 56.

anpassen wird. Zum Vergleich: Weltweit setzte der Volkswagenkonzern im Jahr 1998 über vier Millionen Fahrzeuge ab.[700]

Inwieweit das Timing des Erstangebots sich positiv oder negativ auf die Diffusion des "3-Liter-Autos" auswirkt, kann noch nicht beurteilt werden. Festzustellen ist, daß Volkswagen die Markteinführung des 3-Liter-Lupos um ca. ein Vierteljahr gegenüber dem vorgesehenen Termin verschoben hatte. Trotzdem ist der von Konzernchef Piëch als strategisch wichtig erachtete Termin vor der Jahrtausendwende erreicht worden.[701]

Die gewollte oder ungewollte Beeinflussung der Diffusion des "3-Liter-Autos" durch das übrige Produktsortiment des Anbieters ist gut vorstellbar. Vor allem die Gefahr der Kanibalisierung existiert auf dem Automobilmarkt. Zu erkennen ist dies allein schon an der Tatsache, daß der 3L-Lupo in Zeitungsartikeln häufig mit anderen Lupo-Modellen verglichen wird und die Frage gestellt wird, ob er die Anschaffung lohnt.[702] Allerdings ist es kaum möglich, ein "3-Liter-Auto" anzubieten, ohne auf dieser "Plattform" weitere Fahrzeugmodelle vorzusehen. Wie schon erwähnt, hat VW den Kleinwagen Lupo u.a. in das Produktprogramm genommen, um über eine Basis für ein "3-Liter-Auto" zu verfügen. Es können allerdings auch gegenseitige Vorteile aufgrund des positiven Images der anderen Produkte resultieren. Wie die Wirkung des übrigen Produktsortiments des Anbieters auf die Diffusion des "3-Liter-Autos" ausfallen wird, ist daher nicht abschließend zu beurteilen.

Auch Aussagen über die **Kommunikationspolitik** der Anbieter von "3-Liter-Autos" sind bisher kaum möglich. Wird bei der Preisgestaltung eine Penetrationsstrategie verfolgt, so ist es sinnvoll, auch in der Kommunikationspolitik anfänglich relativ hohe Anstrengungen zu unternehmen, um rasch ein größeres Kundenpotential zu erschließen. Die große Öffentlichkeitswirksamkeit des Themas "3-Liter-Auto" wirkt positiv für die Anbieter, beispielsweise wurde die Vorstellung des VW Lupo 3L TDI von einem großen Echo in den Medien begleitet. Nahezu jede Zeitung und fachbezogene Zeitschrift sowie fast alle Nachrichtensendungen des Radios und des Fernsehens berichteten darüber. Aufgrund der großen Bedeutung, welche die persönliche Kommunikation und die Berichte in Fachzeitschriften bei der Kaufentscheidung hinsichtlich eines

---

700 Vgl. VDA (1999), S. 193.
701 Kaden / Linden (1996), S.41.
702 Vgl. z.B. o.V. (1998b), o.V. (1998e).

Personenkraftwagens haben,[703] stellt eine Konzentration auf die Meinungsführer und auf Journalisten eine sinnvolle Strategie für den Anbieter eines "3-Liter-Autos" dar. Diese Strategie scheint auch Volkswagen zu verfolgen: Vor der Markteinführung wurden mit großem Aufwand 700 Journalisten und auch die Umweltschutzorganisation Greenpeace nach Göteborg eingeladen, um eine Woche lang den VW Lupo 3L TDI zu testen.[704]

Hinsichtlich der **Distributionspolitik** der Anbieter eines "3-Liter-Autos" sind nur wenige Aussagen möglich. Wird das Fahrzeug von einem der existierenden großen Automobilhersteller angeboten, so verfügt dieser über ein gut ausgebautes Distributionsnetz, und es sind keine Nachteile bei der Diffusion gegenüber konventionellen Personenkraftwagen zu erwarten. Bei einem neu auf dem Automobilmarkt auftretenden Anbieter kann die Diffusion durch das nicht vorhandene bzw. erst auszubauende Distributionsnetz behindert werden.

Auch zu den **Verhaltensformen, die darauf gerichtet sind, den Wettbewerb abzuschwächen**, wie z.B. Absprachen oder Kooperationen, können wenig konkrete Aussagen gemacht werden. Wie schon in Abschnitt 4.3.3 ausgeführt, ist es aufgrund der oft verdeckten Durchführung von wettbewerbsabschwächenden Maßnahmen im allgemeinen kaum zu beurteilen, inwieweit sie die Diffusion beeinflussen. Bezüglich der Diffusion des Produktes "3-Liter-Auto" sind zwei widersprüchliche Aussagen möglich. Zum einen wird der Automobilindustrie insbesondere von der Umweltschutzorganisation Greenpeace vorgeworfen, daß sie trotz bekannter Techniken zur Senkung des Kraftstoffverbrauchs gemeinsam die Einführung eines "3-Liter-Autos" bewußt verzögert haben, weil sie mehr mit dem Verkauf von größeren Fahrzeugen verdienen.[705] Zum zweiten ist eine Tatsache zu nennen, die zumindest partiell dieser Behauptung widerspricht und einen funktionierenden Wettbewerb vermuten läßt. Die Markteinführung des "3-Liter-Autos" wurde schon zu Beginn der neunziger Jahre von Volkswagen angekündigt, und ist nach Aussage des Vorstandsvorsitzenden des Volkswagenkonzerns ein wesentliches Wettbewerbsinstrument: "Ich halte es für zwingend,

703 In der im Jahr 1996 vom Autor durchgeführten Umfrage waren Gespräche mit Freunden und Bekannten, Verkaufsgespräche und Zeitungen bzw. Fachzeitschriften die meistgenannten Informationsquellen beim Autokauf.

704 Vgl. Möser (1999).

705 Vgl. Greenpeace (1999b).

daß wir 1999 mit dem "3-Liter-Auto" soweit sind. Es ist ein Schlüssel für unsere Wettbewerbsfähigkeit"[706].

5.3.2.3 Eigenschaften der Neuerungsanbieter

Hinsichtlich der **Eigenschaften der Neuerungsanbieter** kann insbesondere unterschieden werden, ob ein "3-Liter-Auto" von einem Unternehmen angeboten wird, das bereits auf dem Automobilmarkt vertreten ist, oder von einem Unternehmen, das in diesem Bereich noch nicht tätig war.

Für bereits etablierte Anbieter sind die Voraussetzungen für eine erfolgreiche Diffusion relativ günstig. Wie in Abschnitt 3.3 dargelegt, ist unter anderem die **Größe der Anbieter** für die Diffusion von Bedeutung. Bei großen Anbietern, wie sie auf dem Automobilmarkt auftreten, ist nach der Produkteinführung mit einer schnellen Diffusion zu rechnen. Da das **bisherige Angebot** der Unternehmen schon ähnliche Produkte umfaßte, ist auch in dieser Hinsicht mit einer diffusionsfördernden Wirkung zu rechnen.

Auch der **Diversifikationsgrad** etablierter Pkw-Anbieter wirkt positiv auf die Diffusion. Nach einer Phase zunehmender Diversifikation ist in den letzten Jahren eine rückläufige Tendenz zu erkennen - viele Unternehmen wollen sich wieder mehr auf das Kerngeschäft konzentrieren.[707] Dennoch ist der Diversifikationsgrad vermutlich so hoch, daß eventuelle Fehlschläge beim "3-Liter-Auto" verkraftet werden könnten und eine Entwicklung und Markteinführung aus den Überschüssen des übrigen Produktprogramms finanziert werden kann.

Die erworbene **Reputation** eines Anbieters wird sich in der Regel positiv auf die Diffusion von "3-Liter-Autos" auswirken. In der Bundesrepublik Deutschland verfügen vor allem deutsche Hersteller über eine hohe Reputation.[708] Wie die Spiegel-Umfrage aus dem Jahr 1993 zeigt, käme für zwei Drittel der Deutschen am ehesten der Kauf eines Personenkraftwagens aus Deutschland in Frage.[709] Der

---

706 Kaden / Linden (1996), S.46.

707 Anzeichen für eine abnehmende Diversifikation ist auch der in Abschnitt 5.2.2.1 angesprochene Rückgang der Fertigungstiefe in der Automobilindustrie.

708 Wie schon in Abschnitt 4.3.4 ausgeführt, ist die Reputation eines Anbieters von einer Vielzahl von Größen abhängig. Dabei wird insbesondere auch die psychologische Komponente der Bevorzugung von Produkten aus dem eigenen Land eine Rolle spielen. Daß die Reputation nicht unbedingt mit der tatsächlichen Qualität der Automobile korreliert, zeigen die ADAC-Pannenstatistiken. Vgl. Allgemeiner Deutscher Automobilclub (2000)

709 Vgl. Spiegel (1993), S. 367.

gute Ruf eines Automobilherstellers kann aus Sicht der Vertragstheorie als Geisel in der Hand der Abnehmer aufgefaßt werden. Um seinen guten Ruf zu bewahren, ist es für den Anbieter notwendig, sich kulant zu zeigen und eventuell nach dem Vertragsabschluß auftretende Mängel auch dann zu beseitigen, wenn er nicht aus gesetzlichen, vertraglichen oder anderen zwingenden Gründen dazu verpflichtet ist. Als Beispiel sei die kostenlose Nachrüstung aller Modelle der A-Klasse von Mercedes Benz mit einem elektronischen Stabilitätssystem genannt, um das Kippen des Fahrzeugs bei raschen Lenkeinschlägen (z.B. im sogenannten Elchtest) zu vermeiden. Im Wissen um diesen Druck auf die Automobilhersteller können die potentiellen Abnehmer darauf vertrauen, daß gravierende Mängel, die nicht kostenlos beseitigt werden, eher unwahrscheinlich sind.

Wenn der Anbieter bisher keine Pkw angeboten hat, sind die Voraussetzungen für die Diffusion eines "3-Liter-Autos" wesentlich ungünstiger. Da es sich eher um einen im Vergleich zu den bisherigen Automobilkonzernen relativ kleinen Anbieter handeln wird, können die in Abschnitt 4.3.4 genannten Größenvorteile wahrscheinlich nicht realisiert werden. Auch das Nichtvorhandensein eines bisherigen Automobilangebotes sowie die Tatsache, daß der Anbieter in diesem Marktsegment bisher keine Reputation aufbauen konnte, bedeuten deutliche Nachteile gegenüber der zuerst genannten Situation. Allenfalls der höhere Diversifikationsgrad eines Quereinsteigers kann sich aus den genannten Gründen positiv auf die Diffusion auswirken.

5.3.2.4 Marktstruktur der Anbieterseite

Auch aufgrund der in Abschnitt 5.2.2 dargestellten **Marktstruktur auf der Anbieterseite** sind insgesamt positive Wirkungen auf die Diffusion von "3-Liter-Autos" zu erwarten. Hinsichtlich des Kriteriums "**Anzahl und Größe der Anbieter**" ist die oligopolistische Struktur auf dem Automobilmarkt aus den in Abschnitt 4.3.5 genannten Gründen als diffusionsfördernd zu bewerten. Die auf dem Automobilmarkt existierenden **Verflechtungen der Anbieter untereinander** werden sich in der Regel auch positiv auf die Diffusion des "3-Liter-Autos" auswirken. Horizontale Verflechtungen unterschiedlicher Intensität existieren beispielsweise durch die gemeinsame Konzernzugehörigkeit, durch die Zusammenarbeit bei der Entwicklung bestimmter Fahrzeugmodelle[710] und durch

[710] Beispielsweise wurde gemeinsam von Volkswagen und Ford eine Großraumlimousine entwickelt (VW Sharan , Ford Galaxy).

die Bildung gemeinsamer Arbeitskreise. Die Diffusion des "3-Liter-Autos" wird z.B. dadurch gefördert, daß durch die gemeinsame Konzernzugehörigkeit der drei Marken VW, Audi und Seat allein vom VW-Konzern in absehbarer Zeit drei "3-Liter-Modelle" angeboten werden.

Bestehende Verflechtungen mit Anbietern komplementärer Produkte, wie z.B. Forschungsprojekte und Arbeitskreise mit Vertretern der Mineralölgesellschaften, können sich fördernd oder hemmend auf die Diffusion auswirken. Selbst wenn die Reduktion des Kraftstoffverbrauchs den Absatz der Mineralölgesellschaften beeinträchtigt, so ist für sie die Beibehaltung der Verbrennungsmotorentechnik doch günstiger als ein Übergang auf andere Energieträger. Die in der Automobilbranche existierenden z.T. erheblichen vertikalen Verflechtungen können sich zudem positiv auf die Diffusion eines "3-Liter-Autos" auswirken.

Da der **Organisationsgrad des Automobilmarktes** (zumindest in der Bundesrepublik Deutschland) relativ hoch ist, sind auch hierdurch positive Wirkungen für die Diffusion eines "3-Liter-Autos" zu erwarten. Es existieren beispielsweise weit ausgebaute Handelsnetze und eine Vielzahl von Massenmedien, die sich speziell mit Automobilen befassen, was eine hohe Markttransparenz zur Folge haben dürfte.

Die Frage, ob sich die **vorhandenen Marktzutritts- und Marktaustrittsschranken** auf dem Automobilmarkt eher positiv oder negativ auf die Diffusion von "3-Liter-Autos" auswirken, kann nicht eindeutig beantwortet werden. Die hohen Marktzutrittsschranken führen dazu, daß, wie dargelegt, neue Anbieter fast keine Chance haben, erfolgreich ein "3-Liter-Auto" anzubieten. Die durch die Marktzutrittsschranken bedingte oligopolistische Struktur auf dem Automobilmarkt wird in der Regel diffusionsfördernd sein. Aufgrund der begrenzten Anzahl an Marktteilnehmern sind allerdings auch Absprachen denkbar, welche die Diffusion des "3-Liter-Autos" hemmen.[711]

Auch Marktaustrittsschranken können die Diffusion des "3-Liter-Autos" behindern, beispielsweise dadurch, daß Anbieter, die zunächst nicht in der Lage sind, selbst ein "3-Liter-Auto" anzubieten, bei Konkurrenzprodukten Preissenkungen durchführen oder andere absatzpolitische Maßnahmen ergreifen. Auch der behinderte Marktaustritt der Unternehmen der Mineralölindustrie kann diese

---

[711] Vgl. dazu den Vorwurf von Greenpeace in Fußnote 705.

veranlassen, die Diffusion kraftstoffsparender Personenkraftwagen zu behindern. Allerdings ist es für diese Unternehmen, wie oben schon angesprochen, vergleichsweise günstiger, langsame Absatzeinbußen aufgrund eines durch die Ausbreitung kraftstoffsparender Fahrzeuge allmählich sinkenden Gesamtkraftstoffverbrauchs hinzunehmen, als die Gefahr einer raschen Durchsetzung von Techniken, die auf einem anderen Energieträger basieren, in Kauf zu nehmen.

5.3.2.5 Zusammenfassender Überblick über die anbieterseitigen Einflußgrößen

Zusammenfassend ist in Tabelle 5-5 die mögliche Wirkung der durch die Anbieter bedingten Einflußgrößen auf den Diffusionsprozeß des "3-Liter-Autos" dargestellt. Es ist gut zu erkennen, daß eine hemmende Wirkung auf die Diffusion fast ausschließlich von der beim Anbieter bestehenden Unsicherheit ausgehen wird. Die diffusionsrelevanten Ursachen für endogene Unsicherheit beim Anbieter sind vor allem die unvollständigen Informationen über die Eigenschaften der potentiellen Abnehmer, welche das Marktpotential beeinflussen, also z.B. die tatsächlich vorliegenden Präferenzen. Hinsichtlich der Bedeutung exogener Unsicherheit für den Diffusionsprozeß des "3-Liter-Autos" sind vor allem die Unsicherheit über staatliche Aktionen, über die Bedingungen der natürlichen Umwelt und über die gesamtwirtschaftliche Entwicklung herauszustellen. Der Einfluß der übrigen anbieterseitigen Determinanten des Diffusionsprozesses kann für das Produkt "3-Liter-Auto" als weitgehend positiv oder zumindest als neutral betrachtet werden. Allerdings ist einzuräumen, daß diese Bewertung nur bei der Annahme gilt, daß der Anbieter schon vor dem Angebot des "3-Liter-Autos" am Automobilmarkt vertreten war. Wie die bisherigen Ausführungen gezeigt haben, ist das Zutreffen dieser Annahme auch zu erwarten. Die erfolgreiche Diffusion eines "3-Liter-Autos", das von einem ganz neu auftretenden Anbieter auf den Markt gebracht wird, ist relativ unwahrscheinlich.

Für die staatliche Politik folgt aus dieser Analyse, daß hinsichtlich der anbieterseitigen Einflußgrößen sich die Maßnahmen zur Förderung der Diffusion des "3-Liter-Autos" im wesentlichen darauf beschränken können und sollten, die beim Anbieter bestehende Unsicherheit abzubauen.

Einflußgröße	Wirkung
Unsicherheit beim Neuerungsanbieter	
endogene Unsicherheit hinsichtlich	
- Sucheigenschaften	-
- Erfahrungseigenschaften	-
- Vertrauenseigenschaften	o
exogene Unsicherheit hinsichtlich	
- der Aktionen des Staates	-
- der Aktionen von Massenmedien, Umweltschutzorganisationen und anderen unabhängigen Beratern	o
- der Bedingungen der natürlichen Umwelt	-
- der gesamtwirtschaftlichen Rahmenbedingungen	-
- technologischer Veränderungen	o
- des Verhaltens der eigenen Marktseite	+
Verhalten des Neuerungsanbieters	
Absatzpolitisches Instrumentarium	
- Preis- und Konditionenpolitik	+
- Produktgestaltung	o
- Kommunikationspolitik	+
- Distributionspolitik	o
Verhaltensformen, die auf eine Abschwächung des Wettbewerbs gerichtet sind	o
Eigenschaften des Neuerungsanbieters	
Größe	+
bisheriges Angebot	+
Diversifikation	+
Reputation	+
Marktstruktur auf der Anbieterseite	
Anzahl und Größe der Anbieter	+
Ausmaß der Verflechtungen der Anbieter untereinander	+
Organisationsgrad des Marktes	+
Vorhandene Marktzutritts- und Marktaustrittsbarrieren	o

(+: positive Wirkung auf die Diffusion
o: keine Aussage möglich bzw. keine oder sehr geringe Wirkung
-: negative Wirkung auf die Diffusion)

Tabelle 5-5: Wirkung der durch die Anbieter bedingten Einflußgrößen auf die Diffusion des "3-Liter-Autos"

Bezüglich der endogenen Unsicherheit über die Marktchancen des Produktes "3-Liter-Auto" bestehen für den Staat im wesentlichen die Optionen, Informationen über die Marktchancen für die Anbieter bereitzustellen (z.B. durch staatlich finanzierte Untersuchungen zur Akzeptanz des "3-Liter-Autos") und selbst als Nachfrager nach "3-Liter-Autos" aufzutreten. Die letztgenannte Option der staatlichen Beschaffungspolitik sollte frühzeitig den Anbietern angekündigt werden, um so einen möglichst positiven Effekt auf die Diffusion des "3-Liter-Autos" auszuüben.[712]

Zur Reduktion der exogenen Unsicherheit der Anbieter ist vor allem eine konstante und vorhersehbare Politik des Staates hinsichtlich der Größen, welche das Produkt "3-Liter-Auto" sowie den daraus zu ziehenden Nutzen betreffen, notwendig. Dies gilt insbesondere in Hinsicht auf die Entwicklung der Mineralölsteuer und der Kfz-Steuer. Bei der Mineralölsteuer war dies in der Vergangenheit nicht der Fall. Die Mineralölsteuer wurde zumeist sprunghaft und unvorhersehbar erhöht, z.B. zur Finanzierung des Golf-Krieges und der deutschen Einheit im Jahr 1991. Aufgrund der unterschiedlichen Auffassungen innerhalb der im Bundestag vertretenen Parteien und der möglichen Änderungen der Machtverhältnisse ist die langfristige Entwicklung der Mineralölsteuer auch heute nicht vorhersehbar. Ein überparteilicher Konsens über die zukünftige Strategie wäre wünschenswert, um die Diffusion des "3-Liter-Autos" zu fördern.

Die beim Anbieter bestehende exogene Unsicherheit über die Umweltwirkungen von CO_2-Emissionen kann in einem gewissen Maße durch die Ausdehnung der staatlichen Förderung der Forschung zur Umweltbelastung durch CO_2-Emissionen sowie die Verbreitung der Ergebnisse verringert werden. In Anbetracht der bereits geleisteten Forschungsarbeit auf diesem Gebiet ist es allerdings fraglich, ob der zusätzliche Aufwand in Hinblick auf die erreichbaren Ergebnisse auch gerechtfertigt ist. Hinsichtlich der negativen Diffusionswirkungen der beim Anbieter bestehenden Unsicherheit über die gesamtwirtschaftliche Entwicklung bleibt noch die allgemeingültige Forderung an die staatliche Politik, die Rahmenbedingungen für die Wirtschaftssubjekte so zu setzen, daß ein gleichmäßiges und konstantes Wachstum erreicht wird.

5.3.3 Durch die potentiellen Abnehmer bedingte Einflußgrößen

5.3.3.1 Unsicherheit beim potentiellen Abnehmer

Zur Analyse der abnehmerseitigen Einflußgrößen ist zunächst abzugrenzen, welche Personen bzw. Personengruppen als potentielle Abnehmer betrachtet werden sollen. Wie in Abschnitt 5.2.4 ausgeführt, kann langfristig ein Großteil

[712] Vgl. zu dieser Thematik: Kromphardt / Teschner (1986), S. 246, Shama (1981), S. 260, Kortmann (1995), S. 281f.

der Wirtschaftssubjekte als potentielle Abnehmer eines "3-Liter-Autos" aufgefaßt werden, die auch als potentielle Abnehmer eines konventionellen Personenkraftwagens in Frage kommen. In kurz- bis mittelfristiger Sichtweise werden jedoch eher diejenigen Wirtschaftssubjekte als potentielle Adopter in Frage kommen, die aufgrund ihrer individuellen Eigenschaften und Präferenzen - sei es beispielsweise ein besonders hohes Umweltbewußtsein, ein geringer Raumbedarf oder eine hohe Präferenz zum Kraftstoffsparen - aus einem kleinen, sparsamen "3-Liter-Auto" einen relativ hohen Nutzen ziehen. Soweit notwendig, soll bei den folgenden Ausführungen eine Unterscheidung der genannten Adoptergruppen vorgenommen werden. Im folgenden werden zur Darstellung und Bewertung des Einflusses der beim potentiellen Abnehmer des "3-Liter-Autos" bestehenden Unsicherheit zunächst die Ursachen für endogene Unsicherheit (hinsichtlich Such-, Erfahrungs- und Vertrauenseigenschaften) und anschließend die Ursachen für exogene Unsicherheit behandelt.

Bei der Analyse der hinsichtlich der Produkteigenschaften bestehenden **endogenen Unsicherheit** ist es von Bedeutung, ob die Leistungen vom Anbieter schon vor oder erst nach Vertragsabschluß erbracht werden. Wie in Abschnitt 4.4.2 angesprochen, haben hochwertige Gebrauchsgüter zumeist relativ viele Leistungseigenschaften, die erst nach Vertragsabschluß erbracht werden, wie z.B. Service- und Garantieleistungen, Ersatzteilversorgung und Reparaturleistungen. Beim Produkt Personenkraftwagen wird in den nächsten Jahren noch mit einer deutlichen Zunahme solcher nach dem Vertragsabschluß erbrachten Leistungen gerechnet. So wird zum Beispiel erwartet, daß der Anteil der mit dem Autokauf bzw. der Autonutzung verbundenen Finanzdienstleistungen (z.B. Miete, Leasing, Finanzierung) weiter zunimmt und daß Zusatzleistungen wie Mobilitätsgarantien (z.B. Ersatzfahrzeug bei Ausfall), Fahrzeugüberwachung, Fuhrparkmanagement für Firmen oder Telematikdienste angeboten werden.[713]

Die Unterscheidung danach, ob die Leistungen vor oder nach Vertragsabschluß erbracht werden, kann insbesondere auch bei **Sucheigenschaften** gemacht werden. Sucheigenschaften, die schon vor Vertragsabschluß erbracht werden, sind im wesentlichen der Preis und die physikalisch-technischen Eigenschaften des Produktes "3-Liter-Auto". Ein Teil dieser Eigenschaften kann durch Informationen aus Broschüren oder durch Anfragen beim Händler bzw. beim Hersteller in Erfahrung gebracht werden. Zu diesen Eigenschaften zählen neben

---

713 Vgl. Glaubitz (1998), S. 212f.

dem Preis, den technischen Daten und dem Aussehen eines "3-Liter-Autos" auch solche Eigenschaften, über die sich der potentielle Adopter im Rahmen eines Tests, z.B. einer Probefahrt, informieren kann. Dies sind z.B. das Fahrverhalten oder der Komfort des Fahrzeugs.

Dem potentiellen Adopter bietet sich außerdem noch die Möglichkeit, die Informationen über Eigenschaften des Produktes und deren Bewertung aus unabhängigen Informationsquellen, wie z.B. Tests in Automobilzeitschriften oder Radio- und Fernsehsendungen, zu entnehmen. Ein Vorteil bei diesem Vorgehen besteht darin, daß aufgrund der üblicherweise mit der Darstellung der Produkteigenschaften einhergehenden Bewertung dieser Eigenschaften durch die Tester auch potentielle Adopter, die nur über wenig produktbezogene Kenntnisse und Fähigkeiten verfügen, sich ein Urteil bilden können. Ein weiterer Vorteil der - insbesondere beim Produkt Personenkraftwagen oft durchgeführten - Tests, ist die Möglichkeit, auch Informationen über Produkteigenschaften zu bekommen, die einem einzelnen potentiellen Adopter kaum zugänglich wären. Hierzu gehören z.B. Informationen über die Sicherheit der Fahrzeuge, über den im normalen Betrieb realisierbaren Kraftstoffverbrauch (der vom Normverbrauch mehr oder weniger abweichen kann) oder über den Ausstoß bestimmter Schadstoffe.

Zu den Sucheigenschaften, die schon vor dem Tausch erbracht werden, gehören neben den physischen Produkteigenschaften auch einige nicht-physische Leistungseigenschaften. Dies können z.B. bestimmte Finanzierungsmodelle oder Beratungsleistungen des Anbieters sein. Auch gewisse Eigenschaften und Verhaltensweisen des Anbieters, die Relevanz für den aus dem Produkt gezogenen Nutzen haben können, fallen in diese Kategorie. Zu nennen ist beispielsweise die Größe des Anbieters. Wie oben schon ausgeführt, wird diese beim "3-Liter-Auto" z.B. einen Einfluß auf die vermutete Sicherheit der Ersatzteilversorgung und die erwartete Verfügbarkeit von kompetenten Werkstätten haben. Das bisherige Umweltengagement des Herstellers kann auch für bestimmte Adopter eine Nutzenkomponente darstellen - z.B. durch das gute Gefühl, das Produkt eines sehr umweltfreundlichen Herstellers zu fahren.

Die Informationen über Sucheigenschaften, die erst nach dem Kauf erbracht werden, z.B. Garantieleistungen oder Sonderleistungen des Anbieters,[714] können im Prinzip auf dem gleichen Weg wie die Informationen über physikalisch-

[714] Hierzu zählen z.B. eine Mobilitätsgarantie, also eine Art Schutzbrief, oder die oben beschriebenen Zusatzleistungen beim MCC Smart.

technische Eigenschaften ermittelt werden. Bei den heute in der Automobilindustrie verwendeten Produktionsverfahren ist eine Abgrenzung zwischen Leistungseigenschaften, die vor oder nach Abschluß des Kaufvertrages erbracht werden, ohnehin kaum noch möglich. Im Regelfall werden die Fahrzeuge erst nach der Auftragserteilung hergestellt, so daß auch die Auffassung zu vertreten ist, daß es sich auch bei den physikalisch-technischen Eigenschaften um erst nach dem Kauf erbrachte Leistungen handelt. Welche der möglichen Auffassungen gewählt wird, ist allerdings nicht entscheidend für die Bedeutung der Unsicherheit, die aufgrund von unvollständigen Informationen über Sucheigenschaften des "3-Liter-Autos" resultiert.

Es läßt sich zusammenfassen, daß eine große Anzahl der Eigenschaften des Produktes Personenkraftwagen im allgemeinen und des "3-Liter-Autos" im speziellen den Sucheigenschaften zuzuordnen sind. Dieses Ergebnis wird auch durch eine empirische Untersuchung zur Einteilung von Kaufprozessen, die von Weiber und Adler durchgeführt wurde, bestätigt. Danach wird der Kauf eines Pkw den Suchkäufen[715] zugeordnet.[716] Die Informationen über Sucheigenschaften sind in der Regel relativ gut zu beschaffen. Dies gilt insbesondere aufgrund der hohen Markttransparenz des Pkw-Marktes. Im speziellen Fall des "3-Liter-Autos" wird die hohe Öffentlichkeitswirksamkeit die gute Ausbreitung der Informationen über die Sucheigenschaften noch verstärken. Aus diesem Grunde kann angenommen werden, daß die Kosten der Informationsbeschaffung über Sucheigenschaften beim Produkt "3-Liter-Auto" relativ gering sein werden. Für diese Annahme spricht auch, daß von vielen Personen die Information über Automobile einen Erlebniswert zu haben scheint und sich freiwillig mit dem Thema Automobil beschäftigen und Informationen darüber sammeln. Dies wird unter anderem dadurch bestätigt, daß in der vom Autor im Jahr 1996 durchgeführten Umfrage ca. 60 % der Befragten angaben, zumindest gelegentlich eine Autozeitschrift zu lesen.

Lediglich ganz zu Beginn der Diffusion, wenn noch keine oder kaum öffentlich verfügbare Informationen vorliegen, ist mit Schwierigkeiten bei der Informationsbeschaffung über Sucheigenschaften zu rechnen. Insgesamt kann davon ausgegangen werden, daß das Kaufrisiko aufgrund der Unsicherheit über Sucheigenschaften die Diffusion von "3-Liter-Autos" nicht in großem Maße

[715] Darunter verstehen Weiber und Adler Käufe, bei denen die Sucheigenschaften des Produktes überwiegen.
[716] Weiber / Adler (1995c), S. 107.

behindern wird. Aufgrund der geringen Informationskosten bei aktiver Suche und der relativ hohen passiven Informationsaufnahme durch die Öffentlichkeitswirksamkeit des Produktes wird eine Reduzierung des wahrgenommenen Risikos unter das akzeptierte Risikoniveau hinsichtlich der Sucheigenschaften im Normalfall schnell realisiert werden.

Wie bei den Sucheigenschaften kann auch bei den **Erfahrungseigenschaften** danach unterschieden werden, ob sie vor oder nach dem Tausch erbracht werden. Aufgrund der bei Personenkraftwagen häufig durchgeführten Tests von Massenmedien oder Automobilclubs und der auch im allgemeinen hohen Markttransparenz sind viele Eigenschaften, die für den einzelnen Adopter eigentlich Erfahrungseigenschaften wären, den Sucheigenschaften zuzuordnen. Zu den verbleibenden Erfahrungseigenschaften, die schon vor dem Kauf determiniert sind, zählen vor allem solche physischen Eigenschaften des Produktes "3-Liter-Auto", die erst nach längerer Nutzungsdauer festgestellt werden können. Dies sind beispielsweise wesentliche Kriterien wie die Störanfälligkeit, die tatsächliche Lebensdauer oder das langfristige Fahrverhalten (ob z.B. Lenkung, Bremse oder Gangschaltung nach einiger Zeit "unexakt" werden). Insbesondere bei einem durch relativ viele Neuigkeiten gekennzeichneten Pkw wie dem "3-Liter-Auto" ist damit zu rechnen, daß bei den potentiellen Abnehmern Zweifel hinsichtlich dieser Kriterien bestehen.

Erfahrungseigenschaften, die erst nach dem Kauf erbracht werden, sind z.B. die Qualität der Vertragswerkstätten, die Preis- und Produktpolitik des Anbieters, seine Kulanz oder die Sicherung der Ersatzteilversorgung. Zusätzliche Sonderleistungen, die noch nach dem Kauf den aus dem Produkt gezogenen Nutzen erhöhen, sind weitere Möglichkeiten für diese Art von Erfahrungseigenschaften. Ein Beispiel für solche Sonderleistungen sind die schon erwähnten Aktionen des Smart-Herstellers MCC, die laut Angabe des Unternehmens noch weiter ausgebaut werden sollen und von denen dann auch die bisherigen Käufer profitieren.[717] Vor allem hinsichtlich der zukünftigen Preis- und Produktgestaltung des Anbieters wird beim potentiellen Abnehmer Unsicherheit bestehen. Die Möglichkeit, daß die Preise sinken oder daß die Produktqualität steigt, kann dazu führen, daß der Adoptionszeitpunkt hinausgeschoben wird. Dies ist insbesondere beim Produkt "3-Liter-Auto" vorstellbar. Auch die oben beschriebene allgemeine Entwicklung, daß der Pkw immer mehr Zusatzleistungen umfaßt, und die

---

[717] Vgl. o.V. (1998a), S.43.

Tatsache, daß solche Zusatzleistungen insbesondere beim "3-Liter-Auto" zu erwarten sind (wie das Beispiel des MCC Smart zeigt), spricht dafür, daß die Unsicherheit hinsichtlich der Erfahrungseigenschaften die Diffusion des "3-Liter-Autos" beeinflußt.

Die Unsicherheit durch unvollständige Informationen über Erfahrungseigenschaften kann beim Produkt "3-Liter-Auto" vom Abnehmer kaum verringert werden. Als Risikoreduktionsstrategie bleibt ihm fast nur das Abwarten. Liegt das wahrgenommene Risiko also über dem akzeptierten Risikoniveau, so ist mit einer verzögerten Adoption des einzelnen und damit insgesamt mit einer langsameren Diffusion zu rechnen. Aus Sicht der Anbieter existieren einige Möglichkeiten, die Unsicherheit hinsichtlich der Erfahrungseigenschaften beim Produkt "3-Liter-Auto" zu reduzieren (Signaling). Die sind z.B. die Gewährung einer längeren Garantiezeit, das Angebot besonderer Serviceleistungen, das Angebot von Reparaturpauschalen oder das frühzeitige Ankündigen von Sonderleistungen.

Für den Adopter eines "3-Liter-Autos" sind auch nach dem Kauf nicht beobachtbare **Vertrauenseigenschaften,** z.B. die Umweltbeeinflussung des Fahrzeugs bei der Herstellung und bei der Entsorgung, relevant. Auch die tatsächliche Sicherheit des Fahrzeugs, die über die standardisierten Crashtests nur angenähert ermittelt werden kann, hat den Charakter einer Vertrauenseigenschaft. Wie schon ausgeführt, ist gerade die Sicherheit ein kaufentscheidendes Kriterium beim Pkw. Außerdem ist davon auszugehen, daß es sich - zumindest in der Anfangsphase der Diffusion - in der Regel um umweltbewußte Käufer handeln wird, für die auch die übrigen Umweltbeeinflussungen von Bedeutung sind. Auch die (nicht beobachtbaren) Anstrengungen der Hersteller, günstige Konditionen für die Abnehmer bei anderen Unternehmen oder beim Staat zu erreichen, sind dieser Kategorie zuzuordnen. Beispiele für solche Konditionen sind die oben genannten Vergünstigungen bei Autovermietungen, in Parkhäusern, beim Bahntransport oder Sonderrechte im Straßenverkehr.

Aufgrund der definitionsgemäß prohibitiv hohen Kosten der Information über Vertrauenseigenschaften kann das daraus resultierende wahrgenommene Risiko kaum reduziert werden. Insbesondere bei der angedeuteten Problematik der höheren Umweltbelastung des "3-Liter-Autos" durch andere Werkstoffe ist es sogar vorstellbar, daß das wahrgenommene Risiko aufgrund des Risikoerkennungseffektes ansteigt. Je höher das Vertrauen in den Hersteller bzw. die Reputation des Herstellers ist, desto geringer wird das wahrgenommene Risiko hinsichtlich der Vertrauenseigenschaften sein. Weiterhin kann das Vertrauen der potentiellen Adopter darauf, daß der Staat im Falle eines Fehlverhaltens des Anbieters eingreift, das wahrgenommene Risiko senken.

Die beim potentiellen Abnehmer bestehende exogene Unsicherheit kann sich im Prinzip auf die gleichen Größen beziehen wie die exogene Unsicherheit beim Anbieter. Im Unterschied zum Anbieter ist allerdings davon auszugehen, daß die Unsicherheit sich nicht im wesentlichen durch unvollständige Informationen über zukünftige Ereignisse begründet, sondern daß auch durch unvollständige Informationen über bereits bestehende Gegebenheiten Unsicherheit auftritt.

Schon erfolgte bzw. fest geplante **staatliche Aktivitäten**, die für die Diffusion des "3-Liter-Auto" relevant sind, sind vor allem die vorübergehende Befreiung von der Kraftfahrzeugsteuer und die Erhöhung der Mineralölsteuer. Da das Ausmaß der Komplexität dieser Regelung vergleichsweise gering ist, kann erwartet werden, daß die unvollständigen Informationen darüber nicht lange bestehen bleiben, wenn sich ein potentieller Abnehmer ernsthaft für die Übernahme eines "3-Liter-Auto" interessiert. Vermutlich werden die Anbieter aus Eigeninteresse die potentiellen Adopter mit Werbung, in Verkaufsgesprächen, u.ä. über die Vorteile, die aus den staatlichen Maßnahmen für die Adopter ergeben, informieren. Insofern ist nicht damit zu rechnen, daß die Unsicherheit über bereits erfolgte bzw. fest geplante Maßnahmen die Diffusion des "3-Liter-Autos" behindert.

Anders ist die Sachlage bei der Unsicherheit, die bei potentiellen Nachfragern über die zukünftigen staatlichen Maßnahmen existiert. Aufgrund der hohen Bedeutung, welche die staatlichen Maßnahmen für den relativen Vorteil des Produktes "3-Liter-Auto" haben können, wird auch die Unsicherheit über diese Maßnahmen einen entscheidenden Einfluß auf die Adoptionsentscheidung der potentiellen Abnehmer ausüben. Würde beispielsweise der Benzinpreis - wie im Vorfeld der Bundestagswahl 1998 von den Grünen gefordert - auf fünf DM angehoben, so beliefe sich (bei einer jährlichen Fahrleistung von 10.000 km) die durchschnittliche jährliche Einsparung eines "3-Liter-Autos" im Vergleich zu einem Fahrzeug, welches sechs Liter/100 km verbraucht, auf 1.500 DM. Zum Vergleich: bei einem Benzinpreis von 1,50 DM wäre die jährliche Einsparung lediglich 450 DM.

Auch Unsicherheit durch unvollständige Informationen über das bereits vorhandene Verhalten und die Eigenschaften von **Massenmedien, Umweltschutzorganisationen und anderen unabhängigen Beratern** ist bei den potentiellen Abnehmern wahrscheinlich. Es ist fast auszuschließen, daß ein potentieller Abnehmer über alle das "3-Liter-Auto" betreffenden Informationen, die von den genannten Institutionen zur Verfügung gestellt werden, Kenntnis besitzt. Die vollständige Kenntnis aller dieser Informationen ist aber auch nicht notwendig, um die diesbezügliche Unsicherheit auf ein für den potentiellen Adopter akzeptables Maß zu reduzieren. Aufgrund der guten Zugänglichkeit der Informationen und der daraus begründeten niedrigen Informationsbeschaffungskosten, wird diese Form der Unsicherheit beim Produkt "3-Liter-Auto" kaum zu einer nennenswerten Verzögerung der Diffusion führen.

Neben der Unsicherheit über vorhandene Informationen bezüglich des "3-Liter-Autos" kann bei den potentiellen Abnehmern auch Unsicherheit darüber existieren, inwieweit die Massenmedien, Umweltschutzorganisationen und andere unabhängige Berater in ihren Bewertungen neutral und kompetent sind. So ist es beispielsweise vorstellbar, daß die Bewertung eines Pkw-Modells durch eine Umweltschutzorganisation angezweifelt wird, weil der Umweltschutzorganisation die Kompetenz zur Beurteilung der technischen Qualitäten des Fahrzeugs nur teilweise zugestanden wird. Auch die Unsicherheit über zukünftige Aktionen von Massenmedien, Umweltschutzorganisationen und unabhängigen Beratern kann die Adoptionsentscheidung der potentiellen Abnehmer in gewissem Maße beeinflussen, beispielsweise aufgrund der Ungewißheit über den zukünftigen sozialen Druck, der sich aufgrund von Kampagnen, Berichterstattungen, etc. ergeben kann. Allerdings ist insgesamt eher davon auszugehen, daß die beim potentiellen Abnehmer bestehende Unsicherheit über solche Aktionen von geringer Bedeutung für die Adoptionsentscheidung sein wird.

Hinsichtlich der Unsicherheit über die **Bedingungen der natürlichen Umwelt** gilt für den potentiellen Adopter ähnliches wie für den Anbieter eines "3-Liter-Autos" - auch wenn insgesamt vermutet werden kann, daß der potentielle Adopter in der Regel über weniger Informationen hinsichtlich der Bedingungen der natürlichen Umwelt verfügt. Aufgrund der hohen Vertrautheit mit dem Produkt Personenkraftwagen und der kontinuierlichen Schädigung, die CO_2-Emissionen verursachen, ist nach Dierkes / Fietkau[718] mit einer Unterschätzung des Umweltrisikos durch den potentiellen Adopter zu rechnen. Der Anreiz, ein CO_2-armes Fahrzeug zu erwerben, wird also relativ gering ausfallen.

Auch die unvollständigen Informationen, die bei den potentiellen Abnehmern über die **gesamtwirtschaftlichen Rahmenbedingungen** vorliegen, können sich hemmend auf den Diffusionsprozeß auswirken. Relevant ist vor allem die

---

718 Vgl. Dierkes / Fietkau (1988), S. 48ff.

Unsicherheit, die sich aus unvollständigen Informationen über die zukünftige wirtschaftliche Entwicklung ergibt. Es ist z.B. vorstellbar, daß ein potentieller Adopter die relativ hohe Investition in ein "3-Liter-Fahrzeug" aufgrund der Ungewißheit über die wirtschaftliche Entwicklung und der sich daraus ergebenen Unsicherheit über seine persönliche Situation aufschiebt oder ganz ablehnt.

Die Unsicherheit beim Abnehmer über mögliche **technologische Veränderungen** kann eventuell den Effekt haben, daß die Adoptionsentscheidung hinausgeschoben wird, weil auf weitere Verbesserung des Produktes "3-Liter-Auto" oder die Einführung anderer Fahrzeugkonzepte spekuliert wird. Schieben viele potentielle Abnehmer die Adoptionsentscheidung aufgrund dieser Unsicherheit hinaus, so kann es zu einer Verzögerung der Diffusion kommen.[719]

Wie beim Anbieter wird die Unsicherheit über das **Verhalten der eigenen Marktseite** die Wettbewerbsintensität zwischen den Abnehmern ansteigen lassen. Ob sich durch diesen Anstieg des Nachfrager-Wettbewerbs allerdings auch positive Wirkungen auf die Diffusion des "3-Liter-Autos" ergeben, kann nicht ohne weiteres beurteilt werden.[720] Es kann aber angenommen werden, daß durch die Unsicherheit über das Verhalten der eigenen Marktseite keine Diffusionshemmung erfolgt.

5.3.3.2 Verhalten der potentiellen Abnehmer

In diesem Abschnitt sollen die diffusionsrelevanten **Verhaltensformen der potentiellen Adopter** analysiert werden. Dies sind insbesondere das Informations- und Kommunikationsverhalten, das Entscheidungsverhalten und das bisherige Anschaffungsverhalten. Hinsichtlich des **Informationsverhaltens** ist von Bedeutung, welche Quellen zur Information über das "3-Liter-Auto" genutzt werden, mit welcher Intensität dies geschieht und welche Qualität diesen Quellen zugeordnet wird. In der bereits mehrmals erwähnten Umfrage des Autors zur Diffusion neuer umweltfreundlicher Pkw-Konzepte wurden als Informationsquellen vor dem letzten Automobilkauf vor allem das Gespräch mit Freunden und Bekannten (ca. 60 % der Befragten), das Verkaufsgespräch (ca. 56 %), Zeitungen und Fachzeitschriften (ca. 37 %) sowie Prospekte und Broschüren (ca. 35 %) genannt. Alle weiteren Informationsquellen wurden von deutlich weniger als zehn

---

[719] Vgl. Rosenberg (1976), S. 531.
[720] Zu den Wirkungen des Nachfrager-Wettbewerbs im allgemeinen siehe Abschnitt 5.3.3.4.

Prozent der Befragten genutzt. Ein gutes Drittel der Befragten suchte vor dem Kauf besonders aktiv nach Informationen: ca. 40 % der Befragten gaben an, sich intensiv bzw. sogar sehr intensiv informiert zu haben, 35 % nutzten drei oder mehr Informationsquellen. Allerdings haben sich fast 30 % der Befragten kaum oder gar nicht informiert. Die individuelle Bewertung der Informationsquellen entsprach weitgehend der Nutzung dieser Quellen. Im Durchschnitt wurde folgende Bewertungsreihenfolge angegeben: Gespräche mit Freunden/Bekannten, Verkaufsgespräch, Zeitungen/Fachzeitschriften, Verbraucherberatung, Prospekte/Broschüren.[721] Auffällig ist lediglich die Verbraucherberatung, welche trotz der relativ hohen Bewertung nur von weniger als vier Prozent der Befragten tatsächlich benutzt wurde.[722] Im Hinblick auf das **weitere Kommunikationsverhalten**, insbesondere die Weitergabe selbst erhaltender Informationen bzw. selbst gemachter Erfahrungen, konnte in der Untersuchung festgestellt werden, daß ca. ein Drittel der Befragten im vorangegangenen Jahr von einem Freund oder Bekannten beim Autokauf um Rat gefragt worden war, wodurch sich auch die relativ hohe Bedeutung der interpersonellen Kommunikation beim Autokauf bestätigt.

Diese Ergebnisse hinsichtlich des Informations- und Kommunikationsverhaltens lassen folgende Schlüsse für die Diffusion von "3-Liter-Autos" zu. Zum einen handelt es sich durch die hohe Bedeutung der persönlichen Kommunikation vermutlich um einen sich selbst verstärkenden Diffusionsprozeß, bei dem die Meinungsführer von besonderer Bedeutung sind. Für das Produkt "3-Liter-Auto" ist damit zu rechnen, daß Meinungsführer sich vor allem durch eine hohe Kompetenz in technischen Fragen zum Automobil sowie in Hinsicht auf die ökologischen Zusammenhänge auszeichnen. Es wird sich also um Personen handeln, die in ihrem Umfeld - eventuell aufgrund ihrer beruflichen Tätigkeit - dafür bekannt sind, daß sie sich mit der Technik der Automobile auskennen und/oder über ein relativ hohes Wissen über ökologische Zusammenhänge verfügen. Aufgrund der hohen Bedeutung der interpersonellen Kommunikation wird die Diffusion im Anfangsstadium nur relativ langsam ablaufen. Wenn - vor allem bei den Meinungsführern - ausreichend Informationen über das "3-Liter-Auto" vorliegen, und es auch als erwerbenswert betrachtet wird,

---

721 Diese Reihenfolge entspricht im wesentlichen den Ergebnissen der allgemeinen Konsumentenforschung. Vgl. Kroeber-Riel (1984), S. 255f.

722 Damit wird das in Abschnitt 4.4.3 dargestellte Ergebnis der Untersuchung Mefferts bestätigt, daß die individuelle Bewertung nicht immer mit der Nutzung der Informationsquellen korreliert. Vgl. Meffert (1979), S. 56.

beschleunigt sich der Diffusionsprozeß. Problematisch für die Diffusion ist allerdings die Tatsache, daß aufgrund der hohen Bedeutung interpersoneller Kommunikation anfängliche Schwierigkeiten, die bei dem neuen Produkt auftreten, den Diffusionsprozeß nachhaltig hemmen können. Auch die Ausbreitung einer kritischen Einstellung zum "3-Liter-Auto" kann sich über die persönliche Kommunikation selbst verstärken, so daß die bestehenden Vorbehalte nur noch mit sehr großem Aufwand ausgeräumt werden können.

Zum zweiten kann festgestellt werden, daß der Hersteller durch seinen Einfluß auf die Händler, welche die zweithäufigste Informationsquelle darstellen, über eine Möglichkeit verfügt, positiv auf die Diffusion einzuwirken. Mit Hilfe der Bereitstellung entsprechenden Informationsmaterials, der Durchführung von Schulungen etc. kann er über die Händler einen großen Teil der potentiellen Adopter erreichen. Aus vertragstheoretischer Sicht weist auch die hohe Bedeutung des Verkaufsgesprächs darauf hin, daß es sich beim Autokauf um einen relationalen Vertrag handelt, bei dem ein persönliches Vertrauensverhältnis besteht. Als drittes kann die Feststellung gemacht werden, daß die insgesamt relativ intensive Informationssuche, die beim Kauf des hochwertigen und langlebigen Gebrauchsgutes Pkw üblich ist, sich vermutlich positiv auf die Diffusion von Neuheiten wie dem "3-Liter-Auto" auswirken wird.

Bezüglich der Bedeutung des **Entscheidungsverhaltens** für die Diffusion des "3-Liter-Autos" ist vor allem relevant, inwieweit die Adoptionsentscheidung rational getroffen wird. Gegen die Annahme vollkommen rationaler Entscheidungen sprechen mehrere Gründe. Wie oben schon angesprochen, sind mit dem Produkt Personenkraftwagen häufig Emotionen verbunden, so daß schon dies gegen die Rationalitätsannahme spricht. Außerdem hängt die Rationalität der Entscheidung in großem Maße von den kaufentscheidungsrelevanten Kenntnissen der potentiellen Adopter ab, die in der Anfangsphase der Diffusion eines neuen Produktes eher gering sein werden. Dies gilt vor allem bei relativ komplexen technischen Produkten wie dem "3-Liter-Auto". Auch wenn bei einem Unternehmen als potentiellem Adopter davon ausgegangen werden kann, daß die Wahrscheinlichkeit einer rationalen Entscheidung größer ist als bei Haushalten, so muß auch hier berücksichtigt werden, daß es letztendlich immer Menschen sind, die entscheiden. Für die Diffusion kann aus der Vermutung einer vor allem zu Beginn der Ausbreitung nur eingeschränkten Rationalität geschlossen werden, daß die anfängliche Diffusionsgeschwindigkeit nur bedingt von dem objektiven ökonomischen Vorteil des "3-Liter-Autos" abhängig ist.

Für den Automobilmarkt kann vermutet werden, daß das **bisherige Anschaffungsverhalten** eine wesentliche Rolle bei den folgenden Adoptionsentscheidungen spielt. Diese These wird durch die Spiegel-Umfrage bestätigt, in der ca. 80 % der Befragten angaben, daß ihre eigenen Erfahrungen mit der Marke wichtig bzw. sehr wichtig bei der Kaufentscheidung für einen neuen Pkw wären.[723] Daß der sogenannte carry-over-Effekt insbesondere beim Automobilkauf festzustellen ist, wird auch durch die vom Autor durchgeführte Umfrage bestätigt. Bei den Personen, die auf die Frage, welches Fahrzeug sie sich momentan anschaffen würden, eine bestimmte Marke nannten, war dies in über 50 % der Fälle die Automarke, welche die Befragten auch zum Befragungszeitpunkt fuhren. Die hohe Bedeutung des bisherigen Anschaffungsverhaltens wird sich nur negativ auf die Diffusion des "3-Liter-Autos" auswirken, wenn es von einem neu am Automobilmarkt auftretenden Anbieter angeboten würde.

5.3.3.3 Eigenschaften der potentiellen Abnehmer

Als Einflußgrößen auf die Diffusion von neuen Produkten, die durch die **Eigenschaften der potentiellen Adopter** bestimmt sind, waren die Kenntnisse und Fähigkeiten, die Präferenzen und Werte, die Ausstattung mit Vorgängerprodukten, die Kaufkraft, die soziale Integration und die Empfänglichkeit für absatzpolitische Maßnahmen sowie die Art und Anzahl der Entscheidungsträger genannt worden.

Vor allem die **Kenntnisse und Fähigkeiten** der potentiellen Abnehmer hinsichtlich der Automobiltechnik und der bestehenden Umweltproblematik sind für die Adoption umweltfreundlicher Personenkraftwagen wie die hier untersuchten "3-Liter-Autos" von Bedeutung. Während bei der Befragung zum Thema "Diffusion neuer umweltfreundlicher Pkw-Konzepte" fast 60 % der Befragten angaben, von der Automobiltechnik gar nichts oder kaum etwas zu verstehen, schätzten 75 % ihren Kenntnisstand hinsichtlich der Umweltbelastung als gut oder sehr gut ein. Trifft diese Selbsteinschätzung zu, so ist tendenziell von einer positiven Wirkung auf die Diffusion des "3-Liter-Autos" auszugehen, da die Kenntnis der Umweltproblematik sicherlich eine Grundvoraussetzung für umweltfreundliches Kaufverhalten darstellt.

In Hinsicht auf die **Präferenzen und Werte der potentiellen Adopter** ergab die Befragung die oben schon genannte hohe Bedeutung der Sicherheit[724] sowie eine

---

723 Vgl. Spiegel (1993), S. 344.

724 Ca. 95 % der Befragten gaben an, daß ein 3-Liter-Auto nicht unsicherer sein dürfte als ein konventioneller Pkw.

relativ hohe Bewertung des Umweltaspektes. Als wesentliche Bewertungskriterien beim Kauf eines Personenkraftwagens wurden vor allem die Sicherheit, gefolgt von Preis, Kraftstoffverbrauch und Umweltfreundlichkeit genannt. Mit Ausnahme der Sicherheit ist anzunehmen, daß die Präferenzen der Autokäufer, die in besonderem Maße für die Adoption eines kleinen "3-Liter-Autos" in Frage kommen, für diese Kriterien besonders stark ausgeprägt sind. Da diese Kriterien in hohem Maße von einem "3-Liter-Auto" erfüllt werden, kann von einer positiven Wirkung der vorhandenen Präferenzen auf die Diffusion solcher Fahrzeuge ausgegangen werden.

Da das Produkt Personenkraftwagen bereits in vielen Haushalten vorhanden ist, kann diese **Ausstattung mit Vorgängerprodukten** als eher diffusionshemmend eingestuft werden. Es existiert in erster Linie nur ein Ersatzbedarf an Personenkraftwagen, der durch die lange Nutzungsdauer verhältnismäßig gering ist - auch wenn die absoluten Neuzulassungszahlen in der Bundesrepublik Deutschland aufgrund der insgesamt sehr hohen Pkw-Dichte dennoch beträchtlich sind.[725] Diesem diffusionshemmenden Effekt wirkt allerdings die Tatsache entgegen, daß eine hohe Verbreitung bei einem derartig komplexen Produkt den Vorteil aufweist, daß ein auf konventioneller Technik beruhender Personenkraftwagen für die Mehrzahl der Haushalte kein unbekanntes Produkt darstellt. Diese Zusammenhänge führen zu folgender These: Je näher die Technik, das Aussehen, etc. eines "3-Liter-Autos" mit den Eigenschaften eines konventionellen Personenkraftwagens verwandt sind, desto größer ist die Wahrscheinlichkeit zur Übernahme.

Bei einem hochwertigen Produkt wie einem "3-Liter-Auto" spielt die **Kaufkraft** eine große Rolle für die Adoptionsentscheidung. Es ist eine relativ hohe Anfangsinvestition zu tätigen, die sich erst langsam durch den niedrigeren Kraftstoffverbrauch und die Steuerersparnis rentiert. Wird realistischerweise angenommen, daß das Mieten solcher Fahrzeuge aufgrund der Mietkonditionen für die meisten potentiellen Adopter nicht in Frage kommt und auch gegen die Aufnahme eines Kredites gewisse Aversionen bestehen, so kann die hohe Anfangsinvestition die Adoption verhindern. In diesem Zusammenhang stellt sich auch die Frage, welche Käuferschichten vom Anbieter eines "3-Liter-Autos" anvisiert werden. Aufgrund der durch die zunächst deutlich höheren Herstellungskosten bedingten relativ hohen Preise erscheint es im Hinblick auf die

---

[725] Vgl. dazu Abbildung 5-6.

angestellten Überlegungen wahrscheinlich, daß zu Beginn der Diffusion mittlere bis hohe Einkommensschichten als Zielgruppe gewählt werden.[726]

Bezüglich des Kriteriums "**soziale Integration und Empfänglichkeit für absatzpolitische Maßnahmen**" können für die Diffusion des "3-Liter-Autos" kaum besondere Wirkungen festgestellt werden. Die Käufer von Personenkraftwagen kommen aus nahezu allen sozialen Gruppen, so daß aus diesem Grund von keiner außergewöhnlichen Wirkung des sozialen Druckes ausgegangen werden kann. Für den Fall, daß ein "3-Liter-Auto" als Lifestyle-Fahrzeug konzipiert wird, kann allerdings vermutet werden, daß die hohe soziale Bindung der potentiellen Adopter solcher Fahrzeuge eine diffusionsfördernde Wirkung hervorruft.

Die **Art und Anzahl der Entscheidungsträger** beeinflußt vor allem auch die Transaktionskosten bei der Adoptionsentscheidung. Während bei der privaten Anschaffung eines "3-Liter-Autos" beispielsweise die intrafamiliären Diskussionen zwar einen Aufwand darstellen, jedoch die Adoptionsentscheidung wahrscheinlich nicht verhindern werden, können hohe Transaktionskosten in Unternehmen eine nicht zu vernachlässigende Diffusionsbeeinflussung bewirken. Ist beispielsweise zur Umstellung der Fahrzeugflotte die Zustimmung vieler Abteilungen notwendig und wird davon ausgegangen, daß teilweise Aversionen gegen diese Umstellung existieren, so kann allein aufgrund der aufwendigen Verhandlungen die Adoption verzögert oder ganz verhindert werden.

5.3.3.4 Marktstruktur der Abnehmerseite

Die Auswirkungen der **Marktstruktur der Abnehmerseite** auf die Diffusion sind wesentlich geringer als die Auswirkungen der Marktstruktur der Anbieterseite. Im allgemeinen ist der Wettbewerb zwischen Abnehmern und damit auch seine Wirkungen auf die Diffusion des "3-Liter-Autos" eher gering. Relevante wettbewerbliche Verhaltensweisen sind vor allem durch das soziale System bestimmt. Als solche Verhaltensweisen wurden der demonstrative Konsum, der Mitläufereffekt und der Snob-Effekt vorgestellt. Durch die Beobachtbarkeit der Nutzung eines "3-Liter-Autos" sowie durch den möglichen (Umwelt-)Imagegewinn bei einer solchen Nutzung eignet sich das "3-Liter-Auto" gut für demonstrativen Konsum. Inwieweit Snob- bzw. Mitläufereffekt wirken, kann ohne

726 So zeichnen sich z.B. insbesondere die Käufer des MCC Smarts durch relativ hohe Einkommen aus. Vgl. Gunkel (2000), S. M8.

empirische Untersuchungen nicht beurteilt werden. In der Anfangsphase der Diffusion ist ein Snob-Effekt gut vorstellbar.

Hinsichtlich des Kriteriums "**Anzahl und Größe der Abnehmer**" ist für den Automobilmarkt festzustellen, daß es sich vor allem um sehr viele kleine Abnehmer handelt, so daß aus diesem Grund keine bzw. höchstens eine geringe Wettbewerbsintensität zu erwarten ist. Die Existenz einiger großer Unternehmen als Automobilabnehmer kann allerdings die in Abschnitt 4.4.5 dargestellten Auswirkungen haben. Aufgrund der Eignung zum demonstrativen Konsum ist es für ein Unternehmen möglich, einen Imagegewinn durch die Adoption von "3-Liter-Autos" zu erzielen. Wird aus diesem Grunde eine große Menge nachfragt, so ist denkbar, daß es dem Automobilhersteller aufgrund von Skaleneffekten möglich ist, die Fahrzeuge insgesamt günstiger anzubieten und dadurch die Diffusion zu beschleunigen. Daß diese Vermutungen nicht unbegründet sind, zeigt die Aussage eines Sprechers des Volkswagenkonzerns, daß dort Chancen gesehen werden, den VW Lupo 3L TDI als Firmenwagen zu verkaufen.[727]

Wie auch schon in Abschnitt 4.4.5 dargestellt, kann durch die Bündelung der Nachfrage vieler kleiner Abnehmer ein ähnlicher diffusionsbeschleunigender Effekt erreicht werden. In diesem Fall läge eine **Verflechtung der Abnehmer untereinander** vor. Möglich wäre beispielsweise - wie schon einmal angesprochen - eine Sammelbestellung von "3-Liter-Autos", die von einer Umweltschutzorganisation initiiert und koordiniert wird. Findet eine solche Koordination nicht statt, so sind die Verflechtungen der Abnehmer eher gering. Auch **Marktzutritts- bzw. Marktaustrittsschranken** sind auf der Abnehmerseite - abgesehen von der bereits dargestellten möglichen mangelnden Kaufkraft - kaum vorhanden.

5.3.3.5 Zusammenfassender Überblick über die abnehmerseitigen Einflußgrößen

Die zusammenfassende Darstellung der Wirkungsrichtungen der durch die potentiellen Abnehmer bedingten Einflußgrößen auf die Diffusion des "3-Liter-Autos" in Tabelle 5-6 zeigt, daß auch hier - wie bei den anbieterseitigen Einflußgrößen - die diffusionshemmenden Einflüsse im wesentlichen von der bei den potentiellen Adoptern bestehenden Unsicherheit ausgehen. Für die endogene

---

[727] Vgl. o.V. (1999), S. 17.

Unsicherheit sind vor allem die Informationsdefizite der potentiellen Adopter von Bedeutung, die sich auf Produkteigenschaften beziehen, die erst nach dem Kauf oder gar nicht beobachtbar sind. Da die dadurch begründete Unsicherheit nur schwer verringert werden kann, besteht die Gefahr, daß die Adoptionsentscheidung hinausgeschoben wird oder negativ ausfällt.

Einflußgröße	**Wirkung**
Unsicherheit beim potentiellen Abnehmer	
endogene Unsicherheit hinsichtlich	
- Sucheigenschaften	o
- Erfahrungseigenschaften	-
- Vertrauenseigenschaften	-
exogene Unsicherheit hinsichtlich	
- der Aktionen des Staates	-
- der Aktionen von Massenmedien, Umweltschutzorganisationen und anderen unabhängigen Beratern	o
- der Bedingungen der natürlichen Umwelt	-
- der gesamtwirtschaftlichen Rahmenbedingungen	-
- technologischer Veränderungen	-
- des Verhaltens der eigenen Marktseite	o
Verhalten des potentiellen Abnehmers	
Informations- und Kommunikationsverhalten	+
Entscheidungsverhalten	o
Bisheriges Anschaffungsverhalten	o
Eigenschaften des potentiellen Abnehmers	
Kenntnisse und Fähigkeiten	+
Präferenzen und Werte	+
Ausstattung mit Vorgängerprodukten	-
Soziale Integration und Empfänglichkeit für absatzpolitische Maßnahmen	o
Art und Anzahl der Entscheidungsträger	o
Marktstruktur auf der Abnehmerseite	
Anzahl und Größe der Marktteilnehmer	o
Ausmaß der Verflechtungen der Abnehmer untereinander	o
Vorhandene Marktzutritts- und Marktaustrittsbarrieren	o

(+: positive Wirkung auf die Diffusion
o: keine Aussage möglich bzw. keine oder sehr geringe Wirkung
-: negative Wirkung auf die Diffusion)

Tabelle 5-6: Wirkung der durch die Abnehmer bedingten Einflußgrößen auf die Diffusion des "3-Liter-Autos"

Ein hemmender Einfluß auf den Diffusionsprozeß durch exogene Unsicherheit beim potentiellen Adopter ist vor allem durch unvollständige Informationen hinsichtlich der Aktionen des Staates, der Bedingungen der natürlichen Umwelt, der gesamtwirtschaftlichen Rahmenbedingungen und technologischer

Veränderungen zu erwarten. Neben den negativen Wirkungen der abnehmerseitigen Unsicherheit kann sich auch die bisherige Ausstattung mit Pkw hemmend auf den Diffusionsprozeß des "3-Liter-Autos" auswirken.

Maßnahmen zur Verringerung der Diffusionshemmnisse können vor allem durch die Anbieter oder durch den Staat erfolgen. Sind staatliche Aktivitäten zur Diffusionsförderung geboten, so sollten sie vor allem beim Abbau der Hemmnisse ansetzen, wo ein Agieren der Anbieter wenig Erfolg verspricht. Als eine wesentliche Forderung für den Abbau von Diffusionshemmnissen beim Produkt "3-Liter-Auto" kann also auch aus der Analyse der abnehmerseitigen Einflußgrößen eine konstante und vorhersehbare staatliche Politik abgeleitet werden. Auch die bereits erwähnte Bereitstellung von Informationen zur Problematik der CO_2-Emissionen kann diffusionsfördernd wirken.

Handlungsfelder, die den Anbietern überlassen bleiben sollten, sind vor allem die Verringerung der endogenen Unsicherheit hinsichtlich Erfahrungs- und Vertrauenseigenschaften. Dies kann beispielsweise über die Gewährung verlängerter Garantiefristen, entsprechende Werbung und andere vertrauensbildende Maßnahmen der Anbieter geschehen.[728] Der Staat kann in diesem Bereich allenfalls unterstützend tätig werden, indem er entsprechende Rahmenbedingungen beispielsweise zur Produkthaftung erläßt. Eine Verringerung der Unsicherheit beim potentiellen Abnehmer wird allerdings nur in einem begrenztem Maße möglich sein. Einen Anhaltspunkt für die Produktgestaltung können die Anbieter aus der in Abschnitt 4.4.3 beschriebenen Erkenntnis der Unsicherheitsökonomie ziehen, daß die Bedeutung subjektiver Variablen bei der Wahrnehmung des relativen Vorteils durch die potentiellen Adopter mit steigender Unsicherheit zunimmt. Das Produkt "3-Liter-Auto" sollte also so gestaltet werden, daß es neben rein rational zu begründenden Vorteilen auch solche Eigenschaften aufweist, welche die potentiellen Adopter auf emotionaler Ebene ansprechen.

Zur Verringerung des verzögernden Einflusses, der sich durch die gegebene Ausstattung mit Personenkraftwagen ergibt, könnten Maßnahmen ergriffen werden, die eine Verkürzung der Nutzungsdauer der vorhandenen Pkw zur Folge haben, wie z.B. die Gewährung von Verschrottungsprämien durch die Anbieter oder auch durch den Staat. Allerdings ist fraglich, ob durch solche Maßnahmen die Umwelt insgesamt entlastet würde. Den Vorteilen durch den geringeren

[728] Vgl. dazu die Ausführungen in Abschnitt 4.3.3.

Kraftstoffverbrauch und den niedrigeren Schadstoffemissionen während des Betriebes der neuen Pkw ständen die zusätzlichen Umweltbelastungen, die bei der Produktion der Neufahrzeuge und der Entsorgung der Altfahrzeuge entstünden, gegenüber.

5.3.4 "Äußere" Einflußgrößen

Wie in Abschnitt 4.5 dargestellt wurde, kann das Ausmaß des Einflusses, der von den "äußeren" Einflußgrößen auf die Diffusion eines Produktes ausgeübt wird, sehr erheblich sein. Problematisch für die Analyse dieser Determinanten ist allerdings, daß insbesondere für "äußere" Einflüsse gilt, daß diese nur sehr schwer vorhersehbar sind, und daher die konkreten Wirkungen kaum abzuschätzen sind. Soweit dennoch durchführbar, soll im folgenden der mögliche Einfluß des Staates, der Einfluß von Massenmedien, Umweltschutzorganisationen und anderen unabhängigen Beratern, der Einfluß von Veränderungen der natürlichen Umwelt, der Einfluß der gesamtwirtschaftlichen Rahmenbedingungen und der Einfluß der technologischen Entwicklung auf die Diffusion des "3-Liter-Autos" kurz dargestellt und diskutiert werden.

Die **Einflußnahme des Staates** auf die Diffusion von Produkten kann sowohl beabsichtigt als auch unbeabsichtigt erfolgen. In Deutschland ist beim Produkt "3-Liter-Auto" in der Regel davon auszugehen, daß eine beabsichtigte Beeinflussung vorliegt. Dies ist unter anderem dadurch zu begründen, daß die Bundesregierung das 25 %ige CO_2-Reduktionsziel mit konkreten Maßnahmen unterstützt und weiter unterstützen wird. Außerdem erhält das Produkt "3-Liter-Auto" zur Zeit eine so hohe Aufmerksamkeit, daß eine unbeabsichtigte Einflußnahme unwahrscheinlich sein wird. Bisher sind im wesentlichen drei Instrumente eingesetzt worden, um die Diffusion von "3-Liter-Autos" zu fördern: Appelle, Subventionen und Abgaben. Zum einen wurde von der Bundesregierung bzw. ihren Mitgliedern an die Automobilindustrie appelliert, kraftstoffsparende Pkw-Modelle zu entwickeln und am Markt einzuführen. Ergebnis dieser Appelle und Gespräche ist unter anderem die Selbstverpflichtung der deutschen Automobilindustrie, "den durchschnittlichen Kraftstoffverbrauch der von ihr hergestellten und in der Bundesrepublik abgesetzten Pkw/Kombi bis zum Jahre 2005 um 25 Prozent, gemessen am Stand von 1990, zu senken."[729] Zum zweiten wird die Anschaffung von "3-Liter-Autos" durch eine vorübergehende Befreiung von der

729 Vgl. VDA (1995).

Kfz-Steuer subventioniert. Als dritte Maßnahme ist die im Abschnitt 5.3.1.3 dargestellte Erhöhung der Mineralölsteuer im Rahmen der sogenannten "ökologischen Steuerreform" zu nennen. Zusammenfassend kann festgestellt werden, daß die Diffusion des "3-Liter-Autos" aufgrund der bisher durchgeführten bzw. geplanten staatlichen Maßnahmen positiv beeinflußt wird.

Das Ausmaß der Beeinflussung der Diffusion des "3-Liter-Autos" durch **Massenmedien, Umweltschutzorganisationen und andere unabhängige Berater** kann nur schwer vorausgesehen werden. Bisher kann - wie schon dargestellt - eine hohe Aufmerksamkeit der Massenmedien hinsichtlich des Produktes "3-Liter-Auto" festgestellt werden. Die daraus resultierende schnelle Ausbreitung von produktspezifischen Informationen wird tendenziell diffusionsfördernd wirken. Es ist aber auch durchaus möglich, daß die Diffusion bei einer negativen Beurteilung des "3-Liter-Autos" durch die Massenmedien verzögert wird. Auch Umweltschutzorganisationen können die Diffusion in einem erheblichen Ausmaß beeinflussen. Ein Beispiel für Maßnahmen, die diffusionsfördernd wirken können, ist die oben genannte Machbarkeitsstudie Twingo Smile. Zum zweiten kann auch eine mögliche beschleunigende Wirkung auf die Entwicklungsanstrengungen der Hersteller nicht ausgeschlossen werden. Weitere Möglichkeiten, die Umweltschutzorganisationen zur Förderung der Diffusion von "3-Liter-Autos" zur Verfügung stehen, sind beispielsweise die Durchführung von Kampagnen zur Förderung der Diffusion umweltfreundlicher Fahrzeuge, die oben genannte Bündelung von Bestellungen oder die Veröffentlichung von Listen besonders umweltfreundlicher Automobile, wie es z.B. durch die sogenannte Auto-Umweltliste des alternativen Verkehrsclubs VCD geschieht.[730] Die Rolle weiterer unabhängiger Berater auf die Diffusion von "3-Liter-Autos" ist vermutlich eher gering, wie die seltene Nutzung solcher Institutionen beim Autokauf zeigt.

Die Wirkungen auf die Diffusion durch **Veränderungen der natürlichen Umwelt** sind nicht vorhersehbar. Vorstellbar ist beispielsweise, daß dramatische Klimaänderungen die Diffusion von "3-Liter-Autos" stark beschleunigen können. Umgekehrt kann aber auch die mögliche Erkenntnis, daß die Klimawirkungen von CO_2 nur gering sind, diffusionshemmend wirken - auch wenn weiterhin der Anreiz zur Schonung der Erdölreserven bleibt.

---

730 Vgl. VCD (1999).

Da auch die Entwicklung der **gesamtwirtschaftlichen Rahmenbedingungen** und die **technologische Entwicklung** nur eingeschränkt prognostizierbar sind, kann deren Wirkung auf die Diffusion des "3-Liter-Autos" nur vermutet werden. Die erwarteten Wachstumsraten des realen Bruttoinlandsproduktes in Deutschland für 2000 und für 2001 von 2,8 %[731] werden tendenziell positiv auf die Diffusion wirken. Es muß allerdings berücksichtigt werden, daß die Diffusion eher von langfristigen Wachstumsraten abhängig ist. Für die Entwicklung der Nachfrage nach Kleinst- und Microwagen wird auch die zukünftige Verteilung der Einkommen von Bedeutung sein.

Ein weiterhin hoher Rohölpreis und die dadurch begründeten hohen Kraftstoffpreise könnten einen zusätzlichen positiven Effekt auf die Diffusion des "3-Liter-Autos" ausüben. Wie oben schon ausgeführt, läßt die abzusehende technologische Entwicklung es unwahrscheinlich erscheinen, daß kurzfristig andere als zwar sparsame, aber dennoch auf konventionelle Technik beruhende Verkehrssysteme, konkurrenzfähig werden.[732] In mittel- bis langfristiger Perspektive ist es allerdings gut möglich, daß die Diffusion von "3-Liter-Autos" durch die technologische Entwicklung erheblich beeinflußt wird, sei es beispielsweise durch das Verfügbarwerden alternativer Antriebskonzepte oder durch neue technologische Möglichkeiten, den Kraftstoffverbrauch auf drei Liter pro 100 km abzusenken.

Tabelle 5-7 zeigt die zusammenfassende Darstellung der Wirkungsrichtungen der "äußeren" Einflußgrößen auf den Diffusionsprozeß des "3-Liter-Autos". Aus jetziger Sicht scheinen die "äußeren" Einflußgrößen sich in der Regel positiv auf die Diffusion auszuwirken. Allerdings kann diese Aussage nur unter sehr großem Vorbehalt gemacht werden. Insbesondere bei umweltrelevanten Gütern wie dem "3-Liter-Auto" ist die Wahrscheinlichkeit unvorhersehbarer Ereignisse, welche die Diffusion in einem sehr starken Ausmaß beeinflussen, sehr groß. Außerdem ist mit der qualitativen Darstellung der Wirkungsrichtung der einzelnen Einflußgrößen nicht gleichzeitig gesagt, daß das Ausmaß der Wirkungen ausreichend für eine erfolgreiche Diffusion des "3-Liter-Autos" ist. Zusätzliche staatliche Maßnahmen, ein zusätzliches Engagement von Massenmedien, Umweltschutzorganisationen und unabhängigen Beratern oder ein höheres und

---

731 Vgl. Arbeitsgemeinschaft deutscher wirtschaftswissenschaftlicher Forschungsinstitute e.V. (2000), S. iii.

732 Vgl. z.B. Greenpeace (1999a), S.12.

konstantes Wirtschaftswachstum können sogar erforderlich sein, um bei sonst gleichbleibenden Bedingungen eine erfolgreiche Diffusion zu ermöglichen.

Einflußgröße	**Wirkung**
Verhalten des Staates	+
Verhalten von Massenmedien, Umweltschutzorganisationen und anderen unabhängigen Beratern	+
Veränderungen der natürlichen Umwelt	o
Gesamtwirtschaftliche Rahmenbedingungen	+
Technologische Entwicklung	o

(+: positive Wirkung auf die Diffusion
o: keine Aussage möglich bzw. keine oder sehr geringe Wirkung
-: negative Wirkung auf die Diffusion)

Tabelle 5-7: Wirkung der "äußeren" Einflußgrößen auf die Diffusion des "3-Liter-Autos"

6 Zusammenfassung und Ausblick

Um eine gezielte staatliche Politik zur Förderung der Diffusion umweltfreundlicher Produkte zu betreiben, ist es notwendig, zunächst einmal die Faktoren zu ermitteln, welche einen Einfluß auf den Diffusionsprozeß solcher Produkte ausüben, um somit Ansatzpunkte für staatliche Maßnahmen zu ermitteln. Daher ist die Hauptaufgabe dieser Untersuchung, eine systematische Darstellung und Analyse der Einflußgrößen auf den Diffusionsprozeß umweltfreundlicher und hochwertiger Gebrauchsgüter durchzuführen.

Dazu wird im zweiten Kapitel zunächst ein Überblick über die bisherigen wirtschaftswissenschaftlichen Ansätze der Diffusionsforschung gegeben und dargestellt, welchen Beitrag sie für die Bearbeitung der Aufgabenstellung leisten können. Trotz der volkswirtschaftlichen Fragestellung dieser Untersuchung werden auch die betriebswirtschaftlichen Ansätze einbezogen, da die bisherige wirtschaftswissenschaftliche Diffusionsforschung vor allem durch diese geprägt ist, und die Ergebnisse der betriebswirtschaftlichen Diffusionsforschung insbesondere zur Bearbeitung der hier vorliegenden, mikroökonomisch orientierten Aufgabenstellung beitragen können.

Die vorherrschende volkswirtschaftliche Theorie neoklassischer Prägung eignet sich nur eingeschränkt für die Analyse des dynamischen und von vielfältigen Einflußgrößen abhängigen Diffusionsprozesses. Besser geeignet ist die Neue Institutionenökonomik, deren wesentliche Ansätze, die als theoretische Grundlage einen Beitrag für die Diffusionsforschung liefern können, in Kapitel drei dargestellt werden. Hervorzuheben ist besonders der Ansatz der Informationsökonomik, welcher sich mit der Auswirkung von unvollständigen Informationen auf die Unsicherheit von Tauschpartnern sowie den sich daraus ergebenen Konsequenzen für das Marktergebnis befaßt.

Im vierten Kapitel werden unter Rückgriff auf die Ansätze und Ergebnisse der Neuen Institutionenökonomik die Faktoren systematisch dargestellt und analysiert, die einen Einfluß auf die Diffusion umweltfreundlicher und hochwertiger Produkte ausüben können. Die gewählte Systematisierung orientiert sich daran, durch welche Komponente des Diffusionssystems der jeweilige Einfluß begründet ist. Somit können zum einen Einflußgrößen unterschieden werden, welche durch das Produkt begründet sind, wie z.B. der relative Vorteil des Produktes, der sich durch eine Vielzahl von Einzelkriterien beschreiben läßt. Zum zweiten lassen sich Einflußgrößen unterscheiden, die durch die beim Neuerungsanbieter bestehende Unsicherheit, durch sein Verhalten und seine Eigenschaften sowie durch die Marktstruktur der Anbieterseite bedingt sind. Als dritte Gruppe von Einflußgrößen sind solche zu nennen, die durch die entsprechenden Größen der Abnehmerseite begründet sind. Schließlich existieren noch sogenannte "äußere" Einflüsse, die sich nicht direkt dem Produkt oder den Marktparteien zuordnen lassen, wie beispielsweise staatliche Maßnahmen oder die gesamtwirtschaftliche Entwicklung.

Das fünfte Kapitel befaßt sich mit dem konkreten Produkt "3-Liter-Auto". Zunächst wird die bestehende Umweltproblematik durch die anthropogenen CO_2-Emissionen sowie die daraus resultierenden Anforderungen an eine umweltfreundliche Gestaltung des Personenverkehrs beschrieben. Daran anschließend wird ein Überblick über die Markt- und Wettbewerbsbedingungen auf dem Markt für "3-Liter-Autos" gegeben, insbesondere über die Marktstruktur in der Pkw-Branche, über die technischen Details von "3-Liter-Autos" sowie über die Wettbewerbsverhältnisse solcher Fahrzeuge. Außerdem wird eine grobe Schätzung des möglichen Marktpotentials für den Zeitraum bis zum Jahr 2020 vorgenommen. Darauf aufbauend wird in Abschnitt 5.3 eine Analyse der Diffusion des konkreten Produktes "3-Liter-Auto" mit Hilfe der im vierten Kapitel erarbeiteten Systematik der Einflußgrößen auf den Diffusionsprozeß durchgeführt. Als wesentliche Ergebnisse des 5. Kapitels können folgende Punkte genannt werden. Das Marktpotential von "3-Liter-Autos" wird in den Jahren bis 2020 stark ansteigen. Ein Marktpotential von ca. zwei Millionen Fahrzeugen im Jahr 2020 erscheint möglich. Es ist jedoch damit zu rechnen, daß der Anstieg des Marktpotentials hauptsächlich in der zweiten Dekade stattfinden wird. Welcher Anteil dieses Marktpotentials sich in realem Absatz von "3-Liter-Autos" äußern wird, ist allerdings bisher kaum abzusehen. Es existieren eine Reihe von Gründen, die dazu führen können, daß die Diffusion nur relativ langsam ablaufen wird. Hinsichtlich der produktbedingten Einflußgrößen auf den Diffusionsprozeß zeigt die Analyse, daß bisher keine nennenswerte Überlegenheit des "3-Liter-Autos" gegenüber konventionellen Personenkraftwagen existiert. Da die Vorteilhaftigkeit eines Produktes für den potentiellen Abnehmer eine notwendige Voraussetzung für die Adoption darstellt, ist schon aus diesem Grund eine weite Verbreitung von "3-Liter-Autos" unwahrscheinlich.

Diffusionshemmnisse auf der Anbieterseite liegen vor allem in der beim Anbieter bestehende Unsicherheit, die über das mögliche Marktpotential solcher Fahrzeuge sowie über die zukünftigen Maßnahmen des Staates, wie z.B. weitere Erhöhungen der Mineralölsteuer, besteht. Ansonsten sind die anbieterseitigen Bedingungen auf dem Automobilmarkt relativ günstig für eine erfolgreiche Diffusion des "3-Liter-Autos".

Auch auf der Abnehmerseite sind die Hemmnisse für die Diffusion des "3-Liter-Autos" im wesentlichen durch die Unsicherheit der Abnehmer begründet.

Diese Unsicherheit bezieht sich unter anderem auf solche Produkteigenschaften, die vor dem Kauf nicht ermittelt werden können, wie z.B. die Lebensdauer, die Sicherheit und die Reparaturanfälligkeit. Wesentlich für die Adoptionsentscheidung können aber auch die Unsicherheit über die zukünftigen staatlichen Maßnahmen sowie über die technologischen Entwicklungen und die gesamtwirtschaftlichen und ökologischen Bedingungen sein. Neben der bestehenden Unsicherheit wirkt sich auch die bereits vorhandene Ausstattung mit Personenkraftwagen nachteilig auf die Diffusion des "3-Liter-Autos" aus. Hinsichtlich der "äußeren" Einflußgrößen auf den Diffusionsprozeß sind dagegen kaum Hemmnisse erkennbar.

Im Rahmen dieser Arbeit wird eine Grundlage für die Ermittlung staatlicher Maßnahmen zur Förderung umweltfreundlicher und hochwertiger Gebrauchsgüter erarbeitet. Eine weiterführende ökonomische Forschung wäre zum einen auf dem Gebiet der konkreten Auswahl und Ausgestaltung der staatlichen Maßnahmen erforderlich. Es wäre zu prüfen, mit Hilfe welcher Maßnahmen das Ziel der Förderung der Diffusion solcher Produkte effizient und effektiv erreicht werden kann. Dabei stellt sich insbesondere auch die Frage nach der zeitlichen Abfolge der Maßnahmen. Während in der Frühphase der Diffusion vermutlich der staatlichen Informationspolitik eine besondere Bedeutung zukommt, sind in späteren Phasen eventuell Steuervergünstigungen oder die Gewährung anderer Vorteile sinnvoll. Zum anderen besteht auch noch ökonomischer Forschungsbedarf zu den konkreten Wirkungen einzelner Einflußgrößen auf die Diffusion bestimmter Produkte. Hier wären vor allem Umfragen bei Anbietern und potentiellen Abnehmern und andere empirische Untersuchungen zur Stützung der aufgestellten Hypothesen notwendig. Wie unsere Darstellung zeigt, ist die Diffusion umweltfreundlicher und hochwertiger Gebrauchsgüter ein Themengebiet, das noch ein großes Potential für ökonomische Forschungsarbeit bietet.

7 Literaturverzeichnis

Adler, J. (1994): Informationsökonomische Fundierung von Austauschprozessen im Marketing, Arbeitspapiere zur Marketingtheorie, Nr. 3, Trier.

Akerlof, G.A. (1970): The Market for "Lemons": Quality Uncertainty and the Market Mechanism, in: The Quarterly Journal of Economics, Vol. 84, S. 488-500.

Alchian, A.A. (1977): Some Economics of Property Rights, in: Alchian, A.A. (Hrsg.), Economic Forces at Work, Indianapolis, S. 127-149.

Alchian, A.A. / Woodward, S. (1988): The Firm is Dead; Long Live the Firm - A Review of Oliver E. Williamson's "The Economic Institutions of Capitalism", in: Journal of Economic Literature, Vol. 26, S. 65-79.

Allgemeiner Deutscher Automobilclub (2000): ADAC-Datenbank im Internet (www.adac.de).

Andel, N. (1977): Subventionen, in: HdWW, Bd. 7, Tübingen u.a., S. 491-510.

Antonelli, C. (1990): Induced Adoption and Externalities in the Regional Diffusion of Information Technology, in: Regional Studies, Vol. 24, S. 31-40.

Arbeitsgemeinschaft deutscher wirtschaftswissenschaftlicher Forschungsinstitute e.V. (2000): Die Lage der Weltwirtschaft und der deutschen Wirtschaft im Frühjahr 2000, Berlin.

Arrow, K.J. (1962): The Economic Implications of Learning by Doing, in: Review of Economic Studies, S. 155-173.

Arrow, K.J. (1964): The Role of Securities in the Optimal Allocation of Risk/Bearing, in: Review of Economic Studies, Vol. 31, S. 91-96.

Arrow, K.J. (1969): The Organization of Economic Activity: Issues Pertinent to the Choice of Market versus Nonmarket Allocation, in: Joint Economic Committee, 91st U.S. Congress, The Analysis and Evaluation of Public Expenditures: The PPB-System, Vol. 1, S. 47-64.

Arrow, K.J. (1985): The Economics of Agency, in: Pratt, J.W. / Zeckhauser, J. (Hrsg.): Principal and Agents: The Structure of Business, Boston, S. 37-51.

Arthur, W.B. (1990): Positive Rückkopplungen in der Wirtschaft, in: Spektrum der Wissenschaft, April 1990, S. 122-129.

Bahner, T. (1996): Landwirtschaft und Naturschutz - vom Konflikt zur Kooperation: Eine institutionenökonomische Analyse, Frankfurt a.M.

Bain, J. (1953): Pricing, Distribution and Employment, New York.

Bain, J. (1971): Barriers to New Competition, 5. Aufl., Cambridge.

Balks, M. (1995): Umweltpolitik aus Sicht der Neuen Institutionenökonomik, Wiesbaden.

Bamberg, G. / Coenenberg, A. G. (1994): Betriebswirtschaftliche Entscheidungslehre, 8. Auflage, München.

Baran, P.A. / Sweezy, P.M. (1967): Monopolkapital - Ein Essay über die amerikanische Wirtschafts- und Gesellschaftsordnung, Frankfurt.

Bass, F.M. (1969): A New Product Growth Model for Consumer Durables, in: Management Science, Vol. 15, January, S. 215-227.

Baumol, W.J. / Panzar, J.D. / Willig, R.D. (1982): Contestable Markets and the Theory of Industry Structure, New York.

BDI (1996): Aktualisierte Erklärung der deutschen Wirtschaft zur Klimavorsorge, 27.03.1996, S. 1-3.

Beggs, A.W. (1989): A Note on Switching Costs and Technology Choice, in: Journal of Industrial Economics, Vol. 37, S. 437-439.

Beggs, A.W. (1993): Learning and the Diffusion of New Products under Monopoly, mimeo, Wadham College, Oxford.

Berekoven, L. / Eckert, W. / Ellenrieder, P. (1986): Marktforschung, 2. Aufl., Wiesbaden.

Berg, H. (1984): Automobilindustrie, in: Oberender, P. (Hrsg.), Marktstruktur und Wettbewerb in der Bundesrepublik Deutschland, München, S. 169-215.

Berndt, R. / Fantapié Altobelli, C. (1991): Warum Bildschirmtext in der Bundesrepublik Deutschland scheiterte - Eine diffusionstheoretische Analyse einer verfehlten Marketing-Politik, in zfbf, Jg. 43, 11/1991, S. 955-967.

Binninger, F.-M. (1993): F&E- und Marketingmanagement im integrierten Produktlebenszyklus, Regensburg.

Blankart, C.B. / Knieps, G. (1992): Netzökonomik, in: Jahrbuch für Neue Politische Ökonomie, Jg. 11, S. 73-88.

Blumenstock, K.-H. (1999): Das 3-Liter-Versprechen, in: mot 1/99, S. 50-53.

BMWi (Hrsg.) (1999): Jetzt noch bessere Fördermöglichkeiten, Pressemitteilung des BMWi vom 25.02.1999.

Böcker, F. / Gierl, H. (1987): Determinanten der Diffusion neuer industrieller Produkte, in: ZfB, Jg. 57, H. 7, S. 684-698.

Böcker, F. / Gierl, H. (1988): Die Diffusion neuer Produkte - Eine kritische Bestandsaufnahme, in Zfbf, Jg. 40, 11/1988, S. 32-48.

Boldt, K. / Scholtys, F. (1999): Der große Bluff, in: Manager-Magazin 9/1999, S. 48-59.

Bollmann, P. (1990): Technischer Fortschritt und wirtschaftlicher Wandel - Eine Gegenüberstellung neoklassischer und evolutorischer Innovationsforschung, Heidelberg.

Bommer, R. (1996): Das Drei-Liter-Auto: Ein sinnvoller Lösungsansatz, in: Wirtschaftsdienst 1996/V, S. 256-260.

Bond, E.W. (1982): Direct Test of the "Lemons" Model: The Market for Used Pickup Trucks, in: The American Economic Review, S. 836-840.

Bonus, H. (1968): Die Ausbreitung des Fernsehens, Meisenheim.

Bonus, H. (1975): Untersuchungen zur Dynamik des Konsumgüterbesitzes, Berlin.

Bössmann, E. (1978): Information, in: HdWW, Bd. 4, Tübingen u.a., S. 184-200.

Bössmann, E. (1982): Volkswirtschaftliche Probleme der Transaktionskosten, in: Zeitschrift für die gesamte Staatswissenschaft, Bd. 138, S. 665-681.

Böventer, E. von / Illing, G. (1990): Allokation und externe Effekte, in: von der Schulenburg, J.-M. Graf / Sinn, H.-W.: Theorie der Wirtschaftspolitik, Festschrift zum fünfundsiebzigsten Geburtstag von Hans Möller, Tübingen, S. 131-145.

Brockhoff, K. (1974): Produktlebenszyklen, in: Tietz, B. (Hrsg.), Handwörterbuch der Absatzwirtschaft, Stuttgart, Sp. 1763-1770.

Brösse, U. (1995a): Instrumente, in: Akademie für Raumforschung und Landesplanung (Hrsg.), Handwörterbuch der Raumordnung, Hannover , S. 507-511.

Brösse, U. (1995b): Umweltökonomie, in: Akademie für Raumforschung und Landesplanung (Hrsg.), Handwörterbuch der Raumordnung, Hannover, S. 978-984.

Brösse, U. (1996): Industriepolitik, München, Wien 1996.

Brösse, U. (1997): Einführung in die Volkswirtschaftslehre - Mikroökonomie, München, Wien.

Brösse, U. / Lohmann, D. (1994): Nachhaltige Entwicklung und Umweltökonomie, in: ZAU, Jg. 7, S. 456-465.

Brown, L.A. (1981): Innovation, Diffusion, A New Perspective, London, New York.

Brozen, Y. (1951): Invention, Innovation, and Imitation, in: American Economic Review, May 1951, Vol. 41, S. 235-257.

Bundesminister für Verkehr (Hrsg.) (1999): Verkehr in Zahlen 1999, Berlin.

Bundesministerium für Umwelt, Naturschutz und Reaktorsicherheit (Hrsg.) (1996): Umweltbewußtsein in Deutschland, Bonn.

Busch, K.W. (1966) Strukturwandlungen der westdeutschen Automobilindustrie, Berlin.

Busch-Lüty, C. / Dürr, H.-P. (1993): Ökonomie und Natur: Versuch einer Annäherung im interdisziplinären Dialog, in: König, H. (Hrsg.), Umweltverträgliches Wirtschaften als Problem von Wissenschaft und Politik, Berlin, S. 13-44.

Cansier, D. (1993): Umweltökonomie, Stuttgart, Jena.

Casetti, E. / King, L. (1975): Testing for the Spatial Spread of Demographic Change in Modern Europe, in: Annals of Regional Science 9, S. 8-13.

Chatterjee, R. / Eliashberg, J. (1990): The Innovation Diffusion Process in a Heterogenous Population: A Mircomodeling Approach, in: Management Science, Vol. 36, No. 9, S. 1057-1079.

Coase, R.H. (1937): The Nature of the Firm, in: Economica, Jg. 4, S. 386-405.

Coase, R.H. (1960): The Problem of Social Cost, in: Journal of Law and Economic, Jg. 3 S. 1-44.

Commons, J.R. (1934): Institutional Economics, Madison.

Conrad, K. (1984): Konsumnachfrage, Folgekosten und Kostenpreise, in: Zeitschrift für Wirtschafts- und Sozialwissenschaften, Jg. 104, S. 251-268.

Dahl, C. (1986): Gasoline Demand Survey, in: The Energy Journal, Vol. 7, S. 67-82.

Darby, M.R. / Karni, E. (1973): Free Competition and the Optimal Amound of Fraud, in: The Journal of Law and Economics, Vol 16, S. 67-88.

David, P.A. (1975): Technological Choice, Innovation and Economic Growth - Essay of American and British Experience in the Nineteenth Century, Cambridge.

David, P.A. (1985): Clio and the Economics of QWERTY, in: American Economic Review, Vol. 75, S. 332-337.

David, P.A. / Greenstein, S. (1990): The Economics of Compatibility Standards: An Introduction to Recent Research, in: Economics of Innovation and New Technology, Vol. 1, S. 3-41.

Davies, St. (1979): The Diffusion of Process Innovations, Cambridge.

Davis, L. E. / North, D. C. (1971): Institutional Change and American Economic Growth, Cambridge.

Dean, J. (1950): Pricing Policies for New Products, in: Havard Business Review, Vol. 28, November 1950, S. 45-53.

Debreu, G. (1959): Theory of Value, An Axiomatic Analysis of Economic Equilibrium, New Haven, London.

Demel, H. (1995): Der Pkw mit 3l Verbrauch pro 100 km - Traum oder Wirklichkeit?, in: Lenz, H.P., u.a., 16. Internationales Wiener Motorensymposium 4.-5. Mai 1995, Band 2, 2. Tag, VDI-Fortschrittsberichte, Reihe 12, Nr. 239, Düsseldorf, S. 391-404.

Demko, G.J. / Rose, H.M. / Schnell, G.A. (1970): Population Geography, New York.

Denhard, M. (1997): Multiple Empirische Modelle, in: VDI-Berichte 1330: Umwelt- und Klimabeeinflussung durch den Menschen IV, Düsseldorf, S. 27-39.

Deutsche Bundesregierung (Hrsg.) (1998): Trittin unterstreicht Reduktionsziel von 25%, Presseinformation der Bundesregierung vom 14.11.98.

Deutscher Bundestag (1997): Gesetz zur stärkeren Berücksichtigung der Schadstoffemissionen bei der Besteuerung von Personenkraftwagen, KraftStÄndG vom 18.04.1997, BGBl. I 1997, S. 805-809.

Deutscher Bundestag (Hrsg.) (1998): Konzept Nachhaltigkeit - vom Leitbild zur Umsetzung, Abschlußbericht der Enquete-Kommission "Schutz des Menschen und der Umwelt - Ziele und Rahmenbedingungen einer nachhaltig zukunftsfähigen Entwicklung" des 13. Deutschen Bundestages, Bonn, S. 5-54.

Deutsches Institut für Wirtschaftsforschung (DIW) (Hrsg.) (1999a): CO_2-Emissionen in Deutschland: Weiterhin vom Zielpfad entfernt, in: Wochenbericht 6/99 vom 11.02.99, Jg. 66, S. 124-133.

Deutsches Institut für Wirtschaftsforschung (DIW) (Hrsg.) (1999b): Energieverbrauch im Verkehr in Deutschland - Verringerung der Wachstumsraten in den neunziger Jahren, in: Wochenbericht 10/99 vom 11.03.99, Jg. 66, S. 193-200.

Dhalla, N.K. (1980): Advertising as an Antirecession Tool, in: Havard Business Review, Vol. 58, H. 1, S. 158-165.

Dichtl, E. (1991): Dimensionen der Produktqualität, in: MARKETING - ZFP, H. 3, S. 149 -155.

Diederen, P. (1993): Technological Progress in Enterprises and Diffusion of Innovations, Maastricht.

Dierkes, M. / Fietkau, H.-J. (1988): Umweltbewußtsein - Umweltverhalten, Karlsruhe.

Dierkes, M. / Marz, L. (1990): Technikakzeptanz, Technikfolgen und Technikgenese - Zur Weiterentwicklung konzeptioneller Grundlagen der sozialwissenschaftlichen Technikforschung, Veröffentlichungsreihe des Wissenschaftszentrums Berlin für Sozialforschung, FS II 90-104, Berlin.

Diez, W. (1988): Vertikale Diffusion: Zur Ausbreitung technischer Neuerungen auf dem deutschen Automobilmarkt, in: Ifo-Schnelldienst 29/88, S. 20-26.

Dirrheimer, M.J. (1985): Transaktionstheorie, Theorie der Eigentumsrechte und Wettbewerbspolitik, in: Milde, H., Monissen, H.G. (Hrsg.), Rationale Wirtschaftspolitik in komplexen Gesellschaften, Stuttgart, S. 454-466.

Dohmen, F. (1998): Medien und Macht, Hamburg.

Dolan, J. / Jeuland, A.P. (1981): Experience Curves and Dynamic Demand Models - Implications for Optimal Pricing Strategies, in: Journal of Marketing, Vol. 45, S. 52-62.

Duncan, C.P. / Olshavsky, R.W. (1982): External Search: The Role of Consumer Beliefs, in: Journal of Marketing Research, Vol. 19, Februar 1982, S. 32-43.

Dybvig, P.H. / Spatt, C.S. (1983): Adoption Externalities as Public Goods, in: Journal of Public Economics, Jg. 20, S. 231-247.

Eisenführ, F. / Weber, M. (1993): Rationales Entscheiden, Berlin, Heidelberg, New York, Tokyo.

Eliashberg, J. / Chatterjee, R. (1985): Analytic Models of Competition with Implications for Marketing - Issues, Findings and Outlook, in: Journal of Marketing Research, Vol. 22, S. 237-261.

Endres, A. (1994): Umweltökonomie: Eine Einführung, Darmstadt.

Engel, W. (1986): Der Produkt-Lebenszyklus, in: WISU, H. 8-9, S. 397-400.

Englmann, F.C. (1989): Technischer Fortschritt: Diffusion, Erträge und Beschäftigung, Tübingen.

Esso (Hrsg.) (1998): Esso-Energieprognose 1998, Hamburg.

Eucken, W. (1968): Grundsätze der Wirtschaftspolitik, 4. Auflage, Tübingen.

Europäische Kommission (1999): Vorbereitungen für die Umsetzung des Kyoto-Protokolls, Mitteilung der Kommission an den Rat und an das Parlament, KOM(1999)230.

Farrell, J. / Saloner, G. (1986): Installed Base and Compatibility: Innovation, Product Preannouncements, and Predation, in: The American Economic Review, Vol. 76, No. 5, S. 940-955.

Farrell, J. / Saloner, G. (1992): Converters, Compatibility, and the Control of Interfaces, in: The Journal of Industrial Economics, Vol. 40, No. 1, March 1992, S. 9-35.

Fels, G. / Schmidt, K.-D. (1984): Im Anpassungsprozeß zurückgeworfen - Die deutsche Wirtschaft vor neuen Herausforderungen, Kieler Studien Nr. 185, Tübingen.

Festinger, L. (1957): A Theory of Cognitive Dissonance, Stanford, Cal.

Fichte, J.G. (1979): Der geschlossene Handelsstaat, 3., durchgesehene Auflage nach dem Erstdruck von 1800, Hamburg.

Fischer, M. (1994a): Der Property Rights-Ansatz, in: WiSt, H. 6, S. 316-318.

Fischer, M. (1994b): Die Theorie der Transaktionskosten, in: WiSt, H. 11, S. 582-584.

Fischer, M. / Hüser, A. / Mühlenkamp, C. / Schade, C. / Schott, E. (1993), Marketing und neuere ökonomische Theorie: Ansätze zu einer Systematisierung, in: BFuP, H. 4, S. 444-470.

Fleissner, T. (1996): Vergleichende Lebenszyklusanalyse verschiedener Antriebskonzepte, in: VDI-Berichte 1307, Ganzheitliche Betrachtungen im Automobilbau, Düsseldorf, S. 137-155.

Fliegel, F.C. / Kivlin, J.E. (1966): Attributes of Innovations as Factors in Diffusion, in: The American Journal of Sociology, Vol. 72, S. 235-248.

Ford, G.T / Smith, D.B. / Swasy, J.L. (1990): Consumer Skeptcism of Advertising Claims: Testing Hypotheses from Economics of Information, in: Journal of Consumer Research 1990, S. 433-441.

Ford, G.T. / Smith, D.B. / Swasy, J.L. (1988): An Empirical Test of the Search, Experience and Credence Attributes Framework, in: Houston, M.J. (Hrsg.), Advances in Consumer Research 1988, S. 239-243.

Freeman, C. (1982): The Economics of Industrial Innovation, London.

Frey, B.S. (1981): Theorie demokratischer Wirtschaftspolitik, München.

Fritz, W. / Hefner, M. (1981): Informationsbedarf und Informationsbeschaffung des Konsumenten bei unterschiedlichen Kaufobjekten und Populationen, in: Raffée, H., Silberer, G., Informationsverhalten des Konsumenten - Ergebnisse empirischer Studien, Wiesbaden, S. 219-240.

Furubotn, E.G. / Pejovich, S. (1970): Property Rights and the Bahavior of the Firm in a Socialist State - The Example of Yugoslavia, in: Zeitschrift für Nationalökonomie, Jg. 30, S. 431-454.

Gatignon, H. (1984): Competition as a Moderator of the Effect of Advertising on Sales, in: Journal of Marketing Research, Vol. 21, S. 387-398.

Gawel, E. (1996): Neoklassische Umweltökonomie in der Krise - Kritik und Gegenkritik, in: Köhn, J. / Welfens, M.J. (Hrsg.): Neue Ansätze in der Umweltökonomie, Marburg, S. 45-87.

Gehrig, W. (1980): Technischer Fortschritt, in: Glastetter, W., u.a. (Hrsg.), Handwörterbuch der Volkswirtschaft, 2. Aufl., Wiesbaden, Sp. 1263-1287.

Gerhard, A. / Hatzold, O. (1978): Numerisch gesteuerte Werkzeugmaschinen, in: Nabseth, L. / Ray, G.F.: Neue Technologien in der Industrie, Berlin, S. 26-68.

Gerybadze, A. (1982): Innovation, Wettbewerb und Evolution, Tübingen.

Gierl, H. (1987): Die Erklärung der Diffusion technischer Produkte, Berlin.

Gierl, H. (1997): Neue Technologien und Leapfrogging der Nachfrager, in: ZfB, Jg. 67, H. 10, S. 1073-1091.

Giersch, H. (1984): The Age of Schumpeter, in: The American Economic Review, Vol. 74, H. 2, S. 103-109.

Glaubitz, W.G. (1998): Theorie der Langen Wellen und Weltmärkte 2010, in: Thomas, H. / Nefiodow, L.A. (Hrsg.): Kondratieffs Zyklen der Wirtschaft, Herford, S. 207-219.

Gold, B. (1981): Technological Diffusion in Industry: Research Needs and Shortcommings, in: Journal of Industrial Economics, Vol. 29 , S. 247-269.

Greenberg, B.S. (1964): Diffusion of News of the Kennedy Assassination, in: Public Opinion Quarterly, 28, S. 225-232.

Greenpeace (1999b): Greenpeace läßt sich auf der IAA keinen Maulkorb anlegen, Presseerklärung vom 15. September 1999.

Greenpeace (Hrsg.) (1999a): Das Smile-Konzept. Die Technik, Hamburg.

Grefermann, K., et al. (1974): Patentwesen und technischer Fortschritt, Ifo-Institut für Wirtschaftsforschung (Hrsg.), Göttingen.

Griliches, Z. (1957): Hybrid Corn - An Exploration in the Economics of Technological Change, in: Econometrica, Vol. 25, S. 501-522.

Groothuis, U. (2000), Gelbe Seiten, in: Wirtschaftswoche 5/00 vom 27.01.2000, S. 100-103.

Groscurth, H.-M. / Hohmeyer, O. / Rennings, K. (1995): Von den Zinsen leben, in: Zeit-Punkte Nr. 6, Hamburg, S. 56-57.

Gümbel, R. (1985): Handel, Markt und Ökonomik, Wiesbaden.

Gunkel, P. (2000): 80 statt 18, Der smart begeistert die Alten, in: Frankfurter Rundschau vom 8. Januar 2000, S. M8.

Häder, M. (1997): Umweltpolitische Instrumente und Neue Institutionenökonomik, Wiesbaden.

Hägerstrand, T. (1965a): A Monte Carlo Approach to Diffusion, in: Archives Europeennes de Sociologie, Vol. 6, S. 43-67.

Hägerstrand, T. (1965b): Quantitative Techniques for Analysis of the Spread of Information and Technology, in: Anderson, L.A. / Bowman, M.J. (Hrsg.): Education and Economic Development, Chicago, Aldine, S. 244-280.

Hägerstrand, T. (1967): Innovation Diffusion as a Spatial Process, Chicago, London.

Harsanyi, J.C. (1995): Games with Incomplete Information, in: The American Economic Review, Jg. 85, S. 291-303.

Hawley, F. (1946): The Role of Pueblo Social Organization in the Dissemination of Catholocism, in: American Anthropologist, Vol. 48, S. 407-415.

Hax, H. (1991): Theorie der Unternehmung - Information, Anreize und Vertragsgestaltung, in: Ordelheide, D. / Rudolph, B. / Büsselmann E. (Hrsg.): Betriebswirtschaftliche und ökonomische Theorie, Stuttgart, S. 51-72.

Hayek, F.A. (Hrsg.) (1969): Carl Menger, Gesammelte Werke, Bd. II, 2. Aufl. Tübingen.

Hazelaar, M. / Wester, H.J. (1995): Energieverbrauch bei Fahrzeugen - Erreichte Einsparungen und weitere Potentiale, in: VDI-Berichte 1204, Lebensstandard, Lebensstil und Energieverbrauch, Düsseldorf, S. 71-95.

Heeler, R.M. / Hustad, T.P. (1980): Problems in Predicting New Product Growth for Consumer Durables, in: Management Science, Vol. 26, S. 1007-1020.

Heimer, T. (1993): Zur Ökonomik der Entstehung von Technologien: eine theoretische und empirische Erörterung am Beispiel des Intelligent Home, Marburg.

Heinze, G.W. / Kill, H.H. (1992): Verkehrspolitik für das 21. Jahrhundert - Ein neues Langfristkonzept für Berlin-Brandenburg, Schriftenreihe des Verbandes der Automobilindustrie e.V., Nr. 69, Frankfurt.

Hesse, H.-W. (1987): Kommunikation und Diffusion von Produktinnovationen im Konsumgüterbereich, Berlin.

Heuss, E. (1965): Allgemeine Markttheorie, Tübingen.

Hirshleifer, J. / Riley, J.G. (1979): The Analytics of Uncertainty and Information - An Expository Survey, in: Journal of Economic Literature, S. 1375-1421.

Hopf, M. (1983): Ausgewählte Probleme zur Informationsökonomie, in: WiSt, H. 6, S. 313-318.

Horn, E.-J. (1976): Technologische Neuerungen und internationale Arbeitsteilung, Kieler Studien Nr. 139, Tübingen.

Horski, D. / Simon, L.S. (1983): Advertising an the Diffusion of New Products, in: Marketing Science, Vol. 2, Winter 1983, S. 1-17.

Huber, J. (1998): Die Konsistenz-Strategie, in: Politische Ökonomie, Sonderheft 11, Wege aus der Wachstumsfalle, S. 26-29.

Hüser, A. / Mühlenkamp, C. (1992): Werbung für ökologische Güter: Gestaltungsaspekte aus informationsökonomischer Sicht, in: Marketing, ZFP, H. 3, III. Quartal 1992, S. 149-156.

Innis, D.E. / Unnava H.R. (1991): The Usefulness of Product Warranties for Reputable and New Brands, in: Homan, R.H. / Solomon M.R (Hrsg.): Advances in Consumer Research, S. 317-322.

Jocham, A. (1997): Großer Bahnhof für einen Autozwerg, in: Handelsblatt vom 24./25. 10.1997, Nr. 205, S.22.

Jochem, E. (1988): Technikfolgen-Abschätzung am Beispiel der Solarenergienutzung, Frankfurt a.M.

Kaas, K.P. (1973): Diffusion und Marketing - Das Konsumentenverhalten bei der Einführung neuer Produkte, Stuttgart.

Kaas, K.P. (1990a): Marketing als Bewältigung von Informations- und Unsicherheitsproblemen im Markt, in: DBW, H. 4, Jg. 50, S. 539-548.

Kaas, K.P. (1990b): Nutzen und Kosten der Werbung, in: zfbf, H. 6, Jg. 42, S. 492-504.

Kaas, K.P. (1991): Marktinformationen: Screening und Signaling unter Partner und Rivalen, in: ZfB, H. 3, Jg. 61, S. 357-370.

Kaas, K.P. (1992a): Marketing und Neue Institutionenlehre, Arbeitspapier Nr. 1 aus dem Forschungsprojekt Marketing und ökonomische Theorie, Frankfurt a.M.

Kaas, K.P. (1992b): Kontraktgütermarketing als Kooperation zwischen Prinzipalen und Agenten, in: zfbf, Jg. 44, H. 10, S. 884-901.

Kaas, K.P. (1995): Marketing zwischen Markt und Hierarchie, in: Kaas, K.P. (Hrsg.), Kontrakte, Geschäftsbeziehungen, Netzwerke - Marketing und Neue Institutionenökonomik, in: zfbf, Sonderheft 35, Düsseldorf, S. 19-42.

Kaden, W. / Linden, F.A. (1996): "Wir bekommen das hin" - Interview mit Ferdinand Piëch, in: Manager Magazin, Nr. 42, März 1996, S. 40-51.

Kantzenbach (1967): Die Funktionsfähigkeit des Wettbewerbs, 2. Auflage, Göttingen.

Kapp, K.W. (1976): Staatlicher Förderung "umweltfreundlicher" Technologien, Göttingen.

Katz, M.L. / Shapiro, C. (1985): Network Externalities, Competition and Compatibility, in: The American Economic Review, Vol. 75, No. 3, S. 424-440.

Katz, M.L. / Shapiro, C. (1986): Technology Adoption in the Presence of Network Externalities, in: Journal of Political Economy, Vol. 94, No. 4, S. 822-841.

Kemp, R (1997a): Environmental Policy and Technical Change, A Comparison of the Technological Impact of Policy Instruments, Cheltenham.

Kemp, R. (1997b): An Interpretative Survey of Technological Diffusion Models, in: Theoretical Models of Innovation and Diffusion, S. 79-94.

Kemp, R. / Olsthoorn, X. / Oosterhuis, F. / Verbruggen, H. (1992): Supply and Demand Factors of Cleaner Technologies: Some Empirical Evidence, in: Environmental and Resource Economics, H. 2, S. 615-634.

Kernbach, U. (2000): Der Toyota Yaris Verso könnte der Werte-Star bei den Minis werden, in: FAZ vom 8. Januar 2000, S. 60.

Keßler, H.: Askese ohne Reue, in: Zeit-Punkte Nr. 6, Hamburg, S. 49-53.

Klee, H. W. (1989): Zur Akzeptanz von Expertensystemen - Eine empirische Analyse der Relevanz und Angemessenheit der Erklärungskomponente, Bergisch Gladbach, Köln.

Kleinaltenkamp, M. (1993): Typologien von Business-to-Business-Transaktionen, Arbeitspapier Nr. 1 der Berliner Reihe zum Business-to-Busioness-Marketing, Berlin.

Kleine, J. (1980): Innovation und Unternehmensgröße, Diskussionspapier, Internationales Institut für Management und Verwaltung, Berlin.

Klophaus, R. (1995a): Anwendungsprobleme bei der Diffusionsprognose und -steuerung: Das Ende der klassischen Diffusionsmodellierung? in: MARKETING, ZFP, Heft 2, II. Quartal 1995, S. 89-98.

Klophaus, R. (1995b): Marktausbreitung neuer Konsumgüter: verhaltenswissenschaftliche Grundlagen, Modellbildung und Simulation, Wiesbaden.

Klophaus, R. (1996): Marktausbreitung von Bildschirmtext: Zu den Ursachen einer Fehlprognose, in: zfbf, Jg. 48, H. 6, S. 579-588.

Kohlhaas, M. / Praetorius, B. (1994): Selbstverpflichtungen der Industrie zu CO_2-Reduktion, Berlin.

Kortmann, W. (1995): Diffusion, Marktentwicklung und Wettbewerb, Frankfurt a.M.

Kotler, P. / Bliemel, F. (1992): Marketing-Management - Analyse, Planung, Umsetzung und Steuerung, 7. Aufl., Stuttgart.

Kroeber-Riel, W. (1984): Konsumentenverhalten, 3. Aufl. München.

Kromphardt, J. / Teschner, M. (1986): Neuere Entwicklung der Innovationstheorie, in: Vierteljahreshefte zur Wirtschaftsforschung, Heft 4, S. 235-248.

Kull, Stephan (1995): Der Handel als Diffusionsagent ökologischer Innovationen - Ergebnisse aus drei Fallstudien in Top-Unternehmen des Lebensmitteleinzelhandels, Hannover.

Leibenstein, H. (1966): Mitläufer-, Snob- und Velben-Effekte in der Theorie der Konsumentennachfrage, deutsche Übersetzung in Streissler, E. und M. (Hrsg.): Konsum und Nachfrage, Köln, Berlin, S. 231-255; Originalquelle: Leibenstein, H. (1950): Bandwagon, Snob and Veblen Effects in the Theory of Consumers' Demand, in: Quarterly Journal of Economics, Vol. 44, S. 183-207.

Lin, N. / Melick, C. (1977): Structural Effects on the Diffusion of Innovations, Columbus, Ohio State University, Department of Geography, Studies in the Diffusion of Innovation.

Lipsey, R.G. (1971): Einführung in die positive Ökonomie, Köln.

Lohmann, Dieta (1999): Umweltpolitische Kooperationen zwischen Staat und Unternehmen aus Sicht der Neuen Institutionenökonomik, Marburg.

Macneil, I.R. (1978): Contracts: Adjustment of Long-Term Economic Relations und Classical, Neoclassical and Relational Contract Law, in: Northwestern University Law Review 72, S. 854-905.

Mahajan V. / Muller, E. / Sharma, S. (1984): An Empirical Comparison of Awareness Forecasting Models of New Product Introduction, in: Marketing Science, Vol. 3, S. 179 -206.

Mahajan, V. / Muller, E. (1979): Innovation Diffusion and New Product Growth Models in Marketing, in: Journal of Marketing, Vol. 43, S. 55-68.

Mahajan, V. / Muller, E. / Bass, F.M. (1990): New Product Diffusion Models in Marketing: A Review and Directions for Research, in: Journal of Marketing, Vol. 54 S. 1-26.

Mahajan, V. / Peterson, R. (1978): Innovation Diffusion In A Dynamic Potential Adopter Population, in: Management Science, Vol. 24, S. 1589-1597.

Maier-Rigaud, G. (1992): Die Herausbildung der Umweltökonomie - Zwischen axiomatischem Modell und normativer Theorie, in: Beckenbach, F. (Hrsg.): Die ökologische Herausforderung für die ökonomische Theorie, Marburg, S. 27-43.

Mansfield, E. (1963): Size of Firm, Market Structure, and Innovation, in: Journal of Political Economy, Vol. 61, S. 556-576.

Mansfield, E. (1968): Industrial Research and Technological Innovation - A Econometric Analysis, New York.

Mansfield, E., et al. (1977): The Production and Application of New Industrial Technology, New York.

Marschak, J. (1954): Towards an Economic Theory of Organization and Information, in: Thrall, R.M. / Coombs, C.H. / Davis, R.L. (Hrsg.): Decision Processes, New York, London, S. 187-220.

Marschak, J. (1974): Ökonomische Probleme der Informationsgewinnung und -verwertung, in: Beckmann, M.J. / Ryuzo, S. (Hrsg.): Mathematische Wirtschaftstheorie, Köln, S. 119-152.

Matteucci, M. / von Frankenberg, R. / Neubauer, H.O. (1995): Geschichte des Automobils, Künzelsau.

Meffert, H. (1979): Die Beurteilung und Nutzung von Informationsquellen beim Kauf von Konsumgütern. Empirische Ergebnisse und Prüfung ausgewählter Hypothesen, in: Meffert, H. / Steffenhagen, H. / Freter, H. (Hrsg.), Konsumentenverhalten und Information, Wiesbaden, S. 39-65.

Menger (1883): Untersuchungen über die Methoden der Socialwissenschaften und der Politischen Ökonomie insbesondere, Leipzig 1883, Erneut abgedruckt in: Hayek, F.A. (Hrsg.) (1969): Carl Menger, Gesammelte Werke, Bd. II, 2. Aufl. Tübingen.

Mettelsiefen, B. (1981): Technischer Wandel und Beschäftigung - Rekonstruktion der Freisetzungs- und Kompensationsdebatten, Frankfurt a.M., New York.

Mettler, D. (1988): Investitionen, Innovation und Unsicherheit, Grüsch.

Meyer, W. (1983): Entwicklung und Bedeutung des Property Rights-Ansatzes in der Nationalökonomie, in: Schüller, A. (Hrsg.): Property Rights und ökonomische Theorie, München, S. 1-44.

Meyer-List, I. (1982): Geheilt durch Konkurrenz, in: Die Zeit, Nr. 5, 29. Januar 1982, S. 20.

Meyersohn, R. / Katz, E. (1957): Notes on a Natural History of Fads, American Journal of Sociology, 62, S. 594-601.

Michaelis, E. (1988): Planungs- und Kontrollprobleme in Unternehmungen und Property Rights-Theorie, in: Budäus, D. / Gerum, E. / Zimmermann, G. (Hrsg.): Betriebswirtschaftslehre und Theorie der Verfügungsrechte, Wiesbaden, S.119-148.

Michaelis, P. (1996): Ökonomische Instrumente in der Umweltpolitik: eine anwendungsorientierte Einführung, Heidelberg.

Miller, J.C. (1979): Regional Development: A Review of the State of the Art, Washington.

Mitre Corporation (Hrsg.) (1973): A Comparative State-of-the-Art Review of selected U.S. Technology Assessment Studies, Washington D.C.

Mody, A. / Sherman, R. (1990): Leapfrogging in Switching Systems, in: Technological Forecasting and Social Change, Jg. 37, S. 77-83.

Mohr, H.-W. (1977): Bestimmungsgründe für die Verbreitung von neuen Technologien, Berlin.

Möser, A. (1999): Der Drei-Liter-Lupo - Piëchs 'Formel eins', dpa-meldung vom 6.7.99, 14.21 Uhr.

Nabseth, L. (1974): Summary and Conclusions, in: Nabseth, L. / Ray, G.F. (Hrsg.), The Diffusion of New Industrial Processes, Cambridge, S. 294-315.

Nabseth, L. / Ray, G.F. (Hrsg.) (1978): Neue Technologien in der Industrie, Berlin.

Nakanishi, M. (1973): Advertising and Promotion Effects on Consumer Response to New Products, in: Journal of Marketing Research, Vol. X, S. 242-249.

Nelson, P. (1970): Information and Consumer Behavior, in: The Journal of Political Economy, Vol. 78, S. 311-329.

Nelson, P. (1981): Consumer Information and Advertising, in: Gelatin, M. / Leiter, R.D. (Hrsg.), Economics of Information, S. 42-77.

Nelson, R.R. / Winter, S.G. (1978): Forces Generating and Limiting Concentration under Schumpeterian Competition, in: Bell Journal of Economics, Vol. 9, S. 524-548.

Nelson, R.R. / Winter, S.G. (1982): An Evolutionary Theory of Economic Change, Cambridge.

Nieschlag, R. / Dichtl, E. / Hörschgen, H. (1988): Marketing, 15. Aufl., Berlin.

Nieschlag, R. / Dichtl, E. / Hörschgen, H. (1997): Marketing, 18. Aufl., Berlin.

North, D.C. (1988): Theorie des institutionellen Wandels, Tübingen.

North, D.C. (1992): Institutionen, institutioneller Wandel und Wirtschaftsleistung, Tübingen.

North, D.C. / Thomas, R.P. (1973): The Rise of the Western World: A New Economic History, Cambridge.

o.V. (1993): "Billige Tricks", in: Der Spiegel vom 21.06.1993, S. 96-99.

o.V. (1995): Mineralölsteuer soll stetig und jährlich steigen, in: Handelsblatt Nr. 192 vom 5.10.95, S. 4.

o.V. (1998a): Der Kleine fährt Bahn zum halben Preis, in: Handelsblatt Nr. 219 vom 12.11.1998, S. 43.

o.V. (1998b): Drei Liter - teurer als man denkt, in: Autojournal, 11/98, o.S.

o.V. (1998c): Fahrbericht: Drei-Liter-Auto VW Lupo, in: "Auto Motor Sport" vom 7.10.1998, Heft 21, S. 36-39.

o.V. (1998d): Meeresspiegel steigt um 50 cm, in: Handelsblatt, Nr. 20 vom 29.1.1998, S. 42.

o.V. (1998e): Mit dem Lupo wird das Sparen ganz schön teuer, in: Handelsblatt Nr. 189 vom 1.10.98, S. 56.

o.V. (1998f): Selbst kostenlose Solaranlagen erleben keinen Nachfrageboom, in: Handelsblatt, Nr. 214 vom 5.11.1996, S. 6.

o.V. (1998g): Das 3-Liter-Auto - ein attraktives Produkt, in: TrafficTech, Nr. 5/98, S. 20.

o.V. (1998h): Aktuell: VW Lupo, in: Autojournal, 11/98, S.1-3.

o.V. (1999a): Audis fahraktiver "Schuhkarton", in: Der Standard, 3.5.99, S. 30.

o.V. (1999b): Die Vertriebsstrategen sehen den Markt für das Drei-Liter-Auto noch äußerst skeptisch, in: Handelsblatt Nr. 128 vom 7.7.1999, S. 17.

o.V. (2000): Spritpreise erneut deutlich gestiegen, in: Handelsblatt vom 08.06.2000, Nr. 110, S. 3.

Oberender, P. (1989): Marktökonomie - Marktstruktur und Wettbewerb, in ausgewählten Branchen der Bundesrepublik Deutschland, München.

Oberender, P. / Väth, A. (1989): Von der Industrieökonomie zur Marktökonomie, in: Oberender, P. (Hrsg.), Marktökonomie, München, S. 1-27.

OECD (Hrsg.) (1975): Methodological Guidelines for Social Assessment of Technology, Paris.

Okun, A.M. (1981): Prices and Quantities: A Macroeconomic Analysis, Oxford.

Opp, M.M. (1974): Die räumliche Diffusion des technischen Fortschritts in einer wachsenden Wirtschaft, Baden-Baden.

Oren, S.S. / Schwartz, R.G. (1988): Diffusion of New Products in Risk-Sensitive Markets, in: Journal of Forecasting, Vol. 78, S. 273-287.

Ott, A.E. (1992): Klassifikationen des technischen Fortschritts, a.a.O., in: WISU, H.12, S. 964-968.

Pechtl, H. (1991): Innovatoren und Imitatoren im Adoptionsprozeß von technischen Neuerungen, Bergisch Gladbach, Köln.

Pelto, P.J. (1973): The Snowmobile Revolution, Technology and Social Change in the Arctic, Menlo Park (CA).

Picot, A. (1992): Ronald H. Coase - Nobelpreisträger 1991 - Transaktionskosten: Ein zentraler Beitrag zur wirtschaftswissenschaftlichen Analyse, in: WiSt, H. 2, S. 79-83.

Picot, A. / Dietl, H. (1990): Transaktionskostentheorie, in: WiSt, H. 4, S. 178-184.

Picot, A. / Schneider, D. (1988): Unternehmerisches Innovationsverhalten, Verfügungsrechte und Transaktionskosten, in: Budäus, D. / Gerum, E. / Zimmermann, G. (Hrsg.), Betriebswirtschaftslehre und Theorie der Verfügungsrechte, Wiesbaden, S. 91-118.

Priewe, J. (1998): Leitplanken statt Schranken, in: Politische Ökologie, Sonderheft 11, Jg. 16, S. 30-37.

Raffelhüschen, B. / Walliser, J. (1997): Was hinterlassen wir zukünftigen Generationen ? Ergebnisse der Generationenbilanzierung, in: (Hrsg.) Knappe, E. / Winkler, A., Sozialstaat im Umbruch, S. 65-89.

Rapold, I. (1987): Qualitätsunsicherheit als Ursache von Marktversagen: Anpassungsmechanismen und Regulierungsbedarf, München.

Ray, G.F. (1978): Die Verwendung von Gibberellin-Säure beim Mälzen, in: Nabseth, L. / Ray, G.F., Neue Technologien in der Industrie, Berlin, S. 255-276.

Redlich, J. / Pott, E. / Hintemann, R. / Becker, U. / Bärnighausen, F. (1992): Ermittlung des Potentials zur Verringerung der CO_2-Emissionen des Straßenverkehrs in der Bundesrepublik Deutschland durch fahrzeugtechnische Maßnahmen, Untersuchung im Auftrag des Bundesministers für Verkehr, Aachen und Basel.

Reichwald, R. (1978): Zur Notwendigkeit der Akzeptanzforschung bei der Entwicklung neuer Systeme der Bürotechnik, München.

Reuter, E. (1995): Wider das Schweigekartell der Oberingenieure, in: Die Zeit, Nr. 3 vom 13.01.1995, S. 19-20.

Reuter, N. (1994): Institutionalismus, Neo-Institutionalismus, Neue Institutionelle Ökonomie und andere "Institutionalismen" - Eine Differenzierung konträrer Konzepte, in: ZWS 114, H. 1, S. 5-23.

Ricardo, D. (1923): Grundsätze der Volkswirtschaft und Besteuerung, 3. Aufl., Jena.

Richter, R. (1990): Sichtweise und Fragestellung der Neuen Institutionenökonomik, in: ZWS 110, H. 4, S. 571-591.

Richter, R. (1994): Institutionen ökonomisch analysiert, Tübingen.

Richter, R. / Bindseil, U. (1995): Neue Institutionenökonomik, in: WiSt, H. 3, März 1995, S. 132-140.

Richter, R. / Furubotn, E. (1996): Neue Institutionenökonomik - Eine Einführung und kritische Würdigung, Tübingen.

Roberts, C.C. (1983): Der Schumpetersche Unternehmer, technischer Fortschritt und die Prognostizierbarkeit der wirtschaftlichen Entwicklung, in: Zinn, K.G. (Hrsg.) (1983): Beiträge zu Schumpeters Theorie der dynamischen Wirtschaft, Aachen.

Roberts, J.H. / Urban, G.L. (1988): Modeling Multiattribute Utility, Risk, and Belief Dynamics for New Consumer durable Brand Choice, in: Management Science, Vol. 34, No. 2, S. 167-185.

Robertson, T.S. / Gatignon, H. (1986): Competitive Effects on Technology Diffusion, in: Journal of Marketing, Jg. 50, S. 1-12.

Robinson, E.A.G. (1946): Monopoly, Reprint der Erstauflage von 1941, London.

Robinson, J. (1952): The Rate of Interest, New York.

Robinson, J. (1954): The Economics of Imperfect Competition, Reprint der Erstauflage von 1933, London.

Robinson, J. (1965): The Accumulation of Capital, 2. Aufl., London.

Rogers, E.M. (1962): Diffusion of Innovations, New York.

Rogers, E.M. (1983): Diffusion of Innovations, 3. Aufl., London.

Rogers, E.M. (1995): Diffusion of Innovations, 4. Aufl., London.

Rogerson, W.P. (1983): Reputation and Product Quality, in: The Bell Journal of Economics, Vol. 14, S. 508-516.

Rosenberg, N. (1976): On Technological Expectations, in: The Economic Journal, 86, S. 523-535.

Röver, A. (1996): Marktversagen aufgrund von Netzwerkexternalitäten, in: WiSt, H. 8, S. 427-429.

Röver, A. (1997): Netzwerkexternalitäten als Ursache für Marktversagen, Frankfurt a.M.

Samuelson, P.A. (1957): Wages and Interest - A Modern Dissection of Marxian Economic Models, in: The American Economic Review, Jg. 47, S. 884-912.

Schaefer, H. (1995): Zielvorstellungen und grundlegende Prinzipien der KEA-Richtlinie, in: VDI-Berichte 1218, Kumulierter Energieaufwand, Düsseldorf, S. 1-9.

Schäper, S. / Leitermann, W. (1996): Energie-, Emissions- und Wirkbilanzen von PKW in aluminiumintensiver und in konventioneller Bauweise sowie Optimierung eines Space-Frame-Karosserie-Konzeptes durch Variation der wesentlichen Fertigungsparameter mittels ganzheitlicher Bilanzierung, in: VDI-Berichte 1307, Ganzheitliche Betrachtungen im Automobilbau, Düsseldorf, S. 223-233.

Scheelhase, J. (1994): Abgaben und Zertifikate als Instrumente zur CO_2-Reduktion in der EG - Ausgestaltung und regionalwirtschaftliche Wirkungen, München.

Scheer, H. (1991): Photovoltaik steht vor einem Produktionsengpaß, in: VDI-Nachrichten, Nr. 30, S. 14.

Schlieper, U. (1980): Externe Effekte, in: HdWW, Bd. 2, Tübingen u.a., S. 524-530.

Schmahl, H.-J. (1978): Wechselwirkungen von Konjunktur und Werbung, in: Markenartikel, H. 10, Jg. 40, S. 502-510.

Schmalen, H. (1993): Diffusionsprozesse und Diffusionstheorie, in: Handwörterbuch der Betriebswirtschaftslehre, Sp. 775-787.

Schmalen, H. / Binninger, F.-M. (1994): Ist die klassische Diffusionsmodellierung wirklich am Ende?, in: Marketing, ZFP, 15 Jg., H. 1, S. 5-11.

Schmalen. H. / Binninger, F.-M. / Pechtl, H. (1993): Diffusionsmodelle als Entscheidungshilfe zur Planung absatzpolitischer Maßnahmen bei Neuprodukteinführungen, in DBW, Jg. 53, S. 513-527.

Schmidt-Bleek, F. (1994): Wieviel Umwelt braucht der Mensch?, Basel.

Schmitz, G. (1997): Marketing für professionelle Dienstleistungen: Bedeutung und Dynamik der Geschäftsbeziehungen, dargestellt am Beispiel Wirtschaftsprüfung, Wiesbaden.

Schmookler, J. (1996): Invention and Economic Growth, Cambridge.

Schnaiberg, A. (1980), The Environment from Surplus to Scarcity, New York, Oxford.

Schön, D.A. (1963): Champions for Radical New Inventions, in: Harvard Business Review, Vol. 41, S. 77-86.

Schönecker, H. (1985): Kommunikation und Bedienerakzeptanz, München.

Schönwiese, C.-D. (1997): Klimabegriffe, Daten und Trends, in: VDI-Berichte 1330: Umwelt- und Klimabeeinflussung durch den Menschen IV, Düsseldorf, S. 1-15.

Schumpeter, J. (1939): Business Cycles, New York.

Schumpeter, J. (1950): Kapitalismus, Sozialismus und Demokratie, München.

Schünemann, T.M. / Bruns, T. (1985): Entwicklung eines Diffusionsmodells für technische Innovationen, in: ZfB, Vol. 55, S. 166-185.

Shama, A. (1981): Diffusion of Innovations and Solar Energy, in: Shama, A. (Hrsg.), Marketing Solar Energy Innovations, New York, S. 3-21.

Sharif, M.N. (1989): Technological Leapfrogging: Implications for Developing Countries, in: Technological Forecasting and Social Change, Jg. 36, S. 201-208.

Sharp, L. (1952): Steel Axes for Stone Age Australiens, in: Spicer, E. H. (Hrsg.), Human Problems in Technology Change, New York, S. 69-72.

Shell (1997): Motorisierung - Frauen geben Gas, Neue Techniken senken Verbrauch und Emissionen, Szenarien des Pkw-Bestandes und der Neuzulassungen in Deutschland bis zum Jahr 2020, Hamburg.

Shell (1999): Mehr Autos – weniger Emissionen. Szenarien des Pkw-Bestands und der Neuzulassungen in Deutschland bis zum Jahr 2020.

Shoemaker, F. (1981): Communication and the Solar Consumer, in Shama, A. (Hrsg.), Marketing Solar Energy Innovations, New York, S. 184-207.

Siebert, H. (1967): Zur interregionalen Verteilung neuen technischen Wissens, in: Zeitschrift für die gesamte Staatswissenschaft, Bd. 123, S. 231-263.

Silberer, G. (1981): Das Informationsverhalten des Konsumenten beim Kaufentscheid - Ein analytisch-theoretischer Bezugsrahmen, in: Raffée, H. / Silberer, G., Informations-verhalten des Konsumenten - Ergebnisse empirischer Studien, Wiesbaden, S. 27-60.

Simon, H. (1992): Preismanagement, Analyse, Strategie, Umsetzung, 2. Aufl., Wiesbaden.

Söllner, F. (1993): Neoklassik und Umweltökonomie, in: ZfU, Jg. 16, H. 4, S. 431-460.

Speemann, K. (1990): Asymmetrische Information, in: ZfB, Jg. 60, H. 5/6, S. 561-586.

Spence, M. (1976): Informational Aspects of Market Structure: An Introduction, in: The Quarterly Journal of Economics, Vol 90, S. 591-597.

Spewak, P.C. (1988): Analysing the Effect of Economic Policy on Solar Markets, in: Economic Analysis of Solar Thermal Energy Systems; hrsg. Von R.E. West und F. Kreith, Cambridge und London, S. 167-204.

Spiegel (Hrsg.) (1993): Auto, Verkehr und Umwelt, Hamburg.

Spremann, K. (1988): Reputation, Garantie, Information, in: ZfB, Jg. 58, H. 5/6, S. 613-629.

Steger, U. (1994): Ökologische Aspekte des Markenartikels, in: Markenartikel, H. 5, S. 216-227.

Stigler, G.J. (1961): The Economics of Information, in: The Journal of Political Economy, Vol. 69, S. 213-225.

Stigler, G.J. (1972): The Law and Economics of Public Policy: A Plea to Scholars, in: Journal of Legal Studies, 1/1972, S. 1-12.

Stiglitz, J.E. (1985): Information and Economic Analysis: A Perpective, in: The European Journal, Supplement, Vol. 95, S. 21-41.

Stiglitz, J.E. (1987): The Cause and Consequences of the Dependence of Quality on Price, in: Journal of Economic Literature, Vol. 25, S. 1-48.

Stobbe, A. (1991): Mikroökonomik, 2.Auflage, Berlin, Heidelberg, New York, London, Paris, Tokyo.

Stocking, G. (1950): Testimony before Subcommittee on Study of Monopoly Power, Judiciary Committee, House of Representatives.

Strassmann, P. (1968): Technological Change and Economic Development, Ithaca, New York.

Streit, M. (1991): Theorie der Wirtschaftspolitik, 4. Aufl., Düsseldorf.

Sweezy, P.M. (1972): Theorie der kapitalistischen Entwicklung, 3. Aufl., Frankfurt.

Taaffe, E.J. / Morril, R.L. / Gould, P.R. (1963): Transport Expansion in Underdeveloped Countries, A Comparative Analysis, in: The Geographical Review, Jg. 53, S. 503-529.

Telser, L.G. (1980): A Theory of Self-Enforcing Agreements, in: Journal of Business, Jg. 53, S. 29.

Tetzlaff, G. (1996): Am Grundprinzip kann es keinen Zweifel geben, in: Handelsblatt, Nr. 141 vom 24.7.1996, S. 24.

The World Commission on Environment and Development (Hrsg.) (1987): Our Common Future, Oxford.

Thompson, G.L. / Teng, J.-T. (1984): Optimal Pricing and Advertising Policies for New Product Oligopoly Models, in Marketing Science, Vol. 3, S. 148-168.

Thorelli, H.B. (1980): The Information Seekers: Multinational Strategy Target, in: Thorelli, H.B., Becker, H. (Hrsg.), International Marketing Strategy, New York et al., S. 133-142.

Thum, M. (1995): Netzwerkeffekte, Standardisierung und staatlicher Regulierungsbedarf, Tübingen.

Tichy, G. (1991): The Product-Cycle Revisited: Some Extensions and Clarifications, in: ZWS 111, S. 27-54.

Tirole, J. (1995): Industrieökonomik, aus dem Amerikanischen übersetzt von Ladwig, R., München; Wien.

Tolle, Elisabeth (1991): Der Stellenwert von Marktsignalen bei Qualitätsunsicherheit der Konsumenten, Ansatzpunkte aus der Informationsökonomie für einen gezielteren Einsatz der Marketinginstrumente, Arbeitsbericht Nr. 91/08, Aachen.

Türk, R. (1990): Das ökologische Produkt, Ludwigsburg.

Ulph, A.M. / Ulph, D.T. (1975): Transaction Costs in General Equilibrium Theory. A Survey, in: Economica, Bd. 42, S. 355-372.

Umweltbundesamt (Hrsg.) (1994): Daten zur Umwelt 1992/93, Berlin.

United Nations Framework Convention of Climate Change (UNFCCC) (1998): Report of the Conference of the Parties on its Third Session, Held at Kyoto from 1 to 11 December, FCCC/CP/1997/7/Add.1, 18. March 1998.

United Nations Framework Convention of Climate Change (UNFCCC) (1996): Review of the Implementation of the Convention and the Decision of the First Session of the Conference of the Parties Commitments in Article 4 - Second Compilation and Synthesis of First National Communications from Annex I Parties, FCCC/CP/1996/12.

United Nations Framework Convention of Climate Change (UNFCCC) (1992), The Convention, New York.

Utterback, J.M. (1977): Recent Findings and Hypotheses about the Dynamics of Product and Process Change, in: Stroetmann, K.A. (Hrsg.), Innovation, Economic Change and Technology Policies, Basel, Stuttgart, S. 7-20.

van Wyk, R.L. (1984): Panoramic Scanning and the Technological Environment, in: Technovation, Vol. 2, S. 101-120.

VCD (Hrsg.) (1999): Auto-Umweltliste 1998/99, Bonn.

VDA (Hrsg.) (1995): Freiwillige Zusage der deutschen Automobilindustrie zur Kraftstoffverbrauchsminderung, in: VDA Pressedienst, Frankfurt, 23.3.1995.

VDA (Hrsg.) (1998): Jahresbericht: Auto 98/99, Frankfurt.

VDA (Hrsg.) (1999): Jahresbericht: Auto 1999, Frankfurt.

Velben, T. (1986): Theorie der feinen Leute, Deutsche Übersetzung von Heintz, S. / Haselberg, P., Taschenbuchausgabe, Frankfurt a.M.

Vernon, R. (1966): International Investment and International Trade in the Product Cycle, in: The Quarterly Journal of Economics, Vol. 80, S. 191-207.

Villard, (1958): Competion, Oligopoly, and Research, in: Journal of Political Economy, Vol. 66, December, S. 483-497.

Voigt, A. (1912/13): Die wirtschaftlichen Güter als Rechte, in: Archiv für Rechts- und Wirtschaftsphilosophie, Bd. 6, S. 304-316.

von Ungern-Sternberg, T. (1984): Zur Analyse von Märkten mit unvollständiger Nachfragerinformation, Berlin.

von Ungern-Sternberg, T. / von Weizsäcker, C.C. (1981): Marktstruktur und Marktverhalten bei Qualitätsunsicherheit, in: Zeitschrift für Wirtschafts- und Sozialwissenschaften, Jg. 101, S. 609-626.

von Weizsäcker, E.U. (1989): Erdpolitik, Darmstadt.

Vorholz, F. (1995), Die letzte Party, in: Zeit-Punkte Nr. 6, Hamburg, S. 41-45.

Voss, G. (1995): Der Irrtum des Verzichts, in: Zeit-Punkte Nr. 6, Hamburg, S. 54-55.

Wagner, A. (1990): Makroökonomik - Volkswirtschaftliche Strukturen II, Stuttgart, New York.

Wagner, U. (1995): Mobilität und Energieverbrauch, in: VDI-Berichte 1190, Energiebewußtes Handeln und nutzergerechte Technik, Düsseldorf, S. 105-114.

Walliser, J. (1997): Was hinterlassen wir zukünftigen Generationen? Ergebnisse der Generationenbilanzierung, in: Sozialstaat im Umbruch, Trierer Schriften zu Sozialpolitik und Sozialverwaltung Nr. 17, Frankfurt a.M., S.65-89.

Walter, H. (1979a): Die Wirkungsanalyse des technischen Fortschritts, in: WiSt, H. 8, S. 371-377.

Walter, H. (1979b): Die Ursachenanalyse des technischen Fortschritts, in: WiSt, H. 9, S. 421-426.

Walter, U. (1985): Strukturwirkungen des technischen Fortschritts - grundlegende und intersekorale Aspekte, in: Seidenfus, H.S. (Hrsg.), Innovationen im Verkehr, Heft 104 der Beiträge aus dem Institut für Verkehrswissenschaft an der Universität Münster, Göttingen, S. 7-78.

WDR (2000), Sendung "ServiceZeit Geld" vom 6. Januar 2000.

Weiber, R. (1993): Was ist Marketing? - Ein informationsökonomischer Erklärungsansatz, Arbeitspapiere zur Marketingtheorie, Nr. 1, Trier.

Weiber, R. (1994): Leapfrogging-Behavior: Herausforderungen für das Marketing-Management neuer Technologien, in: Zahn, E. (Hrsg.), Technologiemanagement und Technologien für das Management, Stuttgart, S. 333-368.

Weiber, R. / Adler, J. (1995a): Der Einsatz von Unsicherheitsreduktionsstrategien im Kaufprozeß: Eine informationsökonomische Analyse, in: Kaas, K.P. (Hrsg.), Kontrakte, Geschäftsbeziehungen, Netzwerke - Marketing und Neue Institutionenökonomik, zfbf-Sonderheft Nr. 35, Düsseldorf, S. 61-77.

Weiber, R. / Adler, J. (1995b): Informationsökonomisch begründete Typologisierung von Kaufprozessen, in: zfbf, H. 1, Jg. 47, S. 43-65.

Weiber, R. / Adler, J. (1995c): Positionierung von Kaufprozessen im informations-ökonomischen Dreieck: Operationalisierung und verhaltenswissenschaftliche Prüfung, in: zfbf, H. 2, Jg. 47, S. 99-123.

Weiber, R. / Pohl, A. (1996): Das Phänomen der Nachfrageverschiebung: Informationssucher, Kostenreagierer und Leapfrogger, in: ZfB, Jg. 66, H.6, S. 675-696.

Weiland, R. (1995): Rücknahme- und Entsorgungspflichten in der Abfallwirtschaft - Eine institutionenökonomische Analyse der Automobilbranche, Wiesbaden.

Weise, P. / Brandes, W. / Eger, T. / Kraft, M. (1991): Neue Mikroökonomie, 2. Aufl. Heidelberg.

Whyte, W.H.Jr. (1954): The Web of Word of Mouth, in: Fortune, 50 (November 1954), S. 140-143, S. 204-212.

Wicke, L. (1993): Umweltökonomie - Eine praxisorientierte Einführung, 4. Auflage, München.

Williamson, O.E. (1975): Markets and Hierarchies - Analysis and Antitrust Implications, New York.

Williamson, O.E. (1983a): Credible Commitments: Using Hostages to Support Exchange, in: American Economic Review, Vol. 73, S. 519-540.

Williamson, O.E. (1983b): Organizational Form, Residual Claimants and Corprorate Control, in: Journal of Law and Economics, Vol. 26, S. 351-366.

Williamson, O.E. (1990): Die ökonomischen Institutionen des Kapitalismus: Unternehmen, Märkte, Kooperationen, Tübingen.

Wissler, C. (1914): The Influence of the Horse in the Development of Plains Culture, in: American Anthropologist, Vol. 16, S. 1-25.

Wolff, B. (1995): Organisation durch Verträge, Wiesbaden.

Wolff, M.A. (1990): Energiekonzept: Israel setzt auf die Sonne, in: Energie, Jg. 42, Nr. 3, S. 62-68.

Woods, R.I. (1979): Population Analysis in Geography, London, New York.

Zinn, K.G. (1989): Innovation und Beschäftigung, in: Sozialismus, H. 110, Jg. 15, S. 48-49.

Zinn, K.G. (1995): Konjunktur und Wachstum, 2. Auflage, Aachen.

Zinn, K.G. (Hrsg.) (1983): Beiträge zu Schumpeters Theorie der dynamischen Wirtschaft, Aachen.

8 ANHANG: Fragebogen zur Diffusion von umweltfreundlichen Personenkraftwagen

Angaben zur Befragung:

Zeitraum der Befragung:	05.05. bis 25.05.1996
Anzahl der ausgewerteten Fragebögen:	246
Art der Befragung:	Quota-Verfahren mit Quoten zu Altersklassen und Geschlecht

Die Zahlenangaben sind jeweils die Anzahl der Nennungen (in Klammern der Anteil in Prozent).

1) Haben Sie einen Führerschein der Klasse 3 (Pkw-Führerschein)?

ja	nein
223 (90,7%)	*23 (9,3%)*

wenn nein: Warum nicht? (weiter zu Frage 23)

kein Interesse	zu jung	zu teuer	andere Gründe
6 (27,3%)	*5 (22,7%)*	*4 (18,2%)*	*7 (31,8%)*

2) Besitzen Sie einen Pkw?

ja	nein
190 (80,5%)	*46 (19,5%)*

3) Benutzen Sie regelmäßig einen Pkw?

ja	nein
184 (78,3%)	*51 (21,7%)*

Die folgenden Fragen beziehen sich auf den von Ihnen hauptsächlich genutzten Pkw.

4) Was für einen Wagen fahren Sie zur Zeit (möglichst genaue Angabe)?

Angabe möglich	Angabe nicht möglich
186 (93,5%)	*13 (6,5%)*

5) Technische Daten

	Angabe möglich	Angabe nicht möglich
PS- bzw. kW-Zahl	*168 (85,7%)*	*28 (14,3%)*
Zylinder-Zahl	*147 (75,8%)*	*47 (24,2%)*
Baujahr	*190 (96,0%)*	*8 (4,0%)*
Preis beim Kauf (in DM)	*176 (91,1%)*	*17 (8,9%)*
Alter beim Kauf (in Jahren)	*187 (95,4%)*	*9 (4,6%)*
Höchstgeschwindigkeit km/h	*177 (89,8%)*	*20 (11,2%)*
Durchschnittlicher Verbrauch l/100 km	*178 (90,4%)t*	*19 (9,6%)*

Automatik?

ja	nein	keine Angabe
27 (13,8%)	*167 (85,2%)*	*2 (1,0%)*

Katalysator?

ja	nein	keine Angabe
138 (70,4%)	*54 (27,6%)*	*4 (2,0%)*

Kraftstoffart?

Benzin	Diesel	keine Angabe
159 (80,3%)	*37 (18,7%)*	*2 (1,0%)*

6) Wie viele Personen nutzen dieses Auto regelmäßig?

1 Person	2 Personen	3 oder mehr Personen
105 (53,8%)	*77 (39,5%)*	*13 (6,7%)*

7) Wie wird das Auto hauptsächlich von Ihnen genutzt?

hauptsächlich Kurzstrecken	hauptsächlich Langstrecken	sowohl als auch
79 (40,3%)	*25 (12,8%)*	*92 (46,9%)*

Wie hoch ist ihre jährliche Fahrleistung (in Kilometer)?

0 - 9999	10000-19999	20000-29000	über 30000
29 (18,8%)	*68 (44,2%)*	*32 (20,8%)*	*25 (16,2%)*

Wie oft nutzen Sie den Pkw?

1 mal täglich	2 mal täglich	3 mal täglich und öfter
35 (17,9%)	*67 (34,2%)*	*40 (20,4%)*
2-4 mal pro Woche	1 mal pro Woche	seltener
43 (21,9%)	*9 (4,6%)*	*2 (1,0%)*

Zu welchem Zweck?

	immer	oft	manchmal	nie
Arbeit, Studium, u.ä.	*88 (45,6%)*	*24 (12,4%)*	*32 (16,6%)*	*49 (25,4%)*
Einkaufen	*63 (32,3%)*	*50 (25,6%)*	*68 (34,9%)*	*14 (7,2%)*
Urlaub	*46 (23,7%)*	*37 (19,1%)*	*70 (36,1%)*	*40 (20,6%)*
Freizeit	*42 (21,8%)*	*70 (36,3%)*	*72 (37,7%)*	*9 (4,7%)*
Geschäftlich	*25 (13,3%)*	*19 (10,1%)*	*35 (18,6%)*	*109 (58,0%)*
Sonstiges	*9 (6,3%)*	*13 (9,0%)*	*27 (18,8%)*	*95 (66,0%)*

8) Welche durchschnittliche Geschwindigkeit fahren Sie auf der Autobahn, wenn die Strecke frei ist?

bis 100 km / h	*16 (8,4%)*
bis 120 km / h	*52 (27,2%)*
bis 130 km / h	*48 (25,1%)*
bis 150 km / h	*49 (25,7%)*
über 150 km / h	*26 (13,6%)*

9) Wie wichtig ist es Ihnen, was Ihr Bekanntenkreis von Ihrem Auto denkt?

sehr wichtig	wichtig	weniger wichtig	unwichtig
7 (3,6%)	*9 (4,6%)*	*50 (25,5%)*	*130 (66,3%)*

10) Wie viele Ihrer Freunde/Bekannten fahren den gleichen Kraftfahrzeugtyp wie Sie?

keiner	1-2	3-5	mehr als 5
99 (51,3%)	*60 (31,1%)*	*27 (14,0%)*	*7 (3,6%)*

11) Halten Sie Ihr Kraftfahrzeug für imageträchtig?

ja	nein
26 (15,1%)	*146 (84,9%)*

12) Wie schätzen Sie Ihre Fahrweise ein?

sportlich	vorsichtig	verbrauchsarm	sonstiges
46 (23,6%)	*68 (34,9%)*	*51 (26,2%)*	*30 (15,4%)*

13) Falls Sie ein Auto besitzen bzw. jemals ein Auto besessen haben:

Welche Informationsquellen haben Sie bei Ihrem letzten Autokauf benutzt?

Beratungsgespräch beim Händler, Testfahrten	*110 (56,4%)*
Messen, Kongresse, Ausstellungen	*9 (4,6%)*
Gespräche mit Freunden, Bekannten, Verwandten	*117 (60,0%)*
Verbraucherberatung	*7 (3,6%)*
Radio/Fernsehen	*11 (5,7%)*
Zeitungen/(Fach-)Zeitschriften	*71 (36,6%)*
Prospekte, Broschüren	*68 (35,2%)*
Plakate, Kinoreklame, Reklame-Wurfsendungen	*3 (1,5%)*
BTX, T-Online, Computernetze, Disketten, CD's	*1 (0,5%)*
andere Quellen	*0 (0,0%)*

Haben Sie sich vor dem letzten Autokauf intensiv informiert?
(sehr intensiv = 1, gar nicht =6)

1	2	3	4	5	6
38 (19,6%)	*38 (19,6%)*	*40 (20,6%)*	*24 (12,4%)*	*19 (9,8%)*	*35 (18,0%)*

Haben Sie nach dem Kauf des Pkw's weitere Informationen gesammelt?

ja	nein
39 (19,9%)	*157 (80,1%)*

14) Mir ist es wichtig, durch einen starken, elastischen Motor über zusätzliche Sicherheitsreserven zu verfügen.

trifft voll zu	trifft teilweise zu	trifft eher nicht zu	trifft überhaupt nicht zu
49 (25,0%)	*69 (35,2%)*	*42 (21,4%)*	*36 (18,4%)*

15) Ich fahre nur Auto, weil ich muß.

trifft voll zu	trifft teilweise zu	trifft eher nicht zu	trifft überhaupt nicht zu
43 (21,9%)	*73 (37,2%)*	*50 (25,5%)*	*30 (15,3%)*

16) Für mich ist es wichtig, nicht genau so ein Auto zu fahren, wie es alle anderen tun.

trifft voll zu	trifft teilweise zu	trifft eher nicht zu	trifft überhaupt nicht zu
20 (10,2%)	*7 (3,6%)*	*35 (17,9%)*	*134 (68,4%)*

17) Beim Autofahren kann ich manchmal so richtig Dampf ablassen.

trifft voll zu	trifft teilweise zu	trifft eher nicht zu	trifft überhaupt nicht zu
6 (3,1%)	*21 (10,8%)*	*42 (21,6%)*	*125 (64,4%)*

18) Bei einer weiteren Erhöhung der Kosten (Steuern, Versicherung, Benzin, Autobahngebühren) würde ich den Autogebrauch einschränken.

trifft voll zu	trifft teilweise zu	trifft eher nicht zu	trifft überhaupt nicht zu
22 (11,2%)	*89 (45,4%)*	*40 (20,4%)*	*45 (22,9%)*

19) Ich fahre meist etwas langsamer als ich könnte, um die Umwelt zu schonen.

trifft voll zu	trifft teilweise zu	trifft eher nicht zu	trifft überhaupt nicht zu
24 (12,2%)	*67 (34,2%)*	*67 (34,2%)*	*38 (19,4%)*

20) Verbesserte öffentliche Verkehrsmittel wären für mich ein Grund, den Autogebrauch einzuschränken.

trifft voll zu	trifft teilweise zu	trifft eher nicht zu	trifft überhaupt nicht zu
47 (24,0%)	*77 (39,3%)*	*33 (16,8%)*	*39 (19,9%)*

21) Es macht mir Spaß, den Wagen voll auszufahren.

trifft voll zu	trifft teilweise zu	trifft eher nicht zu	trifft überhaupt nicht zu
9 (4,6%)	*41 (20,9%)*	*49 (25,0%)*	*97 (49,5%)*

22) Ein Auto ohne Katalysator würde ich mir heute nicht mehr kaufen.

trifft voll zu	trifft teilweise zu	trifft eher nicht zu	trifft überhaupt nicht zu
161 (82,6%)	*19 (9,7%)*	*7 (3,6%)*	*8 (4,1%)*

23) Würden Sie sich ein Auto kaufen, wenn Sie über kein Auto verfügen oder das von Ihnen genutzte Auto nicht zur Verfügung steht?

ja	nein	weiß nicht	keine Angabe
116 (47,2%)	*32 (13,0%)*	*14 (5,7%)*	*84 (34,1%)*

24) Sollte es sich um einen Neuwagen oder Gebrauchtwagen handeln?

unbedingt Neuwagen	Neuwagen oder < 2 Jahre	gebraucht (2-5 Jahre)
33 (17,6%)	*84 (44,7%)*	*44 (23,4%)*
gebraucht (5-10 Jahre)	gebraucht (> 10 Jahre)	egal
10 (5,3%)	*2 (1,1%)*	*15 (8,0%)*

25) Welche sind für Sie die 4 wichtigsten Kaufkriterien?

Sicherheit	*160 (77,7%)*
Größe	*53 (25,7%)*
Komfort	*58 (28,2%)*
Verbrauch	*134 (65,0%)*
Preis	*146 (70,9%)*
Höchstgeschwindigkeit	*8 (3,9%)*
Leistung (PS/kW)	*30 (14,6%)*
Design	*43 (20,9%)*
Farbe	*19 (9,2%)*
Umweltfreundlichkeit	*104 (50,5%)*
Sonstiges:	*7 (4,2%)*

26) Welche Höchstgeschwindigkeit sollte das Auto mindestens haben?

egal	*42 (23,2%)*
bis 120 km / h	*12 (6,7%)*
bis 140 km / h	*29 (16,0%)*
bis 160 km / h	*48 (26,5%)*
bis 180 km / h	*32 (17,8%)*
über 180 km / h	*18 (10,2%)*

27) Welche Motorleistung sollte das Auto haben?

egal	*37 (21,8%)*
bis 50 PS	*26 (15,4%)*
bis 75 PS	*46 (27,2%)*
bis 100 PS	*33 (19,6%)*
über 100 PS	*27 (16,0%)*

28) Wieviel sollte das Auto höchstens kosten?

egal	*7 (4,4%)*
bis 10000 DM	*32 (20,3%)*
bis 20000 DM	*42 (26,6%)*
bis 30000 DM	*38 (24,0%)*
bis 40000 DM	*23 (14,6%)*
über 40000 DM	*16 (10,1%)*

29) Würden Sie bei einem allgemeinen Tempolimit (120 km/h) ein langsameres, leistungsreduziertes Auto kaufen?

ja	nein	vielleicht
57 (29,7%)	*83 (43,2%)*	*52 (27,1%)*

30) Wieviel wären Sie bereit, für ein Auto mehr zu bezahlen, das auf 100 km 2 l weniger Sprit verbraucht?

gar nichts	bis 1000 DM	1000-2000 DM	bis 5000 DM	> 5000 DM
30 (15,5%)	*62 (32,1%)*	*77 (39,9%)*	*22 (11,4%)*	*2 (1,0%)*

31) Wie wichtig ist für Sie der Name bzw. der Ruf des Automobilherstellers beim Kauf eines Pkw's?

sehr wichtig	wichtig	weniger wichtig	unwichtig
21 (10,9%)	*67 (34,7%)*	*58 (30,1%)*	*47 (24,4%)*

32) Würden Sie sich jemals ein Neufahrzeug anschaffen, welches erst kurz vor Ihrem Kauf auf den Markt kommt?

würde ich tun	würde ich nicht tun	habe ich schon getan
56 (29,2%)	*122 (63,5%)*	*14 (7,3%)*

33) Wie schätzen Sie für sich persönlich die Eignung folgender Informationsquellen im Hinblick auf den Nutzen beim Kauf eines Pkw's sein?
(sehr gut=1, nicht geeignet=6)

	Mittelwert der Bewertung
Beratungsgespräch beim Händler, Testfahrten	*2,6*
Messen, Kongresse, Ausstellungen	*4,5*
Gespräche mit Freunden, Bekannten, Verwandten	*2,4*
Verbraucherberatung	*3,2*
Radio/Fernsehen	*4,7*
Zeitungen/(Fach-)Zeitschriften	*3,1*
Prospekte, Broschüren	*3,8*
Plakate, Kinoreklame, Reklame-Wurfsendungen	*5,4*
BTX, T-Online, Computernetze, Disketten, CD's	*5,2*
andere Quellen	*5,5*

34) Welches Verkehrsmittel nutzen Sie wie häufig?

	sehr häufig	oft	manchmal	nie
Auto	*122 (50%)*	*55 (22,5%)*	*51 (20,9%)*	*16 (6,6%)*
Öffentl.Nahverkehr	*20 (8,2%)*	*24 (9,8%)*	*124 (50,8%)*	*75 (30,7%)*
Eisenbahn	*7 (2,9%)*	*37 (15,2%)*	*122 (50,2%)*	*76 (31,3%)*
Fahrrad	*56 (23,0%)*	*71 (29,2%)*	*71 (29,2%)*	*44 (18,1%)*
Sonstige	*9 (5,4%)*	*12 (7,2%)*	*33 (19,9%)*	*109 (65,7%)*

35) Was beunruhigt Sie zur Zeit?(beunruhigt mich sehr = 1; beunruhigt mich gar nicht = 6)

	Mittelwert der Bewertung
Arbeitslosigkeit	*2,3*
Friedenssicherung	*3,2*
Rentensicherung	*2,5*
Ausländerfrage	*2,9*
Umweltschutz	*2,2*
Wirtschaftsstabilität	*2,5*
Innere Sicherheit	*3,0*
Staatsverschuldung	*2,8*
Währungs- und Preisstabilität	*3,2*
Energieversorgung	*3,0*

36) Ich bin gut über Dinge, die mit Umweltverschmutzung zu tun haben, informiert.

trifft voll zu	trifft teilweise zu	trifft eher nicht zu	trifft überhaupt nicht zu
65 (26,4%)	*146 (59,3%)*	*29 (11,8%)*	*6 (2,4%)*

37) Wenn ich an die zunehmende Umweltverschmutzung denke, bekomme ich Angst.

trifft voll zu	trifft teilweise zu	trifft eher nicht zu	trifft überhaupt nicht zu
78 (31,8%)	*120 (49,0%)*	*36 (14,7%)*	*11 (4,5%)*

38) Ich kenne die für mich wichtigsten Verbindungen der Bundesbahn und des öffentlichen Personennahverkehrs.

trifft voll zu	trifft teilweise zu	trifft eher nicht zu	trifft überhaupt nicht zu
86 (35,0%)	*57 (23,2%)*	*40 (16,3%)*	*63 (25,6%)*

39) Für mich ist es wichtig, daß ich mich von einem Ort zum anderen bewegen kann.

trifft voll zu	trifft teilweise zu	trifft eher nicht zu	trifft überhaupt nicht zu
202 (82,1%)	*37 (15,0%)*	*5 (2,0%)*	*2 (0,8%)*

40) Die Zunahme des Verkehrs macht mir Angst.

trifft voll zu	trifft teilweise zu	trifft eher nicht zu	trifft überhaupt nicht zu
57 (23,2%)	*112 (45,5%)*	*54 (22,0%)*	*23 (9,3%)*

41) Ich finde Turbo-Diesel-Motoren mit Direkteinspritzung gut.

kenne ich nicht	trifft voll zu	trifft teilweise zu	trifft eher nicht zu	trifft überhaupt nicht zu
102 (41,6%)	*74 (30,2%)*	*42 (17,1%)*	*13 (5,3%)*	*14 (5,7%)*

42) Ich verstehe viel von der Technik der Autos.

trifft voll zu	trifft teilweise zu	trifft eher nicht zu	trifft überhaupt nicht zu
39 (15,9%)	*65 (26,4%)*	*61 (24,8%)*	*81 (32,9%)*

43) Ein Auto, das nur 3 Liter Benzin auf 100 km verbraucht, würde mir gefallen.

trifft voll zu	trifft teilweise zu	trifft eher nicht zu	trifft überhaupt nicht zu
185 (75,5%)	*43 (17,6%)*	*10 (4,1%)*	*7 (2,9%)*

44) Kleinere Reparaturen und Wartungsarbeiten an einem Auto kann ich selbst erledigen.

trifft voll zu	trifft teilweise zu	trifft eher nicht zu	trifft überhaupt nicht zu
54 (22,0%)	*55 (22,4%)*	*44 (17,9%)*	*93 (37,8%)*

45) Der Golf TDI gefällt mir.

Kenne ich nicht	trifft voll zu	trifft teilweise zu	trifft eher nicht zu	trifft nicht zu
76 (31,0%)	*49 (20,0%)*	*57 (23,3%)*	*29 (11,8%)*	*34 (13,9%)*

46) Ich interessiere mich sehr für Autos.

trifft voll zu	trifft teilweise zu	trifft eher nicht zu	trifft überhaupt nicht zu
31 (12,7%)	*62 (25,3%)*	*80 (32,7%)*	*72 (29,4%)*

47) Fahrzeuge mit Diesel-Motoren gefallen mir.

trifft voll zu	trifft teilweise zu	trifft eher nicht zu	trifft überhaupt nicht zu
48 (19,7%)	*89 (36,5%)*	*65 (26,6%)*	*42 (17,2%)*

48) Elektro-Autos gefallen mir.

trifft voll zu	trifft teilweise zu	trifft eher nicht zu	trifft überhaupt nicht zu
48 (19,9%)	*99 (41,1%)*	*58 (24,1%)*	*36 (14,9%)*

49) Ein Auto ist für mich auch eine Art der Selbstdarstellung.

trifft voll zu	trifft teilweise zu	trifft eher nicht zu	trifft überhaupt nicht zu
13 (5,3%)	*30 (12,2%)*	*43 (17,5%)*	*160 (65,0%)*

50) Ich bin daran interessiert, zu erfahren, wie ich mich umweltfreundlich verhalten kann.

trifft voll zu	trifft teilweise zu	trifft eher nicht zu	trifft überhaupt nicht zu
111 (45,1%)	*98 (39,8%)*	*21 (8,5%)*	*16 (6,5%)*

51) Der Golf Ecomatic gefällt mir.

Kenne ich nicht	trifft voll zu	trifft teilweise zu	trifft eher nicht zu	trifft nicht zu
134 (54,7%)	*28 (11,4%)*	*41 (16,7%)*	*19 (7,8%)*	*23 (9,4%)*

52) Ich interessiere mich sehr dafür, welche Techniken es gibt, um Kraftstoff zu sparen.

trifft voll zu	trifft teilweise zu	trifft eher nicht zu	trifft überhaupt nicht zu
89 (36,3%)	*93 (38,0%)*	*39 (15,9%)*	*24 (9,8%)*

53) Das Auto ist für mich auch in Zukunft nicht wegzudenken.

stimme voll zu	stimme teilweise zu	stimme eher nicht zu	stimme überhaupt nicht zu
145 (58,9%)	*72 (29,3%)*	*16 (6,5%)*	*13 (5,3%)*

54) Ein reibungsloser Verkehr ist eine notwendige Grundlage für das Funktionieren unserer Wirtschaft.

stimme voll zu	stimme teilweise zu	stimme eher nicht zu	stimme überhaupt nicht zu
152 (61,8%)	*81 (32,9%)*	*10 (4,1%)*	*3 (1,2%)*

55) Für die Stadt finde ich einen Kleinwagen völlig ausreichend.

stimme voll zu	stimme teilweise zu	stimme eher nicht zu	stimme überhaupt nicht zu
197 (80,4%)	*37 (15,1%)*	*6 (2,4%)*	*5 (2,0%)*

56) Die Umweltverschmutzung wird zu großen Problemen für die zukünftigen Generationen führen.

stimme voll zu	stimme teilweise zu	stimme eher nicht zu	stimme überhaupt nicht zu
171 (69,5%)	*59 (24,0%)*	*13 (5,3%)*	*3 (1,2%)*

57) Zur Förderung des Öffentlichen Personennahverkehrs und anderer umweltschonender Verkehrsmittel befürworte ich eine Anhebung des Spritpreises um 1 DM.

stimme voll zu	stimme teilweise zu	stimme eher nicht zu	stimme überhaupt nicht zu
67 (27,5%)	*45 (18,4%)*	*50 (20,5%)*	*82 (33,6%)*

58) Mit Hilfe moderner Motorenkonzepte werden sich die Umweltprobleme lösen lassen.

stimme voll zu	stimme teilweise zu	stimme eher nicht zu	stimme überhaupt nicht zu
36 (14,8%)	*130 (53,3%)*	*54 (22,1%)*	*24 (9,8%)*

59) Die Regierung soll die Automobilhersteller zwingen, umweltfreundliche Autos zu bauen.

stimme voll zu	stimme teilweise zu	stimme eher nicht zu	stimme überhaupt nicht zu
146 (59,6%)	*69 (28,2%)*	*26 (10,6%)*	*4 (1,6%)*

60) Fahrzeuge mit Diesel-Motoren sind Umweltverschmutzer.

stimme voll zu	stimme teilweise zu	stimme eher nicht zu	stimme überhaupt nicht zu
34 (14,6%)	*105 (45,1%)*	*60 (25,8%)*	*34 (14,6%)*

61) Welche der aufgeführten verbrauchsreduzierten Techniken im Automobilbereich kennen Sie?

	ich bin mit der Technik vertraut	ich habe davon gehört	kenne ich nicht
Getriebe mit Spargang	*125 (51,0%)*	*55 (22,4%)*	*65 (26,5%)*
Direkteinspritzung Dieselmotor	*77 (31,3%)*	*73 (29,7%)*	*96 (39,0%)*
Hybridfahrzeug	*39 (15,9%)*	*56 (22,8%)*	*151 (61,4%)*
Space-Frame-Bauweise	*15 (6,1%)*	*22 (8,9%)*	*209 (85,0%)*
Rollwiderstandsarme Reifen	*49 (19,9%)*	*88 (35,8%)*	*109 (44,3%)*
Schwung-Nutz-Automatik	*33 (13,4%)*	*51 (20,7%)*	*162 (65,9%)*

62) Ein Turbo-Diesel-Motor mit Direkteinspritzung ist ein sehr vernünftiges Motorenkonzept.

kenne ich nicht	stimme voll zu	stimme teilweise zu	stimme eher nicht zu	stimme nicht zu
100 (40,8%)	*70 (28,6%)*	*55 (22,4%)*	*16 (6,5%)*	*4 (1,6%)*

63) Ich könnte mir vorstellen, ein Fahrzeug mit Turbo-Diesel-Direkteinspritzermotor zu kaufen.

kenne ich nicht	stimme voll zu	stimme teilweise zu	stimme eher nicht zu	stimme nicht zu
94 (38,4%)	*57 (23,3%)*	*52 (21,2%)*	*18 (7,3%)*	*24 (9,8%)*

64) Elektro-Autos sind vernünftige Autos.

stimme voll zu	stimme teilweise zu	stimme eher nicht zu	stimme überhaupt nicht zu
49 (20,2%)	*132 (54,5%)*	*42 (17,2%)*	*19 (7,9%)*

65) Ich könnte mir vorstellen, ein Elektro-Auto zu kaufen.

stimme voll zu	stimme teilweise zu	stimme eher nicht zu	stimme überhaupt nicht zu
31 (12,7%)	*81 (33,1%)*	*81 (33,1%)*	*52 (21,2%)*

66) Ein Auto, das nur 3 Liter Benzin auf 100 km verbraucht, ist ein sehr vernünftiges Auto.

stimme voll zu	stimme teilweise zu	stimme eher nicht zu	stimme überhaupt nicht zu
181 (74,8%)	*53 (21,9%)*	*4 (1,7%)*	*4 (1,7%)*

67) Ich könnte mir vorstellen, ein Fahrzeug, das nur 3 Liter auf 100 km verbraucht, zu kaufen.

stimme voll zu	stimme teilweise zu	stimme eher nicht zu	stimme überhaupt nicht zu
152 (62,3%)	*63 (25,8%)*	*9 (3,7%)*	*20 (8,2%)*

68) Ein Auto, das nur 3 Liter Benzin auf 100 km verbraucht, kann in Hinsicht auf Komfort, Größe und Fahrleistung ruhig etwas schlechter sein als heutige Fahrzeuge.

stimme voll zu	stimme teilweise zu	stimme eher nicht zu	stimme überhaupt nicht zu
72 (29,6%)	*103 (42,4%)*	*39 (16,0%)*	*29 (11,9%)*

69) Ein Auto, das nur 3 Liter Benzin auf 100 km verbraucht, muß genauso sicher sein wie heutige Fahrzeuge.

stimme voll zu	stimme teilweise zu	stimme eher nicht zu	stimme überhaupt nicht zu
200 (81,6%)	*31 (12,7%)*	*9 (3,7%)*	*5 (2,0%)*

70) Ein Fahrzeug wie der Golf TDI ist für mich ein sehr vernünftiges Fahrzeug.

kenne ich nicht	stimme voll zu	stimme teilweise zu	stimme eher nicht zu	stimme nicht zu
95 (39,1%)	*50 (20,6%)*	*60 (24,7%)*	*20 (8,2%)*	*18 (7,4%)*

71) Ich könnte mir vorstellen, einen Golf TDI zu kaufen.

kenne ich nicht	stimme voll zu	stimme teilweise zu	stimme eher nicht zu	stimme nicht zu
92 (37,7%)	*41 (16,8%)*	*44 (18,0%)*	*30 (12,3%)*	*37 (15,2%)*

72) Ein Fahrzeug wie der Golf Ecomatic ist für mich ein sehr vernünftiges Fahrzeug.

kenne ich nicht	stimme voll zu	stimme teilweise zu	stimme eher nicht zu	stimme nicht zu
137 (56,1%)	*21 (8,6%)*	*53 (21,7%)*	*17 (7,0%)*	*16 (6,6%)*

73) Ich könnte mir vorstellen, einen Golf Ecomatic zu kaufen.

kenne ich nicht	stimme voll zu	stimme teilweise zu	stimme eher nicht zu	stimme nicht zu
136 (56,0%)	*17 (7,0%)*	*31 (12,8%)*	*25 (10,3%)*	*34 (14,0%)*

74) Wurden Sie im letzten Jahr von einem Freund oder Bekannten, der sich ein neues Auto kaufen wollte, um Rat gefragt?

nein	ja, einmal	ja, öfter
160 (65,3%)	*49 (20,0%)*	*36 (14,7%)*

75) Welche kraftfahrzeugbetonte Fachzeitschrift lesen Sie?

	regelmäßig	hin und wieder	nie
ADAC Motorwelt	*62 (25,3%)*	*62 (25,3%)*	*121 (49,4%)*
Auto-Motor-Sport	*14 (5,8%)*	*58 (24,1%)*	*169 (70,1%)*
Auto-Bild	*4 (1,7%)*	*38 (15,7%)*	*200 (82,6%)*
Auto Zeitung	*4 (1,7%)*	*13 (5,4%)*	*222 (92,9%)*
Markt	*3 (1,3%)*	*17 (7,1%)*	*219 (91,3%)*
mot	*1 (0,4%)*	*11 (4,6%)*	*227 (95,0%)*
motorad	*4 (1,7%)*	*19 (7,9%)*	*217 (90,4%)*
kft	*1 (0,4%)*	*1 (0,4%)*	*237 (99,2%)*
andere	*12 (5,3%)*	*18 (8,0%)*	*196 (86,7%)*

76) Wie schätzen Sie sich im allgemeinen hinsichtlich der aufgeführten Eigenschaften ein? (hoch = 1; niedrig = 6)

	1	2	3	4	5	6
Kontaktfreudigkeit	*72 (29,3%)*	*95 (38,6%)*	*60 (24,4%)*	*14 (5,7%)*	*5 (2,0 %)*	*0 (0,0%)*
Risikofreudigkeit	*17 (6,9%)*	*40 (16,3%)*	*58 (23,7%)*	*57 (23,3%)*	*41 (16,7%)*	*32 (13,1%)*
Dominanz	*18 (7,4%)*	*42 (17,2 %)*	*87 (35,7%)*	*46 (18,9%)*	*34 (13,9%)*	*17 (7,0%)*
Selbstbewußtsein	*43 (17,5%)*	*99 (40,4%)*	*77 (31,4%)*	*15 (6,1%)*	*6 (2,4%)*	*5 (2,0%)*

Angaben zur Person:

77) Geschlecht

männlich	weiblich
125 (50,8%)	*121 (49,2%)*

78) Alter

0-17	18-29	30-39	40-49
7 (2,8%)	*54 (22,0%)*	*59 (24,1%)*	*38 (15,5%)*
50-59	60-69	≥ 70	
39 (15,7%)	*40 (16,3%)*	*8 (3,3%)*	

79) Familienstand

ledig ohne Partner	ledig mit Partner	verheiratet	geschieden/verwitwet
44 (17,9%)	*66 (26,8%)*	*121 (49,2%)*	*15 (6,1%)*

80) Kinder

keine	1	2	3	4 oder mehr
123 (50,0%)	*33 (13,4%)*	*63 (25,6%)*	*13 (5,3%)*	*14 (5,7%)*

81) Wie viele Personen gehören zu dem Haushalt, in dem Sie leben?

1	2	3	4	5 oder mehr
66 (27,2%)	*81 (32,9%)*	*48 (19,5%)*	*40 (16,3%)*	*10 (4,1%)*

82) Schulbildung

Volksschule/Hauptschule	weiterführende Schule ohne Abitur	Abitur/Hochschulreife	Studium
46 (18,7%)	*60 (24,4%)*	*40 (16,3%)*	*100 (40,7%)*

83) Tätigkeit

berufstätig	Schüler	Student	in sonstiger Ausbildung
151 (61,4%)	*8 (3,3%)*	*44 (17,9%)*	*4 (1,6%)*
zur Zeit arbeitslos		nicht berufstätig	
5 (2,0%)		*45 (18,3%)*	

wenn Sie berufstätig sind oder es früher waren, wie ist die Berufsstellung?

selbständig	Angestellter	Beamter	Arbeiter
27 (13,6%)	*130 (65,3%)*	*26 (13,1%)*	*15 (7,5%)*

84) Wie viele Personen in Ihrem Haushalt verfügen über ein Einkommen?

1 Person	2 Personen	3 Personen
124 (51,9%)	*105 (43,9%)*	*10 (4,2%)*

85) Sind Sie der Haushaltvorstand?

ja	nein
141 (59,5%)	*93 (39,2%)*

86) Wie groß ist Ihr Wohnort? (Einwohnerzahl)

< 2000	2000-5000	5000-20000	20000-100000	100000-500000	> 500000
7 (2,8%)	*15 (6,1%)*	*22 (8,9%)*	*55 (22,4%)*	*131 (53,3%)*	*16 (6,5%)*

Ende der Befragung

Kolibri 360 GmbH
Ferdinand-Jühlke-Straße 7
99095 Erfurt, Deutschland
produktsicherheit@kolibri360.de

Druck:
CPI Druckdienstleistungen GmbH
im Auftrag der
Kolibri 360 GmbH
Ferdinand-Jühlke-Str. 7
99095 Erfurt